U0192726

　　本书是 2017 年北京市哲学社会科学基金一般项目"中国在气候变化全球治理转型中的作用研究"（项目编号：17ZGB009）的最终成果，同时是北京外国语大学 2020 年度"双一流"建设重大标志性科研项目"比较城市化——'一带一路'沿线国家系列研究"（项目编号：2020SYLZDXM031）"的最终成果之一。

康晓 著

逆全球化下的
全球治理

中国与全球气候治理转型

GLOBAL GOVERNANCE UNDER
DEGLOBALIZATION

China and the Transformation of
Global Climate Governance

社会科学文献出版社
SOCIAL SCIENCES ACADEMIC PRESS (CHINA)

摘　要

　　本研究聚焦中国在当代世界的逆全球化背景下是否能够促进全球气候治理转型。美国总统特朗普执政后的一系列政策掀起逆全球化浪潮，其退出《巴黎协定》的政策严重阻碍本已十分艰难的全球气候治理，也暴露出全球治理原型的不足。本研究从全球治理的格局、价值、机制和主体四个维度衡量全球治理，认为全球治理的原型是发达国家领导的格局，以西方自由主义价值为一元主导，以二战结束时美国领导建立的国际机制为主要治理机制，并在治理主体中侧重非政府组织，强调全球治理的去国家化。这四个维度上的特征反映出全球治理原型只是基于西半球经验的治理，而非真正的全球治理。因此，全球治理的转型表现出的特征是新兴经济体群体性崛起改变了全球治理的领导结构，该群体非西方文明的特征使全球治理出现了治理价值观的多元化，新兴经济体还积极参与和发起新兴全球治理机制，同时更加珍视国家主权的价值，在全球治理主体中更加注重政府与非政府组织的平衡。其结果就是，新兴经济体在推动全球治理向更加包容、普惠和高效的方向转型。中国是新兴经济体的主要成员，其参与全球气候治理的作用也表现在这四个维度。第一，中国是正在崛起的低碳经济大国，已经成为全球低碳经济格局一极。这既表现在国内低碳经济的快速发展，也表现在对外低碳经济的大规模投资，特别是与欧盟的低碳经济合作。第二，中国改变着区域气候治理格局。在"一带一路"，尤其是撒哈拉以南非洲和太平洋岛国等气候脆弱型区域的气候治理中，中国都在积极改变发达国家主导的全球气候治理重减缓轻适应的问题，希望自身低碳经济发展的成果能够更广泛惠及发展中国家，并提升它们适应气候变化的能力。第三，中国共商共建共享的全球治理价值观使全球治理价值观更加多元。这一价值观强调各利益方在全球治理中的多元共生，既源于中国传统的天下哲学，也源于新中国积淀的外交思想。中国秉持这一价值观曾与美国形成了对全球气候治理的共同推进，并继续努力构建人类气候命运共同体。第四，中国在新兴全球治理机制中积极倡导金融与气候治理的结合，包括二十国集团中的绿色金融倡议、金砖国家银行的可持续基础设施投资理念和亚投行的绿色目标。第五，中国地方政府以独具特色的身份开始积极参与全球气候治理，并具有较强的经济实力，投入较多，实现了政府与非政府组织作用的平衡。总之，本研究立足从国际关系学视角考察中国对全球气候治理转型的作用，希望从中国已经实施的诸多气候政策中提炼出具有国际关系意义的特征，看到中国在低碳经济发展、对外投资、价值观和制度供给等多个层面给深深嵌套进国际关系复杂权力博弈中的全球气候治理带来的影响。

目 录
CONTENTS

图 目 录

C O N T E N T S

表 目 录
CONTENTS

导　言

第一节　问题的提出

一　逆全球化何以出现？

全球化是 20 世纪 80 年代以来被运用的最为广泛的社会科学概念之一。正如安东尼·吉登斯（Anthony Giddens）所言："从诞生到现在，从毫不知名到风靡世界，这个词以惊人的速度传播和使用开来。在所有时代里，在所有社会科学词汇中，'全球化'可以被看作是最为成功的一个。它的发展本身就是全球化涵义的最好例子，它恰如其分地描述了全球化的全球性特征，是全球化过程的有力例证，同时还表明了过去二三十年来全球化过程的剧烈程度。全球化概念变得全球化了，它成为人们生活中的语言，并广泛见诸报端，而不再是一个隐藏在学科里的特殊名词。"① 尽管全球化概念广泛而深入的影响改变了当代世界，但其中最为主要的还是经济领域，在某种程度上，全球化更多等同于经济全球化。所谓"化"者，即行为体对某一概念内化于心、外化于行。经济领域之所以更容易实现全球化，就是因为国际社会普遍认同市场机制是人类目前为止能够找到的最能有效组织经济活动的方式，因此市场经济作为一种观念首先被绝大多数国家认同，这些国家也由此纷纷在国内建立市场经济制度。而市场一旦形成就具有开放

---

① 〔英〕安东尼·吉登斯：《全球化时代的民族国家》，郭中华译，江苏人民出版社，2010，第 4～5 页。

的内在要求，所以当绝大多数国家通过市场机制发展经济时，就必然需要打开国门进行国际经济活动，由此形成了世界市场。在世界市场的网络体系中，资本、人员、货物、服务、信息等经济要素实现了全球流动，逐渐形成一个全球化的世界。换言之，全球化的实现必须依赖共有观念和物质联系的同时出现，二者缺一不可，这也就是为什么没有狭义上的文化全球化。

文化是社会科学领域被定义最多的概念之一，但如果从最简单的层次划分，可以界定为广义和狭义的文化。广义的文化是一种共有观念，即人类社会的绝大多数成员认同的一种行为方式，比如市场经济观念。狭义的文化则是各国、各民族的文化，这类似于费尔南·布罗代尔（Fernand Braudel）所说的文明的结构。布罗代尔将其概括为地理条件、社会等级制度、集体"心理"和经济需求等四个主要方面，并指出"这些结构都历史悠久，长期存在，而且它们总是各具特色、与众不同。正是它们赋予了文明基本轮廓和典型特征。此外，它们很难在各种文明之间交换：所有文明都把它们视为不可替代的价值"。[①] 正因为有这些难以改变的结构存在，所以当以狭义的文化观察世界时，就不会有文化的全球化出现。比如，美国好莱坞电影在全世界绝大多数国家都能看到，但并不意味着得到了这些国家观众的认同，甚至一些国家的文化民族主义者公开反对引进好莱坞电影，类似的例子还有美式快餐。这里需要区别两个概念，一个是文化的全球化，一个是文化的全球传播。好莱坞和美式快餐的例子只能说明美国文化被全球传播了，原因是其背后强大的资本和政治力量，强行打开了别国市场，使得美国符号的文化在全世界都能看到。但是，美国价值观无法让全世界所有国家和民族都内化，因此不能说美国文化全球化了。回到市场经济的例子，作为一种共有观念，这种通过市场组织经济活动的广义文化确实被全球化了。按照全球史观的倡导者斯塔夫里阿诺斯（L. S. Stavrianos）的观点，这一进程始于 15 世纪地理大发现，由此带来欧洲资本主义生产方式的全球扩展，世界市场逐渐形成，其首要特征是世界分工的出现。[②] 但是，具体实现这一观念的机制却依各文明的差异而大相径庭，至少可以区分出以英美为代表的盎格鲁－撒克逊自由市场经济、以欧洲大陆法

---

① 参看〔法〕费尔南·布罗代尔《文明史：人类五千年文明的传承与交流》，常绍民等译，中信出版社，2014，第二章和第 61 页。

② L. S. Stavrianos, *A Global History*: *From Prehistory to the 21th Century*, Peking: Peking University Press, 2004, p. 380.

国为代表的国家干预市场经济，以及中国特色社会主义市场经济等几种类型。这些实现市场经济观念的具体制度形式就是布罗代尔说的文明结构，是难以改变的。

正因为这种文明差异带来的排他性，全球化进程无法像托马斯·弗里德曼（Thomas Friedman）描写的那么平坦，[①] 而从国际关系视角观察，国际体系的无政府状态更从根本上为全球化设定了绝对收益与相对收益的矛盾结构。绝对收益的理论假设认为，由于无政府状态下的国际合作可以使各国收益比不合作更多，即带来绝对收益的增长，因此它们更倾向于合作。尽管无政府状态会导致"囚徒困境"，但重复博弈的互惠战略可以减少信息不确定性促进合作。[②] 约瑟夫·格理科（Joseph M. Grieco）则认为"国际体系中没有一个权威机构来阻止暴力或暴力的威胁毁灭或者奴役其他国家"，所以以国家的核心利益是生存，这使它们对任何侵蚀自己维持生存的相对能力的现象保持高度警惕，决定了它们的基本目标是阻止他国获得比自己更强的相对能力，即相对收益，因为它们担心这种能力将来会转变成对自己生存的威胁。[③] 概括起来，绝对收益关心收益总量的增长，认为只要有总量增长，国家间就会选择合作。相对收益则关心收益如何分配，只要自己的收益比对手少，无论收益总量如何都不会选择合作。

排他性的文明观和相对收益的计算分别属于观念与物质层面的差异性，二者结合在一起引发了当代世界的逆全球化现象。所谓逆全球化，就是在观念层面强调自身文明的特殊性，以及各文明间的差异性，而忽视文明多样性间的交流与融合。在物质层面强调本国利益的相对性，忽视人类利益的整体性。一国政府如果基于此两点制定政策，就会与全球化进程相悖，成为逆全球化行为体，使全球治理陷入困境。

二　逆全球化下的全球气候治理如何可行？

全球治理是以人类整体论和共同利益论为价值导向的，多元行为体平等对话、协商合作，共同应对全球变革和全球问题挑战的一种新的管理人类公共事务

---

① 可参看 Thomas Friedman, *The World Is Flat: A Brief History of the Twenty-first Century*, New York: Farrar, Straus and Giroux, 2005。

② Robert Axelrod, *The Evolution of Cooperation*, New York: Basic Books, 1984.

③ Joseph M. Grieco, "Anarchy and the Limits of Cooperation: A Realist Critique of the Newest Liberal Institutionalism", *International Organization*, Vol. 42, No. 3, 1988, pp. 497 – 498.

的规则、机制、方法和活动。① 其要点在于四个方面，即以人类共同利益为导向的治理价值观，以全球性挑战为治理对象，以多元行为体为治理主体，以国际机制为治理手段。全球治理相对于国内治理更重要的价值在于，其背景是无政府状态的国际社会，即没有一个超越所有主权国家之上的中央政府维持基本秩序，所有成员都按照自助战略维护自身安全。在这样一种状态下，全球治理要起到的首要作用是维持全球秩序，让各种行为体能够按照基本规范、原则、规则和程序行事，为应对人类的共同挑战提供基本前提。但是，全球治理和全球秩序是相辅相成的关系，如果没有建构全球秩序的基本环境，那么全球治理本身就会陷入困境。正如詹姆斯·罗西瑙（James N. Rosenau）等所言："治理与秩序无疑是明显的互动现象。作为设计用来调整维持世界事务的制度安排的活动，治理显然塑造了现存全球秩序的特质。然而，如果构成秩序的种种模式不利于治理的实现，它是无法进行这种塑造的。"② 逆全球化背景下的全球气候治理正面临这一困境。

2015 年《巴黎协定》的达成离《联合国气候变化框架公约》（下文简称《公约》）在 1995 年生效整整 20 年，这两份具有里程碑意义的文件体现了全球气候治理机制建设的成就。但是，美国退出《巴黎协定》使这一造福全人类的全球治理进程蒙上阴影。全球气候治理是全球化进程的典型组成部分，其机制建设的举步维艰正体现出全球化进程的曲折复杂。相较于其他全球性问题，气候变化威胁的范围更广，涉及的利益方更多，因此也更体现出全球气候治理与全球化整体进程间的高度关联性，即罗西瑙所说的二者相互塑造的关系。《公约》谈判成功的重要背景是冷战结束初期全球化的力量被集中释放，联合国环境发展大会、可持续发展等凸显新的人类挑战的国际会议和发展理念成为这一进程的全新元素，所以即使美国不愿受到《公约》约束，但还是领导了谈判并最终签署。1997 年《京都议定书》达成的重要背景则是全球化进程加速，以网络经济为代表的新经济形态使世界市场的联系更加紧密，世界贸易组织取代关贸总协定，国际贸易额大幅增长，全球化进入新阶段。世纪之交，美国总统乔治·W. 布什（George Walker Bush）以反恐为执政主题，并且绕开作为全球治理主体的联合国

---

① 蔡拓：《全球治理的中国视角与实践》，《中国社会科学》2004 年第 1 期，第 95～96 页。
② James N. Rosenau and Ernst-Otto Czempiel（eds.），*Governance without Government：Order and Change in World Politics*，Cambridge：Cambridge University Press，1992，p. 8.

单独领导全球反恐，同时激化美俄矛盾，引发两国全球对抗，全球化在冷战结束后第一次面临巨大困境。在此背景下，美国退出《京都议定书》。2008 年虽然爆发金融危机，但新兴经济体对全球经济增长贡献率明显提升，该群体内部因为高速发展释放的巨大能量部分稀释了经济全球化的危机。同时，2007 年政府间气候变化专门委员会（IPCC）发布的第四份评估报告再次证实了气候变化的真实性和人为活动导致的原因，引发了国际社会对《京都议定书》第一承诺期即将到期后全球减排公约谈判的关注。此时，各国不得不同时面临金融和气候变化的双危机，如何在减排的同时保持经济增长，使全球经济尽快摆脱困局成为这一时期全球治理的焦点。2009 年气候变化《哥本哈根协定》的达成是应对这一问题的初步答案，更重要的是这次大会上中美就应对气候变化表现出的合作意愿令人鼓舞。之后两国连续发布四份元首级别的气候变化联合声明，并积极推动《巴黎协定》达成和生效。至此，全球气候治理形成了中美合作推进的模式，全球气候秩序也在经历了波折后归于稳定，"共同但有区别的责任原则"、公平原则等《公约》核心原则被保留，同时形成了"自下而上"减排这一重要的新模式，确保各国能够按照各自国内情形自主设定减排指标和规划，以低碳经济为主要内容的结构转型也成为国际社会为应对金融和气候变化双危机达成的重要共识。

　　但是，特朗普（Donald Trump）政府的逆全球化政策改变了全球气候治理的基本环境，限制了其塑造全球气候秩序的能力。正如特朗普总统在联合国成立 70 周年大会的演讲中引用杜鲁门（Harry Truman）总统的话所言，联合国成功的关键是其成员国作为主权国家的成功，所有领导人都必须首先保护其国民的利益，没有强大的国家主权，人类就无法团结起来应对共同挑战。[①] 联合国是当代世界最具权威性的政府间国际组织，也是全球治理的主要行为体。其成立的初衷就是超越两次大战背后激烈的主权国家矛盾，能够让人类联合起来共同应对全球性挑战。其要义不是否定成员国的主权性，而是希望超越主权间的矛盾，着眼于人类面临的共同威胁，以集体安全以及其他国际合作方式增进人类的整体福祉。但是，特朗普总统却在纪念这一国际组织成立的演讲中反其道而行之，超越联合

---

① Remarks by President Trump to the 72nd Session of the United Nations General Assembly, September 19, 2017, https：//www.whitehouse.gov/briefings － statements/remarks － president － trump － 72nd － session － united － nations － general － assembly/，登录时间：2018 年 3 月 29 日。

国代表的人类整体利益，夸大主权国家间利益的矛盾性，反复强调其"美国第一"的思想，仿佛要以美国取代联合国，逆全球化思维表露无遗。这种看似强硬的表态实际上反映了美国认为在新兴经济体崛起背景下的全球化给自己带来的不公平性和不安全感，[①] 本质上是一种不再自信的表现。

实际上，如果将全球化上溯到地理大发现时代，那么北美大陆就与全球化的缘起息息相关。作为全球化的思想基础，自由主义虽然诞生于欧洲，却在美国发扬光大。20 世纪初期伍德罗·威尔逊（Woodrow Wilson）总统以"十四点原则"宣示了新大陆与欧洲旧世界的不同，开启了美国作为自由主义旗手的时代。富兰克林·罗斯福（Franklin D. Roosevelt）总统传承了前辈的理念，其倡导的国际社会集体安全机制终于在二战后以联合国的建立而实现，同时美国主导的关贸总协定（GATT）、世界银行（WB）和国际货币基金组织（IMF）三大国际经济机制相继建立，标志着美国成为国际合作的领导者。20 世纪 60 年代，伴随美国跨国公司的全球扩张，以及主要发端于美国的新科技革命带来的交通、通信等技术的革新，资本、技术、劳动力、信息等经济要素逐渐开始真正意义上的全球流动，这一趋势超越了冷战下的两极格局，预示着真正全球化时代的来临。随着冷战结束和发端于美国的互联网技术与网络经济的出现和发展，全球化进程更加深入，以至于今天的世界已经完全处于一种网状结构之中，复合相互依赖的程度大大加深。回顾这段历史可以发现，美国始终是全球化进程的主要倡导者和推动者，以商业立国的美国将商业和平论的哲学全面落实到内外政策中，坚信"如果商品不跨越国界，那么士兵就会跨越国界"的自由主义警示，那为什么今天商人出身的特朗普却成了逆全球化的代表呢？

沃尔特·米德（Walter Mead）曾指出，美国外交文化中同时包含汉密尔顿、威尔逊、杰斐逊和杰克逊四大传统，分别代表现实主义、自由主义、孤立主义和武力主义。[②] 这四大传统依不同国际国内形势和总统个性而在不同时期成为美国对外政策的主导。比如南方保守势力出身的乔治·W. 布什总统本身倾向于武力传统，又在上任伊始碰到"9·11"事件，所以其任期内发动了阿富汗战争和伊

---

① Andrew Rojecki, "Trumpism and the American Politics of Insecurity", *The Washington Quarterly*, Vol. 39, No. 4, 2017, p. 66.

② 参看〔美〕沃尔特·拉塞尔·米德《美国外交政策及其如何影响了世界》，曹化银译，辽宁教育出版社，2003。

拉克战争两场影响深远的战争，凸显汉密尔顿的现实主义和杰克逊的武力主义传统。奥巴马（Barack Obama）总统作为非洲裔美国人的成功典范，以及哈佛大学法律系毕业生和律师的职业身份，带有浓烈的自由主义气质，所以执政后先后推出重启美俄关系、无核化世界、缓和与伊斯兰世界关系等政策，甚至因此获得2009 年诺贝尔和平奖，凸显出威尔逊自由主义传统。而当特朗普总统上台时，美国经历了金融危机带来的国际格局大调整，自身地位相对下降，新兴经济体地位集体上升，同时国内面临较大就业压力，加上其商人出身的务实性格，旨在拥抱世界的威尔逊自由主义传统退居幕后，汉密尔顿的现实主义和杰斐逊的孤立主义传统成为其政策主导，对一直由美国自身领导的自由主义国际秩序构成挑战，① 概括起来就是经济民族主义、政治民粹主义、外交孤立主义。在此背景下，美国先后退出标志着全球气候治理里程碑成就的《巴黎协定》、《跨太平洋经贸伙伴协定》和联合国教科文组织，重启《北美自由贸易协定》谈判，限制海湾地区七个伊斯兰国家穆斯林进入美国，大幅提高主要贸易伙伴进口商品关税，这一系列政策开启了美国逆全球化的大幕。更为严重的是，在美国的影响下，主要国际行为体政策纷纷内向化。欧盟及其主要领导者德国因为难民危机，都将政策重点放在弥合内部社会政治裂痕方面。法国在马克龙总统领导下大刀阔斧推动包括斩断政府企业裙带关系在内诸多顽疾的改革，重新释放经济增长动力。英国脱欧加剧了欧盟的整体性危机，但其自身也面临脱欧公投导致的社会对立问题。② 普京新任俄罗斯总统后明确表示任期内将首先考虑国内问题，尤其是如何应对长期困扰俄罗斯经济的结构性矛盾。印度总理莫迪（Narendra

---

① Taesuh Cha, "The Return of Jacksonianism: The International Implications of the Trump Phenomenon", *The Washington Quarterly*, Vol. 39, No. 4, 2017, p. 93. 有学者认为特朗普执政还体现了美国杰克逊主义的回归，可参看 Michael Clarke and Anthony Ricketts, "Understanding the Return of the Jacksonian Tradition", *Orbis Journal of World Affairs*, No. 1, Vol. 61, 2017, pp. 13 - 26.

② 无论是特朗普政府退出一系列国际组织和协定还是英国脱欧，不仅反映了两国政策的内向化，而且会带来较大外部性，即在心理层面影响仍然留在一体化组织内部的成员，增加它们对组织解体的担忧和进一步合作和成本收益计算，因此从长远看，美国和英国"退出政策"的消极影响将持续发酵。对此问题的详细分析可参看 Erica Owen and Stefanie Walter, "Open Economy Politics and Brexit: Insights, Puzzles, and Ways Forward", *Review of International Political Economy*, Vol. 24, No. 2, 2017, pp. 192 - 193；中国学者的相关文献可参看洪娜《从"全球主义"到"美国优先"：特朗普经济政策转向的悖论、实质及影响》，《世界经济研究》2018 年第 10 期，第 48 ~ 54 页。

Modi）则继续推动印度经济振兴计划。新兴经济体作为改变当代国际格局的一支群体性力量，在金融危机中受到较大打击，虽然在全球经济复苏的背景下也开始恢复增长，但内部改革任务依然繁重，国际合作意愿下降，金砖国家机制面临考验。

因此，在金融危机未完全结束、恐怖主义威胁依旧严峻、难民危机持续发酵的背景下，文明差异带来的排他性和国家利益的相对性超越了全球共识与绝对收益，使逆全球化跨越美国成为全球性现象，即各主要行为体内部民族主义和民粹主义明显复苏，各国政府和社会间就是否应该继续积极参与全球治理的内在张力更加紧张，人类命运与各国命运的矛盾更加尖锐，以选票为生命的西方政客哪怕具有强烈的全球意识，也不得不讨好选民，以内政优先，① 导致诸多全球性问题缺乏有效政治领导，这构成了全球气候治理的新背景。在此背景下，全球气候治理将进入转型阶段，那么将坚持推动构建人类命运共同体作为新时代坚持和发展中国特色社会主义的基本方略的中国，又该如何促进逆全球化下的全球气候治理转型？这正是本研究计划探寻的问题。

第二节　现有研究路径的启示

全球治理研究始于冷战结束初期，至今理论建构已经较为成熟，但也出现新的发展。全球治理研究主要可以分为三种基本路径，第一是以国际机制促进无政府状态下的合作，第二是国际领导权理论与全球治理转型研究，第三是多元行为体和全球治理。

一　全球治理理论研究新趋势

不同于早期全球治理研究更强调以自由主义价值观及其主导的国际机制应

---

① 关于西方选举政治与英国脱欧和美国特朗普现象关系的文献可参看 Henry Farrell and Abraham Newman，"BREXIT，Voice and Loyalty：Rethinking Electoral Politics in An Age of Interdependence"，*Review of International Political Economy*，Vol. 24，No. 2，2017，pp. 232 - 247；Vivien A. Schmidt，"Britain-out and Trump-in：A Discursive Institutionalist Analysis of the British Referendum on the EU and the US Presidential Election"，*Review of International Political Economy*，Vol. 24，No. 2，2017，pp. 248 - 269。

对全球性问题，发展中国家学者也开始构建自身的全球治理理论，强调对于全球性的理论构建，认为是全球化理论的核心。① 同时，全球治理研究开始更加注意全球治理乃至全球化内部的权力因素和多元价值。比如认为全球化并非一个自由主义标榜的纯粹的和自发的经济过程，支配经济规律的是政治权力，特别是地缘政治博弈。② 还有学者看到不同区域治理的经验对于全球治理的价值，认为不同区域文明的多样化既会成为全球治理障碍，但也能为其提供独特的治理模式，所以全球治理不是也不应该是西方自由主义价值观所单一主导的，而应该将区域治理与全球治理研究结合起来。③ 而面临国际格局转型带来的权力分散，有学者认为全球治理已经进入一个价值观的真空期，同样需要从不同议题领域的治理经验挖掘新的治理理念。④ 新兴经济体与全球治理转型的关系是全球治理研究新发展关注的重要问题，较为普遍的观点认为，新兴经济体对于现有的全球治理体系确实具有改革的需求，但不会进行彻底颠覆，⑤ 全球治理进入一个反制度主义的时期，不仅新兴经济体，而且西方发达国家也对现有全球治理的制度设计感到不满，双方的博弈最终推动全球治理不断发展。⑥ 其中中国是否能够从被世界治理到治理世界，甚至领导全球治理则具有不确定性。⑦

全球治理理论研究的新趋势充分反映了全球治理研究进入成熟期后，已经不再简单强调全球性挑战的普遍性，而更看重应对挑战方案的差异性和权力博弈。而且研究者也不再集中于西方发达国家，而是扩散到包括金砖国家在内的众多发展中国

---

① 蔡拓等：《全球学导论》，北京大学出版社，2015，第478页。

② Baldev Raj Nayar，*Geopolitics of Globalization*，New Delhi：Oxford University Press，2005，p. 83.

③ Fawn Rick（ed.），*Globalizing the Regional Regionalizing the Global*，Cambridge：Cambridge University Press，2009，Anna Triandafyllidou，*Global Governance from Regional Perspectives：A Critical View*，Oxford：Oxford University Press，2017.

④ Tom Pegram and Michele Acuto，"Introduction：Global Governance in the Interregnum"，*Journal of International Studies*，Vol. 43，No. 3，2015，p. 587.

⑤ 〔巴西〕奥利弗·施廷克尔：《金砖国家与全球秩序的未来》，钱亚平译，上海人民出版社，2017，第189～190页；Yale H. Ferguson，"Rising Powers and Global Governance：Theoretical Perspectives"，in Gaskarth Jamie（ed.），*Rising Powers，Global Governance and Global Ethics*，New York：Routledge，2015，pp. 37 - 38。

⑥ Zürn Michael，*A Theory of Global Governance：Authority，Legitimacy，and Contestation*，Oxford：Oxford University Press，pp. 192 - 194.

⑦ 庞中英：《全球治理的转型——从世界治理中国到中国治理世界？》，《国外理论动态》2012年第10期，第16页。

家。伴随全球性挑战的增多，全球治理的全球性特征更加明显，同时在国际格局转型大背景下，区域和国别观念与治理经验的多元化趋势也更加明显。二者互动带来的结果就是，全球治理理论研究必须回答西方发达国家主导的单一全球治理和新兴经济体改革需求之间的关系，究竟是彻底颠覆，还是新兴经济体被既有全球治理体系同化，抑或是二者碰撞、妥协、融合，最终创造出全新的全球治理模式。同时，这些研究普遍深入国别特别是金砖国家的价值观与治理经验中，希望从实证研究中挖掘全球治理多元化的例证。但是，从中国的视角来看，目前的研究存在全球治理转型的理论研究和具体议题研究分离的情况。一方面越来越多的学者承认全球治理转型的出现，并进行了理论建构，另一方面不同议题的学者从各自议题角度分析了中国可能对世界的贡献。本研究充分吸收了目前国内外关于全球治理转型的理论成果，希望在此基础上建构自己的全球治理转型理论框架，同时应用于中国对于全球气候治理转型的作用分析中，实现理论研究与议题研究的结合。

二　以国际机制促进无政府状态下的合作

逆全球化下的全球治理本质上属于一个国际关系理论的经典争鸣，即新自由主义和新现实主义关于无政府状态下的国际社会是否可以实现合作。尽管全球治理是冷战结束后的新现象，但其所嵌套进的基本环境仍然是无政府状态的国际社会，而且参与全球治理的行为体比传统国际关系更多，进一步增加了合作难度。所以，探讨逆全球化下的全球治理问题首先需要回到新自由主义和新现实主义关于无政府状态下的合作问题。在新自由主义者看来，尽管无政府状态会导致"囚徒困境"，但重复博弈的互惠战略可以减少信息不确定性促进合作。[1] 在此基础上，罗伯特·基欧汉（Robert Keohane）认为，由于国际制度的功能性作用，[2] 互惠战略不仅能够产生丰厚报偿，而且有助于整个共同体惩罚不合作行为者促进合作。[3] 肯尼斯·奥耶（Kenneth A. Oye）则进一步指出，合作中的报偿结构、未来时间的长

---

[1] Robert Axelrod, *The Evolution of Cooperation*, New York: Basic Books, 1984.

[2] 〔美〕罗伯特·基欧汉：《霸权之后——世界政治经济中的合作与纷争》，苏长和、信强、何曜译，苏长和校，上海人民出版社，2006，第90页。

[3] Robert Axelrod and Robert Keohane, "Achieving Cooperation under Anarchy: Strategies and Institutions", in Kenneth A. Oye, ed., *Cooperation under Anarchy*, New Jersey: Princeton University Press, 1985, p. 244.

度以及参与合作国家的数量是决定无政府状态下国际合作成功与否的关键变量。[①] 邓肯·斯奈德（Duncan Snidal）认为，如果参与合作的国家达到三个或者更多时，相对收益就难以阻碍合作实现。[②] 罗伯特·鲍威尔（Robert Powell）也指出，国家只有将相对收益转化成相对其他国家的优势时，合作才会变得重要，如果国家没有这种转化的机会，那么合作将变得可能。[③] 基欧汉进一步认为，国际机制可以"扮演建立法律责任模式的功能，提供相对对称的信息，以及解决谈判的成本以使特定协议能够容易作出"。[④] 所以国际机制能够克服相对收益困境，促进合作。

新自由主义者们关于无政府状态下合作的论点对于今天的国际合作研究仍然具有基础性意义，特别是国际机制在霸权衰落之后仍然有效的理论假设非常适用于金融危机后美国退出全球治理的现实。按照基欧汉的观点，建立一套新机制的成本远远高于维持一套旧机制，所以已经建立的国际机制不会轻易消亡。正如《联合国气候变化框架公约》，虽然从建立到今天始终面临诸多国家利益博弈的困扰，但仍然是国际社会公认的应对气候变化的核心机制。原因在于《公约》形成了一项基本构成性国际规范，即气候变化的威胁事实上存在且是由人为排放的温室气体导致的，因此应对这一威胁必须限制人类的温室气体排放。在长期谈判过程中，这一基本构成性规范被不断提及和强化，并形成了《京都议定书》和《巴黎协定》等相应的限制性规范，促成了无政府状态下的全球气候治理。

但是，机制本身并不能自动促进全球治理，相反，过多的国际机制反而成为逆全球化者发泄的渠道。[⑤] 所以，即使是国际机制的倡导者奥兰·扬（Oran R. Young）也认为，国际机制的有效性来源于多个方面，包括机制涉及的问题结构、机制的属性、围绕机制展开的社会实践、机制之间的联系，以及其他更广泛

[①] Kenneth A. Oye, "Explaining Cooperation under Anarchy: Hypothesis and Strategies", in Kenneth A. Oye, ed., *Cooperation Under Anarchy*, pp. 4 – 22.

[②] Duncan Snidal, "Relative Gains and the Pattern of International Cooperation", *American Political Science Review*, Vol. 85, No. 3, 1991, p. 722.

[③] Robert Powell, "The Problem of Absolute and Relative Gains in International Relations Theory", *American Political Science Review*, Vol. 85, No. 4, 1991, pp. 1316 – 1317.

[④] 罗伯特·基欧汉：《霸权之后——世界政治经济中的合作与纷争》，第108页。

[⑤] Harold James, *The End of Globalization: Lessons from the Great Depression*, Cambridge: Harvard University Press, 2001, p. 8.

的背景。① 这说明国际机制绝不是建立之后就能有效促进逆全球化下的全球治理，而是必须满足多个条件。其中，新自由主义者最为忽略的就是机制动态发展过程中权力的博弈以及参与合作者的意愿。

第一，新自由制度主义范式更多强调在霸权之后国际机制的存续，原因是已经形成了一套成熟的规范、原则、规则和程序，然而并没有看到机制在发展过程中还会根据相关议题的发展产生对新规则的需要，这种新规则的产生就是在新环境下权力支撑的利益再分配的过程。当国际结构发生较大变化时，这种权力博弈的利益再分配的激烈程度会非常高，最终会导致机制的瘫痪。迈克尔·巴尼特（Maichael Barnett）和玛莎·芬尼莫尔（Martha Finnemore）认为国际组织自身的官僚属性可以使其按照社会性逻辑进行扩展，② 但正如奥兰·扬指出的，问题结构本身会构成问题，即当涉及重大议题时，比如全球气候治理中关于后《京都议定书》时代量化减排指标的分配，全球金融机构中就新兴经济体的投票权分配等问题就超出了国际组织的官僚机构权限，而表现出强烈的权力博弈推动机制的变迁的模式。

第二，新自由主义者的核心观点之一参与者数量的减少会增加合作的可能性。但《巴黎协定》从谈判到生效再到美国退出的全过程恰恰证伪了这一假设。因为当美国留在谈判中时，《巴黎协定》顺利达成并生效；但当美国退出时，实际是参与者减少了，《巴黎协定》的落实却成为问题。换言之，参与者减少不仅没有促进合作，反而增加了合作的难度。这里的关键问题是，新自由主义者只是看到了参与者的数量，而没有深入分析这些参与者的合作意图，实际也是存在他们所批判的结构现实主义者的问题，即将国际行为体看成实心台球，忽略了其国内政治和决策过程。③ 因此，单纯参与者数量的增减无法有效判断全球治理的成败，还必须考察

① 〔美〕奥兰·扬：《世界事务中的治理》，陈玉刚、薄燕译，上海人民出版社，2007，第109～113页。

② 〔美〕迈克尔·巴尼特、〔美〕玛莎·芬尼莫尔：《为世界制定规则：全球政治中的国际组织》，薄燕译，上海人民出版社，2009，第58～59页。

③ Robert Keohane, *International Institutions and State Power*, Boulder: Westview Press, 1989, p. 60. 基欧汉在一篇专门讨论气候变化与政治科学的文章中也再次强调了将全球气候治理研究与比较政治结合的重要性，旨在提升对不同国家采取不同气候延缓和适应政策原因的认识。Robert Keohane, *The Global Politics of Climate Change: Challenge for Political Science*, The 2014 James Madison Lecture, p. 24.

参与者的意图。当美国留在谈判内增加了参与者数量时，因为奥巴马政府的意图是支持全球气候治理的，其国内决策过程中支持派也战胜了反对派，所以促进了《巴黎协定》的达成。但特朗普政府在意图上明确反对全球气候治理，而且其国内决策过程完全被反对派主导，所以退出了《巴黎协定》，给合作造成障碍。

第三，参与者对合作的影响程度也是决定全球治理能否成功的重要变量。普通参与者退出对于全球气候治理影响有限，但美国作为世界第二大温室气体排放国和当代世界最具影响和权力的主权国家，其退出对于合作的负效应明显大于参与者数量减少带来的正效应。

因此，逆全球化下的全球气候治理是否可行，不仅需用发展的视角考察全球气候治理机制在新权力博弈下的规则建设，还应聚焦主要行为体的能力与意愿。

三　国际领导权理论与全球治理转型研究

赫德利·布尔（Hedley Bull）关于无政府社会下世界秩序的研究为此路径提供了基础。在布尔等英国学派的学者看来，国际社会虽然是无政府状态的，但拥有自己的基本规范和规则，构成了国际社会的基本秩序，维持秩序的方式之一就是大国。布尔认为大国包含三层意思，其一，两个或两个以上地位差不多的国家组成某种入会规则的俱乐部；其二，俱乐部的成员具有一流的军事地位；其三，其他国家承认大国拥有某些特殊权利和义务，或者大国的领导人和人民认为本国具有这样的权利与义务。基于此，大国维持国际秩序的作用体现在（1）维持总体均势；（2）努力避免在相互关系中发生危机或者努力控制相互间业已发生了的危机；（3）努力限制或遏制相互之间的战争；（4）单方面利用自身在局部地区的主导地位；（5）相互尊重对方的势力范围；（6）根据大国一致或共管的理念。[①] 可见，大国维持无政府状态下国际秩序的作用就是一种领导权的体现，其基础是能力、意愿和合法性的一致。

"国际领导就是对国际关系的组织、塑造和引导"[②]，不同于霸权和主导权，国际领导产生的原因是国际机制参与者的异质性和策略分化需要领导行为体发挥

---

① 〔英〕赫德利·布尔：《无政府社会：世界政治秩序研究》，张小明译，世界知识出版社，2003，第 160～165 页。

② 庞中英：《效果不彰的多边主义和国际领导赤字——兼论中国在国际集体行动中的领导责任》，《世界经济与政治》2010 年第 6 期，第 8 页。

协调作用，包括协调参与者多样化的需求，通过承担成本的方式，保证制度设计的启动和展开，以及降低利益分配的冲突程度。①

奥兰·扬给出了领导与国际制度发展关系的独特见解。他将领导分成结构型、企业家型和智慧型三种类型，三者分别通过压力、谈判技巧和思想观念使国际制度中的谈判达成。在扬看来，利用多维度的领导概念，对于国际上为达成有关宪章性契约的协议而进行的努力获得成功来说，领导的出现是一个必要（但非充分）的条件。② 这种领导权分类的视角颇具启发性，但需要继续思考的是，哪种类型的领导权更有利于制度转型，特别是当出现逆全球化背景时，领导权对于制度转型是否仍然是必要但非充分条件，路径依赖的惯性是否需要更强力的领导实现制度转型。

在国际格局转型和逆全球化叠加出现时，全球治理领导权研究的焦点就成为新兴经济体和守成大国的权力博弈如何推动全球治理转型。国外学者，特别是西方学者普遍关注新兴经济体的群体性崛起是否会挑战发达国家主导的全球治理结构。比如在世界贸易组织代表的全球贸易治理结构中，他们认为金砖国家已经实现了重大的权力转移。③ 同样，新兴经济体也削弱了全球治理的传统决策规范。④ 中国有学者对这种权力转移的关注更为乐观，认为"全球经济治理结构正在从霸权治理向合作治理迈进，在这种新的结构中，发达经济体与新兴经济体作为两股相互依赖、缺一不可的力量共同治理全球经济问题。这不仅是对未来全球经济治理变革的展望，也在现实的全球经济治理机制变迁中得到深刻体现"。⑤ 还有中国学者从理论角度分析了现有领导国家如何面对竞争者对全球治理机制改革的挑战，认为"竞争者的改革方案对领导权的冲击程度高和物质利益包

---

① 陈琪、管传靖：《国际制度设计的领导权分析》，《世界经济与政治》2015 年第 8 期，第 13、21 ~ 22 页。

② 〔美〕奥兰·扬：《政治领导与机制形成：论国际社会中的制度发展》，王伟男译，载〔美〕莉萨·马丁、贝思·西蒙斯编《国际制度》，黄仁伟、蔡鹏鸿等译，上海人民出版社，2006，第 30 页。

③ Kristen Hopewell, " The Brics-Merely a Fable? Emerging Power Alliances in Global Trade Governance", *International Affairs*, Vol. 93, No. 6, 2017, p. 1380.

④ Suraj Jacob, John A. Scherpereel and Melinda Adams, "Will Rising Powers Undermine Global Norms? The Case of Gender-Balanced Decision-Making", *European Journal of International Relations*, Vol. 23, No. 4, 2017, p. 802.

⑤ 徐秀军：《新兴经济体与全球经济治理结构转型》，《世界经济与政治》2012 年第 10 期，第 77 ~ 78 页。

容度高以及领导权冲击程度低而且物质利益包容度低，也即竞争者挑战领导国家两个基本利益中的一个方面，就会出现马斯坦杜诺所说的'领导地位与物质利益之间的张力'。此时，领导权护持的成本就会成为策略选择的一个调节因素"。①

中国、印度和巴西是新兴经济体中的代表，三者因为经济规模的庞大和增长动力的强劲，被西方学者给予了更多关注。他们通过案例研究表明，印度在全球气候治理领域表现出较强的领导者姿态，② 而巴西虽然经历了持续的政局动荡，但在"南南合作"为主的全球发展治理中仍然采取了扩大投资和援助的积极政策，希望提升自己经济和观念的影响。③ 而中国由于稳居世界第二位的经济总量和 2013 年以来关于"一带一路"、亚洲基础设施投资银行（AIIB）等系列外交倡议的提出，更成为国际格局和全球治理双转型背景下国内外学者研究的焦点。部分西方学者将中国的这些倡议视为超越经济范畴的战略举措，④ 但也有学者认为，相比于俄罗斯的欧亚经济联盟战略，虽然都是非西方的区域主义，但中国的"丝绸之路经济带"倡议更倾向于拥抱全球化。⑤ 也有学者指出这些系列外交倡议正在使中国的经济实力转化为政治权力，但同时更加融入国际规则。⑥ 也有学者指出制度改革是全球治理转型的关键，⑦ 中国在融入规则的同时获得了更多制度话语权。⑧ 也有中国学者认为，在新兴经济体崛起和国际格局转型的大背景下，全球治理确实在朝着一种新的方向发展。在此过程中，中国已经形成了一套

---

① 管传靖、陈琪：《领导权的适应性逻辑与国际经济制度变革》，《世界经济与政治》2017 年第 3 期，第 47～48 页。

② Amrita Narlikar, "India's Role in Global Governance：A Modi-Fication?", *International Affairs*, Vol. 93, No. 1, 2017, p. 111.

③ Danilo Marcondes and Emma Mawdsley, "South-South in Retreat? The Transitions from Lula to Rousseff to Temer and Brazilian Development Cooperation", *International Affairs*, Vol. 93, No. 3, 2017, p. 698.

④ Nadège Rolland, "China's 'Belt and Road Initiative'：Underwhelming or Game-Changer?", *The Washington Quarterly*, Vol. 40, No. 1, 2017, p. 136.

⑤ Narcin Kaczmarski, "Non-Western Visions of Regionalism：China's New Silk Road and Russia's Eurasian Economic Union", *International Affairs*, Vol. 93, No. 6, 2017, p. 1375.

⑥ Zhang Xiaotong and James Keith, "From Wealth to Power：China's New Economic Statecraft", *The Washington Quarterly*, Vol. 40, No. 1, 2017, p. 199.

⑦ 王毅：《试论新型全球治理体系的构建及制度建设》，《国外理论动态》2013 年第 8 期，第 9～第 11 页。

⑧ 王明国：《全球治理转型与中国的制度性话语权提升》，《当代世界》2017 年第 2 期，第 62～63 页。

"共商共建共享"的新型全球治理观。① 为实现真正的新型全球治理,而不只是简单地变换风格,中国还必须提供更多应对全球化危机的中国方案,② 其中可以从某些区域和具有优势的领域开始,比如东亚和经济金融,以此为抓手推动全球治理变革。③ 而在全球气候治理领域,中国学者的观点并不统一,既有观点认为中国应该"加强务实行动,积极引领应对气候变化国际合作",④ 也有观点认为"中国仍不可过早承担起超出自身能力和责任范畴之外的所谓全球领导责任"。⑤

总体来看,国际领导权理论和全球治理转型研究看到了国际格局转型带来的权力博弈对全球治理领导权、价值观、制度改革等领域的影响,从动力机制层面回答了逆全球化下全球治理是否可行的问题。尽管与新现实主义者类似,这一研究路径的学者相较于新自由主义者更看重权力的因素,但由于时代的更新,他们普遍超越了以上两种范式局限于发达国家权力博弈的理论语境,而将目光投射到非西方的新兴经济体。应当说,正是新兴经济体的群体性崛起,才可能带来全球治理转型这一命题,如果仍然是西方发达国家内部改革方案的博弈,那么全球治理危机就无法真正带来创新。

但也应该看到,首先,这一路径中的西方学者普遍对中国给出的新型全球治理改革方案采取警惕态度,认为这是中国大战略的体现,⑥ 是要和西方争夺国际领导权。中国的这些倡议的提出一方面是出于自身发展需要,另一方面也是大国责任的体现。而对于全球治理机制改革的要求,更是基于权责利对等的原则,希望实现更加公平、合理、包容的全球治理结构。针对西方学者的偏见,中国学者需要更加深入分析中国和平发展与全球治理转型的关系。

---

① 秦亚青、魏玲:《新型全球治理观与"一带一路"合作实践》,《外交评论》2018 年第 2 期,第 14 页。
② 庞中英:《全球治理的"新型"最为重要——新的全球治理如何可能》,《国际安全研究》2013 年第 1 期,第 54 页。
③ 门洪华:《应对全球治理危机与变革的中国方略》,《中国社会科学》2017 年第 10 期,第 46 页。
④ 何建坤:《〈巴黎协定〉后全球气候治理的形势与中国的引领作用》,《中国环境管理》2018 年第 1 期,第 12 页。
⑤ 赵斌:《霸权之后:全球气候治理"3.0 时代"的兴起——以美国退出〈巴黎协定〉为例》,《教学与研究》2018 年第 6 期,第 74 页。
⑥ Hong Yu, "Motivation behind China's 'One Belt, One Road' Initiatives and Establishment of the Asian Infrastructure Investment Bank", *Journal of Contemporary China*, Vol. 26, No. 105, 2017, p. 367.

其次，由于中国对国际公共产品的供给尚处于起步阶段，所以这一路径对于中国究竟在哪些领域提供何种方案以促进全球治理转型缺少具体研究。其中尤其重要的是，需要将中国国内发展与全球治理转型紧密结合起来。国家治理与全球治理的关系日益成为公共管理与国际关系两个学科交叉研究的热点，① 由于中国巨大的国家规模，其国内治理现代化建设和发展方式转型释放的巨大能量对于全球治理转型的影响尤其值得关注。在此基础上需要就某些特定全球治理议题进行具体深入研究。其中，应对气候变化带来的低碳产业培育、低碳技术研发、低碳观念教育、国家环境治理能力的提升等国内治理问题，都会反映到全球气候治理层面，成为中国促进全球气候治理转型的动力与抓手。

最后，与无政府状态下的合作研究一样，国际领导权理论和全球治理转型研究也侧重于对权力对比关系及其形态的考察，即主要研究对象是结构－施动者的关系，都属于结构主义理论的范式。第二种路径虽然以动态视角看到了全球治理的转型，但在国际关系的演化论者看来，仅有结构－施动者关系是无法实现系统演化的，因为国际系统的特征包括一个（子）系统的地理环境、一个系统中单元的数量、系统中大多数单元的性质、单元间互动的总量与范围、单元与物质环境间互动的数量与范围、制度化水平、行为体关于系统的知识的数量、行为体关于系统的知识的共性，以及系统中的主要趋势。② 全球治理作为国际系统的一个部分，在转型过程中也应该符合国际系统整体转型的这些基本特征。因此，对逆全球化下全球治理转型的考察不仅要看到领导权博弈，还应研究系统其他变量的相互关系对转型发生的作用。具体到全球气候治理转型中，就必须分析新科技革命带来的全球技术、经济和社会转型的大趋势，其中就包括低碳经济的兴起与发展，全球能源体系变革，各国政府、社会精英、普通公众对气候变化问题的认知状况，以及对低碳经济的知识储备和政策制定等系统性因素。

---

① 相关文献可以参看蔡拓《全球治理与国家治理：当代中国两大战略考量》，《中国社会科学》2016 年第 6 期，第 5～14 页；陈志敏：《国家治理、全球治理与世界秩序建构》，《中国社会科学》2016 年第 6 期，第 14～21 页；吴志成：《全球治理对国家治理的影响》，《中国社会科学》2016 年第 6 期，第 22～28 页；刘雪莲、姚璐：《国家治理的全球治理意义》，《中国社会科学》2016 年第 6 期，第 29～35 页；薛澜、俞晗之：《迈向公共管理范式的全球治理基于"问题—主体—机制"框架的分析》，《中国社会科学》2015 年第 11 期，第 76～91 页。

② 唐世平：《国际政治的社会演化：从公元前 8000 年到未来》，董杰旻、朱鸣译，中信出版社，2017，第 255～263 页。

四　多元行为体与全球治理

全球治理的一大特征是行为体的多元化，包括一国中央政府、地方政府、企业、媒体、学术共同体、非政府组织、国际组织，甚至个人，都会参与到特定议题的全球治理中。在有些领域，比如反腐败，非政府组织已经在提升全球治理的有效性方面发挥了作用。[①] 在全球气候治理领域，特朗普政府退出《巴黎协定》后，美国地方政府中的多个州和城市明确表示将继续承担协议中的相关义务，这为逆全球化下的全球气候治理提供了机遇。实际上，《巴黎协定》能够成为全球气候治理转型里程碑式的成就，正是因为"开启了'自下而上'模式，基于各国自主决定的贡献并辅之以五年定期更新和盘点机制来构建新的国际气候治理体系。这一体系的核心是在全面参与的基础上实现最大可能的减排力度，并以动态的更新机制逐步提高力度并最终实现全球目标"。[②] 这就为处于最底层的地方政府参与全球气候治理提供了机遇。因为，"在《公约》机制下，'自上而下'的气候谈判模式难以协调各国的不同诉求，尤其是自哥本哈根会议后，主权国家之外的诸多行为体（如跨国城市网络）提出了许多对未来可持续发展具有重大影响的行动倡议，在实践向度上诠释了全球气候治理的实验主义转向。随着全球气候治理参与主体的多元化，以城市为代表的一些重要的次国家行为体，在全球气候治理体系中逐渐活跃，地位也逐渐上升"。[③]

地方政府参与全球气候治理的方式包括影响全球气候政策的制定与实施、推动气候治理规范的创新与扩散、开展气候治理的项目合作与服务、推广传播全球气候治理的经验和技术等几个方面。[④] 地方政府间形成的跨国气候治理

---

① Nathan M. Jensen and Edmund J. Malesky, "Nonstate Actors and Compliance with International Agreements: An Empirical Analysis of the OECD Anti-Bribery Convention", *International Organization*, Vol. 72, Winter, 2018, p. 65. 中国学者关于全球气候治理中国际非政府组织的近期文献可参看李昕蕾、王彬彬《国际非政府组织与全球气候治理》，《国际展望》2018 年第 5 期，第 136 ~ 156 页。

② 庄贵阳、周伟铎：《全球气候治理模式转变及中国的贡献》，《当代世界》2016 年第 1 期，第 45 页。

③ 庄贵阳、周伟铎：《非国家行为体参与和全球气候治理体系转型——城市与城市网络的角色》，《外交评论》2016 年第 3 期，第 139 ~ 140 页。

④ 王玉明、王沛雯：《跨国城市气候网络参与全球气候治理的路径》，《哈尔滨工业大学学报》（社会科学版）2016 年第 3 期，第 114 ~ 120 页。

（Transnational Climate Change Governance，TCCG）模式也和传统以联合国为中心的全球气候治理模式形成了互动，为逆全球化下的全球气候治理提供了新路径。①

多元行为体促进逆全球化下全球治理的研究超越了前两种路径集中于主权国家和正式国际机制的视角，拓展了本研究的视野。的确，当学者谈论全球治理或全球共同体时，其中一个重要指标就是大量非国家行为体的出现。② 而一种真正全球治理的实现也必须依托于全球资本和专家共同体的非政府组织的发展。③ 所谓逆全球化现象的出现，主要集中于主权国家政府的退出政策，但这恰恰给予了非国家行为体以活动空间，其地位的提升正是全球治理转型的重要内容。

但同时应该看到，多元行为体既是全球治理的鲜明特征，也是全球治理中的弱者，这首先表现在其参与全球事务的合法性方面。④ 比如在全球气候治理领域，所有重要文件都是主权国家签署，非国家行为体如何参与到这一过程中？当美国退出《巴黎协定》后，其地方政府如何能替代联邦政府本应在其中起到的作用？相较于无政府状态的国际社会，欧盟成熟的制度框架为其成员国的地方政府提供了更加合法的环境，这也正是为什么欧盟成员国地方政府参与欧盟内部气候治理比全球气候治理更加积极的原因。⑤ 因此，多元行为体在逆全球化下促进全球气候治理转型的具体方式还需深入研究。

其次，多元行为体之间的协调与合作问题。国家与非国家行为体在全球治理中的利益并非一致，因为全球治理的出现就是主权国家权威向非国家行为体扩散

---

① Harriet Bulkeley etc. , *Transnational Climate Change Governance*, Cambridge：Cambridge University Press, 2014, p. 186.

② 〔美〕入江昭：《全球共同体：国际组织在当代世界中的角色》，刘青、颜子龙、李静阁译，刘青校，社会科学文献出版社，2009，第 101 页。

③ 〔英〕托尼·麦克格鲁：《走向真正的全球治理》，载俞可平主编，张胜军副主编《全球化：全球治理》，社会科学文献出版社，2003，第 158～160 页。

④ Thomas Richard Davies, "Understanding Non-Governmental Organizations in World Politics：The Promise and Pitfalls of the Early 'Science of Internationalism'", *European Journal of International Relations*, Vol. 23, No. 4, 2017, p. 895.

⑤ 相关文献可参看李昕蕾、宋天阳《跨国城市网络的实验主义治理研究——以欧洲跨国城市网络中的气候治理为例》，《欧洲研究》2014 年第 6 期，第 129～148 页；曹德军：《嵌入式治理：欧盟气候公共产品供给的跨层次分析》，《国际政治研究》2015 年第 3 期，第 62～77 页；巩潇泫：《欧盟气候治理中的跨国城市网络》，《国际研究参考》2015 年第 1 期，第 10～15 页。

的过程。所以在全球治理转型过程中，当主权国家退出带来逆全球化现象时，非国家行为体更倾向于抓住机遇提升自己的地位，那么与国家行为体发生利益冲突的可能性也相应增加。在此情况下，国家与非国家行为体如何协调彼此关系，使双方在促进全球治理转型过程中的目标尽量达成一致并展开合作，这是需要继续思考的问题。对于中国而言，非政府组织参与全球气候治理的合法性、有效性和形象都在提升，① 地方政府参与全球气候治理的积极性也日益增强。在美国退出《巴黎协定》后，中国地方政府如何加强与美国地方政府气候合作，延续奥巴马政府时期两国形成的气候合作遗产，是全球气候治理转型的重要基础。

最后，多元行为体与全球气候治理转型的研究应该更多关注企业的作用。企业是全球治理的重要参与者，在全球卫生治理中，企业掌握关键药品；在全球环境治理中，企业掌握关键环保技术。具体到全球气候治理转型，其基础是全球经济在新科技革命潮流推动下向低碳经济的转型，其中关键是低碳产业和低碳市场的形成、低碳技术的研发，以及低碳产品的生产和销售，这些都必须依赖企业。中国在逆全球化下促进全球气候治理转型的重要手段就是参与全球低碳经济竞争，扩大对外低碳产业投资，提升在低碳时代全球治理中的地位，这是未来研究需要更多关注的问题。

总体来看，目前关于全球治理转型的三种研究路径都为本研究提供了重要启示，为考察中国在逆全球化下如何促进全球气候治理转型提供了基本背景和框架性的思路。同时，三种路径也为本研究留下了空间，在汲取已有研究的基础上，本研究将设计自己的分析框架。

第三节　本研究的理论假设、分析框架与方法、结构安排

一　本研究的理论假设

本研究提出一项主假设和一项子假设。

主假设：主权国家是全球治理转型的核心推动力量。传统的全球治理观坚持

---

① 张丽君：《非政府组织在中国气候外交中的价值分析》，《社会科学》2013 年第 3 期，第 15 ~ 23 页。

认为全球治理是一个去国家的过程，国家权威在全球治理中逐渐消融，非国家行为体将成为全球治理的主角。本研究认为，主权国家与全球治理处于一种持续的互动过程中。全球化和全球治理的缘起本身就是主权国家开放政策的结果，主权国家的权威也确实受到全球治理挑战，但主权国家不是被动应对，而是主动适应，全球治理的实现最终必须落实到国家治理之中，失败的国家治理会导致全球治理的失败，反之亦然。所以主权国家和非国家行为体是全球治理的两面，二者缺一不可。如果没有主权国家，特别是关键国家的开放政策，国际体系的联系都将中断，全球治理则更没有实践的空间。相反，特定时期国际格局中的关键国家如果坚持奉行开放政策，全球治理就不会终结。但同时，持开放政策的关键国家也掌握着全球治理从价值观设定到治理机制的建立与改革和治理主体的管控等多方面权力，决定了全球治理转型的方向，所以主权国家才是全球治理转型的核心推动力量。

子假设：全球气候治理转型的实现必须依赖中国国内低碳经济发展与世界低碳经济发展的有效对接。既然主权国家是全球治理转型的核心推动力量，那么全球气候治理的转型也必须依赖主权国家，特别是关键国家的政策，《巴黎协定》确定的自下而上的减排模式本身就证明了这一点。所以本研究认为，全球气候治理转型的内涵是指，新兴经济体围绕低碳科技的研发、投资、生产、国际合作，以及全球温室气体减排展开的机制建设、区域合作、价值观供给和参与主体的扩展，使得全球气候治理在逆全球化背景下更加包容、普惠和高效。

其中包容是指，全球气候治理不仅应当包括《联合国气候变化框架公约》及其各附属议定书和协定，还应当包括各国内部的低碳经济制度、政策，以及双边和多边的低碳经济合作。在价值观上应当包容不同文明的价值观念，在主体上应当包括主权国家中央政府、地方政府、非政府行为体等多种主体，并努力达成它们之间的平衡。

普惠是指，气候变化是全人类面临的挑战，所以全球气候治理的成果不能只惠及发达国家，而必须惠及所有国家。其中包括低碳技术、管理经验、资金等各种应对气候变化的要素。需要格外强调的是，普惠一定是兼顾减缓与适应的关系，因为发展中国家的首要任务还是发展，尤其在逆全球化导致全球经济下行压力加大的背景下，不能因为某些国家过于激进的减排主张而压缩发展中国家的发展空间，而是要通过真正的低碳经济转型提升发展中国家适应气候变化的能力，在碳约束条件下仍然能够保持经济平稳增长。

高效是指，全球气候治理转型不能停留在全球谈判层面，而必须落实到参与主体的具体政策中。目前的全球气候治理过于集中于谈判的成果，而疏于将成果转化为国家的具体政策。所以全球气候治理的转型必须突出气候治理的效率，要尽可能在短时间内实质性地削减温室气体排放，因为气候变化的速度和威胁程度都在提升，人类已经没有太多的时间和空间等待各种谈判的进程完结。

基于以上概念，全球气候治理不仅包括国际协定的谈判，更重要的是如何在国家层面落实这些协定，如何将各国国内和区域的减排行动与国际减排协定紧密结合起来，所以《巴黎协定》的成功也必须依赖各国和区域对气候变化问题治理的成功。在此基础上，全球气候治理就成为一个包括国际协定和各国各区域减排制度、产业、机制、价值观和主体等多个方面的复杂体系，其中每一个方面都转型才能构成整个全球气候治理的转型。《巴黎协定》达成完成了国际协定层面的转型，但全球气候治理整体转型的实现还必须依赖其他方面的转型。美国退出《巴黎协定》使得作为世界第二大经济体和第一大温室气体排放国的中国成为全球气候治理中最为关键的主权国家，这意味着中国在低碳经济发展的制度、产业、机制、价值观和主体等多个方面深化改革和扩大开放释放的巨大发展能量将影响全球气候治理转型的成败。比如，在中美学者讨论"全球政治中的战略议题"时，"一带一路"方案就被双方认为是解释了内政与外交相互作用的重要例子。作为一个全球性的宏观倡议，"一带一路"在除扩展经济开放性外还包含数个内政动机：（1）减轻有如人口老龄化、产能过剩以及能源安全等因经济发展放缓带来的国内紧张；（2）建立国家安全联结的重要思路；（3）凝结国家民族认同感；（4）提供区域性公共物品。总体而言，"一带一路"以内政与外交的互相影响为杠杆，通过外交策略来强调安全与发展的要义。① 这种国内政治经济与外交的统一同样体现在中国参与全球气候治理的案例中。

比如中国国内经济转型的主要方式是供给侧改革，其中一个重要方面就是低碳经济，这将成为逆全球化下全球气候治理转型的主要动力。2007年联合国政府间气候变化专门委员会第四份评估报告发布后，中国就成为全球气候治理的焦

---

① 《"全球政治中的战略议题"：中美中青年学者研讨会观点综述》，北京大学国际战略研究院《国际战略研究简报》2016年6月10日第37期，第3～4页。

点。2009 年哥本哈根气候大会前夕，中国政府公布了碳强度减排目标。大会之后，中国将整合应对金融危机和气候变化作为抢占后危机时代国际竞争制高点的重要举措，发展低碳经济也逐渐上升为国家战略。党的十八大报告中明确提出建设"美丽中国"和构建生态文明的目标，十八届五中全会确立了"创新、协调、绿色、开放、共享"五大发展理念，党的十九大报告将构建普遍安全、共同繁荣、开放包容和清洁美丽的人类命运共同体作为治国方略之一。由此看出，中国已经将应对气候变化统一到国内和国际战略中，将促进国内发展与国际发展紧密结合。在此背景下，低碳经济已经成为连接中国国内供给侧改革与促进全球气候治理转型的重要节点。供给侧改革"是以改革为核心、以现代化为主轴攻坚克难的制度供给创新"，包括现代国家治理体系、现代市场体系、现代财政制度和政治文明四个逻辑紧密部分的建设。① 低碳经济领域的供给侧改革，就是要建立有利于低碳产业发展、低碳技术研发、低碳产品生产和销售、低碳生活观念培育、低碳市场交易等一体化的制度体系，尽快实现中国经济社会发展的去碳化。以此作为基础，中国将具备更大能力促进全球气候治理转型，包括在《公约》框架下更好地维护发展中国家权利，在全球低碳经济格局中增强竞争力，打破发达国家对低碳技术的垄断，在全球气候治理价值观的互动中实现与西方自由主义价值观的多元共生，在"一带一路"新区域合作中实现低碳发展理念，在二十国集团、金砖国家银行等新兴全球治理机制中落实低碳倡议，实现与《公约》体系的互补，在治理主体层面提升中国地方政府在全球气候治理中地位。

　　总之，强调中国对于全球气候治理转型的意义，就是要证明全球治理的意义并非只在于解构国家。相反，具有开放意识和能力的国家才是全球治理能够顺利实现的关键，哪怕是在逆全球化的环境中。在国际体系和国际格局转型的大背景下，中国的全球治理观具有鲜明的新兴经济体特征，表现为参与全球治理与改革全球治理的统一。本研究认为伴随中国国力的持续增长，全球治理将成为新时代中国特色大国外交的一项持久性内容，构建人类命运共同体也会是其长期目标，中国参与全球气候治理就是要使自身发展利益与人类整体利益更紧密结合起来，使之朝着包容、普惠、高效的新型全球治理方向转型，这使得逆全球化下的全球气候治理成为可能。

------

　　① 贾康、苏京春：《论供给侧改革》，《管理世界》2016 年第 3 期，第 1 页。

二 本研究的分析框架与方法

本研究认为，国际格局转型和全球治理转型都属于国际体系转型的内容。巴里·布赞（Barry Buzan）和理查德·利特尔（Richard Little）曾指出国际体系的概念太过复杂，以至于难以采用方法论和理论上的一元论，因此应该采取多元主义视角，并尽可能地将最广泛的建构置于国际体系之上。[①] 二人以一种世界历史的视角构建了新的国际体系观，从单位、互动、过程和结构四个方面考察国际体系的演进。本研究采用这种国际体系的综合视角，认为国际体系包含国家行为体、非国家行为体、行为体之间形成的结构关系、行为体间基于技术革新建立的物质联系，和政治、经济、社会、文化等非物质互动进程以及由此建立的各种正式和非正式国际机制。所有这些要素可以概括为结构和进程两个部分，结构中的核心是国际格局，而全球治理则是国际体系在全球化进程深入发展下出现的最新进程形式，即多元行为体分工协作应对全球性挑战。

本研究采用国际政治演化论的观点，认为单纯的结构－施动者模式无法完全解释全球治理的转型，即只有国际格局转型的权力地位增减并不能实现逆全球化下的全球治理，因为"人类社会是一个有人类行为体居住的系统，它始终是一个演化的系统。系统内部的中心机制因而也是系统变化背后的驱动力，始终是系统的各要素（结构只是其中之一）之间在时空中的相互作用。在系统中，系统的要素（因而系统本身）与彼此共同演化，而不是一个要素支配另一个"。[②] 只有以更加宏观的国际体系转型为动力，在其中掌握了新科技的新兴经济体及其与体系的互动才能真正实现逆全球化下的全球治理。在此基础上，国际体系转型表现为全体系环境的变化，涉及体系内政治、经济、文化、社会、科技、自然环境等所有领域的变迁。在此过程中，主要行为体由于国内改革程度不同会发生综合国力的增减，彼此实力的对比关系由此发生变化，这就是国际格局转型。当其投射到全球治理中时，就表现为全球治理领导格局的转型，并由此带来全球治理价值观、机制和主体的转型，所以治理格局、价值、机制和主体也成为在理论上衡

① 〔英〕巴里·布赞、理查德·利特尔：《世界历史中的国际体系——国际关系研究的再构建》，刘德斌主译，高等教育出版社，2004，第40~41页。
② 唐世平：《国际政治的社会演化：从公元前8000年到未来》，第290页。

量全球治理转型的四个变量。

之所以选取这四个变量衡量全球治理的转型是基于四者的以下逻辑关系。第一，格局，或者结构代表全球治理中的领导地位。从政治科学的一般理论来看，"结构是一个经验性和描述性的特质，这种特质涉及研究客体局部之间，或者客体本身之间相对稳定的关系"。① 肯尼斯·华尔兹（Kenneth N. Waltz）将国际政治中的结构定义为相互联系的三个要素：无政府状态的基本原则、以安全为第一追求的单元特性和单元之间的权力分布。② 无论哪种定义，格局或者结构都需要将整体分解成各个部分，而且各个部分之间形成了特定的且稳定的关系布局。根据华尔兹的假设，国际政治中的结构前提是无政府状态和单元性质的不可变性，所以唯一能决定结构形态的就是单元间的权力大小分布，在国际结构或者格局中居于主导地位的国家也拥有了在全球治理中成为领导者的物质条件。综合国力呈现的整体性格局会在不同的全球治理议题中有具体表现，在全球气候治理领域中就是世界低碳经济发展的格局，即低碳经济实力最为强大国家之间的权力对比关系。格局不仅存在于全球层面，也体现在区域层面。区域性格局是主要行为体的国际格局地位在区域层面的投射，即对不同区域治理的轻重缓急排序及其影响力的体现。所以，全球治理格局的转型意味着在全球和区域两个层面的格局转型，前者是全球权力分布的变化，后者是这种变化带来的区域治理内容和形式的变化。将格局转型放在全球治理转型变量的第一个，就是要强调全球治理的结构性特征，即全球治理并非只追求全球同一性，而是在全球同一性与国别差异性的磨合中走向动态的平衡，这一过程正是全球治理的转型。第二，治理价值观引领物质力量发挥作用的方向和方式。之所以将治理价值观作为第二变量，是因为价值观决定了位居全球治理领导地位的国家将把何种价值标准植入全球治理的标准之中，而治理标准的设定直接决定了治理效果。所以全球治理转型必须包括治理价值的转型，如果只有格局转型没有价值观的转型，说明全球治理的转型只停留在初级阶段。第三，机制转型是结构转型和价值转型的制度体现。结构转型是第一步，进而带来价值观转型，而这种价值观的植入必须依赖机制设计，形成特定的

① 〔美〕戴维·伊斯顿：《政治结构分析》，王浦劬等译，北京大学出版社，2016，第60页。
② 〔美〕肯尼斯·华尔兹：《国际政治理论》，信强译，苏长和校，上海人民出版社，2003，第118～134页。

规范、规则、程序，而这正是全球治理机制的作用。所以全球治理转型的制度体现必须是对原有机制规则的改革，或者建立新的治理机制，否则无法使价值转型机制化。第四，主体转型是全球治理转型的施动者。全球治理主体的权力对比关系构成了全球治理结构，全球治理主体的价值观是全球治理价值观的体现，全球治理主体是全球治理机制的主要运行者与维护者，所以全球治理主体成为全球治理转型的施动者。当全球治理的主体由侧重非国家行为体转向侧重国家行为体或者二者平衡时，全球治理的结构性将体现得更加明显，价值观与机制设计方案的竞争与融合也会更加激烈与深入，由此加速全球治理转型。

以这四个变量的逻辑关系为基础，具体来看，当代国际格局的表现是西方发达国家整体实力的相对下降和新兴经济体的群体性崛起。这种结构性变化投射到全球治理中，就是全球治理领导格局的转型，整体实力崛起的新兴经济体逐渐进入全球治理的领导层，开始改变由发达国家制定的规则，获得全球治理中的更多话语权。以此为基础，全球治理的价值观也不再是西方国家主导。由于新兴经济体特别是金砖国家都属于非西方文明，所以当它们在实现全球治理结构性转型过程中表达出自己的全球治理价值观时，全球治理就行成了一种多元价值观共存的局面。结构与价值观最终都会反映到全球治理机制中。当代全球治理的主要机制都还是二战结束后美国主导建立的，无法反映当代国际格局转型的客观事实，因此新兴经济体希望建立能够更充分体现自身利益的新兴全球治理机制，由此带来了全球治理机制的转型。由于全球治理的概念兴盛于美国，其鲜明特征是去国家化，强调全球公民社会和非政府组织在全球治理中的主体地位，实现"没有政府的治理"，而这显然不利于被动卷入全球治理中的发展中国家的主权维护、国家建设和现代化进程。因此，作为全球治理转型的施动者，强调政府与非政府行为体的平衡是至关重要的，这将使新型全球治理更加包容、普惠、高效（详见图 0-1）。

以上是逆全球化下全球治理转型的基本框架，与罗伯特·考克斯（Robert Cox）所说的"全球治理就是保守力量与转型力量的竞争"① 观点相符合。全球气候治理转型也被包含其中，这可以使研究者跳出《联合国气候变化框架公约》

---

① R. W. Cox, "Multilateralism and World Order", *Review of International Studies*, Vol. 18, No. 2, 1992, p. 177.

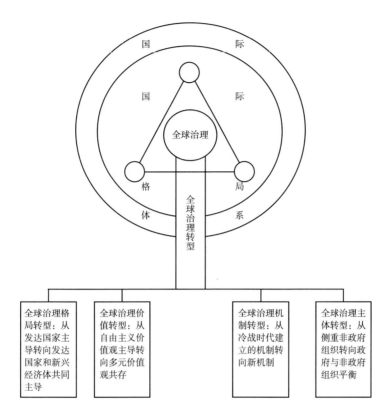

图 0 - 1　全球治理转型的内容

资料来源：笔者自制。

的单一视角，从更加广阔的全球权力秩序变迁的历史结构中观察全球气候治理的转型。[①] 这种转型的根本动力，是 2008 年全球金融危机以后越发明显的新科技革命浪潮，以大数据、云计算、区块链、人工智能、虚拟视频、新能源、新能源汽车、下一代互联网、3D 打印等为主要内容。这些技术有些在危机前已经出现，但危机带来的全球经济结构调整使这些技术出现了爆炸性增长，表现出明显的全新一轮科技革命潮流，促进了整个国际体系的转型。而在杰里米·里夫金（Jeremy Rifkin）看来，相比于金融危机，能源危机才是人类面临的最为根本性

[①]　David J. Ciplet, Timmons Roberts and Mizan R. Khan, *Power in a Warming World*：*The New Global Politics of Climate Change and the Remaking of Environment Inequality*, Massachusetts：MIT Press, 2015, pp. 33 - 34.

的挑战，因此新能源革命才是新科技革命的核心，[1] 这构成了全球气候治理转型的基本背景。需要强调的是，将新能源作为全球气候转型的主要动力，并非认为其他因素不重要，因为技术因素必须被行为体学习进而转化为政策才能发生作用。所以，新能源科技以及广义的低碳科技的出现，新兴经济体的学习、研发和产出，全球减排新机制的建设，多元行为体在不同层面的减排政策及其互动等多个要素共同决定了全球气候治理的转型。

中国是新兴经济体的重要成员，经济总量稳居世界第二，而且与世界第一的美国越来越接近，这决定了中国外交的全球性色彩日益浓厚，越来越看重自身国家利益与人类利益的平衡，希望承担更多与自己权力相称的国际责任，这决定了全球治理在中国外交中的地位明显提升，并提出了构建人类命运共同体和新型国际关系两大目标。中国对全球治理认知变化的一个重要例证是，从 2015 年 12 月到 2016 年 9 月近一年时间内，中共中央政局集体学习的内容两次都是全球治理。中央政治局集体学习是中国共产党提升治国理政能力的重要方式，其学习的内容反映了特定时期中国执政党的执政理念和方向。如此高密度的学习全球治理问题，充分说明中国执政党和政府首先希望中国能够更加积极参与全球治理，其次是加强全球治理改革，提升包括中国在内的新兴经济体在全球治理中的话语权，使全球治理格局与国际格局更加吻合。比如，在 2015 年 10 月 12 日集体学习的讲话中，中共中央总书记习近平指出："随着全球性挑战增多，加强全球治理、推进全球治理体制变革已是大势所趋。这不仅事关应对各种全球性挑战，而且事关给国际秩序和国际体系定规则、定方向；不仅事关对发展制高点的争夺，而且事关各国在国际秩序和国际体系长远制度性安排中的地位和作用。……要推动变革全球治理体制中不公正不合理的安排。……推进全球治理规则民主化、法治化，努力使全球治理体制更加平衡地反映大多数国家意愿和利益。"[2] 在 2017 年达沃斯世界经济论坛的主旨演讲中习近平指出，"坚持与时俱进，打造公正合理的治理模式。……国家不分大小、强弱、贫富，都是国际社会平等成员，理应平等参与决策、享受权利、履行义务。要赋予新兴市场国家和发展中国家更多代表

---

[1] 〔美〕杰里米·里夫金：《第三次工业革命：新经济模式如何改变世界》，张体伟、孙豫宁译，中信出版社，2012，第 32 页。

[2] 习近平：《习近平在中共中央政治局第二十七次集体学习时强调推动全球治理体制更加公正更加合理 为我国发展和世界和平创造有利条件》，《人民日报》2015 年 10 月 14 日，第 1 版。

性和发言权"。① 同年 10 月举行的中共十九大上，大会报告明确写入了中国全球治理观的内容："中国秉持共商共建共享的全球治理观，倡导国际关系民主化，坚持国家不分大小、强弱、贫富一律平等，支持联合国发挥积极作用，支持扩大发展中国家在国际事务中的代表性和发言权。中国将继续发挥负责任大国作用，积极参与全球治理体系改革和建设，不断贡献中国智慧和力量。"② 中国积极参与全球治理并推进其改革的相关论述也写入了 2018 年 3 月修改的宪法中。至此，融合了构建人类命运共同体的理想主义目标和提升新兴经济体地位的现实主义路径的共商共建共享全球治理观正式形成，不仅为新时代中国特色大国外交注入了新内容，也成为中国促进全球气候治理朝向包容、普惠和高效转型的精神引领。

本研究采用比较研究和个案研究的方法。比较研究的方法是通过设置全球治理的格局、价值、机制和主体四个主要指标，比较全球治理转型与全球治理原型的差异。在这一差异的框架下，考察中国促进全球气候治理转型的效果。个案研究的方法是选取中国在以上四个指标中具有代表性的案例进行分析，从中得出中国促进全球气候治理转型的某些特征。与既有文献中大量研究全球气候治理的特点、发展、影响，或者主要参与方采取了重大气候政策变化后中国应该如何应对的研究路径不同，本研究认为，目前关于中国具体的内外气候政策与全球气候治理关系的文献不足。实际上，中国已经在国内和国外实施了许多积极的气候政策，需要有研究对这些政策进行总结，从中提炼出具有规律性的认识，比如能够体现中国发展中大国身份的气候政策，然后考察这些政策与全球气候治理的关系。因此，本研究首先提出研究框架，然后以此框架考察中国在气候治理领域采取的有代表性的具体措施，最后从中提炼出某些特点，与全球治理转型的分析框架进行比较，由此验证中国在促进全球气候治理转型中的作用。所以本研究的主要目的并非先验式地判定全球气候治理已经发生了转型，然后就此为中国提出政策建议，而是通过理论逻辑和国际关系的实证材料推演出全球气候治理转型的合理方向，再通过实证材料验证中国在其中发挥的作用。但是，政策建议仍然会是本研究的辅助内容，为使中国能够在促进全球气候治理转型中发挥更大作用，本

① 习近平：《共担时代责任共促全球发展——在世界经济论坛 2017 年年会开幕式上的主旨演讲》，《人民日报》2017 年 1 月 18 日，第 3 版。

② 《决胜全面建成小康社会夺取新时代中国特色社会主义伟大胜利——习近平同志代表第十八届中央委员会向大会作的报告摘登》，《人民日报》2017 年 10 月 19 日，第 2 版。

研究依然会在某些部分提出自己的政策建议。

因此，总体上看，本研究的方法是规范与实证的结合。在全球气候治理转型指标设置上是规范性的，展现了研究者主观上对理想的全球气候治理应该如何的理论设计，但对中国在转型中作用的验证是实证的，即通过中国的具体政策及其与全球气候治理的相互关系验证其是否促进了全球气候治理转型。需要特别强调的是，本研究并非单纯的气候变化研究，而是希望运用国际关系学的分析框架考察中国在全球气候治理转型中的作用，所以本研究更看重中国内外气候政策对于围绕权力博弈的国际关系产生的意义。因此，中国的某些气候政策从应对气候变化的公共政策视角考察可能意义有限，但对于嵌套在国际关系中的全球治理发展而言可能就具有非常独特的意义。此外，该方法的不足是缺少量化工具，因此无法精确地判定全球气候治理转型的程度和中国发挥作用的程度，这是后续研究需要改进的地方。

三 本研究的结构安排

本研究的主题是中国如何在逆全球化背景下促进全球气候治理，所以前两章将首先从理论层面探讨全球治理的转型问题。第一章将从格局、价值、机制和主体四个方面分析全球治理的原型，强调当代全球治理体系的架构仍然是二战结束时以美国首的西方世界主导建立的，其特征是鲜明的自由主义价值观、陈旧的国际机制和对非政府组织的强调。这套体系已经无法适应国际体系转型和国际格局转型的现实，只是基于西半球经验的治理，而非全球治理。

第二章探讨全球治理的转型。同样从以上四个维度出发，该部分强调新兴经济体的群体性崛起正在改变全球治理的结构状态，它们属于非西方文明的性质将与自由主义价值观形成多元共生的局面，而二十国集团、金砖国家银行、亚洲基础设施投资银行等新兴国际机制的崛起则在打破传统国际机制的垄断地位。在主体方面，新兴经济体更加强调政府与非政府行为体的平衡，而不是突出单纯后者在全球治理中的地位，防止对国家主权的过度挑战。以上体现出全球治理朝着更加包容、普惠和高效的方向转型。

第三章为全球低碳经济格局中的中国与全球气候治理转型。本研究认为，低碳经济是治理气候变化的根本途径，所以主要参与方在全球低碳经济中的地位变化是全球气候治理转型的重要体现。中国在国内生态文明建设和低碳经济发展、对外低碳经济制度供给和向以欧盟为代表的发达国家低碳经济投资与合作等方面都表现出积极态势，不仅控制了自身温室气体排放，而且促进了其他国家低碳经济发展，体现出对全球气候治理转型的促进作用。

第四章为区域治理格局中的中国与全球气候治理转型。全球气候治理原型一大症结是重减缓轻适应，导致广大发展中国家，特别是气候脆弱型国家难以提升有效适应气候变化带来的环境威胁。中国促进全球气候治理转型的重要表现之一就是全球气候治理格局中重塑区域气候治理格局，将更多气候脆弱型区域纳入全球球治理框架，提升它们的适应能力，主要体现在"新丝绸之路经济带"中北非、"21世纪海上丝绸之路经济带"中的太平洋岛国、撒哈拉以南的非洲和北极地区。

第五章为中国与全球气候治理价值观转型。全球气候治理转型需要新型的全球治理价值观，这就是中国提倡的共商共建共享。本研究认为这一价值观既源于中国传统的多元共生哲学，也源于新中国成立七十年来积累的丰富外交哲学。中美在奥巴马政府时期形成的紧密气候合作关系是对这一价值观的实践。秉持这一观念，中国正在积极参与构建人类气候命运共同体。

第六章为中国与全球气候治理机制转型。本章重在探讨新兴全球治理机制中金融与气候议题的结合。中国在二十国集团提出的绿色金融倡议、在金砖国家银行中主张的可持续投资原则、在亚洲基础设施投资银行中奉行的绿色目标，都是从金融与气候治理结合的角度促进全球气候治理转型的典型案例。

第七章为中国地方政府在全球气候治理转型中的作用。该章强调地方政府，包括省（州）和城市作为介于政府和非政府组织中间的特殊行为体在全球气候治理中的独特作用，包括中国地方政府在"一带一路"中的作用、中美地方政府在美国签署和退出《巴黎协定》中建立和延续合作关系，以及京津冀作为发展中都市圈如何在全球气候治理中发挥作用。

在最后的结论部分，本研究认为中国在全球气候治理转型中的作用并非单独领导者，而是连接全球气候治理原型和转型的枢纽。展望进入新时代的中国，伴随在国内全面发展低碳经济和对外构建人类命运共同体，中国将成为全球气候治理的主要引领者。而在理论层面，本研究认为中国促进全球气候治理转型的启发是，主权国家国内经济转型才是全球气候治理转型的基础，所以应该促进比较政治学与全球气候治理的对话，从国家和文明多样性的角度去理解全球气候治理的广度和深度。

第一章
全球治理原型：基于西半球经验的治理

全球治理的原型是指这一现象从出现开始直到转型之前所具有的特点，从全球治理概念的出现来看，其本身就具有鲜明的西方发达国家色彩。全球治理的对象是广泛的全球性问题，其特征是超越国界，影响范围覆盖全人类，所以环境问题成为全球治理的起点。1972 年罗马俱乐部发表的报告《增长的极限》虽然没有提出全球治理概念，但已涉及全球治理的核心思想，即人类作为一个整体必须正视现代化带来的负面效应，合作应对全球性挑战，否则人类将面临巨大的发展困境，在当时这一挑战主要集中在环境和资源领域。冷战结束后，人类现代化积累的物质文明得到前所未有的释放，但环境破坏、资源枯竭、世界经济体系失衡、失业、社会动荡、全球传染病、跨国犯罪等全球性问题也越发严重。在此背景下，德意志联邦共和国前总理勃兰特（Willy Brandt）联合 28 位世界知名人士发起成立"全球治理委员会"，并在 1995 年发布了《天涯成比邻》的报告，全球治理这一新兴概念开始在全球传播。[①] 可见，全球治理的诞生与人类现代化进程息息相关，只有当现代化达到一定程度，出现了诸多全球性问题时，全球治理才会出现，这也决定了发达国家是全球治理概念的提出者、治理议题的设置者、

---

① 但是全球治理的现象始于更早的时间，比如 19 末期成立的万国邮政联盟对于全球通信事务的协调作用，20 世纪初期成立的国际联盟体现出的维护国际社会整体利益，应对人类共同挑战的观念和制度建设，都可以被看作全球治理的初步实践。相关文献可以参看约翰·柯顿《全球治理与世界秩序的百年演变》，《国际观察》2019 年第 1 期，第 70~71 页；约翰·R. 麦克尼尔、威廉·H. 麦克尼尔：《麦克尼尔全球史》，王晋新等译，北京大学出版社，2017，第 387 页。

价值标准的制定者、治理机制的设计者、治理行动的执行者、治理结果成败的判定者。具体来看，全球性问题的产生多是源于发展中的问题，而发达国家作为"过来者"，积累了解决问题的经验和技术，因此当发展中国家经历这些问题时，就容易被塑造成问题的发源地，成为发达国家治理的对象，建构出双方"学生"与"老师"的关系，反映出冷战结束后发达国家主导的国际格局。在价值观层面，以福山的《历史的终结及其最后之人》为标志，自由国际主义价值观成为绝对主导，全球治理的价值标准也以此为参照，凡是不符合西方自由民主标准的国家都被归为专制、独裁、"失败国家"，乃至"邪恶国家"。在机制层面，虽然关贸总协定在1995年转型为世界贸易组织，但与国际货币基金组织和世界银行一样，仍然延续了二战结束后的领导机制和规则，表现为发达资本主义国家，尤其是美国国内制度设计的延伸，一方面确实有效治理了诸多全球经济问题，但另一方面也在此过程中输出西方的政治经济改革方案，使得世界体系中不平等的"中心－外围"结构更加固化。在治理主体层面，全球治理论者认为国家和政府权威正在下降，主张重视非政府行为体在全球治理中的作用，这既提升了全球治理的民主化程度，也对国家主权形成了冲击，对于还处于国家建设中的发展中国家来说构成了挑战。可见，全球治理原型表现出西半球发达国家主导的特征，并未能有效应对全球性问题。

第一节　全球治理格局原型：发达国家主导的治理格局

新旧世纪之交，美国学者在论述全球治理概念的兴起时将其概括为四个特征：一是一体化和碎片化并存背景下权威位置的位移；二是全球公民社会的出现；三是在全球政治经济的重组过程中，七国集团中的学界、商界和政界精英发挥着关键作用；四是以全球化为导向的知识精英和权威发挥着重要作用。[①] 这一概括鲜明体现出全球治理的一大内在矛盾，即国家权威的削弱与西方发达国家占有结构性优势地位。

全球治理产生的根源是全球性问题的出现，以及传统的国家间合作方式无法有效应对这些问题，于是开始寻找国家以外的权威。所以，全球治理的要义是从

---

① 〔美〕马丁·休伊森、蒂莫西·辛克莱：《全球治理理论的兴起》，载俞可平主编、张胜军副主编：《全球化：全球治理》，第35～39页。

政府转向非政府；从国家转向社会；从领土政治转向非领土政治；从强制性、等级性管理转向平等性、协商性、自愿性和网络化管理，这一切决定了全球治理是一种特殊的政治权威，① 即政府与非政府共存的多元权威结构。权威扩散之所以能够更有效治理全球性问题，是因为，首先，这些问题的发现不再被政府垄断。全球治理出现的前提是在国内政治中，治理概念相对于统治概念的出现，这一现象本身就有赖于非政府主体先于政府发现了某些公共问题。比如 1962 年，美国海洋生物学家蕾切尔·卡森（Rachel Carson）出版了《寂静的春天》一书，用无可辩驳的事实和数据指出被滥用的农药滴滴涕切断了大自然的食物链，让春天不再鸟语花香和万物峥嵘，同时损害了人类的代谢和生物功能并诱发癌症。在该书临近结尾时，卡森饱含警醒但又不失希望地指出：

> 现在，我们正站在两条道路的交叉口上。这两条道路完全不一样，更与人们所熟悉的罗伯特·弗罗斯特②诗中的道路迥然不同。我们长期以来一直行使的这条道路使人容易错认为是一条舒适的、平坦的超级公路，我们能在上面高速前进。实际上，在这条路的终点却有灾难等着。这条路的另一条岔路——一条"人迹罕至"的岔路——为我们提供了最后唯一的机会让我们保住自己的地球。

> 归根到底，要靠我们自己做出选择。如果在经历了长期忍受之后我们终于坚信我们有"知道的权利"，如果我们由于认识提高而断定我们正被要求去从事一个愚蠢而又吓人的冒险，那么有人叫我们用有毒的化学物质填满我们的世界，我们应该永远不再听取这些人的劝告；我们应当环顾四周，去发现还有什么别的道路可使我们同行。③

卡森认为，这条道路就是通过生物控制等新兴科学的方法抑制虫害、减少污染。卡森的坚持终于迫使美国政府于 1972 年全面禁止生产和使用滴滴涕。《寂静

---

① 蔡拓等：《全球学导论》，第 333~336 页。
② 罗伯特·弗罗斯特，美国 20 世纪上半叶著名诗人，诗歌题材多出自乡村生活，代表作有《一棵作证的树》《山间》《新罕布什尔》《西去的溪流》《又一片牧场》《林间空地》《未选择的路》等。
③ 〔美〕蕾切尔·卡森：《寂静的春天》，吕瑞兰、李长生译，上海译文出版社，2014，第 275~276 页。

的春天》一书第一次大规模唤醒公众的环境意识，成为现代环保运动的宣言书，深刻揭示出资本主义工业繁荣背后人与自然的冲突，对传统的"向自然宣战"和"征服自然"等理念提出了挑战，敲响了工业社会环境危机的警钟，拉开了人类走向生态文明的帷幕。①

国内社会中的非国家行为体由于面对政府权威的压力，需要艰难努力才能将发现的公共问题引入公共治理的视野，但由于国际社会处于无政府状态中，所以非国家行为体在议题倡议中的权威性更容易形成。比如罗马俱乐部的报告《增长的极限》，以人口、农业生产、自然资源、工业生产和污染五个基本变量为基础构建了被称为世界模型的数学模型，得出了达到某一峰值后全面衰退的不可持续的运算结果，并以1900~1970年的数据进行了验证，以此向世界说明，再以无节制地消费资源和破坏环境的方式发展下去，地球生态系统将因不堪重负而崩溃，提出了人类社会应该走均衡发展之路的对策。以严谨的数学模型给出的结果，提高了卡森敲响的环境警钟的分贝值，而且震醒了一些国家政府中的开明人士，助推了整个人类社会以环境保护为宗旨的国际合作。同年的联合国人类环境会议通过了《人类环境宣言》，呼吁必须更加审慎地考虑行动对环境产生的后果。②

《寂静的春天》和《增长的极限》的例子说明，在治理的语境下，个人和科学家群体也可以成为权威的来源，这构成了全球治理的起点，因为全球治理的鲜明特征之一就是多权威的治理模式。所以在发现问题后，全球治理更关注找到何种方式能够更有效治理问题，而不是纠结于治理主体，即"如何治理"应该置于"谁来治理"之上。③ 在这种思维指引下，全球治理的手段层出不穷，各种政府间和非政府间国际机制、非政府组织、学术共同体、媒体、企业，甚至个人〔比如美国前副总统戈尔（Albert Arnold Gore Jr.）〕，极力倡导应对气候变化的行动等，成为全球治理内容最为丰富的环节，④ 也是学术研究的重要领域。原因在

---

① 杜祥琬等：《低碳发展总论》，中国环境出版社，2016，第33页。
② 杜祥琬等：《低碳发展总论》，第34页。
③ 〔意〕富里奥·塞鲁蒂：《全球治理的两个挑战：哲学的视角》，载朱立群、富里奥·塞鲁蒂、卢静主编《全球治理：挑战与趋势》，社会科学文献出版社，2014，第3页。
④ 根据国际协会联盟（Union of International Association）出版的国际组织年鉴（Yearbook of International Organizations）显示，目前世界上共有75750个国际组织，其中有37500个处于活跃状态，38000个处于休眠状态，这一数字包括政府间和非政府间国际组织，https：//uia.org/yearbook，登录时间：2018年4月21日。

于，所有行为体都处于同一共同体之中，受到共同威胁的挑战，所以理想的全球治理应该以问题导向为治理动机，超越国家间利益和意识形态分歧，由此淡化国家间的权力大小和由此带来的等级关系。

然而，正如马丁·休伊森和蒂莫西·辛克莱所言，冷战结束后七国集团的精英们在全球治理中发挥着关键作用，所以全球治理的多权威特征在实践中并不能完全消除国家间的结构性特征，即因权力大小带来的等级关系。全球治理概念诞生于冷战结束之初，这一时间点已经说明冷战结束带来的国际格局深刻转型必然会影响全球治理的最初形态，那就是美国单极霸权取代美苏两极格局，并且以西方最发达的七个工业国组成的七国集团成为国际关系的主要领导者，这一基本结构就是全球治理原型的治理格局。全球治理中发达国家主导的治理格局扭转了"如何治理"优先于"谁来治理"的判断，换言之，"如何治理"取决于"谁来治理"，因为全球主义者忽略了全球治理中主体的结构性属性，所以才会将"如何治理"列为全球治理的首要难题。然而，全球治理既然被嵌套进无政府状态的国际社会中，必然会受到无政府状态的影响，华尔兹的结构现实主义在此依然成立，所以权力大小决定的结构状态与多权威的治理模式共同构成了全球治理双重而矛盾的属性。这里的理论前提是，主权国家与全球治理的去国家化要义之间究竟是什么关系。

全球治理是一个完整的过程，包括治理议题的倡议、治理的决策、治理的执行和治理效果的评估四个阶段，全球治理的去国家化也体现在这四个阶段中。全球治理的价值正在于，国家与非国家行为体在这四个阶段分工协作，共同应对各种跨越国界的全球性挑战。但是，全球治理带来的权威多元化并没有责任的多元化相伴，即治理权威虽然出现了国家与非国家行为体的多元化现象，但有能力维护公民利益的政治主体却仍然主要是国家，这种治理权威与保护责任的脱节决定了人类在非国家行为体日益活跃的全球化进程中，依然选择主权国家作为安身立命的唯一政治主体。尽管"保护的责任"概念主张，当一国国内发生种族灭绝、战争罪、危害人类罪和族裔清洗等严重侵犯人权的行为，且该国政府无法或无意保护该国人权时，国际社会应该动用武力代替该国政府进行保护。但从国际法角度看，"关涉保护责任的国际文件中所提出的联合国大会在安理会未能采取行动时可以授权使用武力，以及区域组织在实施军事干涉行动时可以先斩后奏等主张，与《联合国宪章》有关使用武力的规定并不一致"，而且现有关于保护责任规定的文件都不是有法律效力的国际法文件，① 而《联合国宪章》的宗旨之一就是维护国家主权。因此，作为当代世界最具权威性的政府间国际组织，联合国及其"宪章"就确立了主权国家在"保护的责任"中的主体地位。既然如此，尽管在全球治理过程中国家与非国家行为体都构成了权威来源，但只有国家有能力和合法性承担对公民的保护责任，所以在治理决策和执行阶段的权威高于非国家行为体，后者主要在议题倡议和效果评估环节发挥更大作用，而治理决策和执行无疑属于全球治理的核心环节，所以无论全球治理倡议者如何削弱国家的权威，国家依然处于全球治理全过程的中心位置，并依照权力大小塑造了全球治理的格局。

冷战结束后十一年时间里，发达国家在国际经济格局中处于绝对主导地位（图 1 - 1）。从 1991 年到 2001 年，美国的经济总量占世界经济总量的比重始终维持在 25% ~ 30% 的水平，七国集团占世界经济总量的比重则维持在 65% 左右的水平，1994 年甚至高达 73.16%。

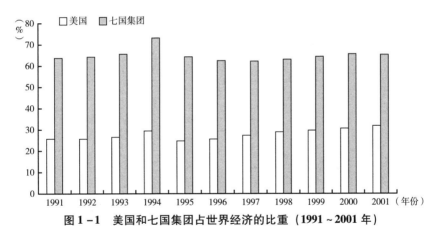

图 1 - 1　美国和七国集团占世界经济的比重（1991 ~ 2001 年）

资料来源：根据世界银行网站相关数据整理，https: //data. worldbank. org/indicator/ NY. GDP. MKTP. CD? end = 2001&start = 1991&view = chart，登录时间：2018 年 4 月 20 日。

西方七国在经济上的绝对垄断地位使得全球治理从诞生伊始就存在权力与机制分离的现象。全球治理的特点之一是治理手段的机制化，即多元行为体主要围绕国际机制分工协作，超越国家利益和意识形态的分歧，以国际机制的专业性和公共性应对国际社会共同面临的挑战。冷战结束后的世界主要国际机制都是美国

① 黄瑶：《从使用武力法看保护的责任理论》，《法学研究》2012 年第 3 期，第 207 页。

在二战结束后主导建立的，其中联合国作为最具权威性的政府间国际机制在全球治理中应该发挥核心作用。但是，正因为美国主导建立了包括联合国在内的主要国际机制，所以国际机制本身只是美国维护其霸权地位的一种战略。[①] 当机制有利于美国的霸权地位时，美国就会利用这种战略；当不利于维护霸权地位时，美国就会凭借超强的国家实力绕开国际机制单独行事。朝鲜战争、海湾战争都是美国利用联合国实现其霸权利益的典型案例。因此，冷战后在美国成为唯一超级大国的国际格局背景下，全球治理实际上存在两种治理模式，一是国际机制的治理；二是主权国家的治理，实际就是美国及其领导的发达国家集团，按照它们的国家利益标准，尤其是美国的霸权利益标准对全球事务进行治理。冷战后的美国对全球事务采取了积极参与的态度，这在 1995 年克林顿（William Jefferson Clinton）总统的美国《国家安全战略》报告中表露无遗，该份报告首次系统阐述了冷战后美国的参与扩展战略。报告指出，美国只有保持对全球事务的积极参与才能有效应对新时期的危机并把握机遇。美国是世界上最为强大的国家，拥有遍布全球的利益与责任。美国从一战中习得的教训是，孤立主义和保护主义无法给美国带来安全与繁荣。为了使美国人民更加安全并获得更多机会，美国必须对潜在的挑战者进行威慑，必须打开外国市场，必须促进民主的海外扩展，必须鼓励可持续发展并把握和平的新机遇。[②]

值得注意的是，1995 年正是"全球治理委员会"发布《天涯成比邻》报告的年份，这与克林顿政府的参与扩展战略形成呼应，再次证明全球治理的实现从一开始就需要非国家行为体倡议和主权国家强大实力推动的密切合作。参与扩展战略也确实使全球治理逐渐向全球扩展，但同时带有鲜明的发达国家特别是美国主导的色彩，因为克林顿政府时期美国对全球事务的参与和治理主要基于其超群的国家实力，这使得当时"美国在世界上的领导地位从未如此重要"，[③] 所以美国一方面必须担负领导世界的责任，另一方面，在领导全球事务的过程中不断巩固和捍卫自己的霸权地位，实现这一目标的手段之一就是以美国自身国家利益为

---

① 可参看门洪华《霸权之翼：美国国际制度战略》，北京大学出版社，2005。
② White House, *A National Security Strategy of Engagement and Enlargement*, February, 1995, Preface, p. iii, http://nssarchive.us/ NSSR/1995. pdf，登录时间：2018 年 4 月 24 日。
③ White House, *A National Security Strategy of Engagement and Enlargement*, February, 1995, p. 1, http://nssarchive.us/ NSSR/1995. pdf，登录时间：2018 年 4 月 25 日。

标准设置全球治理的议题，判断该治理什么以及如何治理。比如在1997年面向21世纪的《国家安全报告》中，克林顿政府明确将跨国威胁作为美国国家安全的威胁之一，指出诸如恐怖主义、非法毒品和武器交易、国际有组织犯罪、失控的难民潮，以及环境破坏等都直接或间接地损害了美国及其公民的利益。尽管并非所有威胁都是新出现的，但由于技术进步，这些威胁的破坏力更大。① 为应对这些威胁，美国更倾向于运用自己强大的国家软硬权力，以及与盟友的协调合作，而且美国必须在这种联盟中居于领导地位。比如，在应对安全威胁方面，1997年《国家安全报告》特别强调美国在情报、空间、导弹防御、信息技术基础设施建设和应对突发事件方面强大的技术能力。而在全球经济事务方面，美国虽然突出了世界贸易组织等多边机制的作用，但仍然强调美国和西方发达国家主导的自由主义经济体系的稳定，希望将原苏东地区国家和中国等正在崛起的发展中大国纳入这体系之中，以实现世界经济的繁荣。在全球气候治理中，《公约》和《京都议定书》这两份基础性文件都是美国领导达成的，因此也都打上了鲜明的美国印记。其中克林顿政府虽然签署了《京都议定书》，但没有拿回参议院讨论批准，致使后任的布什政府直接退出。可见，冷战后的美国作为唯一超级大国无疑已经成为当时全球治理的绝对领导者，既可以引领某个领域的全球治理，但又必须使其符合自身利益，否则就会阻碍全球治理的顺利进行。在其领导下，发达国家作为整体也在和发展中国家的全球治理博弈中处于优势地位。

克林顿政府时期美国的全球治理政策是其安全、民主与经济三大对外战略的集中体现，充满远大理想，这既是基于美国在冷战后初期国际格局中的绝对优势地位，也是威尔逊主义的重现。对此，作为美国外交多年亲历者和决策者的亨利·基辛格（Henry Kissinger）给出了恰当评价："作为外交政策的途径，威尔逊主义认为，美国具有无可匹敌的美德和实力这一特殊性。美国对其实力以及目标的崇高性深具信心，因而想要在全世界各地为其价值观念作战。"② 威尔逊主义是美国在20世纪初期区别于欧洲旧世界，同时缔造新世界的宣言，其充满理想主义的政策内容在二战和冷战胜利后，也就是美国拥有超群国家实力之时便会

---

① White House, *A National Security Strategy for A New Century*, May, 1995, http://nssarchive.us/NSSR/1997.pdf, 登录时间：2018年4月25日。

② 〔美〕亨利·基辛格：《大外交》，顾淑馨、林添贵译，海南出版社，1998，第750页。

成为其对外战略的指导思想。但是，这种理想主义总是有现实主义如影随形。比如，克林顿政府多次在《国家安全战略》报告中将气候变化视为对国家安全的威胁，希望领导国际社会积极应对，充分体现了单一霸权国的雄心勃勃的战略定位。但是，签署《京都议定书》后却没有拿回参议院批准又和百年前参议院否决威尔逊总统签署的《国际联盟》协定如出一辙。"美国不住地往后视镜里窥视是否会被旧秩序撞上车尾，却从未允许哪个国际机构取代自己握着方向盘的两手，或踩在刹车踏板上的脚。美国的理想主义规定了全世界的使命，而另一方面，其现实主义又牢牢保住了自己的安全。"① 克林顿政府所处的时代比威尔逊更有利于凸显美国无与伦比的国家实力，因此在全球治理中究竟是更多凭借自身实力进行单边行动，还是更多依赖国际机制进行多边合作，这一矛盾在克林顿时期的美国表现得更加尖锐。但无论如何，在美国的领导下，发达国家作为整体在冷战结束后的十年时间里在全球治理中占据了绝对垄断的地位。

总之，全球治理原型的首要特征表现为在冷战结束后美国作为唯一超级大国的国际格局下，以西方七国集团为主导的发达国家成为全球治理的领导者，它们决定了全球治理的议题、方式，凭借强大的国家实力界定了发展中国家在全球治理中的利益，并试图将其纳入发达国家的政治经济和文化体系中。其中，以自由主义为主导的价值观体系是发达国家维持这种不平等治理结构的文化手段。

第二节　全球治理价值原型：自由主义主导的治理价值

价值观关系到全球治理的标准，但又决定于特定时期全球治理的格局。在全球治理的原型中，由于处于主导地位的是西方发达国家，所以以自由主义传统为基础的自由国际主义（liberal internationalism）就成为其全球治理的价值观导向。在约翰·伊肯伯里（G. John Ikenberry）看来，自由国际主义提供了一种开放和宽松的基于规则的国际秩序，它是一种伴随自由民主崛起与扩散的秩序建构的传统，其理念和议程由自由民主国家在实现现代化的奋斗中逐步塑造，尽管经历世

---

① 〔美〕罗伯特·A. 帕斯特：《七大国百年外交风云》，胡利平、杨韵琴译，上海人民出版社，2001，第212页。

界大战和经济危机等许多磨难，但历久弥新，依然生机勃勃。①

自由主义是西方政治思想中最为古老的传统之一，可以上溯到古希腊时期，经过中世纪千年的压抑，通过文艺复兴重新焕发生命，并在近代趋于鼎盛，到20世纪又变幻出多种形态。西方自由主义肇始于古希腊时期以雅典为代表的城邦民主政治，其核心是对自由和法律的平衡。萨拜因（George Holland Sabine）指出，"在公民的和睦相处并参与共同生活这样的概念所确定的范围内，雅典人的这一理想为政治上的两个基本准则找到了适当的位置。这两个基本准则就是自由和尊重法律。在希腊人的思想中，这两个基本准则总是紧紧地联系在一起，可以说形成了政治理论体系的支柱"。②

可见，从自由主义缘起开始，自由与法律便相伴相生。自由是西方政治哲学推崇的重要目标，但个人过度的自由必然侵犯他人的自由，为实现整个城邦人人的自由，必须有法律对个人行为进行规范，也即近代思想家指出的，"自由是在法律范围内行使自愿之事"。因此，"在强调'法律下的自由'的概念方面，现代世界是古希腊与罗马的直系嫡传"。③ 从古希腊开始，人的自由权利便已成为整个西方世界价值观的终极追求之一。亚里士多德（Aristotle）对城邦生活的推崇，本质上也是因为城邦能够维护人的自由与尊严。而当城邦政治衰退、希腊化时代来临时，就需要一种新的政治哲学来论证人的自由权利的合法性，"它必须为整个文明世界设想出一种法律，一种全面的法律（每一个城市的民法只是它的一个特殊的例子），用以代替体现在单个城市高度一致的传统中的法律。……有关人权和有关正义与人道的一个有普遍约束力的法则这两个概念被切实地纳入了欧洲各民族的道德意识"。④ 希腊化时期的斯多葛学派某种程度上起到了这种作用，由于既继承了希腊古典自由思想又受到基督教教义的影响，斯多葛学派体现出一种上帝面前众生平等的终极关怀。在他们看来，"希腊人和野蛮人、上等人和普通人、奴隶和自由人、富人和穷人都被宣布为平等的；人与人之间唯一的本质区别

---

① G. John Ikenberry, "The End of Liberal International Order?", *International Affairs*, Vol. 94, No. 1, 2018, p. 8.
② 〔美〕乔治·霍兰·萨拜因：《政治学说史》，托马斯·兰敦·索尔森修订，盛葵阳、崔妙因译，南木校，商务印书馆，1990，第38页。
③ 〔美〕弗雷德里克·沃特金斯：《西方政治传统：近代自由主义之发展》，李丰斌译，广西师范大学出版社，2016，第5页。
④ 萨拜因：《政治学说史》，第181~182页。

就是有智慧的人和愚蠢的人之间的区别，也就是上帝可以引导的人和上帝必须拉着走的人之间的区别。斯多葛学派从一开头就把这一平等理论作为道德修养的基础，这一点是毋庸置疑的"。① 从本质上看，这种朴素的平等思想是古希腊自由与法律兼顾思想的延续。因为，自由对个人是一种权利，但人人自由便意味着这种权利的平等，不能因某个人的自由而损害他人的自由，而这种平等的维护手段就是法律。所以，斯多葛学派是在城邦解体后自由主义思想的普遍化，希望在更广泛的人类之间实现平等，这种古希腊人文主义思想和基督教宗教关怀相结合表现出的自由法治思想，已经具有了今日西方发达国家自由国际主义全球治理价值观的雏形。

时至近代，尽管西方政治哲学发展出许多分支，但普遍特点是基于自然法理论。以此为基础，托马斯·霍布斯（Thomas Hobbes）认为人在自然法支配下按照理性行事，以实现自身利益最大化为目标，最终导致自然状态下"一切人消灭一切人"的现象。推及国家间关系，则是充满恐惧、冲突与自卫的国际体系。与此相反，与其同时代的雨果·格老秀斯（Hugo Grotius）和约翰·洛克（John Locke）同样基于自然法原理，却认为自然状态下的人与人之间，乃至国家之间可以基于理性和平相处。具体来看，格老秀斯把自然法的基本内涵归结为五大项，它提示了人的安全的哲理界定。这五大项是：不侵占他人所有，包括本节开头谈到的一切基本价值；将所侵占的以及可能由侵占所生的利得归还原所有者；信守承诺；补偿由自己的过错给他人造成的损失；按照某人罪过施以恰当的惩罚。② 概括起来，格老秀斯自由主义国际思想的贡献体现在三个方面，一是提出了国际社会学说，二是强调国际法在规范国家战争行为方面的重要作用，三是认为国家行为具有可约束性，因而国家间合作是可能的。③ 格老秀斯的这种国际法治思想不仅是对古希腊自由与法制思想的继承，更是用其对国家间关系进行规范的创新。格老秀斯承认主权国家是国际关系的主导行为体，权力政治无法避免，但也正因为如此，通过法律规范国家间的行为才能有效避免因为权力博弈导致的

---

① 萨拜因：《政治学说史》，第188页。
② Grotius, "The Rights of War and Peace," in Michael Curtis (ed.), *The Great Political Theories*, V. 1, New York, 1961, pp. 320 – 322, 转引自时殷弘《国际安全的基本哲理范式》，《中国社会科学》2000年第5期，第179页。
③ 秦亚青：《自由主义国际关系理论的思想渊源》，载秦亚青主编《理性与国际合作：自由主义国际关系理论研究》，世界知识出版社，2008，第6页。

冲突甚至战争。在格老秀斯之后，洛克延续了这一基于自然法的自由国际主义思想。尽管他的《政府论》主要论述国内政治，但其关于自然状态的学说依然为基于规则的自由国际主义思想奠定了基础。在洛克看来，"自然状态有一种为人人所应遵守的自然法对它起着支配作用；而理性，也就是自然法，教导着有意遵从理性的全人类：人们既然都是平等和独立的，任何人就不得侵害他人的生命、健康、自由或财产"。① 格老秀斯的国际法思想经过近两百年的积累后，终于在 19 世纪初以欧洲协调的形式被固定下来，国家间通过协商方式处理国际争端成为一种传统。洛克的自然法思想则同样对后世的西方发达国家自由国际主义产生重要影响，比如在人权领域，"20 世纪后半叶，越来越多的国家开始相信普遍人权，这些人权与洛克的自然法制度中的权利非常接近；有些人权受美国宪法和《欧洲人权公约》这类人权立法的保护，成为实在法的一部分"。②

洛克之后，同为英国人的托马斯·潘恩（Thomas Paine）通过出版《常识》《论人权》等多部作品宣传了前辈的自然法思想，助推了北美大陆的革命。他指出，"人权平等的光辉神圣原则（因为它是从造物主那里得来的）不但同活着的人有关，而且同世代相继的人有关。根据每个人生下来在权利方面就和他同时代人平等的同样原则，每一代人同它前代的人在权利上都是平等的"。③ 潘恩的这种平等主义思想对于《独立宣言》的诞生产生了积极作用。④ 美国独立战争与 19 世纪初的拿破仑战争都激发出强烈的民族主义浪潮，至 19 世纪中叶，这股浪潮逐渐与自由主义合流，成为民族独立和民族自决运动的推手，也使得"中产阶级的自由主义在与保守主义的反动竞争时占了决定性的优势。在 19 世纪早期，绝对君主制的支持者坚持神圣同盟的反民族主义政策，这时热诚的民族主义者大都发现，只有与自由主义的宪政主义运动结合在一起，才有成功的希望。中产阶级的自由主义者也投桃报李，为民族自决的运动奉献了许多精力与热诚"。⑤ 20 世纪初期美国总统威尔逊的十四点原则所包含的民族自决原则明显受到这一趋势

---

① 〔英〕约翰·洛克《政府论》（下篇），叶启芳、瞿菊农译，商务印书馆，1964，第 5 页。
② 〔英〕阿兰·瑞安：《论政治》（下卷），林华译，中信出版集团，2016，第 78 页。
③ 〔英〕托马斯·潘恩：《潘恩选集》，马清槐译，商务印书馆，2004，第 140 页。
④ 〔美〕大卫·阿米蒂奇：《现代国际思想的根基》，陈茂华译，浙江大学出版社，2017，第 235 页。
⑤ 沃特金斯：《西方政治传统：近代自由主义之发展》，第 202 页。

的影响，这份宣告新世纪来临的自由主义宣言更是西方自由国际主义思想的集大成者，成为美国以规则为基础的自由国际主义全球治理观的先声。到 20 世纪行将结束之时，冷战的终结使西方自由主义的自信倍增，弗朗西斯·福山（Francis Fukuyama）的"历史终结论"仿佛是威尔逊跨越百年的回声，将这种自信推向顶峰。在冷战结束的背景下，认为自由民主制度是人类社会发展的终极制度形式似乎具有了"无可辩驳"的政治正确性。正因为如此，克林顿政府才会明确将向全世界扩展民主作为"参与与扩展战略"的主要内容。与之相应，建立基于规则的国际秩序（a rules-based international order）也成为美国安全战略的主要目标之一。奥巴马总统的 2010 年《国家安全战略》报告中就指出，建立一个基于规则的国际秩序是自二战结束以后美国一直追求的目标，因为它可以在实现别国利益的同时实现美国的利益。① 2015 年《国家安全战略》报告更是直接在导言里指明，建立一个美国领导的基于规则的国际秩序，旨在通过更强大的合作关系促进和平、安全和机遇，以应对全球性挑战是美国国家安全战略的目标之一。②

面对新兴经济体的崛起和美国的相对衰落，美国坚定的自由主义者仍然认为美国的危机不等于自由国际主义的危机，③ 能够替代自由国际主义治理当代世界的选择仍然非常稀少。④ 但是，经过数百年发展的西方自由主义传统及其衍生出的自由国际主义全球治理观，本身却包含着难以克服的矛盾。

第一，西方自由主义的价值观容易导致阶层对立。西方发达国家所指的自由主义与民主政体相配套，这种自由民主哲学的首要弊端就是容易导致社会中不同阶层的分化和对立。早在古希腊时期，柏拉图（Plato）就曾在伯罗奔尼撒战争结束后指出雅典自由民主政体的这种弊端："任何一个城市，无论它多么小，实际上都是分成两个，一个是穷人的城市，另一个是富人的城市。"⑤ 在古希腊，

① White House, *National Security Strategy*, May, 2010, p. 12, http://nssarchive.us/NSSR/2010.pdf, 登录时间：2018 年 4 月 27 日。
② White House, *National Security Strategy*, February, 2015, p. 2, http://nssarchive.us/wp-content/uploads/2015/02/2015.pdf, 登录时间：2018 年 4 月 27 日。
③ G. John Ikenberry, "The Future of Liberal World Order", *Japanese Journal of Political Science*, Vol. 6, No. 3, 2015, p. 451.
④ G. John Ikenberry, Inderjeet Parmar and Doug Stokes, "Introduction: Ordering the World? Liberal Internationalism in Theory and Practice", *International Affairs*, Vol. 94, No. 1, 2018, p. 2.
⑤ 〔古希腊〕柏拉图：《理想国》，转引自萨拜因《政治学说史》，第 36 页。

自由民主是公民的权利，而非奴隶的权利，这种自由民主的二元划分到 19 世纪大众民主的兴起时被推向了高峰。也正是在此时，出现了以加塔诺·帕斯卡（Gaetano Mosca）和维尔费雷多·帕累托（Vilfredo Pareto）为代表的精英主义者。在他们看来，政治世界被天然分为作为统治阶级的精英和被统治阶级的平民，"前一个阶级人数较少，行使所有社会职能，垄断权力并且享受权力带来的利益。而另一个阶级，也就是人数更多的阶级，被第一个阶级以多少是合法的，又多少是专断和强暴的方式所领导和控制。被统治阶级至少在表面上要供应给第一个阶级物质生活资料和维持政治组织必需的资金"。① 帕累托也认为应该将民众分上层和下层两个阶层，但是他更深刻地指出，能够进入上层执政成为精英的人，不一定都凭借自己的能力。比如，"一笔巨额遗产的继承者，在某些国家极易被任命为参议员，或被选为众议员，只要他贿赂选民，如果需要，还标榜自己是彻底的民主主义者、社会主义者、无政府主义者，以取悦选民。在其他情况下，财富、亲缘、关系都会使人受益，使不称职者获取一般精英阶级的名分，或特殊执政的精英阶级的名分"。② 可见，精英主义者自己也承认，所谓资本主义的自由民主并非真实的。所以，当这种两极对立的自由民主观成为西方发达国家全球治理观的核心价值时，带来的可能就是全球治理中的不平等、不合理和不公正现象。长期以来，发达资本主义国家主导全球治理进程，按自身标准界定全球治理标准，使其最终结果朝着有利于自身的方向发展。更有甚者，随意将一些发展中国家的内部事务与全球治理相联系，名义上是帮助其应对危机，实则是干涉内政。

第二，自由主义的基督教色彩容易与多元价值产生矛盾。西方自由主义的一大特色是与基督教紧密结合，虽然二者在理念上看似冲突，但在长期共存中实现了相互融合。这在奠定了自然法传统的斯多葛学派中体现得尤为明显。在该派思想家看来，自然法和上帝是统一的，在二者的共同指引下，应该建立一个人人平等的世界。"一种同加尔文主义相类似的宗教学说加强了这种义务感。斯多葛派深信神的旨意具有无上的统治力量。他认为自己的一生乃是上帝对他的一种感召、指定给他的一种职守，就好像统帅给他的士兵规定任务那样。……斯多葛派

---

① 〔意〕加塔诺·帕斯卡：《统治阶级》，贾鹤鹏译，译林出版社，2012，第 97 页。
② 〔意〕V. 帕累托：《普通社会学刚要》，田时纲译，社会科学文献出版社，2016，第 304 页。

为了表达这个意思，指出人是有理性的而上帝也是有理性的。"① 这种思想使西方文化传统中的法是自然法、神法与人法的统一，哪怕是在中世纪，人们面对教会的专制统治，也不曾完全抛弃"享有法律下自由的社会"的远古理想，因为残破的罗马法本身不仅还以教会法的形式存在，而且更化为地方习俗而存在。② 但是，基督教是一神教，容易形成一元化的价值观，当其与政治结合在一起时就会带来问题，那就是以宗教的一元价值观审视这个多元文明的世界，当其与超级大国的权力结合在一起时，更成为其奉行单边主义治理世界的理由和标准。在文艺复兴和宗教改革作用下，斯多葛学派与加尔文主义类似的新教基因被新移民沿着新航路带到了新大陆并生根发芽，最终演变成美利坚民族的救世哲学。美国人如当年的斯多葛学派学者一样，认为自己肩负着上帝的使命，要将自然法蕴含的自由民主之"幸福"传播给全世界。正如丹尼尔·布尔斯廷（Daniel J. Boorstin）所言："二十世纪中叶，……美国已形成了一种与世界各国打交道的新型美国外交方式。这种美国外交方式也像美国其他政治体制一样，显然是美国具体环境的产物，它不仅植根于那种有助于立国并继续鼓舞大量美国人的传教传统，而且也植根于把美国疆土从一个大洋扩展到另一个大洋的过程中美国政府所起的某些特殊作用。"③ 由于西方延绵不绝的自然法传统由斯多葛学派奠定，而自然法理论又与西方人权观念有着密切联系，④ 所以西方价值观中的人权观就具有了基督教的救世色彩和排他性。因此冷战结束后，美国作为西方自由主义传统的集大成者，通过全球治理将富含宗教色彩的自然法理论推向全球，其中的重要内容就是维护人权，而人权的标准则必须由美国及其领导的西方世界设定，这使其成为美国以全球治理为借口干涉别国内政的理由。

第三，帝国式的霸权主义方式违背自由国际主义的多元性假设。多元和包容是自由主义的生命，美国的强大正是在于以多元和包容的开放精神源源不断吸引着世界各地的移民。但是，美国主导的自由国际主义的另一大弊端，即以帝国的霸权主义方式实现自由国际主义的目标。帝国并非帝国主义，后者特指以生产资

---

① 萨拜因：《政治学说史》，第 187 页。

② 沃特金斯：《西方政治传统：近代自由主义之发展》，第 202 页。

③ 关于布尔斯廷对美国外交风格的论述可参看〔美〕丹尼尔·布尔斯廷《美国人：民主历程》，中国对外翻译出版公司译，生活·读书·新知三联书店，1993，第十章，第 642 页。

④ 丛日云：《西方政治文化传统》，黑龙江人民出版社，2002，第 227 页。

料私有制为基础的资本主义进入的高级形态，以经济上的垄断，对外政策上的武力方式谋取殖民地为特征。而帝国是指当代国际关系中，某些国家因为超群的国家实力而倾向于单边主义的对外行动，为实现自己的单边目标甚至不惜使用武力，本质上是一种霸权主义。但是，这种帝国倾向的霸权主义与 19 世纪的帝国主义一脉相承，所以"现代自由主义者完全有理由将 19 世纪的自由主义帝国当作一种不情愿继承的遗产"。① 后冷战时代，作为唯一超级大国的美国就继承了19 世纪英国帝国主义的遗产，虽然推崇自由主义，但由于共同的高傲文明观，在对待不同种族和文明时，依然保有殖民时代的不平等，甚至等级心态，将自由主义演变成了帝国式的霸权主义。② 这种帝国倾向在某种程度上源于美国国内的宪政结构，正如小施莱辛格（M. Schlesinger, Jr）所描述的"帝王般的总统"一样，③ 美国宪法赋予总统巨大权力，在二战后由于国家安全委员会的成立更加膨胀。伴随冷战后美国成为唯一超级大国，需要更加高效集中的行政权力参与全球事务，这种"帝王般的权力"被推向顶峰。"恰如杰斐逊（Thomas Jefferson）总统所说，美国的宪法最适合于一个大帝国。我们要再一次强调，这一部宪法是帝国式的，而非帝国主义式的。说它是帝国式的，因为美国宪法的构造模式能够重新表达开放空间，能够在一片无边无垠的领域内不断重造网络中多种多样的独特关系。……正是在美国宪法的全球扩展中，帝国得以诞生。实际上，我们进入的是由一部国内宪法的扩展走入帝国的形成过程。"④ 换言之，在帝国论者看来，这种基于美国国内宪政制度的帝国形式应该扩展到全球，进而带来一种开放自由的全球秩序，给人类带来福音。

　　但是，连信奉自由国际主义秩序的学者也认为，如果美国的自由民主价值观要生生不息，就必须承认不同自由民主形式的存在，尊重他国的主权，特别是需要看到国内自由民主与国际自由民主的差异，并不断改进美国国内的民主人权状况。⑤

① 〔美〕埃德蒙·福赛特：《自由主义传》，杨涛斌译，北京大学出版社，2017，第 240 页。

② Inderjeet Parmar, "The US-Led Liberal Order: Imperialism by Another Name?", *International Affairs*, Vol. 94, No. 1, 2018, p. 172.

③ 参看 M. Schlesinger, Jr, *The Imperial Presidency*, Boston: Houghton Mifflin, 1973。

④ 〔美〕麦可尔·哈特、〔意〕安东尼奥·奈格里：《帝国——全球化的政治秩序》，杨建国、范亭译，江苏人民出版社，2003，第 181～182 页。

⑤ Beate Jahn, "Liberal Internationalism: Historical Trajectory and Current Prospects", *International Affairs*, Vol. 94, No. 1, 2018, pp. 58–59.

这说明，在一个文明和制度多样性的世界中，美国近乎宗教般带有帝国色彩的全球治理观需要进行自我调适，其中就包括在其主导建立的全球治理机制中给予正在崛起的新兴经济体更加平等的地位。

第三节　全球治理机制原型：二战结束时建立的治理机制

国际机制是全球治理的主要手段，但和其他所有政治组织一样，也会反映其中拥有权力的行为者的利益和偏好。[①] 相关实证研究表明，当国际机制的投票结果更符合成员国权力分配时，权力强大的国家更愿意创立或者加入国际机制。[②] 庞珣等人关于美国操控地区开发银行的经验研究也表明，当地区开发银行与美国利益攸关程度和美国建立获胜联盟的能力都较高，且美国主导银行创立，而银行内部权力又较为分散时，地区开发银行更容易被美国操控。[③] 国际货币基金组织（IMF）和世界银行作为当代世界颇具代表性的全球治理机制，都是在二战结束时在美国霸权领导下建立的，经过半个多世纪的发展，至今仍然体现了美国霸权以及整个西方发达国家领导世界事务的意志，使全球治理原型中的不平等性制度化。

第一，机制设置原则以维护霸权国利益为导向。二战结束时，美国凭借超强的国家实力领导建立了国际货币基金组织和世界银行，在机制设置上，美国希望充分发挥自身经济实力的优势，没有按照联合国一国一票的方式，而是按照入股的方式建立两个机构。其中 IMF 以份额为基础计算投票权，而份额的计算包含国民生产总值、月平均储备额、年平均经常性支出、年均经常性收入等指标，以此将各国份额和投票权大小区分开来，这确保了美国在投票结构中的绝对优势地位。世界银行同样如此，投票权数与认缴股本成正比。虽然每一会员国无论国家大小和认股多少，拥有基本投票权 250 票，但每认缴 10 万美元的股本，另外增

①　Robert O. Keohane and Joseph S. Nye, "Transgovernmental Relations and International Organizations", *World Politics*, Vol. 27, No. 1, 1974, p. 60.

②　Yoram Z. Haftel and Alexander Thompson, "The Independence of International Organizations: Concept and Applications", *The Journal of Conflict Resolution*, Vol. 50, No. 2, 2006, p. 269.

③　庞珣、何枻焜：《霸权与制度：美国如何操控地区开发银行》，《世界经济与政治》2015 年第 9 期，第 29 页。

加投票权 1 票，这样美国在银行创建初期的 1947 年拥有的投票权占到总数的
37.2%。① 尽管这一比例逐渐下降，两大机构的份额和投票权比例仍然没有合理
反映当代世界经济格局的变化。冷战结束以后，西方七国各自经济总量在世界经
济中的比重普遍下降，中国和印度两个最大新兴经济体的比重显著上升，特别是
中国稳居世界第二大经济体地位，但在 IMF 和世界银行中的份额与投票权地位
依然不高，无法将经济实力转化为制度性权力（详见图 1 - 2）。

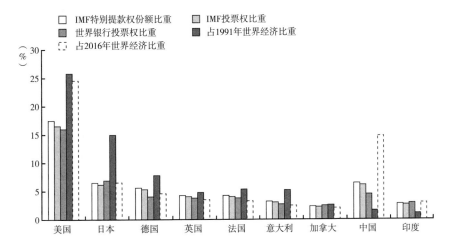

图 1 - 2　西方七国和中国、印度在 IMF、世界银行投票权和世界经济比重的比较

资料来源：根据 IMF、世界银行数据整理，http：//www. imf. org/external/np/sec/memdir/
members. aspx，http：//siteresources. worldbank. org/BODINT/Resources/278027 － 1215524804501/
IBRDCountryVotingTable. pdf；https：//data. worldbank. org/indicator/NY. GDP. MKTP. CD？ view
＝chart，登录时间：2018 年 5 月 20 日。

从图 1 - 2 中可以看出，美国经济总量占世界经济的比重从 1991 年的 25.8%
下降到 2016 年的 24.55%，但 2016 年在 IMF 的特别提款权份额依然占到总份额
的 17.45%，投票权占到总投票权的 16.51%，在世界银行的投票权则占到总投
票权的 15.98%。日本经济总量占世界经济的比重从 1991 年的 14.95% 下降到
2016 年的 6.52%，但 2016 年在 IMF 的特别提款权份额依然占到总份额的
6.48%，投票权占到总投票权的 6.15%，在世界银行的投票权则占到总投票权

① 王正毅、张岩贵：《国际政治经济学——理论范式与现实经验研究》，商务印书馆，2003，第
377 页。

的 6.89%，位居发达国家第二位。相反，中国在世界经济中的比重由 1991 年的 1.6% 上升到 2016 年的 14.76%，但 2016 年占 IMF 的特别提款权份额、投票权和世界银行的投票权比重分别为 6.41%，6.08% 和 4.45%，都依然落后于日本。印度经济占世界经济的比重从 1991 年的 1.11% 上升到 2.98%，但 2016 年这三个指标分别为 2.76%，2.63% 和 2.93%，均落后于意大利，后者经济总量占世界经济的比重由 1991 年的 5.19% 下降到 2016 年的 2.45%。尽管中国和印度两个新兴国家在两大机构中的份额和投票权比重有所上升，但美国依然拥有一票否决的能力，这证明了制度霸权在美国霸权体系中居于核心地位。[1] 1998 年亚洲金融危机中，经济高速增长的国家就因为在 IMF 的份额和投票权被低估而受到其贷款的政治干扰，反而使危机加重延缓了增速，[2] 同时延缓了挑战美国霸权地位的时间，这充分体现出 IMF 和世界银行作为美国政府维护霸权工具的性质。[3]

在领导权设置方面，美国人长期担任世界银行行长职务，西欧国家则长期担任 IMF 总裁职务。发达国家垄断两大机构的领导职务不仅具有象征意义，更容易在实践中按照自身意志操控机构的投资和贷款方向。比如实证研究表明，世界银行中的领导层范围越小，被排除在决策之外国家的利益越有可能被牺牲掉，决策者更容易将世界银行的贷款投向自己的祖国。[4] 尽管近年有中国人担任了世界银行和国际货币基金组织的高管职务，但一把手依然是美国和欧洲人担任，这再次证明了国际机制一旦形成，就具有强烈的路径依赖，尤其是难以对自身的核心制度设计进行改革。这种全球治理机制的原型延续了自二战结束以来半个世纪的领导结构，充分反映了其与美国霸权相伴相生的命运。发展中国家如果想将自身增长的国家实力转化成制度性权力，除了应该继续加强协调合作，对传统全球治理机制进行改革之外，还必须开拓新的空间，主导建立更能反映发展中国家利益的新型全球治理机制。

[1] 门洪华：《西方三大霸权的战略比较——兼论美国制度霸权的启示意义》，《国情报告》2005 年（上），第 369 页。

[2] Takatoshi Ito, "Can Asia Overcome the IMF Stigma?", *The American Economic Review*, Vol. 102, No. 3, 2012, pp. 199-200.

[3] Robert Hunter Wade, "US Hegemony and the World Bank: The Fight over People and Ideas", *Review of International Political Economy*, Vol. 9, No. 2, 2002, p. 217.

[4] Ashwin Kaja and Eric Werker, "Corporate Governance at the World Bank and the Dilemma of Global Governance", *The World Bank Economic Review*, Vol. 24, No. 2, 2010, p. 176.

第二，以发达国家价值观为参照设置治理指标。全球治理指标的设立是治理的核心环节，不仅关系到治理对象的选择，还涉及治理效果的评价。治理指标设置受到主观认知的强烈影响，充分体现了机制主导者的价值观偏好。由于发达国家掌控 IMF 和世界银行等主要全球治理机制的制度领导权，所以治理指标的设置也主要反映它们的价值观偏好，即以是否进行符合自由民主制度和自由市场经济的改革作为治理的条件。所以指标本身就是一种权力，而且是"精心设计的权力。指标既是权力的来源又是权力的载体。指标制定者和影响这一过程的其他行为体能够通过对客观现实进行'合情合理'的选择（如指标构成要素的选择）与简化加总（指标权重和加总规则的设定）来选择和设计指标权力的实施范畴和作用对象"。①

治理指标能够作为一种权力的根本原因在于，指标的内容是国际规范的体现，而国际规范本身具有道德与权力的双重属性，其中权力界定了规范的道德，具体方式就是设置治理指标。比如世界银行在援助摩洛哥的土著居民群体时，就首先通过界定何为"土著居民"的方式来控制援助，进而达到干涉摩洛哥国内法制定目的。② 这种以单方面规范制定治理指标的做法说明所谓"好的"规范只是相对的，对于掌握权力的国家可能是"好的"，但对于被治理的国家不一定是好的。伴随国际格局转型，发展中国家越来越对冷战结束以来发达国家主导的一些规范表现出抵触，③ 一方面因为这些规范并没有如发达国家宣传的那样改善发展中国家的发展水平；另一方面，当一些发展中国家放弃这些规范转而寻找到适合自身国情的发展道路时却取得了成功，福山宣称的"历史的终结"并没有发生，进而证明了全球治理指标设置背后的权力动机。所以正如国际规范研究的代表人物玛莎·芬尼莫尔所言："国际社会中规范原则之间的紧张关系和矛盾意味

---

① 庞珣：《全球治理中"指标权力"的选择性失效——基于援助评级指标的因果推论》，《世界经济与政治》2017 年第 11 期，第 135 页。

② Galit A. Sarfaty, "The World Bank and the Internalization of Indigenous Rights Norms", *The Yale Law Journal*, Vol. 114, No. 7, 2005, pp. 1803 – 1804.

③ 比如在 2008 年金融危机发生后，IMF 向发展中国家提出的资本管制建议就遭到前者的明确反对，发展中国家认为危机本身就是新自由主义发展方式导致的，发达国家在修正自己的错误前不应该再向别国提供所谓的政策框架，各国应该根据资本流动的多样性制定相关政策。具体可参 Kevin P. Gallagher, "The IMF, Capital Controls and Developing Countries", *Economic and Political Weekly*, Vol. 46, No. 19, 2013, p. 15。

着并没有一整套使我们都融合在一起的、理想的政治和经济安排。没有稳定的平衡,没有历史的终结。"①

即使是在西方发达国家的价值观范畴内,不同具体的指标之间在治理中也有先后顺序。比如实证研究表明,美国主导的多边发展银行,更倾向于对破坏"自由民主"制度的国家进行制裁,而非侵犯人权的国家。② 这说明在美国的治理标准中,民主作为一种制度形式,关系到整个西方价值规范的扩散和其他权利的保护。如果能够建立起这种制度,被侵犯的人权也会自然得到恢复。而民主的双胞胎自由市场经济同样是发达国家主导的全球治理机制援助的指标之一,比如在 21 世纪初阿根廷的经济危机中,短期大规模的财政控制削减了诸多社会项目,最终导致社会动乱,这与其稳定经济的初衷背道而驰。③ 类似的例子在 2008 年金融危机后的欧洲债务危机中 IMF 援助希腊时再次出现。④ 关于世界银行促进墨西哥和阿根廷的改革比较研究中,世界银行官员与两国政府官员结成了密切联盟,进而可以全面推进自由市场经济的各项指标,但与美国的地缘政治关系决定了推进的方式和速度。墨西哥由于与美国地缘关系更亲近,所以增强了其与世界银行博弈的能力,后者采取了缓慢推进改革的方式。而阿根廷对于美国的地缘政治重要性要比墨西哥低,因此美国的态度决定了世界银行采取更加激进的方式在阿根廷推进改革,⑤ 这也在一定程度上延续了阿根廷的危机。

---

① 〔美〕玛莎·芬尼莫尔:《国际社会中的国家利益》,袁正清译,浙江人民出版社,2001,第 158 页。关于美国与多边发展银行规范扩散的文章还可以参看 Susan Park, "Accountability as Justice for the Multilateral Development Banks? Borrower Opposition and Bank Avoidance to US Power and Influence", *Review of International Political Economy*, Vol. 24, No. 5, 2017, pp. 776 – 801。

② Daniel B. Braaten, "Determinants of US Foreign Policy in Multilateral Development Banks: The Place of Human Rights", *Journal of Peace Research*, Vol. 51, No. 4, 2014, p. 525.

③ John V. Paddock, "IMF Policy and the Argentine Crisis", *The University of Miami Inter-American Law Review*, Vol. 34, No. 1, 2002, pp. 181 – 182.

④ 虽然 IMF 在欧债危机的救助上起到了积极作用,但前提仍然是得到处于领导地位的发达国家的同意,希腊作为 IMF 扩散自由市场积极规范的典型案例也因此持续处于动荡之中。详见谢世清、王赟《国际货币基金组织(IMF)对欧债危机的援助》,《国际贸易》2016 年第 5 期,第 37 ~ 42 页。

⑤ Judith Teichman, "The World Bank and Policy Reform in Mexico and Argentina", *Latin American Politics and Society*, Vol. 46, No. 1, 2004, pp. 63 – 64. 地区开发银行在受到地缘政治影响方面体现得更加明显,详细研究可参看张江河《亚洲开发银行的地缘政治动机与运作溯析——亚洲开发银行成立 50 周年地缘政治纪事》,《吉林大学社会科学学报》2016 年第 6 期,第 5 ~ 34 页。

IMF 的各国和世界经济预测是其治理功能的重要体现，通过对一国不同经济指标的预测，IMF 为国际市场，包括贸易、投资和金融活动提供了重要参考依据。如果一国得到较好的预测，就更有可能得到国际市场的青睐，获得更多投资、贸易订单和融资。但是，这一高度技术性的指标性功能，同样受到美国的控制。研究表明，在联合国大会与美国立场更一致的国家更容易得到 IMF 较好的通货膨胀和经济增长预测。由于美国是 IMF 的最大股东，所以长期对 IMF 负有债务的国家更可能得到其负面的经济预测。① 可见，从治理指标的设置到整个实施过程，美国代表的西方发达国家都体现出了它们对全球治理机制的绝对掌控能力。全球治理机制是"老师"，被治理国家是"学生"，"老师"根据自己的价值规范设置各种指标，并根据自身利益实现这些指标，"学生"只能被动"学习"，这就是全球治理机制原型的基本逻辑。

第三，经济治理目标以短期为主。全球治理机制原型在治理机制方面的另一个体现是经济治理的目标只着眼于短期效应，而缺少针对受援国特点的长期经济改革指导。原因之一是，短期救助有助于获得立竿见影的效果，容易得到受援国政府的接受，更容易证明机制自身政策的合法性。② IMF 和世界银行作为全球治理机制原型的代表，继承了美国在二战结束后大规模援助欧洲的马歇尔计划，即以经济手段恢复自由民主国家的稳定，建立维护自己全球霸权的联盟。因此，IMF 和世界银行在治理世界经济问题时严格意义上是具有长期经济和政治目标的。但关键的问题在于，这种长期目标是单方面按照西方国家价值观制定的改革计划，以是否符合自由民主的政治制度和自由竞争的市场经济为主要标准，缺少对援助国有针对性的长期改革计划。当受援国拒绝接受附带政治条件的援助时，IMF 和世界银行就只着眼于短期危机的应对。以世界银行对波黑的援助为例，1996 年世界银行开始对战后的波黑进行援助，包括对其国计民生项目的紧急救援和重建波黑国际社会的金融关系，制订和执行中期全面援助计划。此后，世界银行在协调各方援助、维持稳定和经济重建，促进就业和社会援助等方面都

① Axel Dreher, Silvia Marchesi and James Raymond Vreeland, "The Political, Economy of IMF Forecasts", *Public Choice*, Vol. 137, No. 1/2, 2008, p. 167.

② Ngaire Woods, "Understanding Pathways through Financial Crises and the Impact of the IMF: An Introduction", *Global Governance*, Vol. 12, No. 4, 2006, p. 390.

发挥了一定作用。[①] 但是，援助开始十年后的 2006 年，波黑失业率仍然高达
31.1%，之后虽有下降，但 2016 年仍然达到 25.06%。[②] 更为重要的是，波黑高
度依赖煤炭产业，而且煤炭储量大多是污染极其严重的褐煤，但只有煤炭产业的
就业好于其他部门，所以其成为降低波黑失业率、保持经济增长的命脉。但是，
在全球气候治理的大背景下，欧盟制定了严格的碳排放标准，波黑等西巴尔干国
家为加入欧盟也都已加入针对非欧盟成员的《能源共同体条约》，欧盟的高环
保标准对波黑的煤炭产业是极大限制。因此，波黑不得不面对污染和就业的两难
困境。[③] 这一方面说明，20 世纪 90 年代世界银行对波黑的援助并没有有效解决
其经济发展中的主要问题，帮助其调整经济结构中对煤炭产业的高度依赖，致
使今日波黑经济仍然困难重重。另一方面，面对现在波黑的两难困境，世界银
行应该主动帮助其指定适应低碳经济环境的方案，运用多种手段解决具体问
题，使之减少对煤炭产业的依赖，或者通过技术革新改善煤炭质量，开发新能
源，实现能源产业多元化，减少二氧化碳排放，而不只是着眼于清除其社会主
义残留，尽快将波黑引入自由民主的世界。所以，"为了提升发展援助在制度
创新方面的作用，如世界银行应主动营造长效合作的援助关系，避免推行强制
性的短期制度移植"。[④] 而"世行发展资金应如何推动建设发展的长效机制、在
项目活动结束后持续推动项目地区的可持续发展，在这些问题的解决上世行的表
现还有待完善"。[⑤]

　　全球治理之所以重要，一个重要原因就是全球治理机制能够独立于主权国
家，从国际社会的整体视角观察世界发展的潮流，然后与相关国家密切配合，制
订符合国情的治理方案。IMF 和世界银行作为全球治理机制原型的最大问题就在
于，并没有真正成为独立的全球治理机制，而是始终作为发达国家，特别是美国

① 朱晓中：《世界银行与波黑重建》，《俄罗斯东欧中亚研究》2015 年第 6 期，第 27~34 页。
② 世界银行数据，https://data.worldbank.org/indicator/SL.UEM.TOTL.NE.ZS? locations = BA&view = chart，登录时间：2018 年 5 月 26 日。
③ 〔美〕杰克·戴维斯、珍雷纳·帕托里克：《煤电厂的诱惑：波黑面临艰难抉择》，中外对话网站，2018 年 4 月 17 日，https://www.chinadialogue.net/article/show/single/ch/10589 - Chinese - banks - move - into - Bosnian - power - sector，登录时间：2018 年 5 月 26 日。
④ 徐佳君：《世界银行援助与中国减贫制度的变迁》，《经济社会体制比较》2016 年第 1 期，第 191 页。
⑤ 宋锦：《世界银行在全球发展进程中的角色、优势和主要挑战》，《国际经济评论》2017 年第 6 期，第 30 页。

霸权的工具，以狭隘的意识形态眼光单方面传播西方世界的价值观和治理标准，认为自由民主的政治制度和自由竞争的市场经济制度就是人类永恒的潮流。这种残留的"历史终结"思想使之成为"西半球治理机制"，而非全球治理机制。换言之，IMF 和世界银行代表的全球治理机制原型，虽然集中了许多技术型专家，但仍然是意识形态导向的治理机制，而非问题导向的功能型治理机制。全球治理如果要成功实现转型，就必须在这些意识形态导向的传统治理机制之外建立起能够真正解决问题的功能型机制，只有这样全球治理才能找准问题的病根对症下药，将科学的解决方案引入特定国家，提高治理的效率。

第四节　全球治理主体原型：侧重非政府组织的治理主体

罗西瑙那本研究全球治理的代表作书名就是《没有政府的治理》，足以说明全球治理具有鲜明的去政府化特征，因此非政府组织（NGO）作为治理主体之一就是这一特征的集中表现，正如罗西瑙所言，没有政府的治理可以比有政府的治理更有效率。[1] 苏珊·斯特兰奇（Susan Strange）作为英国国际政治经济学的代表人物，虽然在某些学术观点上与美国国际政治经济学学者有所不同，但双方关于冷战后国际政治经济发展带来的国家权威下降的观点却如出一辙。比如，斯特兰奇针对国家权威下降只是欧美国家的特例、亚洲国家被排除在外的论点进行了反驳。她认为亚洲国家在冷战时之所以能保证足够的权威性主要基于三点原因，一是由于地缘战略价值而得到美国安全保护；二是可以采取封闭市场措施，禁止外国大公司进入；三是可以从西方买到技术。但是，冷战结束后这些条件都没有了，"亚洲的政府将受到来自华盛顿的越来越大的压力，不得不采取更加自由化、非歧视性的贸易投资政策。……在大部分亚洲国家里，将在它们的政治党派之间，在私营部门和公共部门中的既得利益集团之间，也将出现你争我夺，在它们的国家机器各部门之间会有权力斗争发生。无论是政府的团结还是政府的权威，都将难免受到损害"。[2] 在持国家权威下降观点的学者看来，非政府组织不

---

① James N. Rosenau and Ernst-Otto Czempiel（eds.），*Governance without Government*：*Order and Change in World Politics*，pp. 4–5.

② 〔英〕苏珊·斯特兰奇：《权力流散：世界经济中的国家与非国家权威》，肖宏宇、耿协峰译，北京大学出版社，2005，第6页。

仅能促进国际组织政策的形成,[①] 还能帮助政府间国际组织督促成员国遵守国际协定。[②] 最后,是否重视非政府组织作为主体的作用成为全球治理原型中评判治理成功与否的重要标志,但从本质上看,这一标志的侧重不在于治理的结果,而在于非政府组织本身,即作为自由民主制度通过全球治理在国际社会扩展的核心要素。

全球治理的民主是当代国际关系民主化的重要组成部分,但正如关于国家民主的争论一样,全球治理民主的形式同样存在争议。西方发达国家主导的全球治理将国内民主延伸到全球治理中,认为只要存在与政府对立的主体就是民主,政府是被民主治理的对象,所以公民社会成为国内民主政治的基本要件。在国际关系中,国际体系无政府状态的先天特性为全球公民社会的成长提供了良好的土壤,国际权威的缺乏使得非政府组织能够肆意生长,以自下而上的方式成为政府间国际组织的伙伴,监督主权国家遵守国际规范。但是,国际体系无政府状态的另一层含义则是多元主体的共存,全球公民社会看似在一个没有世界中央政府的环境里存在,但实际上比国内公民社会面对更多的主权国家政府,这些政府对内都以保护自己国家国民和国家安全为第一目标,对外则以捍卫国家独立性和平等性为第一目标。在这种多权威结构下,国际关系的民主化,进而推导出全球治理的民主化,首先应该是主权国家之间的平等。所以,作为当代世界全球治理最为主要的国际机制,联合国是一个主权国家构成的最具代表性的政府间国际组织,其宪章第二款第 1 条明确规定"该组织基于成员国主权平等原则"。[③] 但是,西方发达国家却侧重于非政府组织作为全球治理的主体,不断挑战联合国在全球治理中的主导地位,这充分说明前者主导的全球治理原型的去政府化倾向。

严格来看,非政府组织具有政治、学术、媒体、企业等不同类型。某些类型的非政府组织还是对全球治理发挥了不可替代的作用,比如学术共同体和智库,其作用主要表现在以下两个方面。

---

① Robert E. Kelly, "Assessing the Impact of NGOs on Intergovernmental Organizations: The Case of the Bretton Woods Institutions", *International Political Science Review*, Vol. 32, No. 3, 2011, p. 340.

② Nathan M. Jensen and Edmund J. Malesky, "Nonstate Actors and Compliance with International Agreements: An Empirical Analysis of the OECD Anti-Bribery Convention", *International Organization*, Vol. 72, Winter, 2018, p. 65.

③ Charter of the United Nations, http://www.un.org/en/sections/un-charter/chapter-i/index.html, 登录时间:2018 年 5 月 30 日。

第一，重要议题的倡议者和政策建议者。治理与统治的一大区别就是权威来源的多样化，在治理语境下，非政府组织可以通过发现一些被政府忽视的重要问题使之进入治理程序，从而成为权威的来源。比如全球气候治理，最初就是源自19世纪20年代科学家的发现，然后通过科学界的不断验证，最终在20世纪80年代进入政治人物视野。学术共同体之所以能够起到权威性的作用在于两个原因，一个原因是全球性问题的公共性质。这种公共性包括两方面含义，一是问题本身会影响所有国家；二是超越国界，即超越了单个国家统治的范畴，没有任何一个国家愿意主动关注这种问题，于是就出现了权威的真空，这就为学术共同体提供了机会。另一个原因是，这些全球性问题往往带有较强的技术性，其危害需要独立的专业技术群体才能发现，单一国家的研究、倡议和政策被认为缺少客观性和独立性，可能是为自身利益服务。因此，以专业技术人员组成的学术共同体和智库就较为容易填补国家留下的权威真空，就某些全球性问题发出倡议和提供政策建议，从而成为全球治理中的新权威。这种客观独立的权威可以进一步将科学变成更容易让普通人接受的规范在国际社会扩散，[1] 唤起不同国家的人们对跨国问题的关注，这一点在全球环境治理的非政府组织中体现得尤为明显，[2] 而在国际商业领域中非政府组织也扮演了规范倡议者的重要角色。[3]

第二，督促全球治理目标落实的压力集团。非政府组织参与全球治理的先天不足是缺少治理能力，即资金和政策工具。企业同样作为非政府组织却拥有资金优势，而主权国家则拥有政策优势。所以非营利性的非政府组织要想参与全球治理，除了提出倡议、扩散规范和政策建言以外，一种有效途径就是对全球治理目标的落实施加压力。这既可以是对出席国际会议的主权国家的压力，比如通过示威游行或者在联合国气候大会上对各国的减排态度进行排名等；同时，非政府组

---

① 关于独立性作为非政府组织在全球治理中优势的文献可参看 Leon Gordenker and Thomas G. Weiss, "Pluralising Global Governance: Analytical Approaches and Dimensions", *Third World Quarterly*, Vol. 16, No. 3, 1995, pp. 357 – 387; Helen V. Milner and Andrew Moravcsik (eds.), *Power, Interdependence, and Nonstate Actors in World Politics*, Princeton: Princeton University Press, 2009.

② N. Brian Winchester, "Emerging Global Environmental Governance", *Indiana Journal of Global Legal Studies*, Vol. 16, No. 1, 2009, p. 23.

③ Hildy Teegen, Jonathan P. Doh and Sushil Vachani, "The Importance of Nongovernmental Organizations (NGOs) in Global Governance and Value Creation: An International Business Research Agenda", *Journal of International Business Studies*, Vol. 35, No. 6, 2004, pp. 463 – 483.

织也可以通过参与政府间国际组织并对其施加压力，比如联合国给予非政府组织在经社理事会中的协商地位，而为更好落实人类千年发展目标，非政府组织也在联合国大会之外举办了与之平行的人类千年大会。① 非政府也因此被西方自由主义者认为是全球治理民主赤字的有效缓解者，他们认为政府间国际组织广泛地与非政府组织接触，能够提升全球治理的能力和效力。② 可见，在自由主义者眼中，非政府组织作为全球公民社会的代表，理应具有和代表主权国家进行全球治理的联合国同等重要的地位，只有这样才能体现出"全球性"，否则全球治理就是被主权国家垄断的，还是无法摆脱统治的色彩，全球治理也会因此产生民主赤字。

不可否认，一些真正热心人类公共利益的专家型非政府组织，因为其独立性和专业性的确能够弥补主权国家在全球治理中的一些不足，特别是主权之间排他性与全球问题跨国性之间的结构性矛盾带来的权力真空。③ 但问题的关键是，全球治理原型对非政府组织侧重的含义不仅包括这些中立的非政府组织，还包括伪非政府组织，即名义上是非政府，实际却得到了全球治理主导国家政府资金支持的组织，为其对外政策服务。之所以这会成为全球治理原型的特征之一，原因在于西方发达国家以国内政治中的自由民主观来设计全球治理，将全球治理合法性来源等同于全球公民社会的发展和大规模的政治参与，④ 而不是全球治理的效果。其结果就是，在全球治理与国家治理的界限日益模糊的背景下，发达国家越

---

① Chadwick Alger, "The Emerging Roles of NGOs in the UN System: From Article 71 to a People's Millennium Assembly", *Global Governance*, Vol. 8, No. 1, 2002, p. 115.

② Roger A. Coate, "The John W. Holmes Lecture: Growing the 'Third UN' for People-centered Development—The United Nations, Civil Society, and Beyond", *Global Governance*, Vol. 15, No. 2, 2009, p. 164.

③ Kenneth W. Abbott and Duncan Snidal, "The Governance Triangle: Regulatory Standards Institutions and the Shadow of the State", in Walter Mattli and Ngaire Woods (eds.), *The Politics of Global Regulation*, Princeton: Princeton University Press, 2009, p. 87. 另外，早在全球治理概念诞生之初，就已经有学者注意到非政府组织与世界银行等国际组织合作的问题，比如在环境治理领域非政府组织可以通过塑造世界银行的贷款政策和"改造"借款人的方式优化贷款的效果，见 Paul J. Nelson, "Deliberation, Leverage or Coercion? The World Bank, NGOs, and Global Environmental Politics", *Journal of Peace Research*, Vol. 34, No. 4, 1997, pp. 468 – 469。非政府组织与世界银行关系的文献还可以参看 Galit A. Sarfaty, "The World Bank and the Internalization of Indigenous Rights Norms", *The Yale Law Journal*, Vol. 114, No. 7, 2005, pp. 1791 – 1818。

④ Vivien Collingwood, "Non-Governmental Organisations, Power and Legitimacy in International Society", *Review of International Studies*, Vol. 32, No. 3, 2006, p. 447.

来越将二者等同起来，将许多国家治理的议题强行纳入全球治理框架下，由此导致两个层面的治理效果都不尽如人意。

由于西方发达国家居于全球治理的"老师"地位，发展中国家则是被治理的"学生"，因此民主这种国家现代化的核心制度自然成为治理的首要议题，即发达国家及其领导的全球治理机制如何帮助发展中国家实现民主化。关于国内民主化与全球治理的关系，西方政治学家从政治文化角度给出的解释是，"解放型大众心理取向对民主有正效应，而这种取向又是社会经济现代化的产物。民主应该被纳入有关人类发展的更大的理论视野之内，而人类发展的一个根本主题正是人类的解放。作为人类解放事业的一项成就，民主繁荣的最佳条件就是一个解放型环境，而解放型的信仰是其最核心的内容"。[1] 全球治理的终极目标的确是人类解放，但无论是关于民主的形式还是人类解放的概念都非统一，比如马克思主义追求的终极目标也是人类解放，但其前提首先是资本主义的覆灭，无产者成为国家的主人，实现真正的具有实质内容的人民当家做主，这与西方发达国家强调的在全球治理中扩展以公民社会为基础的自由民主引领人类走向解放显然不同，因为后者认为非政府组织及以其为主体形成的全球公民社会是全球治理应对民主赤字的希望，[2] 而没有看到很多非政府组织本身就是资本主义国家的工具。更为重要的是，即使是迈向共同的民主目标，公民社会和大规模政治参与也应该在国家建设有一定基础之后而不是之前，因为在国家基本制度框架完成之前就开始鼓励公民社会和大规模政治参与会有引发国家崩溃的危险。

以街头政治为例，这是西方自由民主的重要内容和标志，西方国家甚至以用法律保护民众的街头政治权利为标准之一来评判一国民主化的程度。但是，从政治科学角度看，街头政治只是利益表达的一种方式，而利益表达作为政府联系民众的重要纽带在任何国家都必须存在，否则就会导致执政者脱离民众，政策无法反映民意，民众利益无法实现，国家最后也会走向崩溃边缘。但是，利益表达的

---

① 〔美〕克里斯丁·韦尔泽尔、〔美〕罗纳德·因格尔哈特：《大众信仰与民主制度》，载〔美〕罗伯特·戈丁主编，〔美〕卡尔斯·波瓦克斯、〔美〕苏珊·C. 斯托克斯编《牛津比较政治学手册》（上），唐士其等译，人民出版社，2016，第 311 页。

② Jan Aart Scholte, "Civil Society and Democracy in Global Governance", *Global Governance*, Vol. 8, No. 3, 2002, pp. 299 – 301; Magdalena Bexell, Jonas Tallberg and Anders Uhlin, "Democracy in Global Governance: The Promises and Pitfalls of Transnational Actors", *Global Governance*, Vol. 16, No. 1, 2010, p. 95.

方式是多样的，不同国家依据自身国家建设和制度完善的情况应该自己决定采取哪种方式，否则就会在不同国家带来不同结果，主要分为三类。一是西方发达国家的街头政治。其典型例子是 2008 年金融危机后的"占领华尔街""伦敦之夏"等。对此，西方国家政府并不谴责，反而将其作为自由民主的表现向全世界传播，作为发展中国家"学习"的样板。原因在于，西方发达国家的国家建设早已完成，各种制度尤其是民主制度已经非常健全，大规模的街头政治不会轻易导致政府倒台，更不会引发国家解体。二是北非中东国家的街头政治。这类街头政治虽推翻了政权，但国家没有分裂。由于该地区国家的民主制度并不完善，通过合法途径进行利益表达的途径不畅通，所以民众选择了街头政治表达诉求，并且烈度较大，导致政权更迭。但是，这些国家的国家建设基本完成，各方势力拥有基本的国家观念，对于共存于一个国家中表示认同。所以尽管街头政治的冲击力较强，但并未导致国家分裂。三是乌克兰的街头政治。此种类型既推翻了政权，又带来国家分裂。原因是不仅乌克兰民主制度不健全，在国家建设中又没有形成抽象的国家观念，东西两部分乌克兰人不认为自己共处于一个国家，分别导向俄罗斯和西方。这种深刻的民族矛盾加上激烈的街头政治，最终导致悲剧。正如研究民主理论的权威学者罗伯特·达尔（Robert Alan Dahl）所认为的，即使民主是一种重要价值，但其真正实现仍然需要民主的文化，低烈度的文化冲突，经济发展等多个条件相配合，在"文化冲突和尖锐的国家，如在非洲一些地区和前南斯拉夫，民主化在这里可算得上一场灾难"。[①]

由此可以得出结论，街头政治不是普遍的，在不同国家会带来不同的结果，发展中国家在国家建设还没有完成的情况下就搞大规模街头政治只会导致政局混乱，国家分裂。因此，不能因为街头政治在发达国家适用就强行推广到发展中国家，发展中国家要根据自己的国情采取不同的民主形式，特别是利益表达形式，其中的关键是要增强政府与民众的联系，及时掌握民众的诉求，这才是利益表达的实质，只要能实现这一实质目的，不同国家完全可以采用不同形式的利益表达。西方发达国家主导的全球治理原型侧重于非政府组织作为治理主体，就是希望通过支持其中一部分非政府组织将国内民主化的经验简单推广到国际关系中，并以全球性问题的跨国特征为借口将特定发展中国家的国内政治发展问题引入全

---

① 〔美〕罗伯特·达尔：《论民主》，李风华译，中国人民大学出版社，2012，第 137 页。

球治理议程中，将民主化本身设置为全球治理的议题，实现国家治理的全球治理化。一方面通过资金支持在这些特定国家培育本土非政府组织，另一方面支持本国非政府组织进入这些国家，从内外两面强行实现发展中国家的民主化。比如当某发展中国家出现"人权危机"时，让非政府组织成为其政府的"伙伴"，帮助其恢复社会秩序。①

当代国际关系的一大特征的确是国家治理与全球治理的互动日益频繁，很多国内问题国际化，比如西非某国的埃博拉病毒可能迅速扩展到地区乃至全球，很多全球性问题的解决也必须依赖国内政策的实施。但是，这种互动只是治权领域的，并非主权领域的。不能因为全球治理有利于国家治理能力的提升而侵犯甚至否定国家主权。在国际社会中，由于没有中央政府，所以全球治理表现出权力分散的状态。但在国家内部，治权基于主权的存在，全球治理的成果若想在一国内部成功落地，必须经过该国政府的政治程序。尽管跨国政治现象的出现使得非政府组织可以跨过中央政府与一国内部社会直接发生联系，但这不是主权国家主动选择的，所以会采取各种政策工具对其进行管控。无论是英国脱欧还是特朗普政府加强移民管制的措施，都说明西方发达国家面对全球公民社会对国家治理的渗透都在主动应对，却让发展中国家主动接受非政府组织代表的全球公民社会的监督，这说明西方发达国家主导的全球治理已经超出治理的独立性和专业性范畴，具有强烈的政治甚至战略意图。

奥巴马总统上任之初的 2010 年和离任前的 2015 年两份美国《国家安全战略报告》中，都明确提出了要通过支持包括非政府组织在内的多种行为体在国际社会扩展美国式的自由民主价值观。② 2015 年的报告甚至直接批判当代世界仍然有许多国家通过制定法律限制公民社会组织的发展，报告表示美国将通过新的技术手段支持公民社会组织绕开管制获得各种信息，实现表达的自由，并联合全世界公民社会组织应对政府限制自由民主的挑战。③ 特朗普总统 2017 年的《国家

① Rosemary McGee："An International NGO Representative in Colombia：Reflections from Practice"，*Development in Practice*，Vol. 20，No. 6，2010，p. 646.

② White House，*National Security Strategy*，May，2010，p. 39，http：//nssarchive. us/NSSR/2010. pdf，登录时间：2018 年 6 月 1 日。

③ White House，*National Security Strategy*，February，2015，p. 21，http：//nssarchive. us/wp-content/uploads/2015/02/2015. pdf，登录时间：2018 年 6 月 1 日。

安全战略报告》一方面强调要加强边境和移民管控，打击跨国犯罪；另一方面再次突出与美国政府与非政府组织合作扩大美国自由民主和人权价值观的重要意义。① 这些政策反映了美国希望在国际格局深刻转型，其主导的自由国际秩序出现危机时，通过非政府组织弥补政府权威衰落的真空，向国际社会继续扩散人权、民主等自由主义规范，保证自由国际秩序稳定的战略目标。② 所以，奥巴马和特朗普两任政府表面上分歧明显，前者更具威尔逊的自由主义倾向，后者更像汉密尔顿的现实主义风格，但在利用非政府组织维护美国作为自由民主世界灯塔的目标上却是一以贯之的，只不过特朗普政府的全球收缩战略更加凸显了非政府组织的地位而已。奥巴马总统 2015 年的《国家安全战略报告》特别强调了要在北非中东阿拉伯地区发生了民主运动的新兴民主国家加强公民社会建设的目标，认为这是全球民主治理的重要内容。但是，塞缪尔·亨廷顿（Samuel P. Huntington）关于政治参与和社会稳定关系的经典研究显示，在已经实现一定程度经济发展的国家进行大规模政治参与比在绝对贫困的国家更容易引起社会动乱。"正如必须有社会动员才能给动乱提供动机一样，必须先有某些经济发展，才能给动乱提供手段。"③ 北非中东因为民主运动导致社会动乱的阿拉伯国家无疑印证了亨廷顿的假设。此外，该研究还显示，教育程度的提高也是政治参与导致社会动乱的原因之一。④ 从冷战结束前后的东欧剧变、苏联解体到 2015 年的北非中东剧变，青年学生都是主要群体，而在全世界范围内，大学校园也是非政府组织最容易进入的领域之一，这些案例再次验证了亨廷顿的假设。可见，美国作为全球治理的主导国家，通过侧重非政府组织的作用将发展中国家内部的民主化问题引入全球治理，从而达到在霸权衰落背景下依然维持自己价值观领导地位的战略目标，但最终受害的却是被"治理"的发展中国家，这再次印证了全球治理原型的不公正性和不合理性。

---

① White House, *National Security Strategy*, December, 2017, pp. 9 - 12, 41 - 42, http://nssarchive. us/wp - content/uploads/2015/02/2015. pdf，登录时间：2018 年 6 月 1 日。

② Constance Duncombe and Tim Dunne, "After Liberal World Order", *International Affairs*, Vol. 94, No. 1, 2018, p. 42.

③ 〔美〕塞缪尔·亨廷顿：《变动社会中的政治秩序》，王冠华、刘为等译，沈宗美校，上海人民出版社，2015，第 40 ~ 41 页。

④ 亨廷顿：《变动社会中的政治秩序》，第 37 页。

小　结

全球治理概念本身诞生于冷战结束初期，但其中的权力分配原则和机制设计却可上溯到二战结束之时。因此，西方发达国家在全球治理中处于绝对主导地位，这既表现在霸权国在治理机制中拥有一票否决的投票权优势上，也表现在西方自由主义价值观成为全球治理的指导思想，更表现在霸权国为实现自身战略利益，侧重于支持非政府组织将发展中国家国内发展议程强行纳入全球治理中，这些现象共同构成了全球治理原型的基本面貌，其实质并非全球治理，而是基于西半球经验的治理。以西半球治理经验代替全球治理的问题症结在于，以静止的国际格局观念面对不断发展的国际体系挑战。属于西半球的西方资本主义国家在冷战中形成了对社会主义阵营的优势，并转化为冷战的胜利。但即使是在冷战时期，国际格局就已经开始发展变化，一部分发展中国家在新科技革命和符合自身国情的改革动力下实现了长期政治稳定和可持续的经济增长，进入新兴工业国行列。而冷战结束后，伴随两种平行经济体系对峙的瓦解，世界市场的巨大能量使世界经济和新科技革命的诸多成果能够在全球扩展，一部分新兴工业国通过积极学习和内化又脱颖而出成为新兴经济体，金砖国家就是其中的代表。而社会主义国家也在实践中不断改革和完善自身制度，主动融入国际体系，与资本主义世界形成了复合相互依赖的关系。换言之，无论是以科技革命、世界经济、文化观念、社会联系等诸多变量组成的国际体系，还是以权力对比关系表现的国际格局，都在后冷战时代发生了深刻转型。在此背景下，当代世界急需的是能够超越意识形态对抗、切实有效应对各种具体全球性挑战的全球治理方案。但是，以美国代表的西方资本主义世界仍然以冷战时期的国际格局观泰然处之，认为人类历史真的已经终结，所以在全球治理的机制和观念创新方面严重滞后，希望以西半球的治理经验治理真正的全球性问题，最后不仅适得其反，而且由于将某些发展中国家国内议题强行纳入全球治理框架，引发被治理国家持续动荡，并向国际社会扩散，使得全球性挑战有增无减。因此，国际社会如果想真正有效应对全球性问题的挑战，就必须以真正的全球治理取代基于西半球经验的全球治理原型，实现全球治理的转型。

第二章
全球治理转型：包容、普惠、高效的全球治理

　　全球治理转型是指全球治理的领导力量、价值观念、治理机制和参与主体同时发生了结构性变化，即由西方发达国家的单一领导转变为发达国家与发展中国家共同领导。由于全球治理嵌套在国际体系之中，所以全球治理转型必然受到国际体系转型的影响。国际体系转型包含格局转型和进程转型两个方面。冷战结束以来，国际格局最为深刻的转型就是以金砖国家为代表的新兴经济体的群体性崛起，发展中国家与发达国家的地位更加接近。这种结构性变化带来了国际体系进程的一系列变化，其中最为突出的就是从西方发达国家主导全球治理的价值观和机制设计，转变为发达国家和发展中国家价值观和机制设计的共存。在全球治理原型中，由于西方发达国家在物质性的国际格局中占据绝对主导地位，所以在全球治理的价值观、机制设计和参与主体方面都表现出主导性。而新兴经济体的崛起，特别是金砖国家的崛起，一个最为鲜明的特征就是文明底色全部属于非西方文明，这充分体现出人类文明的多样性以及由此带来的现代化道路的多样性。所以对于新兴经济体的研究不能只从经济和政治角度进行解读，还必须深入文明的视角分析它们崛起的原因、过程和对当代世界的影响。首先，本研究以新兴经济体崛起带来的国际格局转型为基本底格，突出中国作为其中最大经济体和典型的文明体对于全球气候治理转型的贡献，就是希望将政治、经济和文明因素结合起来，强调这一格局转型给当代世界带来的多维影响，这些影响将从根本上实现全球治理转型。具体来看，格局转型带来的是物质基础的改变，说明新兴经济体已经具备一定能力去表达和维护自己在全球治理中的利益。这里既需要分析新兴经济体经济实力的数字变化，以及在实力增强

后它们对全球治理原型的改革行为，也需要理解这些国家现代化道路背后的文明因素，以及这种因素为它们带来了何种不一样的现代化进程。其次，文明多样性的最直接后果是使新兴经济体能够为全球治理带来区别于西方单一的自由主义价值观，但这并非代表西方和非西方国家的全球治理价值观是相互替代的关系，而是要突出多元价值观之间的多元共生关系。再次，新兴经济体对于全球治理转型的促进不仅在于改革旧有机制，更在于基于自身需要建立新的全球治理机制，但这同样涉及共生的问题，比如新机制的建立如何处理与旧有机制的关系。最后，新兴经济体崛起的一大前提是在保持主权独立的基础上找到符合自身国情的发展道路，因此在全球治理的参与主体中更加强调政府与非政府行为体的平衡。总之，全球气候治理转型以全球治理的整体架构转型为基础，只有厘清新兴经济体在政治、经济和文明层面对于全球治理转型发挥的作用，才能更加清楚地理解中国对于全球气候转型的贡献。

第一节　全球治理格局转型：新兴经济体崛起

美国著名媒体人法里德·扎卡里亚在他的代表作《后美国世界：大国崛起的经济新秩序时代》的开篇有这样一段描述：

> 目前世界最高的建筑物在中国台北，但很快就要被正在建设的迪拜塔赶超了。世界首富是一位墨西哥人，世界上最大的注册贸易公司是中国的。世界上最大的飞机是俄罗斯和乌克兰制造的，最大的炼油厂在印度，最大的工厂全部位于中国境内。从许多方面衡量，伦敦正在成为世界上最大的金融中心，而财力最雄厚的投资基金来自阿拉伯联合酋长国。世界最大的摩天轮在新加坡。世界排名第一的赌场不在美国拉斯维加斯，而是在中国澳门，而且，从年度博彩收入来看，中国澳门也已经超过拉斯维加斯了。无论从制片数量还是票房收入看，世界上最大的电影产业在印度的宝莱坞（Bollywood），而不是美国的好莱坞。就连美国最大的娱乐活动——购物，也已经走向全球了。世界十大商场只有一家在美国，却有两家在中国北京。①

---

① 〔美〕法里德·扎卡里亚：《后美国世界：大国崛起的经济新秩序时代》，赵广成、林民旺译，中信出版社，2009，前言第3页。

作者描述这些现象是想通过直观方式证明，美国已经不再是二战结束后和冷战结束后独霸世界的国家，这个世界在很多方面进入了一个多元化的时代、一个"他者"崛起的时代。新兴经济体即属于"他者"，具体而言，就是那些在进入21世纪以来二十年时间里，政治上保持相对稳定、经济上保持持续高速增长、在国际关系中逐渐扩大影响力的国家群体，一组典型样本是巴西、俄罗斯、印度、中国和南非组成的金砖国家，但更广泛的群体可以扩展到二十国集团中的非西方发达国家成员，即金砖国家加上韩国、印度尼西亚、土耳其、阿根廷、墨西哥、沙特阿拉伯共11国（E11）。二十国集团之所以在2008年金融危机后迅速崛起为当代世界最为重要的新兴全球经济治理机制，就是因为其包含的成员是发达经济体和新兴经济体各半，能够比较充分地反映当代国际关系权力对比关系的变化。正如阿米塔·阿查亚（Amitav Acharya）所言，金砖国家和二十国集团是争夺新型全球大国精英集团最重要成员地位的两个主要候选者。① 尽管之前也有过七国集团加发展中五国的机制，但更多是西方七国主导，发展中国家处于从属地位，并未改变传统全球治理原型中的不平等状态。二十国集团则为新兴经济体提供了更加平等的参与全球治理的平台，因此容易被各方接受。

但是，新兴经济体在全球治理中的地位并非金融危机后才提升，其崛起是一个逐渐发展的过程，始于世纪之交，在金融危机削弱了发达国家经济实力后，缩小了与新兴经济体的距离。根据世界银行数据计算，E11国内生产总值（GDP）总量在2000年时约为4.91万亿美元，占当年西方七国GDP总量22.01万亿美元的22.31%，占世界经济总量的14.63%。到2018年，E11的GDP总量达到约26.2万亿美元，占当年西方七国GDP总量38.89万亿美元的67.37%，占世界经济总量的30.49%。② 具体增长趋势见图2-1和图2-2。

根据《博鳌亚洲论坛新兴经济体发展2018年度报告》，在经济增速方面，E11、G7和欧盟的经济增长均提速，但近年来E11与二者的增速差距不断拉大。相较于2016年，2017年E11和金砖国家的GDP增长率分别提升了0.5和0.6个百分点，G7和欧盟分别提升了0.6和0.3个百分点。2007~2015年，E11与G7

① 〔加〕阿米塔·阿查亚：《美国世界秩序的终结》，袁正清、肖莹莹译，上海人民出版社，2017，第103页。
② 根据世界银行网站经济类数据库数据计算，https://data.worldbank.org/indicator/NY.GDP.MKTP.CD? view = chart，登录时间：2018年8月26日。

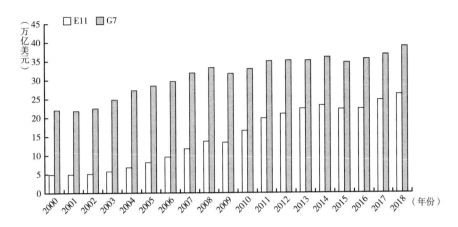

图 2-1　E11 和 G7 的 GDP 的对比（2000~2018 年）

资料来源：根据世界银行网站经济类数据库数据计算，https：//data. worldbank. org/indicator/NY. GDP. MKT P. CD？ view = chart，登录时间：2020 年 5 月 26 日。

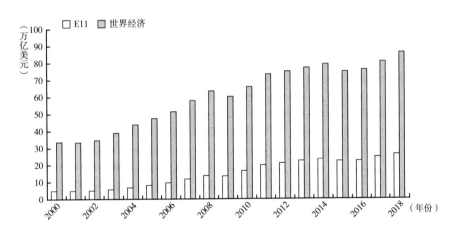

图 2-2　E11 的 GDP 和世界经济总量的对比（2000~2018 年）

资料来源：根据世界银行网站经济类数据库数据计算，https：//data. worldbank. org/indicator/NY. GDP. MKTP. CD？ view = chart，登录时间：2020 年 5 月 26 日。

和欧盟的经济增速分别从 7. 3% 和 6% 降至 2. 7% 和 2. 4%，2016~2017 年，这种差距又扩大至 3. 1% 和 2. 8%，说明在全球经济周期性回升的过程中，新兴经济体比发达经济体的经济增长提速更快，对世界经济加速回暖的拉动作用更加显著。所以，2017 年 E11 经济在全球经济周期性上升的进程中更加强势回升，同时部分 E11 成员的货币相对于美元持续升值，二者共同使得 E11 经济规模和

GDP 份额均有所提升。比较而言，欧盟和 G7 的经济规模虽然也有所增大，但相对份额在下滑。从经济增量来看，E11 从 2016 年的 -249 亿美元升至 2017 年的 1.8 万亿美元，金砖国家从 716 亿美元升至 1.4 万亿美元。[①] 对外贸易方面，E11 和 G7 在 2000 年出口总额分别约为 1.143 万亿美元和 2.903 万亿美元，分别占世界贸易出口总额的 14.44% 和 36.69%。到 2017 年，E11 的出口额达到 5.495 万亿美元，占世界贸易出口额的比例上升到 23.9%；而 G7 出口总额为 5.361 万亿美元，占世界贸易出口额的比例则下降到 23.32%（见图 2 - 3）。截至 2018 年 6 月，金砖国家的外汇储备分别是巴西 3703 亿美元、俄罗斯 3686 亿美元、印度 3876 亿美元、中国 3.11 万亿美元、南非 427 亿美元。[②] 可见，无论是经济总量还是对外贸易，新兴经济体自进入 21 世纪以来都大幅提升了在世界中的地位，对外出口额甚至超过了 G7。特别是外汇储备的充裕不仅体现了这些国家逐渐增长的国家财富，更重要的是增强了抵御经济风险的能力。1997 年亚洲金融危机的爆发就是因为泰国等中小国家外汇储备不足，无法及时填补国际热钱对自身资本市场的突然冲击。而 2008 年金融危机中，虽然在 2009 年俄罗斯经济增长一度下滑到 -8.9%，关系国计民生的重要企业纷纷陷入资金困境，但正是俄罗斯依靠能源出口获得的庞大外汇储备及时救助了这些企业，才使国家渡过难关。尽管因为乌克兰危机俄罗斯遭遇西方新一轮制裁，但依然保持有三千多亿美元的外汇储备，这足以说明俄罗斯作为新兴经济体抗击经济风险的能力。

经济总量的提升是新兴经济体促进全球治理转型的物质基础，在此基础上，新兴经济体对传统全球治理机制改革提出了新的要求。比如国际货币基金组织的份额与投票权改革向新兴市场和发展中国家转移了大约 6% 的份额，整体投票权比重转移达到 5.3%，中国成为第三大份额拥有国，同时沙特阿拉伯、巴西、印度和俄罗斯也居于国际货币基金组织份额的前十位。[③]

此外，在 2017 年，E11 的人均 GDP 实际增速出现回升势头，实现自 2011

---

① 《博鳌亚洲论坛新兴经济体发展 2018 年度报告》，对外经贸大学出版社，2018，第 8~10 页。
② 根据香港环亚经济数据有限公司全球经济数据库香港数据计算，https://www.ceicdata.com/zh-hans/indicator/brazil/foreign-exchange-reserves，登录时间：2018 年 8 月 27 日。
③ 徐秀军：《新兴经济体与全球经济治理结构转型》，《世界经济与政治》2012 年第 10 期，第 70~71 页。

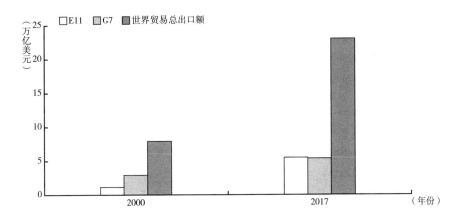

图 2 - 3　E11、G7 和世界贸易出口额分别在 2000 年和 2017 年的对比

资料来源：根据世界银行网站经济类数据库数据计算，https：//data. worldbank. org/
indicator/NE. EXP. GNFS. CD？view = chart，登录时间：2018 年 8 月 27 日。

年以来的首次回升，增长率为 4.3%。同时，新兴经济体居民消费支出对经济
拉动作用较为稳固，2014～2016 年，E11 私人消费支出占 GDP 的比重从 55%
持续升至 55.9%。①

　　除财富增长外，新兴经济体实力在全球治理中权力地位的提升还表现在科技
创新能力的增强上。斯特兰奇将知识作为国家关系中权力的来源之一，但并不是
通过强力手段获得的，② 所以新兴经济体在科技产业中获得财富并不表明其拥有
核心科技竞争力的权力，因为知识产权保护构成了发达国家对科技权力的垄断，
新兴经济体在新兴产业的国际竞争中仍然没有处于全球价值链的上游，在诸如芯
片、操作系统等核心技术的研发领域依然处于"中心－外围"结构的外围层面，
这就需要新兴经济体在科研领域不断提升自身实力，真正获得在知识创造领域的
权力，而这也正是新兴经济体除经济增长外取得的又一重要成就。根据英国著名
高等教育研究机构 Quacquarelli Symonds（QS）2021 年全球大学排名的数据，
E11 国家的排名提升明显，总共有 24 所大学进入世界前 200 名（见表 2 - 1）。在
专利申请数量方面，金砖国家中中国在 2016 年申请数量为 133522 件，仅次于美国

① 《博鳌亚洲论坛新兴经济体发展 2018 年度报告》，对外经贸大学出版社，2018，第 12 页。
② 〔英〕苏珊·斯特兰奇：《国际政治经济学导论：国家与市场》，杨宇光等译，经济科学出版
社，1990，第 119 页。

的 310244 件，超过 G7 中的其他六国。印度申请 31858 件，超过 G7 中美国和日本外的其他五国。巴西申请 22810 件，超过 G7 中美国、日本和加拿大以外的四国。俄罗斯申请 14792 件，超过英国的 8183 件，以及法国和意大利，同时法国和意大利还被申请 6928 件的南非超过。① 在科研论文发表数量方面，中国在 2016 年超过美国成为世界第一，印度超过除美国外的其他 G7 国家。② 在高科技产品占制造业出口比重方面，中国在 2016 年为 25.236%，仅次于 G7 中法国的 26.669%，巴西则以 13.449% 超过了加拿大的 12.935% 和意大利的 7.488%。③ 自然指数是世界顶尖科研杂志《自然》编制的旨在反映世界各国科研产出和被引用数量的指标，多被用作代表一国科研实力的强弱。其中自然指数上升之星反映了过去一年在自然指数中上升最快的科研机构，在 2018 年的这一排名中来自中国的机构为 51 家，其中 28 家自 2015 年以来的增幅超过 50%，这一数据超过美国位居第一，传统科研强国德国和英国则分别只有 4 家和 2 家机构上榜。2018 年的自然指数前 500 名机构中新兴经济体共有 103 家机构上榜，占比 20.6%，中国科学院常年位居所有机构第一位。在与气候变化科研相关的地球与环境科学领域发表的高水平成果指数中，中国从 2012 年至 2017 年增长了 95%，取代英国成为世界第二。④ 在 2018 年 11 月 1 日出版的《自然》增刊 "2018 自然指数 – 科研城市" 排名中，北京依然是位居全球第一的科研城市，居于其后的前五位城市区域分别为纽约都市圈、大波士顿地区、旧金山 – 圣何塞地区、巴尔的摩 – 华盛顿地区。全球前五十强中共有 19 座美国城市和 10 座中国城市，十强中东京位居第六，巴黎第八，其他均为中国和美国的城市，这显示了中国和美国在全球高质量科研产出上的主导地位。增刊还着重介绍了开普敦、旧金山、慕尼黑、武汉和圣保罗这 5

---

① 根据世界银行专利申请数据整理，https：//data. worldbank. org/indicator/IP. PAT. NRES？end = 2016&locations = BR – CN – IT – CA – FR – DE – JP – RU – GB – US – ZA – IN&start = 2000&view = chart，登录时间：2018 年 8 月 27 日。

② 根据世界银行科研论文发表数据整理，https：//data. worldbank. org/indicator/IP. JRN. ARTC. SC？locations = BR – CA – CN – FR – DE – JP – IT – IN – RU – ZA – GB – US&view = chart，登录时间：2018 年 8 月 27 日。

③ 根据世界银行高科技产品占制造业出口比例数据整理，https：//data. worldbank. org/indicator/TX. VAL. TECH. MF. ZS？locations = BR – CA – CN – DE – FR – IN – IT – JP – ZA – GB – US – RU&view = chart，登录时间：2018 年 8 月 27 日。

④ 自然中国，http：//www. naturechina. com/services/natureindex，登录时间：2018 年 11 月 17 日。

座全球科研城市,① 其中开普敦、武汉和圣保罗都来自新兴经济体,这反映出该群体在科研实力上的明显提升。

表 2-1　英国 QS 2021 年世界大学排名进入前 200 名的 E11 国家大学

排名	大学名称	所属国家
15	清华大学	中国
23	北京大学	中国
34	复旦大学	中国
37	首尔国立大学	韩国
39	韩国科学技术研究所	韩国
47	上海交通大学	中国
53	浙江大学	中国
66	布宜诺斯艾利斯大学	阿根廷
69	高丽大学	韩国
74	莫斯科国立大学	俄罗斯
77	浦项科技大学	韩国
85	延世大学	韩国
93	中国科学技术大学	中国
100	墨西哥国立自治大学	墨西哥
115	圣保罗大学	巴西
124	南京大学	中国
143	阿卜杜勒·阿齐兹国王大学	沙特阿拉伯
146	汉阳大学	韩国
155	蒙特雷科技大学	墨西哥
172	印度理工学院孟买分校(IITB)	印度
185	印度科学技术研究所班加罗尔	印度
170	印度科技学院	印度
186	法赫德国王石油矿产大学	沙特阿拉伯
193	印度理工学院德里分校(IITD)	印度

资料来源：根据 QS 排名整理, https://www.qschina.cn/university-rankings/world-university-rankings/2021, 登录时间：2020 年 6 月 28 日（统计中中国大学只包括内地大学, 未包括港澳台地区大学）。

---

① 自然中国：《自然指数：中国 10 个城市位居全球科研城市 50 强》, http://www.naturechina.com/corpnews/Nature_ Research_ NITopCity, 登录时间：2018 年 11 月 17 日。

与普通民众密切相关的人类发展指数（HDI）也能反映出 E11 国家的快速进步，这项涉及一国国民人均寿命、受教育年限和人均收入的综合指数能够比较准确地反映一国民生发展的水平。表 2 - 2 显示，11 国中没有处于低发展水平的国家，其中韩国、沙特阿拉伯、阿根廷和俄罗斯四国属于非常高发展水平的等级，土耳其、墨西哥、巴西和中国属于高等级发展水平，印度尼西亚、南非和印度属于中等发展水平。从 2010 年到 2015 年，除韩国名次未变，阿根廷和墨西哥名次下降以外，E11 其他国家 HDI 世界排名均有所上升，其中最高的是中国上升 11 位，其次沙特阿拉伯和土耳其上升 9 位，巴西上升 7 位。同样从 2010 年到 2015 年，11 国 HDI 都出现较大幅度增长，其中增长最快的是印度，达到 1.46%；其次是中国和沙特阿拉伯，达 1.05%。而从 1990 年至 2015 年，即冷战结束前后有 HDI 统计开始，E11 的 HDI 增长率更为明显，其中幅度最大的是中国，达到 1.57%；其次是印度，达到 1.52%。可见，新兴 11 国绝大部分国家不仅在宏观经济层面取得了较快发展，而且在社会民生层面也取得了明显进步，考虑到 11 国中除韩国、沙特、阿根廷人口较少外，其他国家均是人口中等或者大国，民生发展的难度比发达国家更大，所以在 HDI 方面取得目前的成绩值得肯定。这说明新兴经济体的崛起并非只是经济总量的增长，而是惠及民生的内涵式增长，其重要意义在于能够提升民众对本国发展制度的信心和国家认同，增强可持续发展的社会凝聚力。

表 2 - 2　E11 人类发展指数（HDI）变化

单位：%

国家	2015 年 HDI	发展等级	2010~2015 年 变化名次	2010~2015 年 HDI 增长率	1990~2015 年 HDI 增长率
韩国	0.901	非常高	0	0.37	0.84
沙特阿拉伯	0.847	非常高	9	1.05	0.77
阿根廷	0.827	非常高	- 2	0.28	0.64
俄罗斯	0.804	非常高	5	0.48	0.37
土耳其	0.767	高	9	0.81	1.15
墨西哥	0.762	高	- 5	0.44	0.65
巴西	0.754	高	7	0.83	0.85
中国	0.738	高	11	1.05	1.57

续表

国家	2015 年 HDI	发展等级	2010~2015 年变化名次	2010~2015 年 HDI 增长率	1990~2015 年 HDI 增长率
印度尼西亚	0.689	中等	3	0.78	1.07
南非	0.666	中等	2	0.89	0.28
印度	0.624	中等	4	1.46	1.52

资料来源：United Nations Development Program, Human Development Report 2016, http：//hdr. undp. orgsitesdefaultfiles2016_ human_ development_ report. pdf，登录时间：2018 年 8 月 28 日。

总之，从经济总量到个人财富，从国际贸易到科研产出，从综合国力到民生改善，新兴经济体都表现出强劲的崛起势头，改变着西方发达国家主导的国际格局，也为全球治理转型提供了物质条件。尽管金融危机延缓了新兴经济体崛起的速度，但也对发达经济体造成冲击，相对提升了新兴经济体在国际格局中的比重。

有学者将新型全球治理的要素概括为全球治理的责任化、体系内各要素的多极化和多元化、治理方式的共同化和发展趋势的集团化。[1] 这些要素实际上都涉及新兴经济体的崛起，比如新兴经济体在维护自身发展利益的同时，如何承担与自身能力相称的全球责任；新兴经济体崛起代表新的治理方式的出现，那么如何协调与西方发达经济体既有治理方式的关系，实现共同治理；新兴经济体崛起带来治理主体的多元化，加强了全球治理的集团化趋势，那么如何平衡集团利益和整体利益的关系。因此，新兴经济体崛起和全球治理转型是一体两面的问题，在分析了新兴经济体崛起的客观现象后，还必须厘清这一现象与全球治理转型的关系。具体来看表现在以下几个方面。

第一，改变了发展中国家属于贫穷落后的一般认识，[2] 让这个庞大群体在国际社会中获得了更多尊重，不再被认为是殖民地和半殖民地国家，只能接受发达经济体教育和施舍。这种尊严的获得是国际关系民主化和公平正义的基本前提，也是新兴经济体乃至更多发展中国家参与和改革全球治理的基本前提。第二，新兴经济体具有提供全球治理方案的机遇和能力。新兴经济体大多经历了从近代遭

---

① 王毅：《试论新型全球治理体系的构建及制度建设》，《国外理论动态》2013 年第 8 期，第 7~8 页。

② Theotônio dos Santos and Mariana Ortega Breña，"Globalization, Emerging Powers, and the Future of Capitalism"，*Latin American Perspectives*，Vol. 38, No. 2, 2011, p. 55.

受殖民到寻求民族独立和发展的过程，并通过找到适合自身国情的发展道路实现了崛起。在这一过程中，新兴经济体不仅打破了西方现代化的唯一模式，而且通过自身努力解决贫困、就业、基础设施建设、教育公平和提升教育质量、改善居民卫生状况和自然环境状况等诸多发展中的问题，积累了治理这些问题的本国经验，而这些问题又是全球治理的主要对象，这使得新兴经济体在全球治理中更有发言权，并能够就全球治理改革提出自己的方案。对于中国来说，就是中国特色发展道路和文明多元化的生存与发展空间提升和参与全球和地区治理、发挥大国作用的合法性与机会增加。① 第三，新兴经济体的群体性崛起，特别是金砖国家的出现使得庞大的发展中国家群体具备了领导力。发展中国家虽然数量众多，但是在全球治理的利益博弈中往往因为缺少有力领导而被发达国家各个击破。新兴经济体和金砖国家的出现可以弥补这一缺陷，在全球治理改革中更明确一致地代表发展中国家整体利益。第四，也正因为新兴经济体能更多代表发展中国家利益，所以新兴经济体的崛起将从根本上推动构建更加公平正义的国际秩序，这是全球治理转型的制度基础。全球治理的非包容性与发达国家主导的非包容的国际秩序密切相关。在这种秩序下，发达国家在全球财富、科技、人才、规则和价值观念等各个方面处于主导地位，全球治理就是发达国家与发展中国家的不平等机制。新兴经济体的崛起将改变这种旧有秩序，在全球财富的分配、知识的传播、人才的扩散、规则的制定、价值观互鉴等多个领域建立更加符合发展中国家利益的新型国际秩序，以此为制度基础实现各议题全球治理的转型。也正因为如此，部分西方学者对新兴经济体的崛起表示疑虑，认为它们既可能是全球治理体系的"支持者"，也可能是"破坏者"和"责任逃避者"。② 实际上，新兴经济体实现全球治理公平正义的努力并非挑战而是改革现有体系，③ 同时开创更加兼容的全球治理模式。④ 第五，新兴经济体国内发展道路对全球治理的借鉴意义。新兴经济体崛起的一大特征是普遍找到了适合自身

---

① 高程：《美国主导的全球化进程受挫与中国的战略机遇》，《国际观察》2018年第2期，第63页。
② Randall Schweller, "Emerging Powers in an Age of Disorder", *Global Governance*, Vol. 17, No. 3, 2011, p. 287.
③ Yale H. Ferguson, "Rising Powers and Global Governance", in Jamie Gaskarth (ed.), *Rising Powers, Global Governance and Global Ethics*, New York: Routledge, 2015, p. 34.
④ 参看徐秀军《金砖国家与全球治理模式创新》，《当代世界》2015年第11期，第43~45页。

国情的发展道路，其意义不只限于国内，也是对人类现代化道路的有益补充。尽管这些国内发展道路会出现问题，比如经济结构不合理、创新驱动不足、发展不平衡、环境污染严重等，但其内生的转型动力也将为全球治理转型提供动力。[①] 比如金砖国家普遍是发展大国和温室气体排放大国，所以它们的低碳发展转型将是全球低碳发展的关键，将为全球气候治理转型提供重要启示。

　　新兴经济体崛起从物质层面改变着国际格局，进而改变着全球治理的领导结构，这既表现在新兴经济体不断提升在传统全球治理机制中的地位，也体现在对新兴全球治理机制的建立方面。全球治理转型是世界新秩序的前提，而金砖国家作为新兴经济体的代表，既是全球治理转型的推动力量，又是构建世界新秩序的基石。[②] 回顾历史，全球治理与世界秩序的重合点正是金融，美国及其西方盟友主导的世界秩序正是以美元作为世界储备货币，辅之以国际货币基金组织和世界银行两大金融及多边开发机制建立的。因此，金砖国家要真正实现全球治理转型不能只是对既有全球治理机制进行技术性的改革，而且实际上这种改革在短期内也不能彻底改变既有全球治理机制缺少包容性的弊端。比如国际货币基金组织的投票权和份额改革，"美国等西方发达国家利用旧的计算公式，尽量压低新兴经济体的份额。由于 GDP 权重仅占份额公式的一半，新兴国家可以获得的份额仍然远远低于其经济总量。尽管中国的经济总量已经超过日本成为世界第二大经济体，并且对美国拥有最大的国债持有权，但是中国在 IMF 的份额仍远低于日本"。[③] 在这种背景下，金砖国家虽然经济地位不断提升，但战略地位依然不高，[④] 推动全球治理转型的能力依然不足。因此，金砖国家需要建立自己主导的全球经济治理机制，这将在本章第三节中详细探讨。而在更深层面上，如果要理解新兴经济体崛起如何在动态中影响着全球治理转型，首先必须深入分析新兴经济体在价值观层面给当代世界带来的变化。

---

① 关于金砖国家发展转型的研究可参看权衡、虞坷《金砖国家经济增长模式转型与全球经济治理新角色》，《国际展望》2013 年第 5 期，第 35~38 页。

② 〔丹麦〕李形主编《金砖国家及其超越：新兴世界秩序的国际政治经济学解读》，世界知识出版社，2015，第 90 页。

③ 黄仁伟：《全球经济治理机制变革与金砖国家崛起的新机遇》，《国际关系研究》2013 年第 1 期，第 59 页。

④ 林跃勤：《金砖国家与新开发银行建设》，载徐秀军等《金砖国家研究：理论与议题》，中国社会科学出版社，2016，第 229 页。

第二节　全球治理价值转型：多元价值观共存

文明是一个包含丰富内涵的概念，其中的核心问题就是文明的同一性和多样性问题。比如，在 20 世纪整个社会科学界都具有重要影响的德国著名社会学家诺贝特斯·埃利亚斯（Norbert Elias）在研究文明的进程时指出，"文明"使各民族之间的差异有了某种程度的减少，因为它强调的是人类共同的东西，但同时"文明"又体现了民族的自我意识。[①] 这就体现出文明同一性与多样性的对立统一关系。从本质上看，文明意味着进步，但是在 15 世纪以前，这种文明的进步性表现出明显的地区差异，因为世界还没有因为新航路的开辟而连成一个整体，各个地区都在各自的文明圈内发展着自己的文明。但也正因为如此，文明之间没有比较，也就没有谁是主导、谁是从属之分。由于文明与地理环境的这种密切相关性，在全球联系还未建立之时，人类所生存区域的地理环境在最基础的层次上决定了各个地区文明的基本特征，这些特征也构成了这些文明直到今天仍然存在的难以弥合的差异。正如布罗代尔在分析汤因比（Arnold Joseph Toynbee）关于一切文明都是挑战与回应的结果时所言，"讨论文明，便是讨论空间、陆地及其轮廓、气候、植物、动物等有利的自然条件。……因而，每一种文明都立足于一个区域，都或多或少地受到一定限制。每种文明都有其自身的地理条件，都有其自身的机遇和局限，其中一些条件实际上长期不变而且各不相同"。[②] 这种早期历史形成的文明区域化的特征是当代新兴经济体崛起为国际政治注入文明多样性因素的文明基底。对此，亨廷顿从政治学家的视角给出了自己的理解：冷战后"对国家最重要的分类不再是冷战中的三个集团，而是世界上七八个主要文明。……随着权力和自信心的增长，非西方社会越来越伸张自己的文化价值，并拒绝那些由西方'强加'给它们的价值"。[③] 文明之间的大规模联系始于新航路的开辟，但也正因为新航路的开辟是在西方资本主义生产方式的推动下开启的，并进

①　〔德〕诺贝特斯·埃利亚斯：《文明的进程》，王佩莉、袁志英译，上海译文出版社，2013，第 3 页。

②　布罗代尔：《文明史——人类五千年文明的传承与交流》，第 42 ~ 43 页。

③　〔美〕塞缪尔·亨廷顿：《文明的冲突与世界秩序的重建》，周琪等译，新华出版社，2010，第 506 页。

一步在全球扩展了资本主义生产方式，所以西方现代文明在与其他文明的交往中获得了优越感。文明一词的概念也在更多场合被用来特指西方现代文明的进步性，符合西方现代性的就是文明的，否则就是落后的。这也是亨廷顿认为东西方文明间必然冲突的重要原因之一，即西方的强势导致非西方的反抗。基于此，西方国家的许多学者视新兴经济体崛起为挑战西方主导权的现象，并引用经典的国际关系理论加以证明。包括尼克莱·康德拉基耶夫（Nikolai Kondratieff）的长周期理论①，汤因比的战争周期理论②，以及乔治·莫德尔斯基（George Modelski）的霸权转移理论③，其共同特征是强调战争在这种变革中的作用。正如罗伯特·吉尔平（Robert T. Gilpin）所言："在整个历史进程中，变革的主要机制一直是战争，或者是我们所说的霸权战争（通过这种战争可能决定哪一个国家或哪一些国家将支配且统治这种国际体系）。"④ 亨廷顿的"文明冲突论"只是这些理论在冷战后的延续，脱去了国家和国家集团的外衣，换上了文明的霓裳，但本质还是将无政府状态下权力的冲突视为文明的内核，于是得出了不同文明间必然冲突的结论。

在国际关系中权力从一元到多元的转变现象并不鲜见，国际体系的周期论者用大量史料和严谨的理论分析证明了这种权力转移确实是人类历史发展的客观规律值得肯定。但是，他们的着眼点都是权力转移的结果，即战争。在周期论者（包括亨廷顿）眼中，国际关系的本质就是各国为了争夺霸权周而复始的运动。原因在于，周期论者首先忽略了多元文明间对话与融合的可能，其次忽略了特定周期的历史环境和行为体的内在属性。首先，文明差异不一定导致冲突，也可能带来融合，人类历史的发展就是不同文明不断正视差异、互通融合的过。其次，融合的方式不必然是战争。霸权战争爆发的原因很大程度上取决于其时代特征。在战争与革命的时代，权力的竞争主要通过武力，但在和平与发展的时代则更多通过经济、政治、文化等和平手段进行竞争，而且竞争与合作并存。

---

① Nikolai Kondratieff, *The Long Wave Cycle*, Trans. by Guy Dniels, New York: Richardson and Snyder, 1984.
② Arnold J. Toynbee, *A Study of History*, London: Oxford University Press, 1954.
③ George Modelski, *Long Cycles in World Politics*, Seattle: University of Washington Press, 1974.
④ 〔美〕罗伯特·吉尔平：《世界政治中的战争与变革》，武军、杜建平、松宁译，中国人民大学出版社，1994，第15页。

东西方文明的冲突与交融是一个古老的话题，但一条基本的原则应该是相互尊重，因为西方现代文明的缔造无法离开东方文明的基因。英国杰出的社会人类学家杰克·古迪（Jack Goody）在其代表作品《西方中的东方》中就明确表达了自己对西方之于东方傲慢与偏见的坚定反驳："我在此所要强调的是（因为在这个问题上我常被误解）：我未尝谋求整个世界之大同，而无非是想申明欧亚主要社会所曾经历的是共同的历史洗礼，它们之间纵然存在着种种的差异，那也将被看作是出自一种共有背景之下的大同小异；而且，这些差异几乎绝无可能成为阻遏'现代化'进程之根深蒂固的障碍。……我们万不可先对彼或此冠以'恒久的'优势之后，再来诠释这些'暂时的'进步。同时，被大多数西方人视为自己的国家或大陆之特征的许多一般性优势，极有可能成为他们的一种错觉。"[①]而从非西方的视角来看，虽然保有自身的文明特色，但始终无法抹去对现代化这一始于西方并反映人类共同价值追求的向往。比库·帕雷克（Bhikhu Parekh）把非西方政治思想归纳为四种主要流派，其中第一个就是现代主义，但帕雷克在论述非西方世界的现代主义者们决心与传统决裂之后，也指出他们对于国家与社会的现代性认识与西方不一样。"在他们看来，国家必须高于社会，方能承担起道德和文化复兴的重任。而若要如此，只有让那些得到开明官僚阶层支持的现代主义政治精英领导国家。虽然现代主义者赞成民主制，认为它能够教育民众，约束精英，但他们也担心将权力赋予堕落的大众的危险以及反动势力的影响。其中一些人坚信他们有能力把大众动员到现代主义规划中的能力，而另一些人则鼓吹'有指导'或者'有控制'的民主制。"[②]而在西方政治思想中，国家与社会分立是现代政治的基本前提，二者分立后虽然国家及其政府作为公权力凌驾于社会之上，但并不是国家地位高于社会，相反，公权力的来源和行使都以社会权利为源头和目的。正如自由主义者的名言"风可进，雨可进，国王不可进"一样，社会作为私人空间与国家的公共空间具有同

---

① 〔英〕杰克·古迪：《西方中的东方》，沈毅译，浙江大学出版社，2012，第 250~251 页。关于东方文明对西方文明进程贡献的文献还可参看 Donald F. Lach, E. J. V. Kley and Edwin J. Van Levy, *Asia in the Making of Europe*, Chicago: University of Chicago Press, 1993; Samuel Adrian M. Adshead, *China in World History*, London: Palgrave Macmillan, 2000; John M. Hobson, *The Eastern Origins of Western Civilisation*, Cambridge: Cambridge University Press, 2004。

② 〔美〕比库·帕雷克：《非西方政治思想》，载〔美〕特伦斯·鲍尔、〔英〕理查德·贝拉米主编《剑桥二十世纪政治思想史》，任军锋、徐卫翔译，商务印书馆，2016，第 476 页。

等的地位，现代民主政治的一大特点就是国家与社会都在法律的规范化下相互依存。显然，按照帕雷克的研究，非西方世界的现代主义政治思想是反对这一主张的。换言之，即使是非西方文明中最为"西方"的思想流派也没有完全照搬西方的思想和理论，而是将其与自身特点融合，文明同一性与多样性的辩证关系可见一斑。

因此，新兴经济体崛起为当代世界注入的文明多样性活力并不必然是东西方关于争夺国际权力的战争。相反，西方文明主导地位的形成本身就得益于在漫长的历史进程中和非西方文明的交流融合，而今天新兴经济体代表的非西方文明的崛起也是在汲取了大量的西方现代化元素的条件下实现的，双方已经形成了相互嵌套的关系。所以，从文明多样性视角观察，新兴经济体崛起带给全球治理转型的意义就是形成了一种多元价值观共存的局面，不是西方和非西方全球治理价值观的相互替代，而是多元共生，共同为治理这个挑战丛生的世界贡献自己的智慧。

金砖国家由于经济实力、人口规模和政治影响力在新兴经济体中更加突出，而且各自都是不同非西方文明的代表性国家，因此更适合作为在价值观层面考察这种多元共生性的例子。

巴西是拉丁美洲文明的代表，也集中体现了拉丁美洲文明的特点，其中最为突出的就是移民社会。巴西的人口构成主要是土著印第安人、葡萄牙人、非洲人，以及欧洲、中东、亚洲的移民。大多数移民家庭已被完全融合，而且身份意识强烈，种族冲突较少，宗教宽容是常态，当冲突发生时，官方不予容忍，并会受到媒体的嘲弄。[①] 从中可以看出，巴西作为拉丁美洲文明的代表，包含了这个新大陆对于移民和融合的共有特点，这是和北美文明的共通性，也是新大陆走向现代化的不竭动力。移民源源不断涌入，带来新的思想、技术、资本和文化，因此必须以宽容的态度在不同种族的移民间促进融合，美洲大陆的国家才能实现基本的价值认同，这也是巴西的文明基底。在移民与宽容文化的作用下，今天的巴西同样吸引了许多国外人才，并且在生物能源、支线飞

---

① 〔美〕爱达·西凯拉·威亚尔达：《巴西：一个独一无二的国家》，载〔美〕霍华德·J. 威亚尔达，哈维·F. 克莱恩编著《拉丁美洲政治与发展》，刘婕、李宇娴译，上海译文出版社，2017，第 111～115 页。

机、环保等新科技领域全球领先，这种带来科技创新成就的原因与北美有异曲同工之妙。

巴西作为拉丁美洲文明的另一特色与自然环境密切相关，因为庞大的亚马孙热带雨林使巴西人对环境保护的理解格外独到，甚至成为其享誉世界的名片，其标志性的事件就是1992年在里约热内卢召开的联合国环境与发展大会，这次大会被视为人类进入后冷战时代的环境宣言，其中不乏巴西人对环保的真知灼见。2016年里约奥运会开幕式和闭幕式的文艺演出中，巴西都将明显的环保元素注入其中，开幕式将传统的和平标志改造成一个绿色的树，而闭幕式更直接在体育场中央设计了一个巨大的和平之树，以此代表巴西人对和平的理解，即没有对环境的保护就没有和平。这种独具拉美文明特色的环保观与和平观使得环境外交成为巴西对外政策的基石之一。在气候变化问题上，巴西甚至比其他金砖国家更加激进，因为亚马孙地区的森林砍伐严重削弱了碳汇功能，这大大提高了公众的敏感度，从而使气候变化问题具有了更强的政治意义。政府针对焚烧和非法开采该地区木材实施的一系列监控计划增强了这种敏感度。[1]

总之，巴西作为拉丁美洲最大的国家，具有拉美文明包容的移民文化，尤其是对发展中国家移民的包容态度。而独特的自然环境又使巴西对于发展与环境的相互关系见解独到，这使其在全球治理中不仅格外强调环境治理的重要性，而且注重与发展中国家的发展与环境合作，并且在不同政府之间保持了连续性。[2]

俄罗斯是东正教文明的代表，同时具有东斯拉夫民族鲜明的民族性格。一方面，由于地理原因，俄罗斯民族与周边民族在文明程度上的关系表现为周边高于中心，同时由于缺少强烈的公共意识和人种意识，俄罗斯的民族主义情感并不明显，这是苏联解体的原因之一。[3] 但是解体后的俄罗斯反而增强了民族凝聚力，

---

① 〔巴西〕鲍里斯·福斯托、〔巴西〕塞尔吉奥·福斯托：《巴西史》，郭存海译，东方出版中心，2018，第334~335页。

② Danilo Marcondes and Emma Mawdsley, "South-South in Retreat? The Transitions from Lula to Rousseff to Temer and Brazilian Development Cooperation", *International Affairs*, Vol. 93, No. 3, 2017, pp. 698–699.

③ 冯绍雷：《20世纪的俄罗斯》，生活·读书·新知三联书店，2007，第125~130页。

尤其对于国家主权的意识更加强烈，这种矛盾性又与其在宗教上的普世主义和弥赛亚情结合起来。在俄罗斯著名历史学家弗拉基米尔·索洛维约夫看来，俄罗斯宗教的普世主义源于在接受基督教的同时，也接受了拜占庭精神，也就是教会的永恒本质形式同暂时的偶然形式的混合物，教会的普世传统和地方传统的混合物。① 这种结合使俄罗斯民族具有了远大的抱负和责任感。正如俄罗斯著名哲学家尼古拉·别尔嘉耶夫在其代表作《俄罗斯的命运》中开篇写的，"在当今之世，大家都感到，俄罗斯面临着伟大的世纪性任务。……俄罗斯注定负有某种伟大的世界性使命……俄罗斯民族的思想界感到，俄罗斯是神选的，是赋有神性的。……在俄罗斯的精神内部所发生的东西，将不再是地方性的、个别的和闭塞的，而要成为世界的和全人类的，既是东方的，又是西方的"。② 作者将其视为俄罗斯的弥赛亚情结，它"希望俄罗斯民族能充满牺牲精神地献身于拯救所有民族的事业，希望俄罗斯人以全人类的形象出现"。这种弥赛亚情结将"点燃世界之火，把新生活带给世界。……俄罗斯灵魂反映着关于解脱恶与痛苦、为全人类带来新生活的世界理念"。③ 弱化的民族情感和强化的宗教救世情结合在一起，造就了俄罗斯强烈的使命观，认为自己应该主动参与甚至引领全球治理。但是，对于国家主权的强调又使俄罗斯参与全球治理时必须保持大国身份，而且参与的结果必须提升这种大国地位。④ 在全球气候治理领域，俄罗斯的大国身份就是能源大国，因此俄罗斯愿意积极参与全球气候治理，但要保证减少化石能源的使用不能削弱俄罗斯的能源大国地位，所以俄罗斯更看重提高传统能源效率的治理方式，从而使其能兼顾能源大国地位与低碳减排的国际责任。这种基于大国身份的全球治理观使俄罗斯成为平衡西方自由主义全球治理观的重要力量。

印度是南亚文明的代表，由于地理位置连接东亚、西亚、中亚和非洲，所以其文明的首要特征也是移民。尽管移民的过程伴随着大量战争，但印度文明本身却在这种冲突中不断汲取其他文明的营养，不断融合壮大。为此，斯坦利·沃尔

---

① 〔俄〕弗拉基米尔·索洛维约夫：《俄罗斯与欧洲》，徐凤林译，河北教育出版社，2002，第56页。

② 〔俄〕尼古拉·别尔嘉耶夫：《俄罗斯的命运》，汪剑钊译，译林出版社，2011，第1~2页。

③ 别尔嘉耶夫：《俄罗斯的命运》，第93~95页。

④ 杨雷：《俄罗斯的全球治理战略》，《南开学报》（哲学社会科学版）2012年第6期，第44页。

波特（Stanley Wolpert）写道："早在基督教纪元起始之前，印度就激发了遥远地区人们的想象，吸引从马其顿到中亚的统治者入侵次大陆并试图征服它的人民、获得他们的艺术品。更近一些时期，其他入侵……给南亚带来新的移民潮。每次入侵都为印度的庞大人口增加了多样性，为其丰富的文化模式增添了复杂性；而且，原初文明的许多最早的种子都以清晰地得到辨识的形式得以存留。"① 在这种文明碰撞的历史中，古代印度形成过多个曾经盛极一时的大帝国，只是到近代才被英国殖民。因此，在经过艰苦卓绝的努力取得独立后，当代印度人及其领导精英始终认为印度应该恢复曾经有过的大国地位，而这首先要从与过去的殖民者实现平等地位开始。正如尼赫鲁（Jawaharlal Nehru）在谈到印度民族观念时所言："任何一个集团的落后堕落并不是由于它固有的缺点，而是主要由于缺乏发展的机会和长期受其他集团压迫的缘故。这也使我们了解这现代世界：真正的进步和发展——无论是一国的或国际的——在很大程度上都是一桩共同的事业，而一个落后的集团也会把其他的集团拉着后退的。因此不仅仅必须将同等机会给予全体集团，以便它们能够赶上跑在它们前面的那些人。"② 这种平等观表现在印度的全球治理观上就是强调全球治理必须捍卫发展中国家的平等地位，不能让全球治理成为西方发达国家剥削穷国的新的工具。在环境领域，这一观念表现为一种"穷人的环境主义"，即普罗大众在参与保护环境时，更要捍卫自身的利益。③ 在全球气候治理中，印度从参与之初就坚定认为气候变化问题根本上是由北方国家的奢侈消费和南北不平等的发展方式导致的，所以始终坚持并不断强化对"共同但有区别责任"规范的捍卫。④ 而在气候变化《巴黎协定》的谈判中，印度更努力成为设置者，希望将捍卫发展利益的诉求法律化。⑤ 可见，胸怀昨日荣光，争取平等地位，捍卫发展利益，重塑大国辉煌，构成了印度作为南亚文明中心的独特全球治理观。

---

① 〔美〕斯坦利·沃尔波特：《印度史》，李建欣、张锦冬译，东方出版中心，2015，第1页。
② 〔印度〕贾瓦哈拉尔·尼赫鲁：《印度的发现》，向哲濬、朱彬元、杨寿林译，上海人民出版社，2016，第480页。
③ 张淑兰：《印度的环境政治》，山东大学出版社，2010，第79页。
④ Hayley Stevenson, "India and International Norms of Climate Governance: A Constructivist Analysis of Normative Congruence Building", *Review of International Studies*, Vol. 37, No. 3, 2011, p. 1018.
⑤ Amrita Narlikar, "India's Role in Global Governance: A Modi-fication?", *International Affairs*, Vol. 93, No. 1, 2017, p. 110.

　　南非作为非洲文明的代表进入金砖国家行列完善了该机制在全球区域覆盖上的代表性，其文明特性也为全球治理转型注入了新的活力。由于独立于白人殖民统治，所以如何缓和种族矛盾是南非国家和社会治理的首要问题。对此，南非人展现了基于非洲文明独特的智慧，那就是宽容，其制度形式就是真相与和解委员会。根据委员会主席、诺贝尔和平奖获得者南非圣公会大主教德斯蒙德·图图（Desmond Tutu）的解释，委员会走了一条既揭示反人权罪行又大赦部分罪犯的第三条道路，而之所以能够如此，在南非不同种族间实现和解，原因是这条道路符合非洲的价值观，非洲当地的恩尼古语称之为乌班图（Ubuntu），本义是慷慨、好客、友好、体贴和热情。能够把自己的所有与他人分享，我的人格与他的人格紧紧相连。"一个人的为人是通过他人表现出来的。"在这种价值观指引下，"社会和谐对南非人来说是最大的善行。任何颠覆或破坏这一为人神往的善行的事，都应该像躲避瘟疫一样加以避免。宽容不只是利他，而是最好的利己形式。使你失去人性的东西必然使我也失去人性。宽容使人们坚韧，使他们在经历种种剥夺其人性的行径后能够生存下来保持自己的人性"。① 必须承认，这种源自非洲文明的倡导彼此宽容的价值观正是今天各种全球治理所需要的，只有当所有参与方都能够自觉地将自己的利益与其他各方紧密联系在一起、认识到他者的存在是自己存在的前提时，全球治理中的绝对收益才会超过相对收益，集体行动才会成为可能。

　　通过考察金砖国家不同文明的价值观可以发现，虽然新兴经济体和西方国家一样都寻求现代化的目标，但在价值观层面却始终保持着多样性，这使得新兴经济体正在由规范的追随者成为规范的制定者。② 全球治理的价值观转型，就是要突出这种多元价值观共存的事实，避免西方自由主义价值观主导全球治理，然后在不同文明的价值观之间保持相互尊重的态度，进而交流互鉴，共生出能够应对全人类共同挑战的新型全球治理价值观。中国作为儒家文明的代表，同样也在追求现代化的历程中保持了自身的文明特性，其中包含的智慧及其对全球治理的价值将在本书第五章详细论述。

---

　　① 〔南非〕德斯蒙德·图图：《没有宽恕就没有未来》，江红译，阎克文校，上海文艺出版社，2002，第34～35页。
　　② 阿查亚：《美国世界秩序的终结》，第115页。

第三节 全球治理机制转型：新兴国际机制建立

尽管基欧汉坚称国际机制可以在霸权之后保持独立性并延续，因为建立一个新机制的成本远远大于维持一个旧机制的成本，但这正说明新机制建立的不易，因此必须依赖权力。在无政府状态的国际体系中，权力在不同行为体间的分配构成了行为体互动的基本环境和秩序偏好，进而决定了行为体各自的利益，并最终决定了国际机制形成的动力和未来发展。[①] 全球治理中新兴国际机制的建立由于处在西方发达国家主导的秩序中，所以更加需要权力的推动才能从发达国家的制约下脱颖而出。新兴经济体物质实力的增长和基于文明复兴的价值观力量为它们建立新兴国际机制提供了基本的权力支撑，这成为新兴经济体实现全球治理转型的制度保障。判定新兴国际机制的主要标准并非时间，而是发起者的属性、成员力量对比关系和议题导向。据此判断，21 世纪以来最典型的三个新兴全球治理机制是二十国集团（G20）、金砖国家银行（NDB）和亚洲基础设施投资银行（AIIB）。

二十国集团诞生于 1999 年，初衷是汲取 1997 年金融危机的教训。1997年金融危机的特点是发生于冷战结束后经济增长最为活跃的亚太地区。该地区较为集中的新兴经济体一方面带来了持续的经济高速增长，但另一方面也埋下了金融风险的隐患，最终在泰国爆发。但是，当东南亚国家陷入流动性困境需要国际货币基金组织等全球经济治理机制出手援助时，却普遍遭遇借贷困难，导致没有及时应对股市和本币汇率暴跌的危机，最终在经济链条的传导机制下蔓延成全球性危机。这说明两点问题，第一，发达国家尤其是西方七国主导的传统全球治理机制没有防止新兴经济体危机的出现；第二，这套机制在应对危机的过程中具有制度性障碍。在此背景下，时任加拿大财政部长的保罗·马丁（Paul Martin）和美国财政部长拉里·萨默斯（Larry Summers）主导推动了七国集团机制的扩展，但这一过程遭到了七国集团其他成员的反对，包括主导设计金融稳定论坛（FSF）的德国、担任国际货币与金

---

① Arthur A. Stein, "Coordination and Collaboration: Regimes in an Anarchic World", in Stephen D. Krasner (ed.), *International Regimes*, Beijing: Peking University Press, 2005, p. 135.

融委员会（IMFC）主席的英国和担任国际货币基金组织主席的法国。经过马丁和萨默斯的游说并拉拢日本，最终各方妥协同意在七国基础上纳入新的成员以组建二十国集团，新成员的标准包括对于国际经济体系具有重要系统性影响的新兴经济体、具有稳定国际金融体系的能力、具有与发达国家不同的发展观念、在地理上应分布于不同大洲、在地缘政治考虑上应该维护西方开放民主的政治价值观等。[①]

可见，二十国集团的建立实际是七国集团在充分认识到新兴经济体权力地位上升的基础上，对自身主导全球治理能力不足的补充。虽然从表面上看是通过七国集团的酝酿和认可，但实质上是典型的国际政治权力关系的调整，是"世界性权力转移过程中出现的经济治理方面的政治联合形式"[②]，所以二十国集团的影响力与其成员之间的权力对比关系密切相关。在成立的第一个十年里，新兴经济体（E11）的整体实力尚处于积累阶段，加上亚洲金融危机的影响并未完全消除，导致危机的亚洲新兴经济体的发展模式仍然受到质疑，[③] 使得这一群体没有能力和话语权挑战既有的全球治理机制，而更多是集中于亚洲内部的联合，比如东亚外汇储备库的建立等。但是当 2008 年金融危机发生后，即二十国集团进入第二个十年时，新兴经济体的综合国力得到了较大增长，更重要的是这次危机发生于西方发达国家的经济中心纽约华尔街，所以发达国家经济治理的经验受到严重质疑，其模式彰显的软权力被削弱，这同时反衬出新兴经济体发展道路的成功和抵御危机的制度性优势。在这种反差中，二十国集团的内部权力关系发生了明显变化，由第一个十年发达经济体引导集团发展变成了新兴经济体和发达经济体平等协商、共同推动集团发展，其重要标志就是与发展有关的议题的大量引入，这一点在 2010 年 11 月韩国首尔举行的二十国集团峰会上达到顶峰。[④] 这次峰会的宣言明确表示解决在危机中最脆弱国家关切的重要性，因此需要将增加就业置于经济复苏的核心位置，以增强低收入国家的社会保

---

① John J. Kirton, *G20 Governance for a Globalized World*, Burlington：Ashgate Publishing Company, 2013, pp. 62 – 67.

② 郭树勇：《二十国集团的兴起与国际社会的分野》，《当代世界与社会主义》2016 年第 4 期，第 12 页。

③ 参看 Amartya Sen, *Development as Freedom*, New York：Oxford University Press, 1999。

④ 〔加〕约翰·柯顿：《G20 与全球发展治理》，朱杰进译，《国际观察》2013 年第 3 期，第 18 页。

障和增长。① 为体现发展议题的重要性，本次峰会还专门发布了《首尔共享增长的发展共识》，认为共享增长的发展是应对金融危机的应有之义，原因在于四点，一是可持续的繁荣必须共享；二是危机给最脆弱国家经济造成了新的巨大打击，截至 2010 年底增加了 6400 万赤贫人口，二十国集团有责任帮助他们渡过难关；三是二十国集团应该与其他重要全球治理机制密切合作实现联合国千年发展目标；四是能够使更多发展中国家像新兴经济体一样成为新的需求增长点和投资目的地。② 2012 年墨西哥洛斯卡沃斯峰会宣言用八条大量篇幅表达了对绿色与发展议题的关注，认为"经济增长、环境保护和社会包容是互补和相互增强的关系"。③ 2013 年俄罗斯圣彼得堡峰会依然用较大篇幅强调了包容性发展的重要性，尤其是缩小发达国家与发展中国家的差距，优先领域包括粮食安全、基础设施建设、人力资源发展、包容性金融政策、包容性环境和发展政策。④ 2015 年土耳其安塔利亚峰会宣言则格外强调平衡发展的重要性，尤其要通过增加就业和包容性增长应对发展中的不平等问题。⑤ 2016 年中国杭州峰会进一步继承了新兴经济体看重发展与环境议题的传统，提出绿色金融倡议。2018 年阿根廷布宜诺斯艾利斯峰会的主题是"为公平和可持续发展凝聚共识"，再次聚焦发展议题，并指出当年二十国集团关注的支柱性议题包括基础设施、粮食安全和性别问题。⑥

　　由此可见，二十国集团作为新兴全球治理机制的代表，其重要性既体现在发达国家与新兴经济体权力地位的平等上，更体现在 2008 年金融危机后新兴经济体在议程设置上的权力提升，发展、环境、包容性和平衡增长、平等化等

① Article 5, in *The G20 Seoul Summit Leaders' Declaration*, November 11 - 12, 2010, http://www. g20. utoronto. ca/2010/g20seoul. pdf. , 登录时间：2018 年 9 月 15 日。
② *Seoul Development Consensus for Shared Growth*, November 11 - 12, 2010, p. 1, http://www. g20. utoronto. ca/2010/g20seoul - consensus. pdf, 登录时间：2018 年 9 月 15 日。
③ *G20 Leaders*, *Declaration*, Los Cabos, Mexico, June 19, 2012, Article 69 - 76, http://www. g20. utoronto. ca/2012/2012 - 0619 - loscabos. htm, 登录时间：2018 年 9 月 15 日。
④ *G20 Leaders' Declaration*, St Petersburg, September 6, 2013, Article 81 - 89, http://www. g20. utoronto. ca/2013/2013 - 0906 - declaration. html, 登录时间：2018 年 9 月 15 日。
⑤ *G20 Leaders' Communiqué*, Antalya, Turkey, November 16, 2015, http://www. g20. utoronto. ca/2015/151116 - communique. html, 登录时间：2018 年 9 月 15 日。
⑥ *G20 Leaders' Declaration*: *Building Consensus for Fair and Sustainable Development*, Buenos Aires, Argentina, December 1, 2018, http://www. g20. utoronto. ca/2018/buenos _ aires _ leaders _ declaration. pdf, 登录时间：2018 年 12 月 4 日。

与发展中国家密切相关的议题日益通过二十国集团的平台被置于全球治理的中心位置上。在此过程中，气候变化作为与环境、发展和经济复苏紧密联系的议题也越来越受到历次峰会的重视，这为全球气候治理转型提供了动力。尽管二十国集团机制本身还有待完善，比如在政策执行力和监督方面如何提升效力，以及与其他全球治理机制的关系如何协调等，但能够为新兴经济体提供与发达经济体平等对话的平台，并持续将新兴经济体的利益诉求引入全球治理的中心议程，已经证明这一机制代表了一种新型全球治理的形态，即新兴经济体崛起带来的制度发展和全球经济的构造变迁（tectonic shift），[①] 是全球治理机制转型最为重要的驱动力量。

全球治理的结构转型体现了新兴经济体权力地位的提升，这在二十国集团中已经实现，但该机制只是政策协调的论坛。此外，新兴经济体的崛起是在既有国际体系内部实现的，所以新兴全球治理机制的建立不可能完全推翻既有体系另起炉灶，而只能与旧机制共存，就好像新兴经济体与发达经济体的多元价值观共存一样。因此，除结构转型外，新兴全球治理机制还必须在进程上体现出对传统机制的有益补充，这就是金砖国家银行诞生的价值。金砖国家银行的正式名称新发展银行所谓的"新"，主要体现在其投资项目的发展导向上，即通过金砖国家内部融资服务于五国发展需要，弥补了发达国家主导的全球治理机制在促进发展领域中的不足。这种注重发展与环境相互促进的投资导向符合新兴经济体在二十国集团中的政策立场，充分体现了金砖国家银行作为新型全球治理机制补充布雷顿森林体系治理机制不足的优势。[②] 在全球治理原型中，发达国家主导的治理机制虽然也有针对发展中国家的投资项目，但往往附加按照西方标准进行政治经济改革的条件，这不利于发展中国家寻找符合国情的发展道路。与此相反，金砖国家银行注重在治理、经济政策或者体制改革方面不附加政策条件的互惠互利，所有金砖国家都强调"国家主权"的重要性和发展伙伴对于自身长期发展的责任。[③] 而在环境与发展领域，特别是气候变化领域，发达国家一方面指责金砖国家等发

---

① Mark Beeson and Stephen Bell, "The G - 20 and International Economic Governance: Hegemony, Collectivism, or Both?", *Global Governance*, Vol. 15, No. 1, 2009, p. 69.

② 周强武：《金砖国家开发银行是对布雷顿森林体系重要补充》，《IMI 研究动态》2014 年第 34 期，第 6 页。

③ 奥利弗·施廷克尔：《金砖国家与全球秩序的未来》，第 134 页。

展中大国是温室气体排放的主要贡献者，但另一方面又不愿落实在联合国气候大会中做出的资金承诺。因此，金砖国家之间的气候合作十分必要，因为这种关键国家间的小范围合作可以提升全球气候治理的效率，而金砖国家银行则为其提供了制度性融资平台。未来，金砖国家银行需要加强与包括世界银行在内的其他多边开发金融机构合作，促进全球治理在环境与发展领域向更加包容、普惠、高效的方向转型。

二十国集团是全球多边性质的新兴全球治理机制，目的在于实现全球层面发达经济体与新兴经济体在全球治理中的权力平衡。金砖国家银行是全球层面小多边性质的新兴全球治理机制，目的在于加强金砖国家之间的合作发展，提高全球发展治理的效率。亚洲基础设施投资银行则居于两者之间，是立足于区域面向全球的新兴治理机制，由中国发起倡议，多边参与建立，最后惠及广大亚洲发展中国家的新型多边开发金融机构，其特点表现在以下几个方面。

第一，明确的发展中国家投资导向。首先在亚投行成员的投票份额方面，亚洲地区的发展中和新兴经济体投票权比重为 68.6281%，如果包括亚洲地区外的发展中成员（埃及、埃塞俄比亚、马达加斯加和苏丹），则发展中和新兴经济体总投票份额比重达到 70.5126%。[①] 可见，亚投行的决策主导属于发展中国家，这从制度上保证了其作为新兴治理机制的发展导向。由于中国经济总量在所有成员中最大，所以出资比例最高，因而引起外界对中国将亚投行这一区域公共产品私物化的担忧。对此，亚投行行长金立群认为，中国出资额最高不是权利而是义务，随着更多国家参与，中国会单方面稀释自己的股份，以一致方式决策，而不是靠投票权决定。[②] 由于亚洲是发展中国家较为集中的地区，同时处于发展较快时期，对于基础设施投资的资金需求较大，而亚投行的法定注册资本达到 1000亿美元，在同类金融机构中属于较高水平，因此可以弥补亚洲开发银行资金不足的缺陷，[③] 更好地服务于亚洲地区发展。有针对性的发展导向加上雄厚的资金实力，使得亚投行成为专门服务于发展事务的新兴治理机制，能够对全球治理机制

---

① 亚洲基础设施投资银行网站数据，https://www.aiib.org/en/about-aiib/governance/members-of-bank/index.html，登录时间：2018 年 9 月 19 日。

② 周宏达：《亚投行从理念到现实——金立群阐述亚投行蓝图》，《中国金融家》2015 年 5 月，第 21 页。

③ 王金波：《亚投行与全球经济治理体系的完善》，《国外理论动态》2015 年第 12 期，第 26 页。

转型起到促进作用。

第二，兼顾发展与环境效益。绿色是亚投行的三大目标之一，已经成为这一新兴治理机制的重要软权力来源。[①] 亚投行诞生于气候变化等全球性环境威胁日益严重的时代，以全球气候治理为代表的全球环境治理也逐渐由经济社会发展的软约束变成硬约束。任何发展项目的投资都必须考虑与自然环境的共生关系，这在亚投行的投资项目中得到了体现。截至 2019 年 2 月，在亚投行批准的全部 12 个能源项目中，有 6 个是清洁或者可再生能源项目，另外在其他投资类别中还有一项与可再生能源有关，其他基础设施项目也都有严格的环评报告。可见，不仅以发展为首要导向，而且要努力实现发展与环境的平衡是亚投行作为新兴全球治理机制的另一鲜明特征，这不同于发达国家主导的全球治理机制在"帮助"发展中国家发展中过于看重发展的制度形式是否符合自由民主的标准，而是更看重发展中国家的实际需求。

第三，广泛的代表性和包容性。亚投行虽然主要致力于亚洲地区的发展议题，但经合组织（OECD）成员仍然达到 24 个，[②] 占经合组织成员总数的66.67%。这足以说明亚投行是立足亚洲胸怀世界的开放性全球治理机制，希望借助全球力量促进亚洲地区发展，是能够在不同国际金融组织、公共部门与私人部门，发达国家与发展中国家之间构建复合网络关系的可持续性全球金融机制。[③] 因此，亚投行既是发展中国家在发达国家主导的传统全球治理体系中寻求自助发展的制度化尝试，也是融合亚洲发展经验与发达国家发展经验的"知识银行"，[④] 是促进全球治理机制转型的区域性动力。

[①] Rebecca Laforgia, "Listening to China's Multilateral Voice for the First Time: Analysing the Asian Infrastructure Investment Bank for Soft Power Opportunities and Risks in the Narrative of 'Lean, Clean and Green'", *Journal of Contemporary China*, Vol. 26, No. 107, 2017, pp. 644 – 648.

[②] 截至 2018 年 9 月，这些成员是英国、法国、意大利、奥地利、荷兰、卢森堡、丹麦、挪威、西班牙、葡萄牙、德国、冰岛、芬兰、土耳其、澳大利亚、瑞士、瑞典、爱尔兰、加拿大、新西兰、匈牙利、韩国、波兰、以色列。参看亚投行网站，https://www.aiib.org/en/about - aiib/governance/members - of - bank/index. html；以及经合组织网站，http://www.oecd.org/about/membersandpartners/，登录时间：2018 年 9 月 19 日。

[③] Alice De Jonge, "Perspectives on the Emerging Role of the Asian Infrastructure Investment Bank", *International Affairs*, Vol. 93, No. 5, 2017, p. 1083.

[④] 倪建军：《亚投行与亚行等多边开发银行的竞合关系》，《现代国际关系》2015 年第 5 期，第 6 页。

二十国集团、金砖国家银行和亚洲基础设施投资银行的建立是当代世界全球治理机制转型的标志,在权力结构上促进了发展中国家与发达国家的平等地位,在进程中提升了发展议题在全球治理中的分量。值得注意的是,所有这些新兴机制都将实现发展与环境的平衡作为治理的重要目标之一,这为全球气候治理转型提供了丰富的金融工具,而中国则是这种转型的主要推动者。

第四节 全球治理主体转型:政府与非政府行为体平衡

在西方政治学研究中,非政府行为体已经成为全球治理的标签,甚至成为全球治理是否具有合法性的标准。① 全球治理的主体转型并非要彻底否定非政府组织在全球治理中的积极作用,而是要避免过于侧重非政府而片面降低主权国家政府权威的倾向,因为"我们必须采取一些行动,而不是仅仅对规范创新者、跨境活动家、私有企业和跨国社会网络抱着乐观的希望。显而易见,它们能够做出重要贡献,但是不能消除贫困、解决全球变暖,或者停止大规模暴行"。② 由于国家治理与全球治理的关系日益密切,成功的国家治理可以为全球治理提供有益的经验,所以关于全球治理中政府与非政府行为体关系的分析,可以从国家治理中对二者关系的分析开始。

国家是政治学的核心概念,现代国家也是现代政治文明的标志,在这一点上东西方是具有最大公约数的。但是,当涉及如何处理国家与社会的关系时,两种文明内核的差异就体现出来。西方文明由于源自古希腊的民主政治,虽然经过中世纪的一千年黑暗时期,但没有形成如东方国家那样庞大和持久的皇权时代,在接受文艺复兴人文主义的洗礼之后就进入现代时期。文艺复兴不只是古希腊和古

---

① 相关文献可参看 Andrew Harmer and Robert Frith, "'Walking Together' toward Independence? A Civil Society Perspective on the United Nations Administration in East Timor, 1999 – 2002", *Global Governance*, Vol. 15, No. 2, 2009, pp. 239 – 258; Timothy William Waters, "'The Momentous Gravity of the State of Things Now Obtaining': Annoying Westphalian, Objections to the Idea of Global Governance", *Indiana Journal of Global Legal Studies*, Vol. 16, No. 1, 2009, pp. 25 – 58; Jan Aart Scholte, "Civil Society and Democracy in Global Governance", *Global Governance*, Vol. 8, No. 3, 2002, pp. 281 – 304.

② 〔美〕托马斯·G. 韦斯、〔英〕罗登·威尔金森:《全球治理再思考:复杂性、权威、权力与变迁》,贺羡译,载陈家刚主编《全球治理:概念与理论》,中央编译出版社,2017,第172页。

罗马文艺的复兴，更是二者代表的西方世界诸多精神内核的重生。比如古希腊城邦政治对个人的解放，[①]就成为西方自由民主传统的肇始之一，进而发展为当代世界西方国家在全球治理中对非政府组织的侧重，以及在治理议题上对人权等个人价值的追求。对此，全球治理转型首先肯定非政府组织和个人价值在全球治理中的重要性，但更强调政府与非政府组织、国家价值和个人价值的平衡。

实际上，20世纪70年代末80年代初，西方政治学界就因为60年代过于解放的个体和对国家的过度解构而掀起了一股"回归国家"的潮流，并且覆盖了发达国家和发展中国家。[②]这些研究普遍指出了国家在社会政治经济发展中的自主性问题，认为国家并非只是利益集团进行交易的简易平台，国家也具有能动地、独立地塑造国家与社会结构的能力，以此引导社会按照其设计的方向发展。这些观点可以在历史中找到印证，比如英国、美国、法国等发达国家在发展早期都建立了强大的中央政府，对内扫清地方割据势力，促进全国性统一大市场的形成，对外则抵御入侵，保卫国家安全。正如发展经济学家对英国早期经济发展研究所揭示的：

推动英国早期经济发展的，并不仅仅是市场的力量，政府在经济发展中也并不仅仅只是推行了"放任主义"的政策。如前所说，英国历史上的市场化是一个长期的过程。16世纪以前，英国还只是一个自然经济的国度。16世纪以后，随着环境条件的变化，英国才开始朝市场经济的方向迈进。只是到18世纪中期，市场经济体制才在英国大体建立起来，价格机制开始

---

① 〔英〕阿诺德·汤因比：《希腊精神：一部文明史》，乔戈译，商务印书馆，2015，第40页。

② 代表性文献包括 Skocpol Theda, *States and Social Revolutions: A Comparative Analysis of France, Russia, and China*, Cambridge: Cambridge University Press, 1979; Peter B. Evans, Rueschemeye Dietrich, and Skocpol Theda (eds), *Bringing the State Back In*, Cambridge: Cambridge University Press, 1985; Hugh Heclo, *Modern Social Politics in Britain and Sweden*, New Haven, Conn: Yale University Press, 1974; Stephen D. Krasner, *Defending the National Interest: Raw Materials Investment and U. S. Foreign Policy*, Princeton, N. J: Princeton University Press, 1978; Peter Katzenstein (ed.), *Between Power and Plenty: Foreign Economic Policies of Advanced Industrial States*, Madison: University of Wisconsin Press, 1978; Alfred Stepan, *The State and Society: Peru in Comparative Perspective*, Princeton, N. J.: Princeton University Press, 1978; Ellen Kay Trimberger, *Revolution from Above: Military Bureaucrats and Development in Japan, Turkey, Egypt and Peru*, New Brunswick, N. J.: Transaction Books, 1978。

发挥其基本的调节作用。而英国的市场经济体制，是随着产业革命的完成才真正成熟和定型的，因而，不能把处于早期发展阶段的英国看成是一个完全由市场来调节其运行的国家。认为英国早期经济发展完全是自由市场调节和驱动是不科学的，也是不符合实际的。从实际情况来看，英国在其早期经济发展中，政府曾发挥过重要的推动作用。①

全球治理的很多问题是由国家内部外溢到国际社会的，其中就包括全球发展治理。而根据英国的经验，哪怕是如此成熟的发达国家，其发展早期也离不开强大国家和政府的支持，当代发展中国家更是如此。阿图尔·科利（Atul Kohli）认为，组织和运用国家权力的方法对全球边缘地区的工业化速度和模式有决定性的影响。② 而作为金砖国家之一，南非在国家促进发展治理方面就得出了独具文明特色的经验。南非作为发展中国家在社会治理方面有较为成功的社会救助和公共服务政策。其特点一是以宪法和相关立法为依据，二是不分种族和区域的全民覆盖，三是社会救助在国民收入和财政预算中比例比较高，甚至与发达国家不相上下。1994 年以来，南非政府财政预算中社会服务部门支出始终高于总预算的50%，社会救助拨款在国内生产总值和财政预算中的比例也有上升。③ 这种带有社会主义色彩的福利政策在有的学者看来甚至可以被称为"非洲的瑞典"。④ 从文明史角度考察，南非对于缓解贫富差距的理念实际上具有历史传统。在 19 世纪上半叶的莫舒舒建立的巴苏陀王国时期，就形成了一种特殊的"马菲萨文化"，它最初是原始公社制度下贫富分化现象的表现，也是公社制度对贫富分化的自我抑制。富人（酋长）把马菲萨牲畜租给或贷给公社贫穷社员使用（可随时收回），条件是使用者必须对所有者效忠。⑤ 这种历史传统延续至今，成为南非为国际社会治理贫富差距问题贡献的智慧。

所以，如何看待国家、政府与非政府行为体的关系，不能仅仅以所谓的全球

---

① 谭崇台主编，叶初升、马颖副主编《发达国家发展初期与当今发展中国家经济发展比较研究》，武汉大学出版社，2008，第 54～55 页。

② 〔美〕阿图尔·科利：《国家引导的发展：全球边缘地区的政治权力与工业化》，朱天飚、黄琪轩、刘骥译，吉林出版集团，2007，第 10 页。

③ 李安山主编《世界现代化历程·非洲卷》，江苏人民出版社，2015，第 691～692 页。

④ 秦晖：《南非的启示》，江苏文艺出版社，2013，第 606 页。

⑤ 郑家馨：《南非史》，北京大学出版社，2010，第 111～112 页。

化时代为标准，还必须以具体的问题所适用的解决方式为导向。人类的全球性联系从地理大发现时代就开始了，但现代意义上的全球化则在 20 世纪 60 年代才出现。而发展则是人类社会永恒的主题。既然发达国家在发展早期经历了强大国家和政府的时期，那么当代的发展中国家也不能因为非政府行为体的出现就在发展中放弃国家和政府的作用。尽管全球化时代非政府行为体日益活跃，但并非所有全球性问题都适合通过它们解决。相反，这些行为体因为过度解构国家和政府有可能成为问题产生的原因。当代世界面临的贫困、环境污染、全球传染病等全球性问题大多是在发展中产生的，其根本原因就是国家和政府能力的不足甚至瓦解。因此，在全球治理中首先应当思考的问题并不是如何发挥非政府组织的作用，而是如何帮助发展中国家政府提升治理的能力，减少全球性问题产生的国内根源。正如美国著名中世纪史学家约瑟夫·斯特雷耶（Joseph Strayer）在考察现代国家起源时开篇所言：“在现代世界，最可怕的命运莫过于失去国家。……旧模式下的社会身份已经不再是绝对必要，一个没有家庭的人可以有一个合理而完整的生活，对于没有固定居民身份或宗教归属的人也如此。但如果没有国家，他什么也不是。他没有权利，缺乏安全保障，几乎没有机会去得到有意义的职业。在国家组织之外，不存在所谓的救星。”① 在此，国家的首要价值是能够提供一套治理大规模人口和地区的制度化平台，非政府组织虽然具有专业化优势，但要想对全球性问题发挥持久性作用，还是必须通过这种正式的制度化平台，比如影响相关决策部门，使自己的倡议变成政策。所以，非政府组织的目的应该是辅助发展中国家建立一个强大国家和政府，而不是解构它们。在这种相互依赖的过程中，政府与非政府组织应该是平衡与合作的关系，而非以谁替代谁为目的。比如关于非洲发展的研究就发现，过度依赖国际非政府组织是不利于非洲国家农业发展的，因为这些组织会根据资助者的意图为非洲国家设计发展规划，而不是这些国家真正的需要。因此非洲国家政府如何通过合理的规划对国际非政府组织在促进其农业发展方面加以引导应该得到更多重视。② 同样的例

---

① 〔美〕约瑟夫·斯特雷耶：《现代国家的起源》，华佳、王夏、宗福常译，王小卫校，上海人民出版社，2011，第 1 页。

② Korbla P. Puplampu and J. Wisdom, "Tettey State-NGO Relations in an Era of Globalisation: The Implications for Agricultural Development in Africa", *Review of African Political Economy*, Vol. 27, No. 84, 2000, p. 266.

子也出现在博茨瓦纳的人权治理中，研究认为国际非政府组织在参与该国人权保护的过程中应该更好地遵守其国内法律，这样才能更好地发挥其应有的作用。①

国家治理的政治环境虽然与全球治理不同，前者是有政府状态，后者是无政府状态，但在治理的语境下却有共通性。治理强调多种行为体之间的协同性，权威发生的路径既非如政治统治一样自上而下的单向运动，也非单纯地由非政府行为体自下而上的单向运动，而是上下互动的平衡模式。在国家治理中，这种互动一方面体现在，政府允许部分非政府组织参与本国部分社会问题的治理，但另一方面要对其进行必要管控，避免非政府组织在关系本国国家安全的重大领域扰乱秩序，这在新兴经济体中体现得尤为明显。比如2015年5月，俄罗斯总统普京签署法案，允许当局检控外国的非政府组织（NGO）或者在国家安全层面上被认定为"不受欢迎"的外国公司，为非政府组织工作的个人可能面临罚款或最高六年监禁。俄罗斯国际文传电讯社（Interfax）指出，这个规定适用于那些被认为是对"俄罗斯的宪制秩序基础、国防力量与安全"构成威胁的组织。② 同样的还有印度，虽然是自由民主政府，对非政府组织的活动总体上给予正面评价，允许并欢迎其在印度活动，但由于反对其代表的新自由主义价值观，所以还是要对它们进行必要监管。比如同样是在2015年5月，印度绿色和平组织的人员在进入新德里的时候遭到印度内政部监控人员的盘查扣押，因为印度政府怀疑该非政府组织来到新德里的目的是发动示威，抗议印度政府在电厂建设、核能使用、煤炭等领域的发展计划。政府怀疑这些打着环保旗号的活动背后可能会有某些国际非政府组织的势力在操纵，旨在阻碍印度的经济发展。内政部同时还对包括美国福特基金会在内的一些重要的外国非政府组织在印度的活动提出监控要求，命令这些机构在印度的办事处必须提交在印度活动的资金的流向，理由是要确保这些外国非政府组织在印度的活动有利于印度的社会与民生发展，而不是起阻碍甚至破坏作用。③ 中国政府于2016年颁布了《中华人民共和国境外非政府组织境内活动管理法》，其中规定："境外非政府组织依照本法可以在经济、教育、科技、

---

① Jacqueline Solway, "Human Rights and NGO 'Wrongs': Conflict Diamonds, Culture Wars and the 'Bushman Question'", *Journal of the International African Institute*, Vol. 79, No. 3, 2009, p. 342.

② 《普京签署法令取缔在俄"不受欢迎"非政府组织》，中国新闻网，http://www.chinanews.com/gj/2015/05-24/7297318.shtml，登录时间：2018年10月13日。

③ 赵干成：《印度政府缘何对非政府组织出手》，《世界知识》2015年第13期，第30~31页。

文化、卫生、体育、环保等领域和济困、救灾等方面开展有利于公益事业发展的活动。""境外非政府组织在中国境内依法开展活动，受法律保护。""境外非政府组织在中国境内开展活动应当遵守中国法律，不得危害中国的国家统一、安全和民族团结，不得损害中国国家利益、社会公共利益和公民、法人以及其他组织的合法权益。""境外非政府组织在中国境内不得从事或者资助营利性活动、政治活动，不得非法从事或者资助宗教活动。"① 可见，新兴经济体由于普遍具有被殖民经历，所以对于主权独立格外重视，在走上良性的现代化发展道路后，更不希望因为外部不良因素干扰而阻碍正常的发展轨迹，这无论从理论上还是政策上都是对西方发达国家主导的治理模式的一种修正，② 需要后者在治理的语境下重新思考所谓主权扩散、主权解构、主权模糊等概念，尊重新兴经济体和广大发展中国家对主权的合法权益。

新兴经济体在国家治理中对政府和非政府平衡作用的强调，反映到全球治理层面，就是支持地方政府积极参与全球治理。全球治理的成功最终还是要回归多元行为体共同治理的本源，单独依靠主权国家中央政府或者非政府组织都很难真正实现全球治理的目标。原因在于，一方面，中央政府任务太多，难以聚焦特定议题。中央政府的责任是全国性的，在政策选择上要在地区、议题、难易程度等各方面保持平衡。另一方面，全球性问题的影响和应对方式又依地域不同表现出极大差异，这进一步增加了中央政府在全国乃至全球层面应对特定全球治理议题的难度。在此背景下，多元行为体对中央政府治理的补充作用就显得十分必要，其中对地方政府更为突出。以一种温和实用的全球治理观来看，地方政府特别是城市在全球治理中的特殊作用表现在以下三个方面。

第一，延续了全球治理行为体多元化的理论前提。强调地方政府在全球治理中的作用，本身是对国家权威的解构，即承担部分中央政府在国际交往中的功能，更好地落实中央政府在全球治理中的责任。对于不愿承担相关责任的中央政府，某些具有较强行为能力的地方政府则可以违背中央政府政策进行对外合作，

① 《中华人民共和国境外非政府组织境内活动管理法》，总则第三、四、五条，境外非政府组织办事服务平台，http：//ngo. mps. gov. cn/ngo/portal/view. do？p_ articleId = 10894&p_ topmenu =2&p_ leftmenu =4，登录时间：2018 年10 月13 日。
② Ann Florini, "Rising Asian Powers and Changing Global Governance", *International Studies Review*, Vol. 13, No. 1, 2011, p. 32.

推进本地治理。这种方式的好处是可以照顾一国内不同地方间在环境、产业、人口、基础设施等方面的差异，让各地方根据自身独特情况在国际层面寻找合作伙伴，实现国家参与全球治理的多元渠道。在地方政府中，城市由于是权力的中层执行者，在中央、联邦、省、州和乡镇、区、郡等之间起到承上启下的连接作用。相对于更高层级的政府，城市在国内更能体现地方特色，在对外交往中具有更强的灵活性。相对于更低层级的政府，城市又拥有更丰富的政策资源，具有足够的权力参与对外合作。更重要的是，在全球气候治理中，城市都是温室气体排放的集中区，是全球排放的最终贡献者，在落实各种气候变化国际协定方面具有"第一责任人"的性质，因此在全球气候治理中的地位应当大幅提升。

第二，保留了主权国家政府在全球治理中的资源和能力优势。所谓温和、实用的全球治理观，是指虽然指出了地方政府特别是城市在气候变化全球治理中的作用，但与非政府行为体不同，城市只是次国家行为体，即仍然保留在国家内部，而没有彻底排斥国家权威，其对外行为的性质具有行为的非主权性、政府性、地方性和中介性的特点。① 全球治理概念出现后，各种去国家化的观点日渐流行，认为主权国家已不再符合由国际政治向全球政治转型的潮流，无法维护全球化进程中的公民安全和发展等各种权利，全球公民社会和各种非国家行为体的崛起正逐渐取代主权国家成为当代世界的主角。但是，全球治理需要执行力，这依赖于充足的政策资源和能力，而当代世界具有这种资源和能力的只有主权国家。地方政府的优势就在于，作为主权国家范围内的一级政府，拥有地方范围内的政策资源和能力，但又能比中央政府更加灵活地参与全球治理。这种双重性质使得地方政府相较于中央政府和非政府行为体而言，能够在全球治理中发挥独特优势。

第三，避免了在行为体多元化语境下对主权国家权威的过度解构。非政府行为体概念的流行容易导致对主权国家的彻底解构，其后果就是全球民粹主义的崛起。民粹主义、民族主义和保守主义的政治观并非一致。英国公投脱欧和特朗普赢得美国总统选举是两国精英从全球主义回归国家主义的表现，其目的是强化国家的作用而非相反。事实上支持特朗普的选民大多属于美国中产阶层，并不是严格意义上的民粹主义。相反，民粹主义认为国家本身就是恶，无论谁当选都是精英统治穷人的工具，所以要彻底否定国家权威。当民粹主义在全球成为一种潮流

① 陈志敏：《次国家政府与对外事务》，长征出版社，2001，第25~30页。

后，与全球治理倡导的全球公民社会合而为一，就会形成对国家的颠覆，其结果将是灾难性的，这在许多"失败国家"案例中都可以看到，其根源就是对国家权威的彻底否定。实际上，就连积极倡导全球治理的学者也认为，尽管"从权威的扩展而言，曾长期垄断政治权威的国家和政府，其权力有所减弱，不承认这一点是非理性的；但从国家和政府应当行使和保留的政治权威而言，至今并未减弱，也不应该减弱，更谈不上过时。在这方面，人们不要过于天真"。① 换言之，全球治理削弱了政府权威，但并非排斥政府在其中的作用，只是强调政府与非政府行为体通过分工协作应对全球性挑战。因此，当中央政府无法单独行使全球治理功能时，就仍然需要在政府系统内部寻找补充者，这就是地方政府。

　　总之，以城市为代表的地方政府在全球治理中发挥着特殊作用，即在政府与非政府行为体、国际社会与全球公民社会、国家治理与全球治理之间搭建起桥梁。由于城市的地域性较强，在全球治理中能够更好地体现不同地域在治理能力上的差异，因此虽然全球保守主义和国家主义回归，但如果能够以更加科学的方式推动不同国家城市间治理合作，反而会为促进全球治理朝着包容、普惠、高效的方向转型提供机遇。这不仅不是全球治理的倒退，反而是巨大的进步。

小　结

　　由于全球治理嵌套在国际体系之中，受到国际格局与国际进程的深刻影响，所以全球治理转型必然也是一种复杂的多维运动。新兴经济体群体性崛起带来的国际格局转型是当代世界最为深刻和最具全局性的国际事态，因此也是全球治理转型的根本动力，但这种转型并非只是新兴经济体提升在既有全球治理机制中的投票权和份额，而是包括治理格局、治理价值观、治理机制和治理主体的多维转型。新兴经济体综合国力的整体提升从根本上改变了西方发达国家对全球治理领导地位的垄断，使全球治理领导权出现分散化和多元化的趋势。新兴经济体凭借日益增长的国家能力开始在全球治理的领导结构中与西方发达国家博弈，使治理的规则和结果能更好地反映广大发展中国家利益，努力促进全球治理的公平性和普惠性。在价值观层面，新兴经济体尤其是金砖国家都是非西方文明的代表，在

---

① 蔡拓等：《全球学导论》，第346页。

国家治理的经验上都拥有丰富的历史文化积淀，并在各自国家的当代发展中得到传承。当这些国家作为新兴经济体逐渐进入全球治理的中心时，便将这些基于文明积淀的有益经验转变成对全球治理的主张，改变了西方自由主义全球治理观的单一领导地位，并最终形成多元价值观共存的全球治理观格局，为应对各种全球性挑战贡献各自独具文明特色的智慧。在此基础上，新兴经济体不满足于只是提升在既有全球治理机制中的投票权和份额，而是希望进一步建立更加平等的全球治理机制，于是金砖国家银行和亚洲基础设施投资银行应运而生，二十国集团在全球治理中的地位也不断提升。这些新兴全球治理机制基于国际格局转型的权力对比关系，要么实现了西方发达国家与新兴经济体的平等对话，要么完全由新兴经济体发起和领导，因此能够较为充分地反映新兴经济体和发展中国家在全球治理中的利益诉求，打破了世界银行和国际货币基金组织等西方发达国家单独领导的国际机制对全球治理的垄断地位。与此同时，新兴经济体由于普遍经历过被殖民的历史，所以对于国家主权格外珍视，不希望全球治理中的非政府行为体过度解构国家主权。因此，为了在全球治理的多元主体和国家主权之间保持平衡，新兴经济体积极支持地方政府参与全球治理。这样既能够弥补中央政府参与全球治理某些不足，又能够发挥地方政府灵活性的特点，保持治理的效率，同时维护国家主权。这种格局、价值、机制和主体的多维转型框架，为全球气候治理朝着更加包容、普惠和高效的方向转型提供了基本背景，而中国正是这一转型的积极推动者。

第三章

崛起的低碳经济大国：全球低碳经济格局中的中国与全球气候治理转型

《联合国气候变化框架公约》（以下简称《公约》）虽然是全球气候治理的主渠道，但不是全部，而且其自身存在明显不足，主要是谈判过程漫长，谈判结果执行力和监督不够，但是气候变化的威胁不等人，国际社会不能完全依赖《公约》下的气候治理，而必须拓宽视野，从更宏观的视角看待全球气候治理，使之更加包容、普惠、高效，因此应该将其纳入格局、价值、机制和主体四个维度的全球治理转型框架之中，其中核心就是关键国家应对气候变化的能力和意愿，而中国正是这样的关键国家。在全球气候治理的格局转型维度，首先表现为中国在全球低碳经济格局中地位的提升。在逆全球化阻碍全球经济复苏的背景下，低碳经济是应对气候与经济双危机的根本出路。而从更为长远的文明史进程来看，人类文明每一次重大进步，无不是从动力革命开始。在人与自然环境深度交互的今天，新一轮动力革命不再仅仅关注能量的大小，而将碳排放的削减放在了与动能同等重要的地位，这就是新能源革命的肇始。以新能源革命为核心的低碳经济改变了全球经济发展的格局，因为它关系到应对气候变化这一人类命运前途的重大挑战，所有的人类活动都应纳入低碳经济的约束之中，低碳经济发展程度的高低已经成为衡量一国在未来国际关系中的竞争力大小的重要指标，低碳产业也因此成为世界主要国家和地区重点发展的战略性新兴产业，由此形成了相互竞争的全球低碳经济格局。在此背景下，中国共产党明确将生态文明建设纳入指导中国国家发展的整体战略之中，基于自身需要主动应对气候变化挑战，大力发展低碳经济，希望在实现现代化目标过程中既保持必要的经济发展速度，又大幅减少温室气体排放，开创一条十亿级人口的巨型发展中国家现代化的绿色路径。为此，中国政府在国内进行了较为系统全面的碳减排制度设计，并将富有中国特色的国家－发展导向型制度设计方案延伸到对外气候政策领域，参与塑造了全球气候体系的原则、规范、规则和机制。与此同时，中国积极开展对外低碳经济投资，推进全球低碳经济发展。因此，中国以最大发展中国家的身份，已经成为全球低碳经济格局中的重要一极，以国内低碳经济发展和国际低碳经济合作为抓手，努力实现发展与减排的双赢，促进全球气候治理朝着包容、普惠、高效的方向转型。

第一节　全球低碳经济格局

全球气候治理是一套复杂化的体系,[①] 不只有《联合国气候变化框架公约》，更应该包括在缔约方层面落实《公约》及其下各种协定、议定书目标的政策和产业，这正是本研究突出强调的全球治理的"落地"。低碳经济作为应对气候变化最为主要的产业形式，是全球气候治理的物质基础。没有强大的低碳技术研发、生产、销售等完整的低碳经济产业链作为支撑，任何理想的全球气候协定都无法成为现实。而低碳经济产业的发展则不依赖于国际协定，而是缔约方自身政策和意愿的结果，其中最具有能力和意愿的行为体就最有可能促进全球气候治理朝着包容、普惠、高效的方向的转型，本研究认为中国正是这样的行为体。但是，在分析中国低碳经济发展对全球气候治理的转型作用之前，有必要论述低碳经济已经成为当代世界发展的潮流，并且形成了一定的格局形态，在此基础上才更能明确中国处于全球低碳经济格局中的何种地位，以及能够发挥何种作用。

低碳经济的概念最先由英国布莱尔（Tony Blair）政府在 2003 年发布的《打造一个低碳经济体》的能源白皮书中提出。白皮书指出，面对复杂而多样的环境问题挑战，机遇同样存在，那就是将英国实质性地转变成一个低碳经济体，使用更少的自然资源和更少地污染环境，以此带来更高的生活标准和质量。机遇同样存在于研发、应用和出口具有领先地位的技术，创造商机与就业。机遇同样来自在欧洲乃至国际社会领导发展有利于环境可持续性、可靠的和有竞争力的能源

---

① 汤伟：《气候机制的复杂化和中国的应对》，《国际展望》2018 年第 6 期，第 144 页。

市场，以此促进全球每一个地区的经济增长。① 简而言之，低碳经济的目标就是实现削减温室气体排放和经济增长的双赢，体现了生态文明的发展哲学。考虑到能源部门排放在人类社会总体排放中的领先地位，以大力发展可再生能源为核心促进能源体系转型是低碳经济最为重要的内容。根据国际能源署（IEA）出版的报告《可再生能源 2018：对 2023 年的分析与展望》，全球可再生能源的消费在2017 年增长了 5%，是总体能源最终消费增速的 3 倍。可再生能源贡献电力领域一半的增长，其中风能、光伏和水能处于领先地位。据报告预测，全球能源市场对可再生能源需求将增长 1/5，达到 12.4%，快于 2012 ~ 2017 年的增长。从2018 年到 2023 年，可再生能源将覆盖全球能源消费增长的 40%。报告显示，2017 年是可再生能源创纪录的一年，该年份可再生能源贡献了全球电力增长的2/3。② 报告选取欧盟、中国、美国、巴西和印度作为世界主要可再生能源的消费市场，并分别预测了这五个市场从 2017 年到 2023 年可再生能源消费占总体能源消费比例增长情况，具体为欧盟从 17% 增长到 20.5%，中国从 8.9% 增长到11.6%，美国从 10.2% 增长到 11.9%，巴西从 42.1% 增长到 44.3%，印度从10.8% 增长到 12.1%。③ 可见，以可再生能源为核心的低碳经济已经成为全球经济发展的重要物质支撑，也是全球经济增长的动力之一。而可再生能源的主要市场也基本反映了全球气候治理格局转型的基本面貌，即作为既有领导国的美国和欧盟，以及作为新兴经济体的中国、巴西和印度。根据联合国环境署《全球可再生能源投资趋势 2018》数据，这五方是 2017 年全球投资最高的主体，分别为中国 1266 亿美元、欧洲 409 亿美元、美国 405 亿美元、印度 109 亿美元和巴西60 亿美元。其中中国、印度和巴西因为迅速增长的投资规模被该报告称为"强势三国"（Big Three）。④ 另外，考虑到英国在低碳经济领域的领先地位和脱欧后

① Department of Trade and Industry of UK, *Creating A Low Carbon Economy*, The Stationery Office, https：//assets. publishing. service. gov. uk/government/uploads/system/uploads/attachment ＿ data/file/272061/5761. pdf, p. 6，登录时间：2018 年 10 月 26 日。

② IEA, *Renewables 2018 Market Analysis and Forecast from 2018 to 2023*, Executive Summary, https：//webstore. iea. org/download/summary/2312？ fileName ＝ English － Renewables － 2018 － ES. pdf, pp. 3 － 4，登录时间：2018 年 10 月 27 日。

③ IEA, *Renewables 2018 Market Analysis and Forecast from 2018 to 2023*, https：//www. iea. org/renewables2018/，登录时间：2018 年 10 月 27 日。

④ UNEP, *Global Trends in Renewable Energy 2018*, Frankfurt：Frankfurt School of Finance & Management gGmbH 2018，pp. 23，28 － 29。

的独立政策，也应该被纳入主要低碳经济市场。因此，这六方就构成了当今世界低碳经济格局的主体，也从根本上决定了全球气候治理格局转型的走向。

英国是全球低碳经济格局的重要一极。原因在于，第一，英国是历史上最早完成工业化的国家，因此也是遭受工业污染最为严重的国家。深刻的历史教训使得英国从社会精英到普通国民都对经济发展与环境保护的平衡有着极其强烈的渴望，希望尽快进入低排放高增长的高层次发展阶段。第二，英国是低碳经济的提出者，并具有低碳经济的良好基础。作为世界上第一个工业国，也是金融大国和科技创新大国，英国在低碳技术研发、低碳金融、低碳市场开拓、低碳商品出口等领域都具有领先世界的能力。第三，英国脱欧增强了其参与全球气候治理的独立性。英国脱欧的完成，使其重新成为一个独立行为体参与到全球事务中，其中就包括全球气候治理。这将充分发挥英国悠久的外交传统，在国际社会更加自由地表达政策立场，更高效地使用其强大的低碳经济资源，在国际低碳经济竞争中产生更大影响。因此，一个对应对气候变化具有强烈意愿和能力而且独立自由的英国是未来全球低碳经济格局的新变量。

2008 年，英国成为世界上第一个为应对气候变化立法的国家，该法律规定英国到 2050 年以前将在 1990 年基础上削减 80% 的温室气体排放。[①] 此后，英国始终是全球低碳经济竞争格局中的领先者。2017 年 11 月，英国商业、能源与工业战略部发布了《产业战略：建设一个适应未来的英国》（*Industrial Strategy：Building a Britain Fit for the Future*），这是英国政府着眼于未来长期的新科技革命挑战与机遇，为英国制定的全面产业规划，目的是通过支持商业和创造更多就业提升英国生产力水平，并通过投资技能培训、产业和基础设施以增加民众收入。[②] 该项战略的其中一项就是使英国在全球向清洁增长转型的趋势中保持最大竞争优势，英国商业、能源与工业战略部于 2018 年 4 月更新的政策文件《清洁增长战略》（*The Clean Growth Strategy：Leading the Way to a Low Carbon Future*）对此进行了详细阐释。该文件认为"清洁增长意味着在国民收入提高的同时削

---

① *Climate Change Act 2008*，https：//www. legislation. gov. uk/ukpga/2008/27，登录时间：2018 年 10 月 27 日。

② Department for Business，Energy & Industrial Strategy of UK，*The UK's Industrial Strategy*，https：// www. gov. uk/government/topical – events/the – uks – industrial – strategy，登录时间：2018 年 10 月 27 日。

减温室气体排放。实现清洁增长，同时确保为企业和消费者提供可获得的能源供应是英国产业战略的核心。这不仅将提升我们的生产力水平，创造更好的就业，提升国民收入，还能保护我们以及后代赖以生存的气候与环境"。文件指出，英国在清洁增长领域已经是全球领导者。自 1990 年到 2017 年，英国已经削减了42% 的温室气体排放，同时经济增长了 2/3，这两个数据都超过了七国集团中的其他国家。这还意味着英国超额完成了第一阶段碳预算（2008～2012 年）的1%，并努力超额完成第二和第三阶段（2013～2022 年）碳预算的 5% 和 4%，并在那时实现 12% 的经济增长。在 2016 年，英国 47% 的电力来源于低碳资源，是 2010 年的两倍。截至此报告发布时，英国是世界上拥有离岸风电装机容量最大的国家。自 1990 以来，英国家庭住户的平均能源消费降低了 17%。以上成就的取得得益于低碳技术成本的大幅下降。在英国，如光伏和风能等可再生能源技术的成本已经类似于有些国家的煤炭和天然气，节能灯泡的成本比 2010 年下降了 80%，电动汽车电池的价值则下降了 70%。同时，英国还在国际低碳产业市场处于领先地位，比如欧盟每 5 辆电动汽车就有一辆是英国生产。总体来看，整个低碳产业链已经为英国创造了超过 43000 个就业岗位。在此基础上，英国为实现清洁增长战略的目标制定更加雄心勃勃的低碳经济规划。预计 2015～2030 年，英国低碳经济将以每年 11% 的速度增长，是其他经济部门增长率的 4 倍。到2030 年，英国与低碳经济相关的出口将达到 600 亿到 1700 亿英镑。为此，英国政府将从低碳金融、提高商业和工业的能源效率、提高家庭能源效率、增加低碳供暖、促进低碳交通、发展智能电网等多个方面推进英国低碳经济发展。为有效落实这些政策，英国政府在 2015～2021 年间将向低碳技术创新投资 25 亿英镑，分配比例为交通 33%、电力 25%、跨部门 15%、智能系统 10%、家庭 7%、工商业 6%、土地和水资源利用 4%。此外，国家生产力投资基金还将提供额外的47 亿英镑，2020 年和 2021 年还将分别追加 20 亿英镑。这是自 1979 年以来英国政府在科技研发领域最大规模的公共支出。[①]

失去英国的欧盟虽然在低碳经济领域缺少了一个有力支持的成员国，但其在

① Department for Business, Energy & Industrial Strategy of UK, *The Clean Growth Strategy*: *Leading the Way to a Low Carbon Future*, October, 2017, https：//assets. publishing. service. gov. uk/government/uploads/system/uploads/attachment_ data/file/700496/clean – growth – strategy – correction – april – 2018. pdf, pp. 5 – 16，登录时间：2018 年 10 月 27 日。

全球低碳经济格局中的地位依然不能忽视。在减排目标方面，欧盟给出了2020年、2030年和2050年三个详细的阶段。2020年的目标是在1990年的基础上减少20%，可再生能源占比达到20%，能效提高20%。为实现这一目标，欧盟的排放贸易体系（ETS）将发挥关键作用。这一机制覆盖了欧盟45%的温室气体排放，在2020年要在2005年的基础上减少21%的排放。其余55%的排放涵盖居家、农业、废弃物和交通（不包括航空）则基于成员国各自设定的标准。[①] 欧盟2030年减排目标是在1990年的基础上削减温室气体排放40%，可再生能源占比达到27%，能效提高27%。其中ETS需要削减43%的温室气体，非ETS削减30%。为此，欧盟还需要建立更加高效和集中的能源治理体系。同时，欧盟在2011~2030年间还将每年额外投资380亿欧元用于实现上述目标。[②] 到2050年，欧盟目标是在1990年的基础上削减温室气体排放80%，整体低碳经济转型基本实现。其中交通排放减少60%，建筑物排放削减90%，工业排放减少80%。考虑到2050年欧盟农业需求会增长近1/3，所以农业部门排放会有所增长，但可以通过育种、施肥、饲养家畜等方式在土壤和植物中储存二氧化碳。而饮食习惯的改变使得蔬菜消耗增加、肉食减少同样可以削减温室气体。[③] 而根据欧盟2050年能源路线图的分析，到2050年欧盟实现安全、有竞争力和低碳的能源体系是完全可行的。具体路径包括全社会的能源节约和需求管理、向可再生能源转型，尤其要进一步降低成本和开发新技术，比如海洋能源、集中式太阳能、第二和第三代生物能等。同时还需要提升现有设备的能力，比如扩大离岸风电涡轮机和光伏太阳能板的面积以覆盖更大的风力和阳光。此外天然气和核能将在能源转型中扮演关键角色。[④]

美国联邦政府虽然退出了《巴黎协定》，但是许多地方政府仍然对应对气候变化非常积极，其中最具代表性的就是加利福尼亚州。2002年的电力危机和乔

① *EU 2020 Climate & Energy Package*, https://ec.europa.eu/clima/policies/strategies/2020_en，登录时间：2018年10月27日。

② *EU 2030 Climate & Energy Framework*, https://ec.europa.eu/clima/policies/strategies/2030_en，登录时间：2018年10月27日。

③ *EU 2050 Low-carbon Economy*, https://ec.europa.eu/clima/policies/strategies/2050_en，登录时间：2018年10月27日。

④ EU, *Energy Road Map 2050*, Luxembourg: Publications Office of the European Union, 2012, pp. 5 - 13.

治·W. 布什政府退出《京都议定书》是该州推行气候政策改革的契机，[①] 其改革的重要经验是，虽然市场可以在环保科技的应用方面取得不错成效，但低碳经济所依赖的某些重要方面，比如对土地利用的支持必须获得政府合作。同时，在美国，应对气候变化的政治改革动力主要来自州政府和区域层面，而非国家层面。[②] 21 世纪初期担任州长的阿诺·施瓦辛格（Arnold Schwarzenegger）对目前加利福尼亚州的气候政策起到了基础性的作用。该州已经建立了较为完善的管制与排放贸易机制，为企业投资于清洁技术和开发削减温室气体排放的技术革新提供了激励。在此基础上，加利福尼亚政府还建立了加利福尼亚气候投资项目（California Climate Investments），旨在为居民提供可负担的住房、更多的低碳出行选择、零排放汽车、创造就业、节能与节水、绿色社区等，这些投资的 35% 流向弱势和低收入的社区。州政府通过管制与排放贸易获得的资金存储在温室气体减排基金（Greenhouse Gas Reduction Fund, GGRF）中，用于更好地实现加利福尼亚全球变暖应对法案（California Global Warming Solutions Act of 2006）的目标。自 2006 年该法案生效以来，立法机构已向州政府相关机构拨付了 34 亿美元用于执行减少温室气体排放的各种项目，主要包括交通和可持续社区、清洁能源与提高能效以及自然资源和废物回收利用。[③] 施瓦辛格州长曾以公开反对同为共和党的美国总统乔治·W. 布什退出《京都议定书》而向全球彰显了加州应对气候变化的决心。之后的布朗州长（Jerry Brown）继承了这一政策遗产，他保持了加州到 2030 年减排 40% 承诺，并通过财政刺激促使企业减少污染，以及签署行政命令要求加州实现经济的完全去碳化。在立法方面，加州法律规定到 2045 年将实现电力系统的零碳排放。据环境咨询机构"未来十年"的一份报告，2006～2016 年加州经济增长 16%，人口增加 9%，但排放只减少了 11%。"未来十年"创立者诺埃尔·佩里说："经济去碳化对加州来说将是一场大革命。这极富雄心，但我们过去已经实现了更加宏伟的目标。我们在可再生能源、能

① Roger Karapin, *Political Opportunities for Climate Policy：California，New York，and the Federal Government*, New York：Cambridge University Press, p. 163.

② 〔美〕彼得·卡尔索普：《气候变化之际的城市主义》，彭卓见译，中国建筑工业出版社，2012，第 106 页。

③ *About California Climate Investments*, http：//www. caclimateinvestments. ca. gov/about – cci，登录时间：2018 年 10 月 27 日。

效、清洁技术和环境政策方面都是领袖。"加州公共政策研究所的一份调查显示，超过一半的加州人把该州在世界气候变化领域的领袖地位看得很重。2/3 的人认为气候变化的影响已经显现，80% 的人认为这是一个严重的问题。① 2018 年 9 月主办全球气候行动峰会再次巩固了加州在逆全球化背景下全球低碳经济格局中的地位。

虽然地方政府在法律地位上无法与主权国家平等，但仍然具有参与全球治理的制度基础。而且从能力来看，加利福尼亚州的经济总量本身就能位居世界前列，并且科技创新实力强大，再加上应对气候变化的强烈意愿，使其完全有资格成为全球低碳经济格局中的一极。这也为中国地方政府开展对外气候合作、促进全球气候治理转型提供了契机。

低碳经济作为新一轮科技革命的主要内容，与历史上科技革命的不同之处在于，发达国家并未取得该领域的完全垄断地位。伴随全球化带来的知识、技术和资本的扩散，新兴经济体同样在低碳经济领域获得了竞争优势，并成为全球低碳经济格局中的重要成员。

巴西作为金砖国家之一，在新能源特别是生物能源领域始终处于世界领先水平。巴西政府推出的"国家乙醇燃料计划"通过联邦政策的协调和调整来刺激新能源市场上的产品供给和需求，采取了直接补贴、规定配额、政府企业统购生物燃料、价格管制及立法干预等多种措施为推广生物燃料创造条件。巴西法律明确规定，以汽油为燃料的汽车所使用的汽油必须添加 20% ~ 25% 的乙醇燃料。除了对燃料做出明确的强制性规定，在"国家乙醇燃料计划"实施期间，巴西还研发出第一代无水乙醇燃料汽车，到 21 世纪初期已生产这类汽车接近 600 万辆。2003 年，巴西研发出首辆"灵活燃料"汽车，即可添加任意比例的乙醇和汽油混合物作为燃料的新能源汽车，并迅速获得推广应用。同年，巴西又推出"生物柴油计划"，为以大豆、蓖麻、棕榈油、棉籽、向日葵等为原料的生物柴油产业发展提供保障和减免税收。2005 年，巴西推出"国家生物柴油生产与应用计划"，规定到 2013 年（后被提至 2010 年）必须在燃油中添加 5% 的生物柴

① 〔美〕费尔明·库普：《气候领袖光环下，加州如何摆脱石油依赖?》，奇芳译，中外对话网站，2018 年 9 月 17 日，https://www.chinadialogue.net/article/show/single/ch/10817 - California - s - climate - leadership - contradiction，登录时间：2018 年 11 月 2 日。

油。①

国际能源署（IEA）出版的报告《可再生能源 2018：对 2023 年的分析与展望》显示，生物能源贡献了 2017 年全球可再生能源消费增长的一半，是光伏和风能消费总和增长的 4 倍。报告预计生物能源还将引领 2018 ~ 2023 年全球可再生能源消费的增长。全球约 30% 的可再生能源消费增长将源于各种形态的生物能源，巴西作为全球生物能源大国对此贡献首屈一指。巴西已经成为全球可再生能源占能源消费比例最高的国家，达到 43.5%，其中在交通和工业领域的生物能源占比最大。② 在电力结构方面，根据巴西能源评论报告的数据，巴西 2016 年的发电总量为 6197 万千瓦，其中风能和太阳能发电量分别增长了 54.9% 和 44.7%。能源部表示，高水平的可再生能源使巴西能够将二氧化碳（CO_2）排放量降至 1.48 吨油当量，比 2015 年的 1.55 吨油当量的平均水平低约 7.7%。③

巴西可再生能源的迅速发展受惠于巴西政府政策支持。比如巴西国家电力局于 2011 年发布的《巴西光伏发电技术和商业计划》规定，对 2017 年 12 月 31 日前投入运行的光伏电站的用户收费折扣由 50% 提高到 80%，优惠期长达 10 年。《2011 年替代性和可再生能源政策》则规定风电项目由私营公司投资，每个项目单位装机容量不得超过 5 万千瓦，特许经营期不少于 20 年，购电协议由政府进行担保，投资者可享受部分免税优惠政策，另外电力监管局将为适合的可再生能源项目提供上网电价补贴。《加速增长计划》规定，2010 ~ 2050 年电力产业总投资规模为 7980 亿美元左右，其中 97% 的投资用于太阳能光伏、风电、生物质能及海洋能等可再生能源技术。2016 年，巴西政府为了鼓励建设太阳能电站，提出在未来 5 年内，建有小型太阳能发电站（低于 5000 千瓦）的家庭都有资格获得投资。④

印度是人口大国，温室气体排放居世界第三位。由于严重贫油，天然气也极

---

① 王源：《里约奥运会：巴西新能源崛起之鉴》，《中国石油报》2016 年 8 月 23 日。
② IEA, *Renewables 2018 Market Analysis and Forecast from 2018 to 2023*, Executive Summary, https：// webstore. iea. org/download/summary/2312？ fileName = English – Renewables – 2018 – ES. pdf, p. 3, 登录时间：2018 年 10 月 28 日。
③ 《巴西：2016 年可再生能源占比 43.5%》，《电力国际信息参考》2017 年 9 月 5 日，http：// www. in – en. com/article/html/energy – 2263013. shtml，登录时间：2018 年 10 月 28 日。
④ 《全球电力与经济发展形势之电力篇：巴西可再生能源政策》，中图环球能源眼，2018 年 3 月 19 日，http：//mp. ofweek. com/power/a645663520906，登录时间：2018 年 10 月 28 日。

其匮乏，印度进口石油的对外依存度在 73% 左右，到 2030 年将达到 90% ~ 92%，[①] 因此大力发展煤炭产业成为印度的必然选择，根据国际能源署报告，2016 年印度是仅次于中国的全球第二大煤炭生产国，占全球煤炭产量的 9.7%。[②] 但也正因为如此，印度低碳经济市场潜力巨大，印度政府也决心促进印度经济向低碳转型。印度政府的目标是到 2022 年，175 吉瓦的电力来源于可再生能源，其中太阳能 100 吉瓦，风能 60 吉瓦，其他来源于生物质能和小水电能。[③] 根据印度新能源和可再生能源部公布的数据，2014 ~ 2017 年印度太阳能装机容量增长了 370%，太阳能泵安装增加了 9 倍，太阳能产业的相关税收降低了 75%。2016 ~ 2017 年风能装机容量达到历史最高水平 5 吉瓦。[④] 同时，印度政府还致力于融合太阳能和风电发展，希望通过技术进步降低可再生能源电力供应的不稳定性，提升能源利用效率。[⑤]

　　欧盟、英国、美国、巴西、印度和中国构成的全球低碳经济格局是全球气候治理格局的核心，不仅因为这六方都已经形成了较好的低碳经济基础，在相关投资、技术研发和减排制度方面都位居世界前列，而且都进一步制定了更加雄心勃勃的低碳经济发展长期规划，同时还因为这六方对全球气候治理具有较大影响力。这一方面来源于六方都是全球温室气体排放的主要贡献者，另一方面则源于六方都是国际政治中的主要行为体，具有较强政治影响力，是整个全球治理的既有领导者和新兴领导者。因此，当代全球低碳经济发展形成了一种整体上六极并立，同时发达国家与新兴经济体平衡的格局（详见表 3 - 1）。其中，中国在推进经济发展向低碳转型方面表达出了坚定的政治决心，同时在低碳产业的投资、研发、市场潜力，以及减排制度设计和对外合作等方面都表现出积极态度，是促进全球气候治理转型的关键角色。

----

① 李雪：《印度的能源安全认知与战略实践》，云南人民出版社，2016，第 50 页。
② IEA, *Key World Energy Statistics 2017*, p. 17, http：//www. iea. org/publications/freepublications/publication/KeyWorld2017. pdf.
③ Ministry of New & Renewable Energy of India, *National Wind - Solar Hybrid Policy*, 14th May, 2018, http：//www. indiaenvironmentportal. org. in/files/file/National - Wind - Solar - Hybrid - Policy. pdf, 登录时间：2020 年 5 月 29 日。
④ 参考印度新能源和可再生能源部网站数据，https：//mnre. gov. in/，登录时间：2018 年 10 月 30 日。
⑤ Ministry of New & Renewable Energy of India, *National Wind-Solar Hybrid Policy*, 14th May, 2018, https：//mnre. gov. in/sites/default/files/webform/notices/National - Wind - Solar - Hybrid - Policy. pdf, 登录时间：2018 年 10 月 30 日。

表 3 - 1　全球低碳经济格局

行为体	特征
欧盟	国际政治和全球治理的既有领导者之一,全球气候治理领域最为激进的减排者,希望以此巩固自身全球治理领导者的角色,温室气体排放总量位居世界前列,具有良好的低碳经济基础以及广阔的市场潜力,尤其是建立完善的排放贸易体系,同时掌握诸多低碳经济的核心技术,低碳经济投资规模庞大,制定了雄心勃勃的低碳经济发展长期规划
美国	国际政治中的霸权国,温室气体排放总量世界第二,联邦政府消极应对气候变化,但地方政府积极参与,并且具备良好的低碳经济基础以及广阔的市场潜力,在地方层面建立了完善的排放贸易体系,同时掌握诸多低碳经济的核心技术,制定了低碳经济发展长期规划,低碳经济投资规模庞大。其中以加利福尼亚州的气候治理领袖地位最为突出
英国	当代世界西方领导地位的奠基者尤其是规则的制定者,潜在的独立行为体,综合国力仍然位居世界前列,并具有悠久的外交传统,能够对国际政治产生独特影响。温室气体排放总量位居世界前十位,但也是低碳经济概念的提出者,并已经具备良好基础,在低碳经济核心技术和减排制度方面领先全球,低碳经济投资规模庞大,并制定了雄心勃勃的低碳经济发展长期规划。希望凭借低碳经济再次成为新科技革命的领导者,恢复曾经的全球领导者地位
巴西	金砖国家,经济总量位居世界前十,国际格局转型的推动者之一,并具有独立的外交影响。1992 年世界环境大会举办地,气候变化基础四国之一,在世界环境经济和政治领域具有广泛影响。温室气体排放总量位居世界前十,具有良好的低碳经济基础以及广阔的市场潜力,尤其在生物能源领域领先全球,低碳经济投资增长迅速,制定了雄心勃勃的低碳经济发展长期规划。希望通过低碳经济积极应对气候变化,成为全球气候治理的领导者之一
印度	金砖国家,经济总量位居世界前十,国际格局转型的主要推动者之一,并具有独立的外交影响。人口大国,温室气体排放总量位居世界前列,气候变化基础四国之一。虽然低碳经济转型较为困难,但依然制定了雄心勃勃的长期规划,低碳经济市场潜力巨大,投资增长迅速。希望通过低碳经济积极应对气候变化,成为全球气候治理的领导者之一
中国	金砖国家,人口大国,经济总量位居世界第二,国际格局转型的主要推动者之一。温室气体排放总量世界第一,同时也是气候变化基础四国之一,《巴黎协定》达成和生效的积极推动者。太阳能、风能等可再生能源产业投资规模和增长速度世界第一,低碳技术研发实力增长迅速,建立了全国性的排放贸易体系。将构建人类命运共同体作为新时代外交的总目标

资料来源：笔者自制。

第二节　中国生态文明建设与国内低碳经济发展的正外部性

按照国际政治演化理论，推进国际政治演化的是体系内各要素之间的互动。《联合国气候变化框架公约》虽然是全球气候治理的主渠道，但其本身就是根据国际体系内诸多政治和科技变量，以及自然环境的变化而不断演进的，[①] 所以才有必要跳出《公约》，考察这些具有更加根本意义的变量之间的互动如何促进了全球气候治理转型。低碳经济格局及其主要角色的低碳经济政策在全球气候治理转型中发挥物质基础的作用，但同样有其赖以存在的宏观体系变量，即人、社会与自然的互动，它们共同构造了人类文明的进程，低碳经济的出现正是基于人类在文明进程中对更高文明形态——生态文明的需求。因此，人与社会、自然的互动构成了全球气候治理转型的宏观背景，在其影响下，各国纷纷将碳减排作为经济发展的硬约束，希望实现经济与环境的平衡。换言之，低碳经济的出现是人类文明进程的必然结果，是深入人类整个社会生产和生活的革命性变化，绝不只是各国应对危机的权宜之计。埃利亚斯在他具有广泛影响的著作《文明的进程》中指出，文明的进程是人与社会漫长互动的结果，认为"如果认识不到'个人'和'社会'不是指两个割裂的存在，而是指同一个人不同的，但却不可分割的两个方面；认识不到在正常的情况下'个人'和'社会'这两个方面都是处于一种变化的结构之中的，也就不能理解这本书讨论的问题。进程是'个人'与'社会'的特性，任何一种研究人的理论都不能忽视这一特性"。[②] 可见，个人与社会是文明的一体两面，二者在互动中彼此塑造，共同形成了人类社会的文明形态。但是，埃利亚斯的论述集中在人类社会领域，而从更加宏观的视角考察，人类社会存在于自然环境中，人类文明的进程应该是人、社会与自然的三方互动。正如张文木先生在研究中国历史与气候变迁的关系时所言，"对于中国历史的研究不能脱离社会政治，但如果能将气候作为历史发生和发展的一个变量，历史上许多重大事件就会得到丰满即包含有内因和外因及其相互作用的理论解释，这样人们对未来也会有更为科学的预见"。[③]

人从自然汲取资源，进行生产生活活动后又向自然输出。在此过程中，人类活动的地点、范围、方式、目标和结果都受到自然的约束，同时又改变着自然。在这种三方互动中，人既是居于社会与自然中间的连接点，又是能够主观推动社会与自然融合与碰撞的动力点，这集中体现在从农耕文明到工业文明的进程中。

[①] Simone Schiele, *Evolution of International Environmental Regimes: The Case of Climate Change*, Cambridge: Cambridge University Press, 2014, p. 28.

[②] 埃利亚斯：《文明的进程》，序言第8页。

[③] 张文木：《气候变迁与中华国运》，海洋出版社，2017，导论第3页。

工业文明取代农耕文明是人类社会的巨大进步，带来了物质和精神文明的极大丰富，人类改造自然的能力大幅提升，人类在自然世界的生活和生产空间得以扩展，社会与自然的共生关系越发密切，这是人作为社会与自然连接点发挥的融合作用。工业文明的根本动力是人类探索未知世界的科学精神和提升人类生活质量的人文精神，由此才会带来以蒸汽动力为代表的第一次工业革命，而这两种精神都肇始于人性解放的文艺复兴时代。但是，人性从来都内含着善恶的两面。善良的人性造就了辉煌的工业文明，邪恶的人性则释放了贪婪的欲望，因此也激化了社会与自然的碰撞。在人性的贪婪下，工业文明成为人类向自然无限索取的工具，导致了严重的环境污染和自然灾害，成为人类文明进程中阴暗的一面，其中煤炭的发现和大规模推广是最为典型的例子之一。从自然界稳定地获取能量是人类文明进程的标志之一。在煤炭出现以前，木材和木炭是人类的主要能源，但导致森林的大规模砍伐，并且能源供给有限。工业革命激发了巨大的能源需求，同时对羊毛的需求使森林减少而牧草种植增多。此时，廉价的煤炭正式大规模登上历史舞台。煤炭作为化石能源是大自然亿万年来留给人类的宝贵财富，其能量的供给大大超过木材，成为开启工业时代的标志。英国是工业革命的发源地，也是最早大规模使用煤炭的国家，这种当时的"新能源"最终缔造了大英帝国的崛起。在那一时期，煤已经"不仅仅是一种燃料，也不仅仅是一件商品。它象征着人类对自然界的胜利，正是在这种胜利的基础上，文明才得以发展"。① 但是同时英国也是遭受煤炭污染最为严重的国家，尤其是在英国国力最为辉煌的19世纪末期，此时的大英帝国殖民地遍布全球，获得了"日不落帝国"的美誉，维多利亚女王成为繁荣与昌盛的代名词，伦敦则成为世界的中心。但也正是在此时，英国，尤其是伦敦的大气污染是最严重的。18世纪末期，英国煤的进口每年突破100万吨。这意味着伦敦这样的大城市的经济发展和人口增长，但同时伦敦的面积并未扩大，所以伦敦市内燃烧燃料的密度就增加了，这加剧了污染的程度。② 1881~1885年大气污染记录显示，在冬季12月和1月，伦敦中心地区所拥有的明媚阳光天数只是其他四个城市同类天数的1/6。在之后的40年里，

① 〔美〕巴巴拉·弗里兹：《煤的故事》，时娜译，中信出版社，2017，第11页。
② 〔澳大利亚〕彼得·布林布尔科姆：《大雾霾：中世纪以来的伦敦空气污染史》，启蒙编译所译，上海社会科学院出版社，2016，第94页。

伦敦冬季日照也从没有超过这些地方的一半，甚至夏季也难以有充足的阳光。1881～1885 年，它损失了在正常情况下应该享有的 1/6 的日照。[1] 尽管到 20 世纪初期电力逐渐普及，空气污染有所改善，但"一战"后的伦敦依然遭遇严重的空气污染，"极速腾飞的 20 世纪也是烟雾弥漫的 20 世纪"。[2] 甚至到 1952 年伦敦还出现了极其严重的雾灾，在整整 5 天时间里 1000 多平方英里都被大雾笼罩，能见度小于几英尺，英国政府官方宣布的死亡人数是近 6000 人。[3] 更为严重的是，自工业革命以来，以英国为代表的老牌工业国家排放的二氧化碳始终沉积在大气中，对当代的气候变化产生了重要影响。雾霾的治理可以通过限制排放在短期内取到效果，但去除大气中沉积的二氧化碳就非常困难。这也成了全球气候治理中发达国家和发展中国家关于减排责任分摊的焦点问题之一。发展中国家认为发达国家应该承担气候变化的历史排放责任，而发达国家认为气候变化主要是今天的发展中大国经济高速增长排放的温室气体导致的。但无论责任如何分摊，在面对工业文明阴暗面时，人、社会与自然这一宏观体系的互动共生出了新的文明形态，即生态文明，其核心命题就是如何平衡经济发展与环境保护的关系，比如人与自然、社会和谐共处的内涵究竟是什么？在以人为本的理念下，人与其他生命的关系究竟如何？社会发展的最高目标是人的彻底全面的解放，那么面对自然的约束这种解放应达到什么程度？人类文明的最高形态是独立和掌控自然，还是与自然融为一体？这些人类文明进程的终极命题都是生态文明理论需要回答的。

潘家华先生认为，广义的生态文明不仅包括尊重自然、与自然同存共荣的价值观，也包括在这种价值观指导下形成的生产方式、经济基础和上层建筑即制度体系，构成一种社会文明形态，是"人与自然和谐共进、生产力高度发达、人文全面发展、社会持续繁荣"的一切物质和精神成果的总和。生态文明作为一

---

[1] 〔英〕布雷恩·威廉·克拉普：《工业革命以来的英国环境史》，王黎译，中国环境科学出版社，2011，第 14 页。

[2] 〔英〕克里斯蒂娜·科顿：《伦敦雾：一部演变史》，张春晓译，中信出版社，2017，第 242 页。

[3] 〔美〕彼得·索谢姆：《如何阐释 1952 年的伦敦雾灾》，载〔美〕E. 梅勒尼·迪普伊《烟尘与镜子：空气污染的政治与文化视角》，沈国华译，上海财经大学出版社，2016，第 128、134 页。

种发展范式，核心要素是公正、高效、和谐和人文发展。[①] 可见，生态文明绝不仅仅是保护环境，而是从一种社会发展视角思考人、社会和自然关系的发展哲学。因此，生态文明的核心要素首先是公正，包括人与人的公正和人与自然的公正。其次，生态文明要促进发展的高效。仅对自然进行保护而无视发展的成效只是生态保护，不是生态文明。作为一种文明形态，生态文明强调如何利用现代科学技术高效利用自然资源和能源，以最小的代价提高人与自然的福祉，以实现文明的进步，而不是退回到原始的自然状态。在此基础上，生态文明的最终目标是实现人、社会和自然的和谐状态，以及整个人类在处理与社会和自然关系时人文精神的升华，"走向人道主义和自然主义的统一"。[②]

具体到当代中国的实践中，生态文明理念已经成为中国深化改革的主要目标之一。这一概念提出以来经过不断完善，最终与经济建设、政治建设、文化建设、社会建设并列成为当代中国五位一体的现代化建设目标，并且与其他四大建设日益融合，尤其是加强同经济建设的融合程度，即通过大力发展低碳经济同时促进经济换挡升级和削减温室气体排放，使中国经济进入更高质量的发展轨道。正如党的十九大报告在"贯彻新发展理念，建设现代化经济体系"部分的第一条"深化供给侧结构性改革"就指出，"建设现代化经济体系，必须把发展经济的着力点放在实体经济上，把提高供给体系质量作为主攻方向，显著增强我国经济质量优势"。而在"加快生态文明体制改革，建设美丽中国"部分则指出，"我们要建设的现代化是人与自然和谐共生的现代化，既要创造更多物质财富和精神财富以满足人民日益增长的美好生活需要，也要提供更多优质生态产品以满足人民日益增长的优美生态环境需要。必须坚持节约优先、保护优先、自然恢复为主的方针，形成节约资源和保护环境的空间格局、产业结构、生产方式、生活方式，还自然以宁静、和谐、美丽"。之后第一条便是"推进绿色发展"，提出要"加快建立绿色生产和消费的法律制度和政策导向，建立健全绿色低碳循环发展的经济体系"。[③] 这说明中国的生态文明建设已经和现代经济体系建设紧密融合在一起，使生态文明成为经济发展的硬约束，贯穿到经济制度设计、产业规

---

① 潘家华：《中国的环境治理与生态建设》，中国社会科学出版社，2015，第38~39页。
② 张云飞：《唯物史视野中的生态文明》，中国人民大学出版社，2014，第501页。
③ 习近平：《决胜全面建成小康社会　夺取新时代中国特色社会主义伟大胜利——在中国共产党第十九次全国代表大会上的报告（2017年10月18日）》，《人民日报》2017年10月28日。

划、技术研发、生产流程、销售物流、绩效评估等每一个环节，最终转化成为一种独特的生产力，与经济发展形成合力，良性互动，使财富的增加不再以牺牲环境为代价，而环境的保护本身又能实现经济的发展。用中国特色的政治话语表述就是"绿水青山就是金山银山"，这显示出中国发展低碳经济的坚定政治决心。

在政策和产业层面，中国已经在低碳经济发展方面取得了显著进步。根据21世纪可再生能源网络（REN21）的统计，截至2017年，中国太阳能和风能装机容量分别接近131.1吉瓦和188.4吉瓦，不仅2017年之前的存量稳居世界第一，而且仅2017年的增量就分别达到53.1吉瓦和19.7吉瓦，远远超过第二名美国的10.6吉瓦和7.0吉瓦，进一步巩固了中国在这两项最为主要的可再生能源投资领域的世界领先地位（见图3-1和图3-2）。另外，中国还在2017年成为全球最大的生物电力生产者，比2016年增长了23%。①

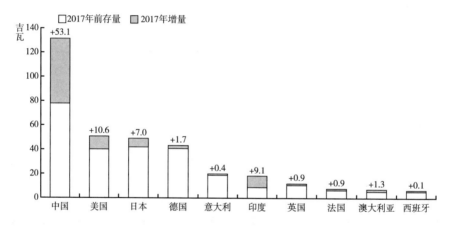

图3-1 2017年太阳能光伏投资存量和增量世界前十位国家

资料来源：REN21，*Renewables 2018 Global Report*，http://www.ren21.net/wp-content/uploads/2018/06/17-8652_GSR2018_FullReport_web_final_.pdf，p.91，登录时间：2018年11月1日。

中国不仅在太阳能和风能产业投资领域增长迅速，而且产业和企业的整体竞争力也得到大幅提升。由于中国光伏新增装机量巨大，促进了整个光伏制造产业链的发展，全产业链产品都能够进行自主生产，制造水平不断提高，成本和价格

---

① REN21，*Renewables 2018 Global Report*，http://www.ren21.net/wp-content/uploads/2018/06/17-8652_GSR2018_FullReport_web_final_.pdf，p.44，登录时间：2018年11月1日。

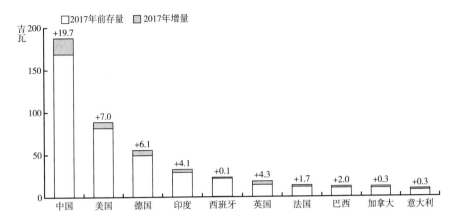

图 3 - 2　2017 年风能投资存量和增量世界前十位国家

资料来源：REN21，*Renewables 2018 Global Report*，http：//www. ren21. net/wp - content/ uploads/2018/06/17 - 8652_ GSR2018_ FullReport_ web_ final_ . pdf, p. 110，登录时间： 2018 年 11 月 1 日。

水平也不断降低。目前中国光伏制造的大部分关键设备已实现本土化并逐步推行智能制造，在世界上处于领先水平，光伏产品在传统欧美市场与新兴市场都占主导地位。风能领域也已经拥有了完整的产业链，其中中游整机厂的发展最为显著。全球前十位的风机制造商中有五家都是中国企业，金风科技排名第一。①

　　针对太阳能和风能发电中存在的问题，中国政府也采取了针对性措施。比如太阳能产业投资存在的重集中式发电、轻分布式发电的问题，中国政府于 2016 年规定，对不具备新建光伏电站市场条件的部分省份停止或暂缓下达 2016 年新增光伏电站建设规模（光伏扶贫除外）；而在利用固定建筑物屋顶、墙面及附属场所建设的分布式光伏发电项目以及全部自发自用的地面光伏电站项目不限制建设规模，各地区能源主管部门随时受理项目备案，电网企业及时办理并网手续，项目建成后即纳入补贴范围。政府计划到 2020 年建成 100 个分布式光伏应用示范区，园区内 80% 的新建建筑屋顶、50% 的已有建筑屋顶安装光伏发电。在中东部等有条件的地区，开展"人人 1 千瓦光伏"示范工程，建设光伏小镇和光

---

① 德勤：《2017 清洁能源行业报告》，https：//www2. deloitte. com/cn/zh/pages/technology - media - and - telecommunications/articles/deloitte - clean - tech - industry - report - 2017. html，第 9、11、27 页，登录时间：2018 年 11 月 1 日。

伏新村。鼓励光伏发电项目靠近电力负荷建设，接入中低压配电网实现电力就近消纳。针对风能领域海上风电建设不足的问题，中国政府对海上风电项目管理简政放权，由过去中央统一编制全国海上风电建设方案改由各省市根据地方建设规划核准项目，海上风电将拥有更加灵活的审批流程，提升企业开发利用海上风电速度和效率，以顺利实现到 2020 年全国海上风电开工建设规模达到 10.05 吉瓦，力争累计并网容量达到 5 吉瓦以上的目标。①

中国低碳经济的快速发展是政府支持和市场机制共同作用的结果，由此也给全球气候治理转型带来了正外部性。国际能源署在其《国际能源展望 2017》（以下简称《展望》）中将中国放在了全球经济向低碳转型的中心位置，认为"当中国改变，则一切皆变"（When China Changes, Everything Changes），这首先表现在中国在低碳经济领域的庞大投资规模。根据《展望》的情境推算，截至 2017 年，中国占全球电动汽车累计投资的 46%，碳捕捉和封存技术累计投资的 40%，风能、光伏太阳能和核能均占全球累计投资的 28%。②《展望》指出，得益于中国巨大的清洁能源产业发展水平、技术出口和对外投资，全球 1/3 的新建风能、光伏太阳能和 40% 的电动汽车投资都源自中国。在化石能源方面，尽管中国在 2030 年前后将超过美国成为全球最大的原油消费国，但由于汽车（主要是轿车和卡车）能效的提高，以及电动汽车的迅速发展（2040 年时中国每 4 辆汽车中就有 1 辆电动汽车），中国将不再是全球原油需求的主要动力。而中国虽然仍将保持较大的煤炭消费量，但预计到 2040 年将下降 15%。如图 3 - 3 显示，2013 年中国原煤消费量为 280999 百万吨标准煤，2014 年为 279329 百万吨标准煤，之后年份逐年下降，水电、核电和风电代表的新能源消费量则持续上升。而图 3 - 4 显示，中国经济总量在 2013 年以后也保持持续增长。这种大规模低碳经济投资的结果就是，中国在 2017 年的碳强度已经下降 46%，提前三年实现了 2009 年哥本哈根气候大会上提出的到 2020 年碳强度下降 40% ~ 45% 的目标。尽管中国在 2019 年的煤炭消费量比上年增长 1.0%，占能源消费总量的 57.7%，但比上年下降 1.5 个百分点；天然气、水电、核电、风电等清洁能源消费量占能源消

---

① 德勤：《2017 清洁能源行业报告》，https://www2.deloitte.com/cn/zh/pages/technology - media - and - telecommunications/articles/deloitte - clean - tech - industry - report - 2017.html，第 7 ~ 8、29 页，登录时间：2018 年 11 月 1 日。

② IEA, *World Energy Outlook*, https://www.iea.org/weo/china/，登录时间：2018 年 11 月 1 日。

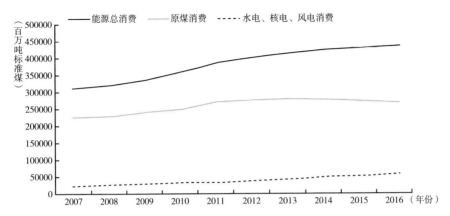

图 3-3　中国能源总消费、原煤消费和水电、核电、风电消费趋势（2007～2016 年）

资料来源：中国国家统计局网站，http：//data. stats. gov. cn/easyquery. htm？cn = C01&zb = A070A&sj = 2016，登录时间：2018 年 11 月 2 日。

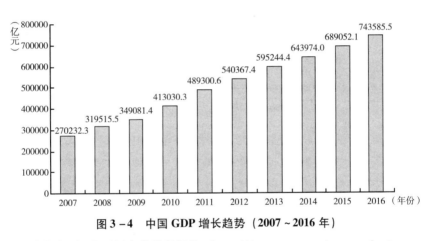

图 3-4　中国 GDP 增长趋势（2007～2016 年）

资料来源：中国国家统计局网站，http：//data. stats. gov. cn/easyquery. htm？cn = C01&zb = A070A&sj = 2016，登录时间：2018 年 11 月 2 日。

费总量的 23.4%，上升 1.3 个百分点。全国万元国内生产总值二氧化碳排放下降 4.1%。① 根据测算，中国的二氧化碳排放总量在 2010 年以后就处于平稳状态，没有明显起伏。在 2025～2030 年会有微小增加，然后开始回落，即能够顺

---

① 《中华人民共和国 2019 年国民经济和社会发展统计公报》，中国国家统计局，2020 年 2 月 28 日，http：//www. stats. gov. cn/tjsj/zxfb/202002/t20200228_ 1728913. html，登录时间：2020 年 6 月 29 日。

利实现在 2030 年前后温室气体排放达到峰值的承诺（见图 3 - 5）。《展望》认为，正因为在低碳经济领域如此大力度的政策实施，中国将在全球低碳经济转型中发挥关键的动力作用。①

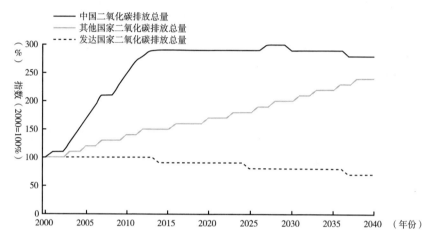

图 3 - 5　中国与世界二氧化碳排放总量增长趋势

资料来源：IEA, *World Energy Outlook*, https：//www.iea.org/weo2017/，登录时间：2018 年 11 月 1 日。

中国低碳经济发展的正外部性对于全球气候治理向包容、普惠和高效转型具有显著意义。第一，发展中大国通过经济转型主动减排体现了全球气候治理转型的包容性。全球气候治理的主要问题是发达国家和发展中国家的减排责任分歧。由于《京都议定书》只为发达工业国设定了约束性减排指标，发达国家始终认为发展中大国是搭便车者。中国低碳经济发展的事实证明，最大温室气体排放国并非搭便车者，而是责任的担当者。中国眼中的全球气候治理是包容发达国家和发展中国家的，而非将任何一方排除在外。同时，中国政府主导的大规模低碳经济发展也体现出全球气候治理模式的包容性。这种模式并非违背市场经济规律，而是更看重政府调节对克服低碳产业市场失灵的作用，比如前述对集中式太阳能和分布式太阳能投资比例的调节。尽管低碳经济要求的产能淘汰会在短期内增加失业压力，但从长期看，低碳经济的巨大产业规模同样会促进就业增长，比如截

———————————

① IEA, *World Energy Outlook*, https：//www.iea.org/weo2017/，登录时间：2018 年 11 月 1 日。

至 2017 年中国低碳产业就创造了 419.2 万人的就业。① 正如 IPCC 第五、第六次
评估报告第三工作组主要作者、中国社会科学院城市发展与环境研究所可持续发
展经济学研究室研究员陈迎所言：“我们不能只盯着气候变化，不能把眼界局限
于气候变化来谈气候变化的问题，一定要强调可持续发展、公平、减贫。”② 全
球气候转型的包容性正是要跳出就气候变化谈气候变化的现状，从更广泛的经
济、社会、环境协调发展的生态文明视角看待全球气候治理。中国的低碳经济建
设能够在逆全球化阻碍世界经济增长的背景下，实现全球最大发展中国家在经济
发展、减排和社会三方面的共赢，正是这种生态文明视角下全球气候治理的包容
性，以及后发国家生态文明理念中“环境正义”的体现。③ 第二，中国大规模低
碳经济投资降低了全球低碳经济的成本，使其成果能更广泛惠及发展中国家。低
碳经济是新兴的高新技术产业，初期由于研发投入的规模较小导致高成本。这不
仅削弱了可再生能源消费的竞争力，而且使得低碳经济发展成果无法惠及广大发
展中国家。但是中国由于国内巨大的低碳经济需求带来的大规模投资，降低了全
行业成本，提升了可再生能源在与化石能源竞争中的竞争力，也使得低碳经济技
术和产品的价格让更多发展中国家可以承担，因此提升了促进全球气候治理转型
的普惠性。第三，超越了《联合国气候变化框架公约》的单一治理模式，将减
排行动与自身发展转型紧密结合起来，提高了全球气候治理的效率。单一《公
约》下的治理模式拘泥于谈判文本的争执，导致全球气候治理的效率始终不高。
为解决这一问题，应当激励缔约方尽快按照各自国情加快低碳经济发展，《巴黎
协定》没有采用《京都议定书》的统一减排指标设定，而是由各国自愿设定减
排指标，目的正在于此。考虑到中国的温室气体排放总量目前是世界第一，其大
规模低碳经济政策的实施以及由此带来的排放尽早达峰，将对减少全球气候温室
气体排放产生关键作用，完全符合《巴黎协定》的初衷，实现了全球气候治理
的真正“落地”，有利于促进全球气候治理向高效转型。

---

① REN21，*Renewables 2018 Global Report*，http：//www. ren21. net/wp－content/uploads/2018/06/
17－8652_ GSR2018_ FullReport_ web_ final_ . pdf，p. 44，登录时间：2018 年 11 月 2 日。
② 《中外专家怎么看 IPCC 1.5℃ 报告》，中外对话网站，https：//www. chinadialogue. net/article/
show/single/ch/10856－Roundtable－Will－developing－countries－act－on－latest－climate－
warning－，登录时间：2018 年 11 月 2 日。
③ 王雨辰：《生态学马克思主义与后发国家生态文明理论研究》，人民出版社，2017，第 208～
209 页。

第三节　中国的"国家 - 发展型"减排制度供给[①]

中国低碳经济的发展促进了全球气候治理朝着包容、普惠、高效的方向转型，作为低碳经济的内容之一，全国碳排放权交易市场制度的建立不仅本身增强了中国进一步削减温室气体的能力，而且其体现的"国家 - 发展型"减排理念延伸到中国对外气候政策中，也促进着全球气候治理转型。

制度是社会科学研究的核心概念之一，非中性的制度决定了社会活动的价值分配。戴维·伊斯顿说政治就是社会价值的权威性分配，实际上反映出政治活动与政治制度的密切关系。全球治理是全球政治时代的产物，其最终的价值分配也离不开国际制度的设计、建立、运行和改革，因为国际体系本身就是作为一种制度存在的。[②] 在更深层次上，国际制度是国内制度的延伸，因此研究全球治理转型应该深入考察主要国家内部相关制度和文化的特点，分析其如何通过对外政策塑造全球治理的制度形态。

具体到全球气候治理，欧盟、美国是既有领导者，内部减排制度各有特色。欧盟内部的制度特点是国家联合体带来的多层治理结构，因此欧盟减排的制度设计必须兼顾欧盟总量和各成员国特殊国情。同时，欧盟许多成员国重视政府在经济发展和转型中的作用，因此碳税是欧盟治理气候变化的常用工具。美国是自由市场哲学至上的国家，由于联邦制其国内各州减排制度各不相同，但是企业和市场机制始终是减排的主角。中国作为全球低碳经济格局的主要国家，想要促进全球气候治理转型就必须提出更加符合发展中国家利益的制度倡议，而这也正是中国减排制度和文化的特征。

正如研究中国经济改革的美国学者罗恩·巴内特等所言，"总体上说，（中国）改革是一个自上而下制定政策与自下而上回应创新之间的互动过程。然而，

---

① 本节内容曾以《气候变化全球治理中的制度竞争：基于中美欧的比较》为题发表于《国际展望》2018 年第 2 期，收入本书有修改。

② 〔美〕B. 盖伊·彼得斯：《政治科学中的制度理论："新制度主义"》，王向民、段红伟译，上海人民出版社，2011，第 138 页。

最关键的动力来自高层领导持续不断深化改革进程的决心"。① 中国作为新兴经济体的特征之一，是国家在发展方式转型过程中发挥引导作用。因此，中国国内应对气候变化的制度设计首先发生于最高领导层的观念变迁，并体现出国家引导色彩。中央全面深化改革领导小组，将第一专项小组定为"经济体制和生态文明体制改革专项小组"，就充分表明中国最高领导层对这两大战略融合的政治决心。中共十九大报告将构建人类命运共同体作为新时代中国特色社会主义十四大方略之一，其中就包括建设清洁美丽的世界，更明确表达出中国希望全球气候治理与各国发展更紧密结合的意愿。

在这种政治决心引领下，中国进行了建立全国性碳排放权交易制度的探索。2013 年首先在北京、上海、天津、重庆、广东、深圳和湖北 7 个省市试点碳排放权交易制度。2014 年底，碳排放权交易试点均发布了地方碳交易管理办法，共纳入控排企业和单位 1900 多家，分配碳排放配额约 12 亿吨。试点地区加大对履约的监督和执法力度，2014 年和 2015 年履约率分别达到 96% 和 98% 以上。截至 2015 年 8 月底，7 个试点累计交易地方配额约 4024 万吨，成交额约 12 亿元人民币；累计拍卖配额约 1664 万吨，成交额约 8 亿元人民币。② 在此基础上，中国国家发改委于 2014 年 12 月发布了《碳排放权交易管理暂行办法》，其中在配额管理方面规定，国务院碳交易主管部门制订国家配额分配方案，明确各省、自治区、直辖市免费分配的排放配额数量、国家预留的排放配额数量等。国务院碳交易主管部门根据不同行业的具体情况，参考相关行业主管部门的意见，确定统一的配额免费分配方法和标准。省级碳交易主管部门依据全国统一配额免费分配方法和标准，提出本行政区域内重点排放单位的免费分配配额数量，报国务院碳交易主管部门确定后，向本行政区域内的重点排放单位免费分配排放配额。在排放交易方面规定，国务院碳交易主管部门负责建立碳排放权交易市场调节机制，维护市场稳定。另外还规定了明确的监督核查制度，比如国务院碳交易主管部门和省级碳交易主管部门应建立重点排放单位、核查机构、交易机构和其他从业单位

① Loren Brandt and Thomas G. Rawsik（eds.），*China's Great Economic Transformation*，Cambridge：Cambridge University Press，2008，p. 100.

② 中国国家发改委：《中国应对气候变化的政策与行动 2015 年度报告》，2015 年 11 月，http：//www. china. com. cn/zhibo/zhuanti/ch － xinwen/2015 － 11/19/content_ 37106833. htm，登录时间：2018 年 11 月 5 日。

和人员参加碳排放交易的相关行为信用记录，并纳入相关的信用管理体系。对于严重违法失信的碳排放权交易的参与机构和人员，国务院碳交易主管部门建立"黑名单"并依法予以曝光。① 这些制度设计都为全国碳排放权交易市场的建立奠定了基础。2017 年 12 月，《全国碳排放权交易市场建设方案（发电行业）》印发，在发电行业（含热电联产）率先启动全国碳排放交易体系。参与主体是发电行业年度排放达到 2.6 万吨二氧化碳当量的企业或其他经济组织。首批纳入碳交易的企业共有 1700 余家，年排放总量超过 30 亿吨二氧化碳当量，约占全国碳排放量的 1/3。生态环境部应对气候变化司有关负责人表示，发电行业数据基础较好，产品比较单一，而且行业管理比较规范，整体排放量也很大，所以选择其作为突破口。② 在 2018 年 11 月中国国务院新闻办公室举办的《中国应对气候变化的政策与行动 2018 年度报告》发布会上，生态环境部应对气候变化司司长李光表示，为完善全国碳交易市场，相关政府部门需要加强相关法规制度的建设，推动相关基础设施建设，进一步做好重点排放单位碳排放报告、核查和配额管理工作，以及进一步强化能力建设。③ 这说明中国碳排放交易市场的最初行业和主体都是由政府确定的，目的是能够找到排放量相对较大，同时能够产生经济效益的部门最先进入交易。而监管市场的相关制度和法规以及基础设施也是政府部门主导建立的。

由此可以看出，中国的碳排放权交易制度虽然要充分发挥市场在价格形成中的决定性作用，但其建立的过程仍然类似于改革开放之初以经济特区为突破，逐渐扩展的经验，即通过小范围到大范围的试点逐步建立全国性碳市场，并选择最初的行业和主体，国家力量在此过程中发挥了引导和协调作用。当市场建立后，国家则主要发挥监管职能。这类似于欧盟的总量控制与排放贸易制度，即在中央（超国家机构）和地方（成员国政府）间进行分工，前者制定统一配额，后者具

---

① 《碳排放权交易管理暂行办法》，2014 年 12 月，http：//qhs. ndrc. gov. cn/zcfg/201412/t20141212_ 652007. html，登录时间：2016 年 9 月 10 日。

② 寇江泽：《全国碳排放权交易市场启动　少排可以卖配额　多排就要掏钱买》，《人民日报》2018 年 9 月 5 日，第 9 版。

③ 李光：《多举措加快全国碳排放权交易市场建设》，中国国务院新闻办公室《〈中国应对气候变化的政策与行动 2018 年度报告〉发布会》，2018 年 11 月 26 日，http：//www. scio. gov. cn/xwfbh/xwbfbh/wqfbh/37601/39346/zy39350/Document/1642263/1642263. htm，登录时间：2018 年 11 月 26 日。

体分配，同时明显区别于美国的以自由市场哲学为基础的碳交易制度。但是，中国的制度设计相比于欧盟更加重视政府的统一管理和协调职能，包括配额的制定、分配、监管、核查和处罚各个环节，国家主导的特征非常明显。而在排放权交易的初始配额分配中，必须考虑公平性原则，即不同地区根据各自经济发展水平、资源禀赋、产业特征、人口密度等指标确定配额分配。[①] 由于中国地区间发展差异较大，这种公平性原则的掌握必须有政府规划。因此，中国的市场体系往往是在政府的主导下建立起来的。中国转变发展方式战略的形成，就是从最高领导层转变观念，到政府制定政策，再到企业、市场和社会具体操作的过程。其中大力发展新能源产业，特别是补贴新能源汽车和光伏、太阳能发电企业等行为带有明显的国家扶持色彩。这一方面带来了中国可再生能源产业投资规模迅速上升为世界第一，但另一方面也出现了产能过剩、核心技术缺乏等问题。总之，作为发展中国家，中国的碳市场体系建立仍然处在国家与市场关系的磨合阶段。但从近期来看，以国家为引导、以发展为目的的"国家－发展型"减排制度仍然是中国国内应对气候变化制度设计的最大特点，这一理念也延伸到中国的对外气候政策中。

第一，中国主张以"共同但有区别的责任原则"为核心建立多元共生的全球气候治理机制。中国之所以在国内形成国家主导的减排制度，归根到底是因为中国的发展中国家特性，发展是中国应对气候变化的最终目标，在对外政策层面就是始终坚持"共同但有区别的责任原则"，任何全球气候治理的制度设计都不能剥夺发展中国家的发展权，这是中国对外气候政策的基石。在坚持这一核心原则下，中国对全球气候治理的具体制度设计持开放态度，愿意围绕《联合国气候变化框架公约》建立各种多边、区域、双边气候合作机制，并在其他国际机制中引入气候议题，比如在二十国集团峰会中设置绿色金融议题，以此拓展应对气候变化的政策工具。但是，多层次的气候治理机制必须与《联合国气候变化框架公约》实现良好衔接，不能另起炉灶，而是形成多元共生的治理体系，这区别于美国的对外气候政策。这是中国哲学在气候变化全球治理制度设计中的体现，即根据分工原则实现制度设计的多元化，但多元的制度之间是共生关系，彼

① 齐绍洲等：《低碳经济转型下的中国碳排放权交易体系》，经济科学出版社，2016，第157页。

此相互联系，互为存在前提，减少对抗性，[①] 增强合力作用，最终目的是实现《联合国气候变化框架公约》的目标。

第二，中国坚持以国内发展方式转型作为气候变化全球治理的根基。气候变化全球治理包含环境和发展两种道义，欧盟的积极应对气候变化政策符合环境道义，但忽视了发展中国家的发展道义。中国始终以国内发展方式转型作为应对气候变化的根基，并非逃避责任，而是希望在环境道义和发展道义间达到平衡，这集中体现在中国国内发展方式转型与中国对外气候政策的互动上。中国参与全球气候治理缘起于 20 世纪 80 年代，通过参加《联合国气候变化框架公约》和《京都议定书》的谈判，一方面认识到这是涉及全人类命运的全球性问题，另一方面也认识到其中包含的权力博弈和大国竞争。在国内以经济高速增长为首要目标的要求下，此时中国的对外气候政策以坚决反对约束性地减排为主要特点。伴随国内环境压力加大和对经济发展质量的追求，2009 年哥本哈根气候大会后中国开始转变立场，不仅主动提出碳强度减排目标，还全面参与全球气候治理。自哥本哈根气候变化大会以后，中国始终将发展与环境的深度融合置于国家战略顶层，中国的对外气候政策也因此更加灵活务实，不仅开拓了全球、多边、区域、双边等多层次的国际合作新格局，而且在经济下行压力不断加大的情况下，首次提出 2030 年前后达到排放峰值的总量约束性目标。这一看似矛盾的行为实际上是中国基于国家发展方式转型应对气候变化的努力。正因为如此，尽管 2030 年之前将经历大规模的城镇化进程，但中国依然将在城市治理层面提出低碳增长，智慧基础设施等措施，开发可持续发展技术，并制定新的城市减排目标。这一做法更新了对于气候变化全球治理的常规认识，未来全球气候治理的规则制定也将更多围绕国家气候治理展开，这将为全球自然资源使用方式的转型提供更加集中有效的政策支持。[②] 可见，以国内发展方式转型为根基的自主减排是中国参与全球气候治理的主要制度倡议。

第三，中国坚持政府主导发达国家对发展中国家的技术转让。与美国自由市场哲学的制度倡议相对，中国坚持政府主导低碳技术转让，因为"气候变化问

---

① 苏长和：《共生型国际体系的可能——在一个多极世界中如何构建新型大国关系》，《世界经济与政治》2013 年第 9 期，第 12 页。

② Mukul Sanwal, *The World's Search for Sustainable Development: A Perspective from the Global South*, Delhi: Cambridge University Press, 2015, p. 161.

题是最大的全球外部性问题，也是全球公共物品保护问题，不可能完全依靠市场机制去解决，政府必须出面行使公共管理职能"。[①] 在这一思路下，中国在历次联合国气候变化大会上都联合七十七国集团和基础四国，持续向发达国家施加压力。在向 2015 年巴黎气候大会提交的《强化应对气候变化行动——中国国家自主贡献》中，中国再次提出，"2015 年协议应明确发达国家按照公约要求，根据发展中国家技术需求，切实向发展中国家转让技术，为发展中国家技术研发应用提供支持。加强现有技术机制在妥善处理知识产权问题、评估技术转让绩效等方面的职能，增强技术机制与资金机制的联系，包括在绿色气候基金下设立支持技术开发与转让的窗口"。[②] 在 2016 年马拉喀什气候大会的政策立场中，中国表示应该"更加关注发展中国家诉求，就适应、资金、技术、能力建设等发展中国家重点关注的问题取得积极进展"。[③] 2018 年 9 月气候变化问题高级别非正式对话会在纽约联合国总部举行，中国外交部部长王毅在发言中再次强调："发达国家应该兑现到 2020 年每年筹集 1000 亿美元资金的承诺，向发展中国家转让先进技术，帮助他们提高应对气候变化和可持续发展的能力。"[④] 这一系列立场是中国以国家主导温室气体减排制度在对外气候政策中的鲜明体现，不仅影响了从《哥本哈根协定》到《巴黎协定》的达成，还将对未来气候变化全球治理的转型发挥持久作用。

中国的对外气候政策体现了国内减排制度设计的"国家－发展"理念，中国也努力将这一理念植入全球气候治理的制度设计中，使转型更加体现普惠性，进而更好地维护广大发展中国家利益。

《京都议定书》在 2005 年生效后离 2008～2012 年的第一承诺期已经非常近，于是关于后京都时代全球气候治理制度的改革随即开始，其中的标志性成果是2007 年形成的"巴厘岛行动计划"、2009 达成的《哥本哈根协定》和 2011 年"德班平台"的建立，最后结果是 2015 年达成的《巴黎协定》。在此阶段，国际

---

① 邹骥：《气候变化领域技术开发与转让国际机制创新》，《环境保护》2008 年第 5 期，第 17 页。
② 《强化应对气候变化行动——中国国家自主贡献》，《人民日报》2015 年 7 月 1 日，第 22 版。
③ 《中国应对气候变化的政策与行动 2016 年度报告》，2016 年 10 月，http://www.ndrc.gov.cn/gzdt/201611/W020161102610470866966.pdf，第 51 页，登录时间：2018 年 11 月 6 日。
④ 《王毅出席气候变化问题高级别非正式对话会》，中华人民共和国外交部网站，2018 年 9 月 27 日，https://www.fmprc.gov.cn/web/wjb_ 673085/zzjg_ 673183/gjs_ 673893/gjzz_ 673897/lhg_ 684120/xgxw_ 684126/t1599372.shtml，登录时间：2018 年 11 月 6 日。

格局正在发生深刻转型，新兴经济体群体性崛起改变了国际权力对比关系。中国作为新兴经济体一员，经济总量逐渐上升到世界第二，经济发展进入更加注重质量的新常态。面对全球金融和气候双危机，中国政府提出要充分利用危机带来的改革契机，大力发展低碳经济，让发展与环境深度融合，实现产业转型与环境保护的良性互动，这说明中国进一步巩固了应对气候变化在国家战略层面的地位。在对外政策领域的延伸就是把应对气候变化以及广义的环境治理作为中国的国际责任之一，并先后由政府首脑和国家元首参加了哥本哈根气候大会和巴黎气候大会这两次后京都时代最为重要的全球气候治理会议。

2007 年巴厘岛气候大会的目的是为《京都议定书》第一承诺期到期后国际社会如何减排设计总体路线图。尽管美国始终反对《京都议定书》模式的延续，但在国际社会压力下，还是接受了欧盟等提出的发达国家到 2020 年前将温室气体排放量比 1990 年减少 25%～40% 的建议。[1] 中国的"国家 - 发展型"制度倡议也取得了成效，主要是《巴厘岛行动计划》为发达国家设定了对履行自身减排承诺和帮助发展中国家减排的可衡量、可报告和可核实的义务，并尽快消除技术开发和向发展中国家转让的障碍，降低相关技术的负担成本，为发展中国家提供官方资金和优惠资金等。[2] 但总体来看，所有这些目标都缺少具体落实和监督机制，因此把更激烈的矛盾留给了哥本哈根气候大会。

哥本哈根气候大会上，欧盟的制度倡议仍然延续了激进的减排目标，即 2050 年前全球减排 50% 的温室气体，这脱离了大多数国家的实际情况，再加上谈判策略不够灵活，结果欧盟的倡议在本次会议中被边缘化，[3] 美国和包括中国在内的基础四国共同主导了《哥本哈根协定》的达成。但总体看，《根本哈根协定》更多地反映了美国的制度诉求，因为尽管美国在压力下承诺发达国家增加对发展中国家资金援助的数额，但并未说明资金来源。[4] 而发展中国家的自主减

① 庄贵阳、朱仙丽、赵行姝：《全球环境与气候治理》，浙江人民出版社，2009，第 151 页。

② 《巴厘岛行动计划》，第 1 条 a 款第一项，第二项，http：//unfccc. int/resource/docs/2007/cop13/chi/06a01c. pdf，登录时间：2018 年 11 月 8 日。

③ Lisanne Groen and Arne Niemann, "The European Union at the Copenhagen Climate Negotiations: A Case of Contested EU Actorness and Effectiveness", *International Relations*, Vol. 27, No. 3, 2013, p. 318.

④ Copenhagen Accord 第 8 条，http：//unfccc. int/files/meetings/cop _ 15/application/pdf/cop15 _ cph _ auv. pdf，登录时间：2018 年 11 月 8 日。

排行动和国际援助不仅要符合"三可原则"，还要接受国际磋商和分析。另外，虽然在中国和发展中国家积极倡议下，哥本哈根气候大会正式提出建立技术转让机制，并在 2010 年《坎昆协定》中得到落实，包括技术执行委员会（Technology Executive Committee，TEC）和气候技术中心与网络（Climate Technology Centre and Network，CTCN）两部分，但是，美国和中国分别作为发达国家和发展中国家代表首先在此机制的地位上就存在分歧。美国认为技术转让机制应该向公约附属机构报告，实际是想矮化该机制地位，限制其作用发挥，而中国认为其应该向缔约方大会报告。在两个机制的关系上，TEC 从职能和定位上更偏重于宏观的工作，更能自上而下地反映发展中国家缔约方的技术转让需求。而 CTCN 则更侧重以自下而上的方式开展具体的工作。因此，如果在技术机制内部 TEC 的职能可落到实处，则其就越能通过自上而下的途径反映发展中国家的需求。但是，美国主张 TEC 和 CTCN 应当相互平行并相互独立，而中国等发展中国家则认为 TEC 应当在比 CTCN 更好的层级上工作，并对 CTCN 给予指导。最终的谈判结果更接近美国的方案，即二者只有软性联系，没有隶属关系。[①]

2011 年"德班平台"的建立将发达国家和发展中国家纳入了统一的全球减排框架，实现了欧盟自美国退出《京都议定书》以来的愿望，但这并没有为所有国家建立统一和具体的约束性减排指标。《巴黎协定》的达成最终将中国倡导的、以国家自主减排为基础、自下而上的减排制度变成法律文件，中方的多项制度倡议也得到体现。比如文件的最后形式可以是"协定 + 决定"，以兼顾约束力和灵活性，将对减排力度的逐一审评调整为整体盘点，强调发达国家 2020 年后资金支持的时间表和路线图，以及《巴黎协定》只是强化而非替代《联合国气候变化框架公约》，[②] 从而维护了"共同但有区别责任原则"的地位。《巴黎协定》作为各方都能接受的最大公约数，充分体现了中国强调的发展原则，实际是将丰富的国内发展经验转化成为国际公共产品，是中国"国家 – 发展型"减排制度促进全球气候治理朝包容、普惠和高效方向转型的体现，使其能够更好地维护发展中国家的发展利益。

[①] 王克、邹骥、崔学勤、刘俊伶：《国际气候谈判技术转让议题进展评述》，《国际展望》2013 年第 4 期，第 18～20 页。

[②] 周锐：《巴黎气候大会受阻四大分歧　解振华给出中国方案》，中国新闻网，http://www.chinanews.com/gn/2015/12 – 03/7655047.shtml，登录时间：2018 年 11 月 8 日。

第四节　中国与发达国家气候合作和低碳经济 投资：基于欧洲的分析

中国国内低碳经济的高速发展提升了中国在全球低碳经济格局中的地位，提高了全球气候治理的效率，也体现了中国作为最大发展中国家自觉履行减排责任的形象，提升了全球气候治理在发达国家和发展中国家之间的包容性。同时，中国以发展为导向的对外气候政策主张的影响力也在提升，使得全球气候治理的制度设计能够更加符合发展中国家利益，提升了全球气候治理的普惠性，二者共同促进了全球气候治理转型。与此相应，中国对发达国家的低碳经济投资同样促进了全球气候治理转型，这主要体现在中欧之间长期的气候合作关系。因为欧盟是最为激进的气候治理倡导者，其成员国也在低碳产业和低碳科技方面全球领先，但也造成了中欧在全球气候谈判中的诸多矛盾，所以对于中欧气候合作的检验能够体现出中国作为发展中国家对于全球气候治理转型的作用。总体来看，美国退出《巴黎协定》后，中国进一步加强了与欧盟的气候合作。同时，在欧洲国家因为金融危机对低碳产业投资不足的背景下，中国加大了对其低碳企业的并购和产业投资，保持了全球低碳经济市场的持续增长，巩固了全球减排的物质基础。

中国与欧盟的气候合作始于2005年发表的《中欧气候变化联合宣言》，2010年的《中欧气候变化对话与合作联合声明》宣布建立中欧气候变化部长级对话与合作机制，标志双方气候合作进入机制化阶段。2013年的《中欧合作2020战略规划》指出，中欧要"合作建立绿色低碳发展的战略政策框架，以积极应对全球气候变化，改善环境质量和促进绿色产业合作。通过开展中欧碳排放交易能力建设合作项目，推动中国碳排放交易市场建设，运用市场机制应对气候变化"。[①] 至此，气候合作上升到中欧关系战略层面。2018年7月，中欧发布《中欧领导人气候变化和清洁能源联合声明》，宣示不仅将在《联合国气候变化框架公约》下加强合作，尽早落实《巴黎协定》各项承诺，而且将重点在

---

① 《第十六次中国欧盟领导人会晤发表〈中欧合作2020战略规划〉》，《人民日报》2013年11月24日，第3版。

长期温室气体低排放发展战略、碳排放交易、能源效率、清洁能源、低排放交通、低碳城市合作、应对气候变化相关技术合作、气候和清洁能源项目投资、与其他发展中国家开展合作等多个方面扩展和深化双边气候合作成果。[①] 这一文件的发表体现出中欧在美国退出《巴黎协定》后捍卫全球气候治理成果的政治决心与合作路径。

中欧气候合作的特点之一是双方分别作为最大发展中国家和奉行最激进气候政策国家集团的属性。从发展阶段考察，中国正处于工业化和城镇化的高速发展时期，而欧洲主要国家则已经进入后工业化时期，双方对于应对气候变化需求的不对称性十分明显，这在双方减排目标以及可再生能源发展的目标差异中可以得到充分体现，由此也导致中欧在 2009 年的哥本哈根气候大会上产生较大分歧。但是，中国并未因此放弃与欧盟的气候合作，而是将双方气候合作的重心由联合国气候谈判转移到双边合作的多个领域，包括高校、科研院所和企业联合开发低碳技术、共同开发低碳经济市场、社会组织合作扩大气候治理宣传等。比如2010 年在清华大学成立了中欧清洁能源研究中心。2012 年，中国和欧盟依托华中科技大学煤燃烧国家重点实验室成立了中欧清洁与可再生能源学院，这是继中欧国际工商学院和中欧法学院后中欧合作成立的第三个合作办学机构，欧方合作机构为法国巴黎高科技工程师学校集团。这一强强联合的国际科研机构旨在为清洁能源领域培养高素质人才，搭建中国和欧洲的专家、学者以及研究机构长期深度合作的平台。研究院成立以来已经接待数百位欧方学者，大大推动了中欧在清洁剂可再生能源领域的科技合作，成为中欧教育科研合作的典范。[②] 欧盟是可再生能源和清洁能源科技研发的全球领先者，而以技术革新为先导的低碳产业发展始终是全球气候治理的治本之策，也是中国自身应对气候变化和引领全球气候治理急需的资源。因此，虽然中国与欧盟在全球气候谈判层面存在分歧，但并未拘泥于此，而是本着求同存异的原则与欧盟积极开展双边低碳科技合作，希望以此夯实在发展低碳经济领域的技术基础。值得注意的是，中欧低碳技术合作的形式不仅在于企业层面的应有技术研发，也同样重视高校和科研机构在原始技术上的

---

①　《中欧领导人气候变化和清洁能源联合声明》，2018 年 7 月 16 日，《人民日报》2018 年 7 月 17日，第 8 版。

②　华中科技大学煤燃烧国家重点实验室网站，http：//sklcc. hust. edu. cn/yjjd/zoqjykzsnyxy. htm，登录时间：2018 年 11 月 8 日。

创新和知识产权的共享，这为发展中国家通过与发达国家合作提升低碳核心技术实力开拓了可资借鉴的路径。

此外，中国还在经济危机背景下加强了对欧洲低碳产业的投资，以此巩固了全球低碳产业在逆全球化背景下对于全球气候治理的基础性地位，提升了全球气候治理的效率。全球低碳产业是全球气候治理的物质基础，所有全球性的减排协定或者公约最后都要落实到各国低碳产业的实质性发展中，也就是全球气候治理的"落地"。虽然特朗普政府退出了《巴黎协定》，但低碳经济已经成为新一轮产业革命的主要内容。其中，欧盟是发展低碳经济最为积极的角色，是全球低碳经济的支柱之一。但是，全球金融危机和欧洲债务危机导致欧盟及其成员国在低碳经济投资领域陷入困境。《全球可再生能源投资趋势2018》显示，欧洲的低碳经济投资在2011年达到最高点1284亿美元后一路下降，2017年投资仅为409亿美元，相较2016年的641亿美元下降约36%，从2004年到2017年欧洲可再生能源投资年均增长4%（见图3-6）。在国别层面，2017年欧洲国家的可再生能源投资出现比较明显的分化，英法德意欧洲四大国投资下降明显，或者增长乏力，相较于2016年，2017年德国的可再生能源投资下降35%，英国下降65%，法国下降14%，意大利也仅增长1%，另外挪威下降25%，但是希腊增长287%，瑞典增长127%，荷兰增长52%，爱尔兰增长1%。[1] 尽管欧洲国家可再生能源投资下降的原因有研发和生产成本的下降，但不能否认金融危机和债务危机对长期投资的制约作用。《全球可再生能源投资趋势2018》数据显示，2017年欧洲可再生能源投资的分类中，公司和政府研发投入、风险投资和私募股权投资都与2016年持平，下降的类别是公开市场（-55%）、小规模分布式能源投资（-11%）和资产融资（-38%）。[2] 据国际能源署资料，全球范围内化石能源获得的补贴超出可再生能源的5倍。而欧债危机后，欧洲逐渐降低可再生能源消费补贴力度，特别是西班牙、意大利等可再生能源大国的债务状况，导致产业发展严重受阻。美国花旗集团测算，到2020年，欧洲为了达到20%的电力来自可再生能源的目标，对该产业的投资将至少高达9000亿欧元。而为完成减排目标，未

---

① UNEP, *Global Trends in Renewable Energy 2018*, Frankfurt: Frankfurt School of Finance & Management gGmbH 2018, pp. 14, 25.

② UNEP, *Global Trends in Renewable Energy 2018*, Frankfurt: Frankfurt School of Finance & Management gGmbH 2018, p. 25.

来 40 年里，欧盟平均每年仍需增加 2700 亿欧元的投资，这相当于欧盟成员国 CDP 的 1.5%，显然，欧债危机的蔓延很难让这笔巨大的绿色投资兑现。①

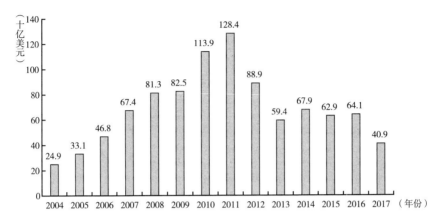

图 3 − 6 欧盟可再生能源投资趋势（2004 ~ 2017 年）

资料来源：UNEP, *Global Trends in Renewable Energy 2018*, Frankfurt：Frankfurt School of Finance &Management gGmbH 2018, p. 15。

可见，作为最为积极的应对气候变化主体，欧洲的低碳经济发展已经受制于投资不足的短板，而气候变化的负外部性特征之一则是，不同地区的温室气体减排不能由其他地区完成，② 因此其他国家特别是新兴经济体国内的大规模低碳经济投资无法削减欧洲的温室气体排放，所以欧洲可再生能源目标的实现在一定程度上必须依赖外部资本的进入，而这正是中国对外低碳经济投资的作用之一。

根据能源经济与金融分析研究所（IEEFA）2018 年的评估报告，中国 2017 年清洁能源海外投资的规模达到创纪录的 440 亿美元，相较于 2016 年的 320 亿美元增长了 37.5%，较于 2015 年的 200 亿美元增长了 110%。如此迅速增长的低碳经济对外投资规模既得益于"一带一路"倡议绿色原则的引领（中国企业对于共建"一带一路"国家，尤其是发展中国家的低碳经济投资的内容将在第四章第二节和第三节中详细论述），又得益于中国企业对发达国家在金融危机中低碳市场的投资机遇，以及发展中国家经济向低碳发展转型机遇的把握，二者共

① 宋铁军：《2008 ~ 2017 影响能源业的世界政经格局》，《能源》2017 年第 3 期，第 17 ~ 18 页。
② Bradly J. Condon and Tapen Sinha, *The Role of Climate Change in Global Economic Governance*, Oxford：Oxford University Press, 2013, p. 159.

同推动中国在低碳经济领域的对外投资覆盖全球。

从整体上看，中国低碳企业在发达国家的市场份额和投资规模已经相当庞大，这成为中国低碳经济对外投资的一个鲜明特点。比如从 2010 年到 2017 年，获得中国可再生能源投资最多的国家是德国（36 亿美元），其次是澳大利亚（25亿美元）、英国（20 亿美元）和希腊（16 亿美元）。在太阳能领域，按产品质量、出货量和在美国市场份额计算，2017 年全球居前十位太阳能企业中，中国占到七家（未统计港澳台），包括持续位居第一和第二位的天合光能和晶澳太阳能。中国的晶科能源控股有限公司的太阳能产品的市场份额已经位居欧洲市场的第一位、日本市场的第二位、印度市场的第三位、美国市场的第四位。2017 年12 月，中国和澳大利亚合资的可再生能源企业茂能宣布签下了澳大利亚有史以来最大的太阳能收购协议，一项达到 300 兆瓦的太阳能项目，以替代即将于2022 年关闭的利德尔（Liddell）的一个火电厂。上海电气集团股份有限公司与中国能源投资公司联合建立了名为 NICE 光伏研究的风险投资研发机构，旨在发展薄膜太阳能技术中的太阳能薄膜电池技术。上海电气于 2017 年以 2.63 亿欧元的价格从德国 Manz AG 公司购买了太阳能薄膜电池生产设备，旨在 2019 年建成44 兆瓦（R&D）/300 兆瓦商用生产线。同时，上海电气还以 5000 万欧元的价格购买了 Manz AG 的研发部门，并将其纳入 NICE 光伏研发。上海电气还将评估太阳能薄膜技术的整个产业链价值，包括生产和电力销售环节，以使该技术拥有更广阔的应用前景，包括融入航空等交通领域。中国国投集团收购新加坡 Equis 能源 10%～20% 的股份也包括获得中国发展低碳经济急需的专业技术。这反映了中国政府希望中国能源企业提升在可再生能源领域技术能力的愿望。[1]

中国的风能投资比太阳能投资更加集中在欧洲国家。从 2011 年到 2017 年，欧盟和澳大利亚是中国投资风能最多的地区和国家，分别达到 68 亿美元和 51 亿美元（2016～2017 年中国主要的对欧洲国家风能项目投资见表 3-2）。在 2017年上半年，全球最大的三起风能并购案全部来自中国，分别是中国三峡集团公司的 33 亿美元和中国神华集团的 33 亿美元，以及中国国家电力投资公司的 27 亿

[1] IEEFA, *China 2017 Review: World's Second-Biggest Economy Continues to Drive Global Trends in Energy Investment*, http://ieefa.org/wp-content/uploads/2018/01/China-Review-2017.pdf, pp.13, 16, 18-19, 登录时间：2018 年 11 月 11 日。

美元。2018 年，金风集团在全球风电使用率和专业度最高的丹麦设立办公室，希望进一步开拓欧洲市场。中国风能企业大规模投资欧洲国家的主要原因是希望获得离岸风电的相关技术，这是目前中国风电发展的短板，同时扩大其风电涡轮机在国际市场的份额，而发达国家对风能投资的税收优惠政策也激励了中国企业的投资。根据能源经济与金融分析研究所预测，中国离岸风电的发展将在 2022 年超过目前全球领先的英国。①

表 3－2　中国对欧洲国家主要风能项目投资（2016～2017 年）

项目宣布日期	投资方	交易金额（百万美元）	标的	标的所在国
2017 年 12 月	华润集团	803	Dudgeon 风电场 30% 股权	英国
2017 年 11 月	中国能源投资公司	3490	希腊四个风电公园 75% 的股份	希腊
2017 年 10 月	中国投资有限责任公司	390	Equis 能源 10% 股权	新加坡
2017 年 6 月	中国三峡集团有限公司	283	葡萄牙 EDP 风电场 49% 股权	葡萄牙
2016 年 12 月	中国广核集团	430	全资收购 Gaelectric14 个风电场	爱尔兰
2016 年 10 月	中国三峡集团有限公司	340	EDP 波兰风电场 49% 股权	波兰
2016 年 10 月	中国三峡集团有限公司	100	EDP 意大利风电场 49% 股权	意大利
2016 年 6 月	中国三峡集团有限公司	1800	Blackstone's Meerwind 风电场 80% 股权	德国
2016 年 2 月	中国国家开发投资集团有限公司	260	全资收购 Beatrice 和 Inch Cape 离岸风电场	英国
2016 年 1 月	中国广核集团	未公布	全资收购 Brenig 离岸风电场	英国
总额		7896		

资料来源：IEEFA, *China Is Investing Heavily in European Wind*, http：//ieefa. org/wp－content/uploads/2018/08/China_ Research_ Brief_ August－2018. pdf, p. 6，登录时间：2018 年 11 月 11 日。

中国对发达国家的低碳经济投资产生了双重效应。第一，为发达国家的低碳产业发展补充了资金，提高了全球气候治理的效率。金融危机和债务危机的主要问题就是资金链断裂，导致投资不足，由此引发金融系统与实体经济的联系断

① IEEFA, *China Is Investing Heavily in European Wind*, http：//ieefa. org/wp－content/uploads/2018/08/China_ Research_ Brief_ August－2018. pdf, pp. 2－6，登录时间：2018 年 11 月 11 日。

裂，进而导致出现一系列经济、社会甚至重大政治危机，希腊就是典型案例。因为长期奉行高福利政策，经济产出赶不上福利支出，以致危机来临国家收入减少时无法偿还债务，只能遵从国际机构的要求进行财政紧缩，减少福利，进而引发民众不满，演变成社会动乱。在这种情况下，希腊政府对可再生能源这种长期回报的投资显然应该暂缓施行，但希腊 2017 年的可再生能源投资却比 2016 年增长了 287%，其中部分原因就是中国资本的进入，因为希腊是 2010~2017 年接受中国清洁能源投资第四多的国家。其他如葡萄牙、意大利这样在欧债危机中遭受较大冲击国家的低碳产业也都受益于中国公司的投资。这使得欧盟作为积极应对气候变化的主体能够维持成员国低碳经济较为平衡的发展水平，巩固了全球气候治理的物质基础，提高了治理效率。

第二，提升了中国作为新兴经济体在全球低碳产业价值链中的地位，提升了全球气候治理的普惠性。全球价值链作为一种全球治理理论具有竞争性特点，以此理论视角分析，发达国家扩展全球治理的目的是限制发展中国家利用权力提升在某一特定商品上的竞争力。① 因此，全球价值链是一个强制性和技术再分配的过程，目的是修复市场失灵、信用缺失以及公地悲剧等制度性问题，以促进治理的帕累托最优结果。② 其逻辑起点是价值链作为某项全球治理议题的物质基础，那么价值链中居于主导地位的企业就成为该全球治理议题的治理主体。比如全球网络安全的治理必须以全球互联网产业为物质基础，那么在这一产业掌握核心技术、规则制定权的网络企业就是治理的主体。这一理论与本研究将低碳产业作为全球气候治理的物质基础，进而决定全球气候治理的效率如出一辙。但是，全球价值链的治理理论也隐含着不平等性，因为居于价值链顶端的企业成为治理的主导者，价值链末端的企业就是被治理者，只能被动接受主导者制定的规则和技术，赚取微薄利润，其所属的国家也就相应处在全球治理的被治理地位，这是国际政治经济学中世界体系论"中心－外围"结构和依附论的逻辑延伸。但是，边缘国家通过改革和技术扩散可以逐渐进入中心地带，20 世纪六七十年代新兴

① 〔以色列〕雅库布·哈拉比：《全球治理扩展至第三世界：利他主义、现实主义还是建构主义》，钟晓辉译，载陈家刚主编《全球治理：概念与理论》，第 283~284 页。

② 参看 M. Barnett and R. Duvall（eds），*Power and Global Governance*，Cambridge：Cambridge University Press，2005；D. W. Drezner，*All Politics Is Global：Explaining International Regulatory Regimes*，Princeton：NJ：Princeton University Press，2007。

工业国的出现就已经在欠发达国家和地区与发达国家间形成了相互依存关系，而不再是二战结束初期的单向依存关系。① 全球气候治理和低碳经济的出现是全球产业发展的一次革命性事件，因为气候变化的影响深入人类生产生活的各个方面，已经存在的所有产业都会受其影响。所以围绕低碳产业的竞争是全新的，相较于之前的工业化进程，发展中国家在这次竞争中具备更加平等的机遇和地位。而根据当代世界低碳经济格局的分析，中国作为新兴经济体已经在这场竞争中占据主动，完全有可能进入低碳产业价值链的顶端，掌握全球气候治理的主动权。因为根据价值链理论，要谋求产业升级，尤其是突破价值链一般发展规律的产业升级，就要融入全球价值链中而不要太介意低端融入还是高端融入。首先要根据自身已有条件和价值链的治理模式，找到最合适的切入点或价值环节；其次，根据该价值链的驱动机制，确定价值链的增值路径，以此来安排发展战略，谋求产业升级；最后，关注和抓住该价值链中的突破性创新，获取价值链的跨越式发展。② 中国国内低碳经济发展和对外投资充分证明中国已经同时在高端和低端融入低碳产业的全球价值链，而且已经找准该价值链的驱动机制和增值路径，并且抓住突破性创新，向高端发展。比如上海电气购买了德国 Manz AG 的研发部门，探索太阳能薄膜技术的整个产业链价值创新。这种购买核心技术的投资行为在中国低碳经济的对外投资中日益增加，说明中国低碳企业正在从简单的设备投资向高端的研发投资迈进，希望通过资本并购的方式在更短时期内提升自己在低碳产业全球价值链中的治理地位。

中国与欧盟的气候合作和对欧洲国家低碳产业投资的实践证明，中国虽然在全球气候谈判层面反对发达国家单方面强行为发展中国家设定超出后者能力的减排目标，但并没有排斥与发达国家的气候合作，而是将合作重心从全球层面转移到双边层面。更重要的是，中国作为发展中国家与欧洲国家开展气候合作，并未延续传统的市场换技术路径，而是利用自己的资金优势增加向欧洲国家的低碳产

---

① 王正毅、张岩贵：《国际政治经济学——理论范式与现实经验研究》，第 517 页。

② 刘伟、张辉主编《全球治理：国际竞争与合作》，北京大学出版社，2017，第 9 页。关于全球治理与全球价值链关系的文献还可参看 Leonard Seabrooke and Duncan Wigan, "The Governance of Global Wealth Chains", *Review of International Political Economy*, Vol. 24, No. 1, pp. 1 – 29, 2017; J. C. Sharman, "Illicit Global Wealth Chains after the Financial Crisis: Micro-States and Unusual Suspect", *Review of International Political Economy*, Vol. 24, No. 1, pp. 30 – 35, 2017。

业投资和联合技术研发,希望获得核心技术。在此过程中,中国并未借口维护发展利益而排斥低碳经济,相反以非常主动的态度促进中欧低碳产业的融合。这既源于中国对于全球低碳经济发展趋势的认同,希望提升在全球低碳格局中的地位,也源于对于提升全球气候治理治理效率的关切,希望这一事关人类命运的重大集体行动不仅仅停留在谈判文本中,而是尽早落实到实质性的低碳产业发展中。换言之,中国气候政策采取了一种非常包容的态度,即不拘泥于全球气候谈判层面的分歧细节,而是重视全球气候治理的效果。只要是能够有效平衡减排与发展的关系,同时又能提升全球气候治理效率的手段,中国都报以包容的态度。这种务实风格助推中国在逆全球化下促进了全球气候治理转型。

小 结

全球低碳经济格局与国际格局高度重叠,充分反映了新兴经济体崛起的国际权力关系的深刻变化,说明全球气候治理是被嵌套进国际政治的宏观背景中的,也证明了用权力结构的视角观察全球气候治理的合理性。全球低碳经济格局是全球气候治理的物质基础,因此全球低碳经济格局转型是全球气候治理转型的根本动力。中国、印度和巴西既是改变国际格局的主要新兴经济体,也是迅速发展的低碳经济大国,与欧盟、美国和英国在全球低碳经济格局中形成了相互平衡的关系。强调低碳经济格局转型在全球气候治理转型中的作用,目的在于跳出《联合国气候变化框架公约》的单一视角,希望从人、社会与自然互动的宏观体系视角考察全球气候治理如何向包容、普惠和高效的方向转型。中国作为世界第二大经济体和最大的温室气体排放国,已经主动将生态文明理念作为深化改革的目标之一,将削减碳排放作为可持续发展的硬约束,在国内低碳经济发展中成绩斐然,并且对全球气候治理产生了明显的正外部性,比如通过大规模投资可再生能源产业,大幅度降低了全球可再生能源产业的成本,提高了可再生能源产品的普及率,使更多发展中国家能够享受到可再生能源产业发展带来的收益,同时拓宽了全世界可再生能源的发展前景,夯实了全球气候治理的产业基础,这是中国国内低碳经济发展外溢到国际社会,提升全球气候治理向包容、普惠和高效转型的典型表现。在国际层面,中国通过积极参与全球气候谈判将自身"国家 - 发展型"的国内减排制度植入全球气候治理的制度设计中,使其能够更好地体现服务于发展中国家的导向，增强了全球气候治理的普惠性。伴随与世界经济的联系日益紧密，中国的低碳经济对外投资也逐渐覆盖全球。中国的低碳资本弥补了发达国家特别是部分欧洲国家因为债务危机导致的低碳经济投资不足的短板，保持了欧洲作为全球减排先锋者的角色，巩固了全球减排的物质基础，同样起到了提升全球气候治理效率的作用。在此过程中形成的一大特点是，中国将应对气候变化放在国家和社会现代化进程的大格局中，不是就气候谈气候，而是利用应对气候变化带来的技术革新、观念变迁、投资扩大、贸易交往和人力资源培训等各种机遇，全方位促进整个社会向生态文明迈进，体现出真正的以应对气候变化促进发展，又以发展更好地应对气候变化的双向气候治理哲学。这不仅使中国在全球低碳经济格局中独树一帜，悄然改变着格局的形态，而且促进了全球气候治理朝着包容、普惠和高效的方向转型。

第四章
减缓与适应的平衡：区域治理格局中的中国与全球气候治理转型

全球治理格局的转型不仅体现在全球层面，也体现为区域治理格局的转型，具体到全球气候治理，就是以欧盟为最具代表性的区域性气候治理格局转型为全球各大区域气候治理的出现、共存和交流互鉴。中国在其中发挥的作用主要体现在提出"一带一路"倡议，并向气候脆弱型区域增加气候援助与合作，改变现有区域气候治理中重减缓轻适应的现象。虽然中国的气候援助与合作有些是通过双边形式进行的，但考虑到其对象集中在特定区域，所以仍然将其视为对区域气候治理格局转型发挥作用。"一带一路"倡议不仅涉及发展议题，更将发展与应对气候变化紧密结合，从顶层设计到具体实施都充分考虑合作带来的低碳经济收益。"一带一路"是中国发展到特定阶段自主对外开放的必然结果，有利于促进域内国家和地区共享发展经验与成果。因此，中国国内低碳发展的实践必然反映到"一带一路"的规划中。同时，全球气候治理包括减缓、适应、资金和技术四个轮子。对于自然环境表现出显著脆弱性的发展中区域而言，迫切需要的是尽快提升适应气候变化的能力。但也正因为适应气候变化需要的资金和技术都更为迫切，需要短期内兑现承诺，所以在全球气候谈判中适应议题相比于减缓议题始终处于弱势地位。发达国家和地区，特别是欧盟更热衷于设定中长期减缓目标，而不愿承担对气候脆弱型国家和区域更为现实的适应责任。因此，中国在区域层面促进全球气候治理转型的重要表现就是不断加强对气候脆弱型区域国家的气候援助责任，提升其适应气候变化的能力，其中最为典型的就是撒哈拉以南非洲和南太平洋岛国。同时，中国政府于2018年初发布的第一份《中国的北极政策白皮书》表明，中国虽然是非北极国家，但已经决心全面参与北极这块在气候变化中最为脆弱的人类共有之地的治理。本章将结合全球治理与区域治理互补性的理论框架，首先分析中国在丝路经济带中的气候治理实践，然后论及中国在撒哈拉以南非洲、太平洋岛国和北极这三个区域已经展开的气候适应行动，最后进一步提出政策建议。

第一节　全球治理与区域治理的互补性逻辑

全球治理与区域治理的关系基于全球化与区域化的关系，这首先表现在区域化是全球化的起点，也是全球化发展的动力，[①] 塑造了世界秩序。[②] 全球化的起点充满争议，最早可以上溯到哥伦布发现新大陆，因为新航路的开辟将世界连接成一个整体。但是，现代意义上的全球化概念必须基于以下重要标准，一是人类的联系必须真正覆盖全球，二是人类之间的交往必须是自由且普及的，三是世界市场的出现，四是全球行为体的出现，五是全球观念的出现。依此标准，首先，哥伦布开辟新航路只是初步探索了欧洲以外的世界，远没有开辟出全世界所有的未知之地，因此并未覆盖全球。其次，由于当时交通和通信工具的落后，建立起联系的欧洲和北美也无法自由通行与交流。另外，世界远没有建立起以跨国公司为载体的世界市场，而人们的观念仍然是地区的，而非全球的。因此，真正现代意义上的全球化还是始于 20 世纪 60 年代，彼时由于新科技革命的出现带来了现代交通和通信技术的普及，普通人，至少是发达国家的普通民众可以彼此自由往来和交流。跨国公司的大量出现巩固了世界市场的联系，人们的观念也超越自己的祖国和区域，开始关注人类命运的终极问题，比如对工业化造成的环境污染的关注催生了罗马俱乐部的诞生。然而，当代世界最为成功的区域化进程在 20 世纪 50 年代的欧洲就已经开始。1951 年 4 月 18 日，法国、联邦德国、意大利、荷兰、比利时、卢森堡签署《巴黎条约》，成立煤钢共同体。条约规定：建立一个

---

① Rick Fawn, "'Regions' and Their Study: Where from, What for and Where to", in Rick Fawn (ed.), *Globalizing the Regional Regionalizing the Global*, Cambridge: Cambridge University Press, 2009, p. 5.

② Hettne Bjorn, "Beyond the 'New' Regionalism", *New Political Economy*, Vol. 10, No. 4, 2005, pp. 543 – 571.

最高权力机构、一个共同大会、一个特别部长理事会、一个法院和一个审计院，这也是后来欧盟三驾马车的雏形。其中最高权力机构是执行机构，由9名成员组成，任期6年，集体决策，独立于各自政府，其决策各成员国都要贯彻落实，如有异议可向欧洲法院提起诉讼。最高权力机构拥有广泛权力，其决议对成员国企业和国民有直接效力（罚款、各种惩罚）。成员国或个人与最高权力机构之间的分歧可交由欧洲法院裁决，其决定对所有成员国均有效。由于拥有"自有资源"（直接来自煤炭和冶金业的税收），煤钢共同体具有独立于成员国之外的财政来源，增强了其独立性。1955年6月的意大利墨西拿会议上，煤钢共同体六国代表决定深化经济一体化，开展能源、交通一体化建设，建立共同市场，最终成果是1957年3月25日签署、1958年1月1日生效的《罗马条约》，建立欧洲经济共同体和欧洲原子能共同体。该条约前言明确指出，建立欧洲经济共同体不仅是加强经济统一，而且要"在欧洲人民中实现一个日益紧密的联盟"。[①] 《罗马条约》实现了六国关税同盟，比自贸区更进一步，即不仅取消成员国间关税壁垒，而且制定对第三国共同关税。在过渡阶段，六国建立了一个涉及工业产品和农产品的共同市场，同时对服务、资本、支付以及人员自由流动作了规定，还规定了创办企业的自由。欧洲经济共同体继承了《巴黎条约》三驾马车的形式，建立了委员会、部长理事会和欧洲议会。委员会是共同体利益捍卫者和执行者，是共同体的行政机构。成员国利益由成员国代表组成的部长理事会负责，履行立法和行政职能，采用大多数议案多数通过的表决机制。公民利益由欧洲议会负责，法院负责司法解释和裁决。

欧洲一体化早于20世纪60年代开始的全球化的重要原因是二战带来的安全记忆，因为欧洲一体化的重要动力是安全合作。[②] 在避免大战再次发生的共同利益驱使下，法德才将具有战略意义的煤钢产业合营。换言之，区域化的动力并非只是经济，也包括安全。尽管欧洲一体化的安全合作始终没有较高程度的制度性成果，但以安全起步的历史仍然使之早于现代化意义上的全球化。以安全合作为起点，欧洲一体化的最大示范意义在于其完善的制度建设，这种制度性的区域联

① Treaty Establishing the European Economic Community, https://eur-lex.europa.eu/legal-content/EN/TXT/? uri=LEGISSUM: xy0023，登录时间：2018年11月21日。
② 邢瑞磊：《比较地区主义：概念与理论演化》，中国政法大学出版社，2014，第190页。

合实践为世界其他地区，乃至全球范围内不同国家间的合作提供了样本，比如1967年东南亚国家联盟的成立就是新兴工业国联合图强的典型案例。在这种区域化扩散的背景下，区域内国家增强了发展动力和国家实力，而作为区域共同体的一员，也使成员国尤其是实力较弱的成员国更有积极参与世界市场的安全感。其结果就是，区域化并没有使域内成员封闭，而是更加开放，而且开放的方式由单一国家变成了单一国家和共同体的双层模式。所以区域化不仅先于全球化，而且成为全球化的动力。

反之，区域化是全球化深入发展的必然结果，因为面对复杂的全球性挑战，任何国家都无法单独应对，而首先寻求的合作伙伴往往是周边区域的国家，这体现出全球治理对区域秩序和区域机制建设的影响，① 东亚外汇储备库建设表现出的明显"危机驱动"的特征就是典型例子。② 1997年亚洲金融危机源于一些国家外汇储备不足，在面对国际热钱和金融大鳄的冲击时无法及时救市导致本币贬值，进而产生连锁反应。虽然IMF等国际机构可以提供贷款，但必须附加政治条件。在此背景下东亚国家开始寻求金融合作，2000年5月在泰国清迈达成协议，建立外汇储备基金，并在2009年发展成为东盟十国加中日韩的东亚外汇储备库。目的是在出现金融危机时可以有东亚自己的储备工具帮助相关国家稳定金融市场，避免危机恶化和扩散。另一个值得思考的例子是冷战结束后欧盟的诞生。1991年12月25日苏联解体，1992年2月7日《马斯特里赫特条约》签订，1993年1月1日正式生效，欧盟诞生。冷战结束和欧盟诞生时间如此接近并非历史的巧合，而是国际政治发展内在规律作用的结果。苏联解体是20世纪最为重大的国际政治事件之一，原因之一就是苏联没有能有效应对全球化发展带来的国际国内环境变化，而苏联解体又改变了欧洲东部的地缘结构，给以西欧为主体的欧洲共同体带来新的机遇与挑战。在此背景下，"汇集西欧12个最主要国家的欧洲共同体比任何其他欧洲组织都更能代表欧洲渴望统一、繁荣与稳定的愿望。……一体化进程之所

① Etel Solingen and Joshua Malnight, "Globalization, Domestic Politics, and Regionalism", in Tanja a. Börzel and Thomas Risse (eds.), *The Oxford Handbook of Comparative Regionalism*, Oxford: Oxford University Press, 2016, p.77.

② 何泽荣、严青、陈奉先：《东亚外汇储备库：参与动力与成本收益的实证考察》，《世界经济研究》2014年第2期，第7页。

以能够加速进展，除去共同体自身的活力外，在某种程度上与东方的地缘政治突变也不无关系"。① 这种突变就是苏联解体、东欧剧变后德国统一带来的欧洲重大地缘政治变化。

区域化和全球化并行不悖，虽然在形式上矛盾，但彼此共生。只要有全球化就会存在区域化，而区域化间的竞争又会促进全球化。这种相辅相成的关系为全球治理和区域治理的互动提供了基本框架，逆全球化下的全球治理依然可行，也正是因为区域治理和全球治理也形成了这种共生关系，尽管全球治理暂时遇到困境，但区域治理能够承担起部分全球治理的职能，使其目标依然能够被分解到各个区域内实现。这种关系首先体现在全球性问题的肇始往往是区域性问题，由某一区域内的问题外溢到全球层面，比如非典病毒的全球传播、1997 年始于泰国的金融危机、2008 年始于北美的全球性金融危机等。既然根源在于区域，那么最终治理的途径也必须回到区域。气候变化看似是突然出现的全球性问题，不是从某个区域外溢，但其根本原因还是始于工业革命时期发达国家温室气体排放在大气中的沉淀，具体来看就是欧洲工业化进程的结果。英国作为最早享受工业化成果的国家，一方面进入全球权力的中心，另一方面也付出了惨重的环境污染代价。当工业化遍及整个欧洲时，既带来了至今仍然影响世界的以欧洲为中心的国际政治格局，也使欧洲成为世界资源环境最为过度消费的区域，因此环境问题已经进入欧盟高层政治的领域，是必须采取行动的问题。② 即使在金融危机中，欧洲民众也认为经济不是他们面临的唯一挑战，气候变化导致的危机同样严峻。③ 所以，气候变化的缘起在于欧洲这一人类最早进入工业时代的区域，然后伴随工业化进程的全球扩展逐渐覆盖整个地球，这也是欧盟始终是区域气候治理，乃至整个区域环境治理最为成熟区域的原因。

正因为全球性问题源于区域问题的外溢，所以全球治理从宏观层面为应对全球性挑战进行顶层设计，但问题的最终解决还是需要区域治理，特别是关键

---

① 〔法〕法布里斯·拉哈：《欧洲一体化史：1945～2004》，彭姝祎、陈志瑞译，中国社会科学出版社，2005，第 97～98 页。

② Henrik Selin and Stacy D. VanDeveer, *European Union and Environmental Governance*, New York: Routledge, 2015, pp. 6 – 7.

③ 傅聪：《欧盟气候变化治理模式严峻：实践、转型与影响》，中国人民大学出版社，2013，第 17 页。

区域治理的有效补充，全球治理和区域治理由此形成了互补关系。① 比如北美虽然国家数量和人口数量都少，但美国单独的温室气体排放就是世界第二，加拿大和墨西哥的排放也位居全球前列，因此美国退出《巴黎协定》对其目标落实是重大打击。亚洲人口密集，发展高速，特别是汽车、能源等高排放行业集中，是全球主要温室气体排放区域，集中了诸多排放大国，如果没有亚洲国家的实质性减排，《巴黎协定》的全球目标也很难完成。相反，如果这些主要排放区域能够整合区内资源实现减排的合力，那么又将提升全球气候治理的效率，因为全球前十大排放国的排放量占到全球总排放的3/4。从理论上看，行为体数目的增加至少从三个方面增加了合作的困难。一是减少了辨识和实现共同利益的机会，二是自动背叛的可能性和辨别与控制问题的可能性也会增加，三是制裁背叛者的可行性会下降。当这些问题会阻碍全球层次的合作时，可以通过差别对待战略鼓励双边合作，因为在行为体间加以分解的技巧有时改善了合作的前景。② 所以区域气候治理实际上是将参与者过多的全球气候治理进行了分解，在各个区域内形成集中化的气候治理模式，在小范围内降低了合作减排中协调的难度。在此过程中，区内关键国家的领导作用极其重要。因为全球减排协调困难的原因之一就是领导者过多，彼此利益矛盾难以妥协。区域气候治理不仅减少了参与者数量，而且减少了领导者数量。即使仍然保持两到三个领导者，相对于全球领导权的协调困境，区域共有观念和已有机制的约束性作用也相对容易促进其合作，比如法德和解之于欧洲一体化的意义。在只有一个领导者的情况下，该国在减排方面的决心和行动力就更是其所在区域治理的关键。

区域治理对全球治理的有效补充还表现在全球治理的一些重要价值观念和规范源于区域治理，一些重要的区域治理角色还能在关键时刻克服全球治理的困难。比如，欧洲作为人类最早进入现代化的区域，更看重环境保护、社会福利等社会性价值，并在其后现代的发展实践中普遍实施，积累了丰富经验并扩散到全球。许多全球环境治理的最初价值规范就来源于欧洲，比如罗马俱乐部的发起者

① Louise Fawcett, "Exploring Regional Domains: A Comparative History of Regionalism", *International Affairs*, Vol. 80, No. 3, 2004, p. 431.

② 〔美〕肯尼斯·奥耶：《无政府状态下的合作》，田野、辛平译，上海人民出版社，2010，第18页。

就是意大利著名企业家、学者奥莱里欧·佩切依（Aurelio Peccei）和英国环境学家亚历山大·金（Alexander King），俱乐部于 1972 年发表的报告《增长的极限》被认为是全球环境治理的先驱之作，而全球治理概念的提出者则是联邦德国前总理勃兰特，低碳经济的概念则由英国提出。因此不能否认的是，如果没有欧洲区域气候治理的实践，全球气候治理可能都不会进入国际政治的视野，更无法成为当代世界最为重要的治理议题之一。也正因为如此，全球气候治理成为展现欧盟软权力的良好平台，[①] 只是这些理念在实践中需要考虑国别特殊性。这虽然在制度上反映了欧盟作为统一对外行为体的能力缺失，但也体现出欧盟在价值引领方面对全球治理的作用，非常值得中国借鉴。此外，欧盟内部的碳交易体系（ETS）也是世界上最为成功的区域性碳交易制度设计，其总量控制、分国别制定目标、分阶段逐步实施、行政协调与市场机制结合的减排制度就是"共同但有区别的责任"原则在欧盟各成员国间的实践，为其他区域和国家建立碳交易市场提供了有益经验。这种制度示范效应同样也是欧盟气候软权力在全球气候治理层面的施展。欧盟作为区域气候治理角色对全球气候治理的作用不仅体现在规范倡议层面，其还在关键时刻拯救了全球气候治理体系。因为 1997 年《京都议定书》签署后迟迟没有生效，直到 2001 年美国布什政府退出，由此无法达到其生效要求的全球温室气体排放 55% 的国家批准的要求。最后是欧盟许以俄罗斯加入世界贸易组织的承诺换取俄罗斯批准，才使《京都议定书》于 2005 年正式生效。[②]

　　虽然欧盟作为最为成功的区域治理机制，在区域气候治理领域为全球气候治理做出了贡献，但是其最大弊端是欧洲中心主义，一方面将自己激进的减排标准强行输出到国际社会，要求发展中国家承担超出它们能力的减排责任，忽视了发展中国家在气候治理中的发展权利。另一方面，欧盟这种发达国家联合体的区域气候治理模式也很难在发展中国家集中的区域复制推广，所以降低了全球气候治理的包容性与普惠性。这就需要有发展中大国引领建设适合发展中国家的区域气候治理，让气候治理的区域平台能够成为中小发展中国家表达利益、维护利益的保障，以此提升全球气候治理的包容性与普惠性。

---

① Henrik Selin and Stacy D. VanDeveer, *European Union and Environmental Governance*, p. 152.
② 陈刚：《〈京都议定书〉与国际气候合作》，新华出版社，2008，第 117 页。

　　因为不同国家规模和发展水平的差异，弱小国家往往难以在全球治理层面充分表达立场，即使表达也容易被忽略。而区域治理则为这些国家提供了自由表达的平台，能够更好地满足其国家利益。所以，由国家、区域和全球层次组成的多层治理体系不仅可以提升全球治理的效率，更能促进不同区间的力量平衡，牵制霸权国和强势区域在全球治理中的单边主义行为。① 多层治理理论最初在欧盟研究中提出，② 旨在解释一种不同层次的主体共同分享治权的新型区域治理模式。在这种模式中，欧盟成员国的地方政府能够获得参与欧洲一体化进程和欧盟治理的权力，并直接分享欧盟共同政策的成果。这也是英国苏格兰地区威胁英国如果脱欧苏格兰就公投脱离英国的原因之一，尽管最后难以实现，但反映出苏格兰作为地方政府在欧盟内的获益。将欧盟的多层治理扩展至全球，就形成了国家、区域和全球层面彼此紧密联系的更大范围的多层治理体系。这个体系相对于欧盟而言的一大困境是国家类型更加多样，不像欧盟成员国那样在发展程度上差异较小，而是差异巨大。仅从经济角度看，经合组织（OECD）国家 2017 年的人均国民总收入为 37273.04 美元，而同年最不发达国家（LDC）群体的人均国民总收入仅为 990.102 美元。③ 如果从综合国力考察，发达国家和最不发达国家的差距更大。所以区域治理对于全球治理的价值之一就是能够让弱小国家首先参与自己所在区域的治理，在小范围内实现自己的利益，然后以区域为平台参与全

① José Antonio Ocampo, "Global Economic and Social Governance and the United Nations System", in José Antonio Ocampo (ed.), *Global Governance and Development*, Oxford: Oxford University Press, 2016, p. 11.
② 相关文献可参看 Liesbet Hooghe, "Sub-national Mobilization in the European Union", *West European Politics*, Vol. 18, No. 3, 1995, pp. 175 – 198; Liesbet Hooghe (ed.), *Cohesion Policy and European Integration: Building Multi-level Governance*, Oxford: Clarendon Press, 1996; Gary Marks, Liesbet Hooghe and Kermit Blank, "European Integration from the 1980s: State-Centric v. Multi-level Governance", *Journal of Common Market Studies*, Vol. 34, No. 3, 1996, pp. 343 – 346; Liesbet Hoogheand and Gary Marks, *Multi-level Governance and European Integration*, Lanham, MD: Rowman & Littlefield, 2001; Gary Marks and Liesbet Hooghe, "Unravelling the Central State, But How? Types of Multi-level Governance", *American Political Science Review*, Vol. 97, No. 2, 2003, pp. 233 – 243; Tanja E. Aalberts, "The Future of Sovereignty in Multilevel Governance Europe-A Constructivist Reading", *Journal of Common Market Studies*, Vol. 42, No. 1, 2004, pp. 23 – 46.
③ World Bank Data, OECD GNI per capital, https://data.worldbank.org/indicator/NY.GNP.PCAP.CD? locations = OE&view = chart, LDC, GNI per capital, https://data.worldbank.org/indicator/NY.GNP.PCAP.CD? locations = XL&view = chart，登录时间：2018年11月24日。

球治理，提升在全球事务中的地位，这实际是区域性多层治理的民主化①向全球性多层治理民主化的转型，最终体现的是国际关系民主化进程，即反对霸权主义，尊重弱小国家权利，提升它们在国际关系中的话语权。中国国家主席习近平在和平共处五项原则发布六十周年纪念大会上的讲话中指出："我们应该共同推动国际关系民主化。世界的命运必须由各国人民共同掌握，世界上的事情应该由各国政府和人民共同商量来办。垄断国际事务的想法是落后于时代的，垄断国际事务的行动也肯定是不能成功的。"② 全球治理是当代国际关系的重要组成部分，同样必须体现民主化原则。首先要支持和帮助弱小国家参与全球治理，然后让全球治理的成果切实惠及它们，以此体现全球治理转型的包容性和普惠性。

区域治理与全球治理的关系还体现在前者为后者提供了不同文明视角下的治理模式。区域是文明的载体，文明是区域的灵魂，特定区域内的治理实践都是该区域文明进程的政策和制度结果。全球治理面对的是全人类的挑战，任何单一模式的应对政策都会显得力不从心。但也正因为是应对全人类的挑战，所以全球治理有充分的机会从人类不同区域的治理实践中汲取智慧，不断丰富自己的治理手段。这就不难理解为什么有区域研究者认为"需要超越对国际秩序的物质的和地理的理解，而发展为一种更加严肃的文化地理的理解，其发生、群体和文化构成了国际秩序的持续、复兴和重建"。③ 这就需要我们从不同区域，特别是新兴经济体的区域合作中发现不同于西方文明的观念和价值，以及对全球治理的不同理解。④ 这种区域治理中包含的文明元素，是区域治理向全球治理扩散价值观念的基础，正如欧洲后现代文明为全球治理贡献了许多环境治理的规范一样，具有悠久文明史和文明多样性的其他区域同样可以做出此贡献，其中亚洲集中了中国、印度等文明古国，其包含的古代区域治理哲学中的智慧可以为今人所

---

① 关于区域治理在多层治理中如何体现民主化的分析可参看 Liesbet Hooghe and Gary Marks, *Community, Scale, and Regional Governance*, Oxford: Oxford University Press, 2016, p. 160。

② 习近平：《弘扬和平共处五项原则　建设合作共赢美好世界——在和平共处五项原则发表 60 周年纪念大会上的讲话》，《人民日报》2014 年 6 月 29 日，第 2 版。

③ Balakrishnan Rajagopal, "Right to Development and Global Governance: Old and New Challenges Twenty-Five Years on", *Human Rights Quarterly*, Vol. 35, No. 4, 2013, p. 898.

④ Anna Triandafyllidou (ed), *Global Governance from Regional Perspectives: A Critical View*, Oxford: Oxford University Press, 2017, p. 16.

借鉴，与现代区域治理科学结合，促进包括气候治理在内的当代亚洲区域治理的发展。

最后，区域治理是大国外交的重要内容。作为美国前国家安全事务助理，布热津斯基（Zbigniew Brzezinski）的代表性著作《大棋局》就是反映美国区域外交的经典作品。其对欧亚大陆战略竞争的分析，充分体现了一位美国战略家如何将特定区域作为美国外交物质基础的深入思考。美国前总统奥巴马的重返亚太战略和现任总统特朗普的印太战略则是美国区域外交的最新发展，① 说明两任美国总统都将亚洲作为美国外交的基础，也说明亚洲在美国外交中一以贯之的重要地位。而在全球治理中，像极地这一人迹罕至的区域因为属于人类共有遗产，同样成为大国外交的重要内容。而当北极地区因为气候变化冰盖融化表现出日益重大的战略价值时，更成为周边国家争相争夺的焦点。因此，由于大国外交具有鲜明的战略竞争色彩，所以当某一区域进入大国外交的视野时，反而会成为对该区域进行治理的障碍。中国是亚洲国家，亚洲区域问题的治理理应成为中国外交的题中之义。但中国奉行以邻为伴、与邻为善和睦邻、安邻、富邻的周边外交政策，践行"亲诚惠容"的周边外交理念，所以，"一带一路"倡议体现了千年积淀的"以和平合作、开放包容、互学互鉴、互利共赢为核心的丝路精神"。② 同样，作为非北极国家的中国发表关于北极政策的白皮书，是希望为优化北极治理贡献智慧。

总之，从理论上考察，全球治理和区域治理的关系互补性大于竞争性，二者共生共存，互为条件。这一理论框架为分析中国在亚洲、非洲、太平洋和北极展开的区域气候治理提供了分析工具。

第二节　中国在新丝绸之路经济带中的气候治理

根据中国国家发展和改革委员会、外交部、商务部联合发布的《推动共建

---

① White House, *National Security Strategy*, December, 2017, https：//www. whitehouse. gov/wp － content/uploads/2017/12/NSS － Final － 12 － 18 － 2017 － 0905 － 2. pdf, pp. 45 － 47，登录时间：2018 年 11 月 26 日。

② 习近平：《携手推进"一带一路"建设——在"一带一路"国际合作高峰论坛开幕式上的演讲》，《人民日报》2017 年 5 月 15 日，第 3 版。

丝绸之路经济带和 21 世纪海上丝绸之路的愿景与行动》，新丝绸之路经济带
（以下简称丝路经济带）覆盖范围包括中国经中亚、俄罗斯至欧洲（波罗的
海）；中国经中亚、西亚至波斯湾、地中海；中国至东南亚、南亚、印度洋三
条路线。[①] 该区域横跨欧亚大陆，覆盖广袤的能源资源密集区，同时发达工业
国与高速发展的新兴经济体并存，人口和大都市密集，汽车、能源、化工等
高排放行业聚集，所以集中了温室气体排放位居世界前列的国家，这从客观
上给丝路经济带倡议提出了低碳经济的挑战和机遇。"一带一路"倡议必须满
足中国国家发展整体规划的基本目标，其中之一便是使经济发展方式向绿色、
低碳方向转型。在这一目标引领下，2017 年 5 月，中国国家环境保护部、外
交部、发展和改革委员会、商务部联合发布了《关于推进绿色"一带一路"
建设的指导意见》，指出建设绿色"一带一路"的重要意义之一是"参与全
球环境治理、推动绿色发展理念的重要实践。绿色发展成为各国共同追求的
目标和全球治理的重要内容。推进绿色一带一路建设，是顺应和引领绿色、
低碳、循环发展国际潮流的必然选择，是增强经济持续健康发展动力的有效
途径"。[②] 这一意义的描述充分体现出"一带一路"倡议在环境治理领域与全球
环境治理的互补性，既是区域治理的重要实践，也是对全球环境治理的创新型贡
献，体现出中国在全球环境治理中的责任承担，有助于弥补全球气候治理在区域
治理层面集中于欧盟而疏于发展中国家的不足，促进全球气候治理朝向包容、普
惠、高效的方向转型。为具体落实这一指导意见，中国环保部在同一时间发布了
《"一带一路"生态环境保护合作规划》，详细列出了规划涉及的 25 个重点项目，
见表 4 - 1。

　　由此可见，绿色、低碳的理念已经具体落实到中国政府"一带一路"倡议
的政策和制度建设中。帮助能力有限的发展中国家提升低碳产业能力是这一倡议
的主要内容。同时，中国政府、媒体、高校以及社会组织等多元行为体同样在践
行绿色、低碳理念方面分工协作。

---

① 《推动共建丝绸之路经济带和 21 世纪海上丝绸之路的愿景与行动》，《人民日报》2015 年 3 月
　29 日，第 4 版。
② 《关于推进绿色"一带一路"建设的指导意见》，《中国环境报》2017 年 5 月 9 日，第 3 版。

表 4 - 1　《"一带一路"生态环境保护合作规划》重点项目

类目	序号	项目名称
政策沟通	1	"一带一路"生态环保合作国际高层对话
	2	"一带一路"绿色发展国际联盟
	3	"一带一路"沿线国家环境政策、标准沟通与衔接
	4	"一带一路"沿线国家核与辐射安全管理交流
	5	中国 - 东盟生态友好城市伙伴关系
	6	"一带一路"环境公约履约交流合作
设施联通	7	"一带一路"互联互通绿色化研究
	8	"一带一路"沿线工业园污水处理示范
	9	"一带一路"重点区域战略与项目环境影响评估
	10	"一带一路"生物多样性保护廊道建设示范
贸易畅通	11	"一带一路"危险废物管理和进出口监管合作
	12	"一带一路"沿线环境标志互认
	13	"一带一路"绿色供应链管理试点示范
资金融通	14	"一带一路"绿色投融资研究
	15	绿色"一带一路"基金研究
民心相通	16	绿色丝绸之路使者计划
	17	澜沧江 - 湄公河环境合作平台
	18	中国 - 柬埔寨环保合作基地
	19	"一带一路"环保社会组织交流合作
能力建设	20	"一带一路"生态环保大数据服务平台建设
	21	"一带一路"生态环境监测预警体系建设
	22	地方"一带一路"生态环保合作
	23	"一带一路"环保产业与技术合作平台
	24	"一带一路"环保技术交流与转移中心（深圳）
	25	中国 - 东盟环保技术和产业合作示范基地

　　资料来源：《"一带一路"生态环境保护合作规划》，中国国家环境保护部，2017 年 5 月，http：// www. scio. gov. cn/31773/35507/htws35512/Document/1552376/1552376. htm，登录时间：2018 年 12 月 4 日。

　　2017 年中国企业对共建"新丝绸之路经济带"的发展中国家主要低碳经济投资项目如表 4 - 2 所示。

表 4 - 2　2017 年中国企业对共建"新丝路经济带"的发展中国家主要低碳经济投资项目

项目宣布日期	投资方	交易金额（单位：十亿美元，以金额大小排序）	标的	部门	标的国家
1 月 17 日	中国长江三峡集团有限公司	6.0	卡罗特水电站外加两个水电站和 3 个太阳能项目	水电/太阳能电力	巴基斯坦
10 月 17 日	上海电气集团	3.9	在迪拜建设 700 兆瓦芯片级封装太阳能热装置	太阳热能利用	阿联酋
11 月 17 日	川投国际等	3.0	1 吉瓦水电项目	水电	尼泊尔
1 月 17 日	中国葛洲坝集团	1.8	Suki Kinari 水电站项目	水电	巴基斯坦
1 月 17 日	中国长江三峡集团有限公司	1.6	西塞提 750 兆瓦水电项目	水电	尼泊尔
1 月 17 日	中国国家电网有限公司	1.5	默蒂亚里县至拉合尔市电力传输线路	电力传输	巴基斯坦
1 月 17 日	中国国家电网有限公司	1.5	默蒂亚里县至费萨拉巴德电力传输线路	电力传输	巴基斯坦
8 月 17 日	三一集团	1.5	旁遮普省风能项目	风电	巴基斯坦
7 月 17 日	中国电力建设集团有限公司	1.0	Wawa500 兆瓦工程总承包项目	抽水储能	菲律宾
9 月 17 日	中国国家电网有限公司	1.0	埃及电力传输第二阶段项目	电力传输	埃及

资料来源：IEEF, *China 2017 Review*: *World's Second-Biggest Economy Continues to Drive Global Trends in Energy Investment*, http://ieefa.org/wp - content/uploads/2018/01/China - Review - 2017. pdf, p.5, 登录时间：2018 年 12 月 5 日。

从表 4 - 2 中可以看出，中国对共建丝路经济带的发展中国家的低碳经济投资以国有企业为主，投资方向覆盖以太阳能和风能为代表的新型可再生新能源，以及水能为代表的传统可再生能源，还有电力传输领域的节能降耗，所以覆盖面较广，而且具有针对性，能够满足标的国作为发展中国家切实的能源需求，帮助其实现发展与减排的平衡。其他的案例包括，隶属于中国电力工程顾问集团有限公司的 ET 能源于 2017 年 11 月在马来西亚签署了一项 61 兆瓦的太阳能项目。联盛新能源集团向越南投资一项 40 兆瓦的太阳能项目。特变电工新疆新能源股份有限公司投资了位于孟加拉国戈伊班达（Gaibandha）地区建立的提斯塔太阳能有限公司（Teesta Solar Limited）20% 的股权，该公司旨在建造一个 200 兆瓦的太阳能项目。同时，特变电工新疆新能源股份有限公司还是巴基斯坦旁遮普省 Quaid-e-Azam 太阳能公园总共 1000 兆瓦容量头 100 兆瓦的总工程承包商（EPC）。另外，孟加拉国经济区管理局还在 2017 年宣布与中国电力建设集团合作，在坚德布尔地区建设一个 1000 兆瓦的太阳能园区。中巴经济走廊（CPEC）丝路经济带的重要内容，涉及太阳能、风能、水能以及电力传输等多种能源合作项目。其中信德省的达沃－钦比尔（The Gharo-Jhimpir）风力走廊初始的 50 兆瓦风电项目得到了中国工商银行的贷款。水电方面，中国葛洲坝集团 2017 年除在巴基斯坦投资外，还在马来西亚的砂拉越州投资了一项 1285 兆瓦装机容量水电项目，投资额为 7.15 亿美元。电力传输是可再生能源发展的基础，中国国家电网公司 2017 年不仅在巴基斯坦、埃及进行了较大规模投资，还在德国波恩举行的《联合国气候变化框架公约》第 23 次缔约方大会上与国际可再生能源署（IRENA）签订合作协议，将协助后者帮助更多发展中国家将可再生能源电力并入电网，其中就包括共建丝路经济带的东南亚国家。

　　值得注意的是，由于中亚和北非地区是可再生资源的集中区，所以也是检验中国如何通过丝路经济带中的气候治理促进全球气候治理转型的主要区域。

　　中亚是"新丝绸之路经济带"倡议的首倡地，2013 年中国国家主席习近平访问哈萨克斯斯坦时首次提出了这一概念，由于地理位置接近，可再生资源丰富，全年太阳能总辐射量为 $72 \times 10^8 \sim 86.4 \times 10^8$ 焦耳/平方米，高于中国太阳能最为丰富的青藏高原（70×10^8 焦耳/平方米），风能资源潜力在 2 万亿千瓦时以上，[1] 因此，中亚成为中国践行绿色和低碳丝路、促进全球气候治理转型的主要区域。在中央政府层面，中国与部分中亚国家联合声明中就明确写入了加强低碳经济合作的内容。比如 2014 年 5 月发布的《中华人民共和国和土库曼斯坦关于发展和深化战略伙伴关系的联合宣言》第三条内容之一为"双方愿在当前合作基础上拓展合作领域，开展油气加工、炼化合作以及风能、太阳能等清洁能源领域合作，打造全方位能源合作格局"。[2] 2017 年 6 月发布的《中华人民共和国和哈萨克斯坦共和国联合声明》第四条第四款为"拓展和深化核能领域合作，推

---

[1]　徐海燕：《绿色丝绸之路经济带的路径研究——中亚农业现代化、咸海治理与新能源开发》，复旦大学出版社，2014，第 108 页。
[2]　《中华人民共和国和土库曼斯坦关于发展和深化战略伙伴关系的联合宣言》，《人民日报》2014 年 5 月 13 日，第 3 版。

动和平利用核能领域的合作项目"。① 2017 年 8 月发布的《中华人民共和国和塔吉克斯坦共和国关于建立全面战略伙伴关系的联合声明》第三条内容之一是"双方将继续深入开展能源、资源的勘探、开发、研究、加工和运输合作,发展基础设施项目合作,采用能够降低能耗的新的节能技术,进行经济技术可行性研究,拓展风能和太阳能等可再生能源开发合作"。② 在这些顶层设计的引导下,中国企业加快了对中亚国家低碳经济领域的投资。

哈萨克斯坦是中国在中亚国家新能源和可再生能源合作最为密切的国家,涵盖核能、风能和太阳能三大领域。早在 2013 年 12 月,中核集团就与哈萨克斯坦原子能工业公司签署了《CNNC 与 KAZATOMPROM 关于落实核能领域战略合作协议共同行动的议定书》,约定双方在铀资源开发、核燃料加工、天然铀贸易、过境运输、核电站建设等方面的一揽子合作方案。2014 年和 2015 年中广核与哈原工又先后签署了关于扩大和深化核能领域互利合作的协议和《开发清洁能源合作谅解备忘录》,为两国在平等互利基础上开展和平利用核能合作奠定了制度基础。哈萨克斯坦已经规划建设第一座核电站,中国自主研发的第三代核电机组"华龙一号"成为双方核能合作的重点。③

2016 年 1 月,中国水电工程顾问集团有限公司与哈萨克斯坦巴丹莎(BADAMSHA)风电项目公司签署工程总承包合同。巴丹莎风电项目装机容量200 兆瓦,位于哈萨克斯坦西部阿克托别州,是哈国和中亚地区最大的新能源工程,也被列入哈政府第一批风电项目清单,是哈政府重点项目之一。④

2018 年 12 月,由中国政府援建、中信建设有限责任公司承建的 1 兆瓦太阳能电站及 5 兆瓦风能电站正式交接给哈萨克斯坦。该项目将为哈萨克斯坦普及和推广清洁能源发挥积极作用。项目于 2017 年 12 月开工建设,2018 年 11 月提前

① 《中华人民共和国和哈萨克斯坦共和国联合声明》,《人民日报》2017 年 6 月 9 日,第 2 版。
② 《中华人民共和国和塔吉克斯坦共和国关于建立全面战略伙伴关系的联合声明》,《人民日报》2017 年 9 月 1 日,第 3 版。
③ 《中国与哈萨克斯坦共同推进核能全产业链合作》,中国核网,2017 年 8 月 3 日,www. nuclear. net. cn/portal. php? mod = view&aid = 12916,登录时间:2018 年 12 月 13 日,登录时间:2018 年 12 月 13 日。
④ 《水电顾问签署哈萨克斯坦最大新能源项目 EPC 合同》,中国水电工程顾问集团有限公司网站,2016 年 1 月 15 日,http://www. hydrochina. com. cn/s/1078 - 3881 - 13086. html,登录时间:2018 年 12 月 14 日。

竣工投产。其中，风能发电站建在阿拉木图州的马萨克农业区，太阳能发电站位于阿拉木图市的阿拉套创新技术园区。太阳能项目是哈萨克斯坦光伏发电的示范工程，具有示范、推广、教学等多种作用。风能示范工程由两台2.5兆瓦的风能发电机组成，单台2.5兆瓦的风电机组刷新了哈风能发电机组单台装机容量的纪录。哈萨克斯坦萨姆鲁克能源股份公司董事长茹拉曼诺夫表示，哈政府高度重视可再生能源使用，确定了到2030年将可再生能源在全国消费能源中所占比例提高到30%的目标。中国援建的风能、太阳能项目对提高中哈两国在可再生能源领域的合作水平和在当地推广可再生能源都具有重要意义。①

由于地理位置接近，中国帮助中亚国家能源转型的许多实践在双方地方层面展开，这些内容将在第七章详细论述。但无论在中央层面还是地方，中国与中亚国家低碳合作的政策对接和企业投资都是中国通过区域气候治理促进全球气候治理转型的重要渠道。

北非地区同样拥有丰富的日照和风力资源，具有良好的可再生能源发展条件。同时区内主要国家经过社会动荡之后希望专注经济建设，能源需求旺盛，在《巴黎协定》约束下面临高增长与低排放的两难，这为中国通过丝路经济带促进该地区能源体系转型提供了机遇，其中主要国家包括埃及、摩洛哥和突尼斯。2014年12月发布的《中华人民共和国和阿拉伯埃及共和国关于建立全面战略伙伴关系的联合声明》第六条指出，"双方同意继续在两国经贸合作框架下努力推动埃及苏伊士经贸合作区加快发展，继续鼓励和支持有实力的中国企业赴埃及投资兴业，参与实施大型项目，积极推动在电力、太阳能和风能等新能源和可再生能源，铁路、公路和港口等基础设施，农业、制造业、银行、质检和航天卫星等领域的合作"。第七条指出："双方同意加强在和平利用核能领域的合作，包括核电、核安全、核安保、铀矿勘查、人才培养等方面的合作。"② 2018年4月10日，埃及本班光伏产业园首个由中国企业承建并参与融资的光伏发电项目在埃及南部阿斯旺省本班举行奠基仪式。这一项目由特变电工新疆新能源股份有限公司承建，装机容量186兆瓦。项目所在的埃及本班光伏产业园总装机量到2019年

---

① 周翰博：《共同打造中哈新能源合作示范工程》，《人民日报》2018年12月3日，第21版。

② 《中华人民共和国和阿拉伯埃及共和国关于建立全面战略伙伴关系的联合声明》，《人民日报》2014年12月24日，第3版。

达到近 2000 兆瓦，有望成为世界最大光伏产业园之一。[①] 为配合埃及可再生能源和核能快速发展，2018 年 9 月中国电建与埃及电力控股公司签署了阿塔卡抽水蓄能电站项目的框架性合作文件。同月，在北京的举办的第十届中国新能源国际投资论坛暨系列国别对接会上，还专门设立了中国－埃及新能源国际投资对接会，方便两国新能源企业交流下一步投资对接计划。

摩洛哥在能源转型方面政策积极，计划到 2020 年将可再生能源占全国能源消耗总量的比例提高至 42%。2016 年 5 月发布的《中华人民共和国和摩洛哥王国关于建立两国战略伙伴关系的联合声明》中第二部分第二条指出两国要"拓展在可再生能源等新领域的合作"，[②] 中国企业的投资为其实现这一目标提供了机遇。从 2015 年起，中国电建集团下属的山东电建三公司在瓦尔扎扎特承建努奥光热电站项目二期和三期工程。努奥光热电站项目是目前全球规模最大的光热电站项目。待项目完全建成后，努奥光热电站将为超过 100 万的摩洛哥家庭提供清洁能源。努奥光热电站项目二期工程装机容量 200 兆瓦，是目前全球商业运行的单机装机容量最大的槽式光热发电站；三期工程装机容量 150 兆瓦，是目前全球单机装机容量最大的塔式光热发电站。[③] 除国有企业外，中国民营企业也开始进入摩洛哥可再生能源市场，比如海润光伏科技有限公司在 2017 年 12 月宣布加入摩洛哥的一项风险投资项目，与摩洛哥国家投资署和一家工程总承包商共同开发太阳能发电项目和太阳能电池组。[④]

除企业投资外，中国促进丝路经济带气候治理的途径还包括联合研发、人员培训和合作论坛。比如 2015 年 9 月，中国和埃及就合作共建了"可再生能源国家联合实验室"，实验室的中方主体是中电 48 研究所、天津大学和中国国电集团公司，埃方主体为埃及科研技术院。中埃政府各自出资启动实验室建设。实验室

① 《光伏发电项目推动中埃新能源合作》，新华网，2018 年 4 月 12 日，http://www.xinhuanet.com//overseas/2018-04/12/c_129849199.htm，登录时间：2018 年 12 月 5 日。
② 《中华人民共和国和摩洛哥王国关于建立两国战略伙伴关系的联合声明》，《人民日报》2016 年 5 月 12 日第 3 版。
③ 陈斌杰：《中国建设者助力摩洛哥能源结构调整》，新华网，2018 年 9 月 3 日，http://www.xinhuanet.com//world/2018-09/03/c_129945912.htm，登录时间：2018 年 12 月 5 日。
④ IEEF, China 2017 Review: World's Second-Biggest Economy Continues to Drive Global Trends in Energy Investment, http://ieefa.org/wp-content/uploads/2018/01/China-Review-2017.pdf, p.14, 登录时间：2018 年 12 月 5 日。

一期建设重点在太阳能光伏方面，配套建设的还有相关示范场的建设项目。联合实验室计划重点突破高效低成本电池/组件制备自动化技术、大型光伏电站效能优化及并网技术，为埃及建设太阳能光伏工程体系，培养可再生能源领域科研技术人员，缓解能源短缺问题。① 人员培训方面，中国国家发展和改革委员会应对气候变化司在 2017 年 4 月主办了"一带一路"国家应对气候变化培训班，具体由发改委国际合作中心承办。培训班为期两周，共有来自阿联酋、埃塞俄比亚、巴基斯坦、菲律宾、格鲁吉亚、斯里兰卡、柬埔寨、老挝、缅甸、塔吉克斯坦、泰国、哈萨克斯坦、马来西亚等 18 个国家的 30 位气候变化领域的官员、专家参加。培训班开设了中国应对气候变化战略和政策体系、"一带一路"倡议解读、中国生态文明建设的理论和实践、应对气候变化试点示范、可再生能源发展等课程，并组织学员参观考察有关企业和最佳实践案例，开展国际交流和对接活动。②

另外，2018 年 7 月中国国家能源局和阿拉伯联盟秘书处在北京签署了《关于成立中阿清洁能源培训中心的协议》。同年 11 月 5～8 日，在开罗举办的第六届中阿能源合作大会上宣布成立中阿清洁能源培训中心，将组织光伏、光热、风电、智能电网等方面的政策交流、规划研究和能力建设活动。中国电力建设集团下属的水电水利规划设计总院担任中心可再生能源领域中方牵头单位。③

在突尼斯，电力以火力发电和燃气发电为主，60% 的能源需求依靠进口石油和天然气，风能、太阳能发电占比仅约 5%。为提升能源独立性，突尼斯政府将可再生能源发展作为一项基本国策，计划在 2030 年达到 30% 以上使用率。尽管可再生资源丰富，比如地处北非沙漠地区日照强烈，但北非中东政治动荡后突尼斯对外国资本的吸引力下降，所以迫切需要吸引投资和培养人才。④ 在此背景

---

① 何丰伦：《中国埃及将共建可再生能源国家联合实验室》，《经济参考报》2015 年 9 月 7 日，第 6 版。
② 冯玲玲、宫雨霏：《"一带一路"国家合作应对气候变化》，中国新闻网，2017 年 4 月 20 日，http：//finance. chinanews. com/cj/2017/04－20/8204971. shtml，登录时间：2018 年 12 月 5 日。
③ 谢越韬：《中国－阿盟清洁能源培训中心落户总院》，中国电力建设集团网站，2018 年 11 月 21 日，http：//www. powerchina. cn/art/2018/11/21/art_ 23_ 306663. html，登录时间：2018 年 12 月 14 日。
④ 中非贸易研究中心：《突尼斯正加速新能源领域投资》，2017 年 2 月 13 日，http：//news. afrindex. com/zixun/article8473. html，登录时间：2018 年 12 月 6 日。

下，中国政府和企业加快了与突尼斯可再生能源合作的步伐。中国驻突尼斯使馆在2018年11月15～17日与突国际知识组织协会、突中友好协会合作举办"一带一路"和可再生能源与绿色发展论坛，共有相关政府官员和专家学者150余人参加。[①]

总体来看，中亚和北非是中国通过新丝绸之路经济带区域气候治理促进全球气候治理转型的缩影，能够反映中国促进丝路经济带气候治理在整体上的一些特点。第一，因地制宜地满足相关国家低碳发展需求。中国对丝路沿线国家的低碳产业投资都是有针对性地根据其可再生资源展开的，确实能够起到满足当地能源转型的需求。第二，注意与对象国国内发展规划对接。最为典型的就是与哈萨克斯坦"光明之路"规划的对接，所以中国的投资并非盲目的资本输出，而是平等互惠的双向交流，不仅满足应对气候变化需求，还能促进当地就业和经济社会的整体发展。第三，不仅重视企业投资，同时还推进人才培养和科研合作，保证对方能够独立管理和运营项目，从全方位帮助共建"一带一路"发展中国家提升减缓和适应气候变化的能力。第四，中国在合作中采用的都是最先进的优质产能和技术，并非只是拿多余的落后产能和技术敷衍发展中国家。这与发达国家在清洁发展机制（CDM）中仅仅拿落后设备换取发展中国家排放权的做法完全不同。中国在丝路经济带中的气候治理充分体现了以发展为导向的治理理念，希望以更加包容的方式让中国的对外低碳经济投资更广泛惠及沿线发展中国家，弥补全球气候治理对发展中国家关注不足的发展赤字问题。总之，"一带一路"已经成为中国从经济、政治、文明、环境等多维度应对全球治理变局的途径，[②] 其中气候治理是这种多维度的连接点之一。

第三节　南南合作下中国对撒哈拉沙漠以南非洲和太平洋岛国气候投资与援助

包容性和普惠性是全球治理合法性的基础，西方学者从国内政治的逻辑出发

---

① 《"一带一路"和可再生能源与绿色发展论坛在突尼斯成功举办》，中华人民共和国驻突尼斯共和国大使馆网站，2018年11月16日，https://www.fmprc.gov.cn/ce/cetn/chn/dtxws/t1613976.htm，登录时间：2018年12月5日。

② 欧阳康：《全球治理变局中的"一带一路"》，《中国社会科学》2018年第8期，第5页。

将全球治理的合法性聚焦在公民社会的参与上,[①] 但忽视了发展中国家及其公民在参与全球治理时由于能力不足而无法和发达国家及其公民一样普遍受惠的问题。全球气候治理是具有典型公共利益的议题,但现有的治理框架却使其偏向私利,[②] 原因就在于虽然全球低碳经济的发展产生了收益,但发展中国家,特别是最不发达国家和气候脆弱型国家无法被包容其中,而普遍地享有这些收益,其典型的表现就是在全球气候谈判中发达国家始终在对发展中国家的资金支持上设置障碍。比如发展中国家希望《联合国气候变化框架公约》缔约方大会(COP)主管气候援助资金,但发达国家坚持由全球环境基金(GEF)主管,因为其由世界银行在1991年建立,而世界银行是全球治理原型中主要由发达国家主导的机制,发达国家不仅拥有绝对否决权,而且其资金援助的标准带有倾向性。[③] 资金不足是发达国家逃避对发展中国家义务的另一借口,但具有讽刺性的是在增加军费和对化石能源产业进行补贴时发达国家却资金充裕。[④] 历史经验证明,发达国家总是在复杂的多边机制中设置这种援助资金,目的就是在未来将其放弃。[⑤]

与此相比较,中国引领的南南气候合作更有利于气候治理的成果广泛惠及发展中国家。邓小平同志在1985年谈到和平与发展的时代主题时就曾指出,在东西南北关系中,南北问题代表的发展问题是核心,[⑥] 即发达国家和发展中国家都有发展的需要。一方面发展中国家应该团结要求发达国家增加对发展中国家发展的帮助;但另一方面,发展中国家需要相互帮助提升自身发展的能力。中国是最大的

---

① Jonas Tallberg, Karin Bäckstrand and Jan Aart Scholte, "Introduction: Legitimacy in Global Governance", in Jonas Tallberg, Karin Bäckstrand and Jan Aart Scholte (eds.), *Legitimacy in Global Governance: Sources, Processes, and Consequences*, Oxford: Oxford University Press, 2018, p. 9. 另可参看 Hayley Stevenson and John S. Dryzek, *Democratizing Global Climate Governance*, Cambridge: Cambridge University Press, 2014, pp. 174 – 179。

② Matthew Paterson, "Climate Re-public: Practicing Public Space in Conditions of Extreme Complexity", in Jacqeline Best and Alexandra Gheciu (eds.), *The Return of the Public in Global Governance*, Cambridge: Cambridge University Press, 2014, p. 149.

③ David J. Ciplet, Timmons Roberts and Mizan R. Khan, *Power in a Warming World: The New Global Politics of Climate Change and the Remaking of Environment Inequality*, p. 121.

④ David J. Ciplet, Timmons Roberts and Mizan R. Khan, *Power in a Warming World: The New Global Politics of Climate Change and the Remaking of Environment Inequality*, p. 129.

⑤ 可参看 Stephen D. Krasner, *Structure Conflict: The Third World against Global Liberalism*, Berkeley: University of California Press, 1985。

⑥ 《邓小平文选》(第三卷),人民出版社,1993,第105页。

发展中国家，始终将发展中国家作为自身外交政策的基础。伴随综合国力增长，中国已经逐渐从"以世界的发展促进自身发展"转变到"以自身的发展促进世界的发展"阶段，许多成功的发展经验可以供广大发展中国家借鉴，其中就包括低碳经济。

中国发展低碳经济的一大特征不是为了应对气候变化而应对气候变化，而是以应对气候变化为切入点，实现全社会发展方式和观念的转型，形成一种以限制碳排放为硬约束的低碳社会。其中的核心是实现能源体系向可再生能源转型，但又不仅仅限于此，而是以能源转型为基础改变整个高碳排放的生产和生活体系，培养相关人才，培育低碳产业，传播低碳观念。在短期内可能会因为产业转型增加失业，但有序推进就能逐渐实现低碳减排与经济发展的兼容，这一点中国已经在南南气候合作中进行了实践。比如根据经济学家的研究，可再生能源投资虽然会增加化石能源部门的失业，但小于新能源部门增长的就业，总体上会提升能源部门的就业率。[1] 所以中国企业对发展中国家的大规模可再生能源投资会产生促进当地经济社会发展的多重收益。实际上 2016 年中国对非洲的总体投资就已经位居第三，创造的就业岗位达到 38417 个，占比 29.7%，远远超出第二位美国的8.9%。[2] 2007 年以前，中国对外援助项目就已经涵盖了气候变化领域。2012 年以后，中国气候援助上了一个大台阶。国家发改委当年宣布，将气候变化援助金额翻一番，每年的气候南南合作资金支出达到约 7200 万美元。中国的资金基于"自愿"和"补充"的原则，是对发展中国家应对气候变化额外追加的资金，区别于发达国家主导的全球环境基金和绿色气候基金。[3] 2014 年，中国政府向联合国捐赠了 600 万美元，支持联合国秘书长推动气候变化南南合作。2015 年中国宣布投资 200 亿元建立气候变化南南合作基金。与低碳经济发展相关的另一个问题是发展中国家需要相应的高技术人才对日益扩大的低碳产业进行管理，所以人力资源培训和技术援助逐渐成为中国主张的南南气候合作的一部分。比如 2016 年，中国宣布将在发展中国家开展 10 个低碳示范项目、100 个气候减缓和适应

---

① Robert Pollin, *Greening the Global Economy*, Massachusetts: MIT Press, 2015, p. 74.

② EY: Attractiveness Program Africa, May 2017, https://www.ey.com/Publication/vwLUAssets/ey - africa - attractiveness - report/ $ FILE/ey - africa - attractiveness - report. pdf, p. 20, 登录时间：2018 年 11 月 16 日。

③ 马天杰：《中国在摸索中升级南南气候合作》，中外对话网站，2017 年 9 月 20 日，https://www.chinadialogue.net/article/show/single/ch/10086 - China - upgrades - climate - aid - to - the - global - south，登录时间：2018 年 11 月 16 日。

项目及提供 1000 个面向发展中国家的应对气候变化培训名额（"十百千计划"）。2016 年 4 月 21 日，以中国政府的捐赠为种子基金，联合国时任秘书长潘基文发起"南南气候伙伴孵化器"（SCPI）倡议，中国推动的南南气候合作与联合国成功对接。2018 年 4 月，中国进行大规模国家机构改革，原隶属于国家发改委的气候变化国际合作职能调整到新成立的生态环境部，同时新成立国际发展合作署，主要负责对发展中国家援助工作，因此实际上增加了中国施行气候变化南南合作的政府力量。此外，中国企业对发展中国家的低碳经济投资规模也在迅速扩大，而且体现出国有企业和民营企业共同发力的现象，其中国有企业更多集中在水电和核能等领域，民营企业则集中在太阳能和风能领域，而将私人资本纳入政府倡议的援助资金中也已逐渐成为更多人的共识，希望以此实现中国特色的大发展气候援助模式。[①] 这将使应对气候变化带来的全社会发展质量提升，即生态文明建设的整体收益能够惠及和包容更多发展中国家，体现出中国促进全球气候治理转型的贡献。

从区域政策考察，中国在南南气候合作框架下首要对象是撒哈拉以南非洲。该区域国家基础设施建设较为落后，农业部门在国民经济中占有较高比重，而农业又是受气候变化威胁较大的部门，导致非洲国家"水 - 能源 - 粮食"的纽带安全威胁日益严重，[②] 所以提升该区域国家适应气候变化的能力必须提升农业部门的现代化水平，[③] 而这又必须依赖充足的电力。非洲国家经济发展的瓶颈之一就是电力短缺，国际能源署报告显示，要实现在 2030 年全球所有人都能用上电的目标需要每年投资 520 亿美元，其中 95% 需要投到撒哈拉以南的非洲，其中绝大部分是可再生能源电力。[④] 因此，科学利用水资源、大幅度提升水电比重、改善水利基础设施是提升非洲国家适应气候变化最为重要的途径。自新中国成立以来，中国对非洲的投资和援助是中非关系的重要内容。针对非洲国家面对气候

---

① 参看王彬彬《中国路径——双层博弈视角下的气候传播与治理》，社会科学文献出版社，2018。

② 于宏源：《浅析非洲的安全纽带威胁与中非合作》，《西亚非洲》2013 年第 6 期，第 119～122 页。

③ 刘硕、张宇丞、李玉娥、马欣：《中国气候变化南南合作对〈巴黎协定〉后适应谈判的影响》，《气候变化研究进展》2018 年第 2 期，第 214 页。

④ IEA, *Energy Access Outlook 2017*, https：//www. iea. org/publications/freepublications/publication/WEO2017SpecialReport_ EnergyAccessOutlook. pdf，p. 13，登录时间：2018 年 11 月 15 日。

变化的挑战，中国政府在中非新型战略伙伴关系框架下开展了广泛援助，而且突出从授之以鱼到授之以渔的转变。比如援建农业示范中心，派遣农业技术专家，培训农业技术人员，提高非洲实现粮食安全能力。2008 年 12 月，中国在吉布提举办了清洁发展机制与可再生能源培训班。2009 年 6 月，在北京举办了发展中国家应对气候变化官员研修班。同年 7 月，在北京为来自非洲国家的官员和学者举办发展中国家气候及气候变化国际高级研修班。① 在联合国环境署和中国国家自然科学基金委员会及中国科学院的共同推动下，一批中国科学家从事了以"气候变化、生态系统与生计"为主题的相关课题，其中一部分与非洲直接相关，比如赞比西河流域气候变化下农业发展对粮食安全与水资源的影响、撒哈拉沙漠南缘向草原过渡的萨赫勒地区土地使用与地表覆盖的驱动机制等。清华大学地球系统科学研究中心主任宫鹏的团队在 2013 年发起并推动了以非洲为对象的快速遥感制图。他们制作出了高分辨率的 30 米精度地表覆盖制图。宫鹏团队已经和越来越多的非洲国家达成合作，其项目包括在肯尼亚、乌干达、埃塞俄比亚东非三国制作的竹林资源制图，在撒哈拉南部地区开展的荒漠、草原、森林过渡带地表覆盖监测，在尼日利亚制作的农地分布制图和加纳的生物多样性研究等等。中国科学院国际合作局局长曹京华认为，中非在应对气候变化上的合作不局限于研究合作，还包括能力建设，比如为非洲培养年轻科学家。这对非洲具有十分现实的意义。根据计划，中国已经招募了 250 多名非洲学生到中国学习自然科学，他们将利用自己的知识和技能帮助非洲国家实现可持续发展目标。②

在此基础上，根据非洲国家普遍制定可再生能源发展规划的现实需要，中国企业也加大了对其投资力度。根据国际能源署报告，2010～2020 年中国在撒哈拉以南非洲投资完工、在建或计划中项目新增发电装机容量中，56% 是可再生能源，其中水电占到 49%。如果能够保持现有发展速度，且政策和环境可持续性

---

① 中国国务院新闻办公室：《中国应对气候变化的政策与行动（2011）》，人民出版社，2011，第 14 页。

② 卢朵宝、王小鹏：《中国科学家助力非洲国家应对气候变化》，新华网，2017 年 9 月 8 日，http：//www.xinhuanet.com//tech/2017 - 09/08/c_ 1121631978.htm，登录时间：2018 年 11 月 16 日。

和商业环境得到良好发展，撒哈拉以南非洲清洁能源转型可以快速推进。[1] 埃塞俄比亚是非洲经济增长最快的非石油经济体，随着经济的快速发展，电力需求将急剧增长。随着全球气候变暖，降雨量下降，埃塞俄比亚已建水电站不能满足装机发电，电力短缺的形势更加严峻。然而，埃塞俄比亚风电资源较为丰富，具备建设大型风电基地的条件。同时，风电具有建设周期短、见效快的显著优势，且在时间分布上风电和水电具有良好的互补性，故埃塞俄比亚决心大力开发风电作为其主要可再生能源。为此，中国援建了埃塞俄比亚阿达玛风电项目。这是埃塞俄比亚第一个五年计划期间的重点工程，是该国的第一个风电项目，也是中埃两国在风电领域的第一个合作项目，对埃塞俄比亚国家经济发展和经济转型计划具有十分重要的意义。[2] 2016 年 5 月，该项目二期顺利移交。二期项目共 102 台风机，每台 1.5 兆瓦，总装机容量 153 兆瓦，解决了埃塞首都 20% 以上的用电需求，是中国当时在境外实施的采用中国技术、中国标准的最大风电总承包项目，也是非洲大陆第二大风电项目。[3] 2015 年 12 月，由国家电网公司总承包的埃塞俄比亚 GDHA 500 千伏输变电工程建成竣工，该项目采用中国国产电工电气设备以及中国技术标准，这是东非地区电压等级最高、输电距离最远的工程，也是国家电网公司当时在海外竣工的规模和投资额最大的输变电工程。2017 年中国与非洲可再生能源合作创新联盟成立，该联盟由中国主要开发性金融机构、多边投资机构、智能电网技术提供商及可再生能源技术产业链上的中国核心厂商组成，帮助成员制订出援助与投资相结合的可持续发展计划，通过 PPP 的方式，分步实施、逐步建立覆盖非洲各国的可再生能源供电与传输系统。[4] 2018 年 9 月举行的中非合作论坛上，中国政府提出了八大行动计划，其中就包括实施绿色行动计划，第一个重点领域就是气候变化。[5] 在这一顶层设计引导下，中国对非洲的可

① 国际能源署：《促进撒哈拉以南非洲电力发展——中国的参与》，2016 年，https://webstore. iea.org/partner - country - series - boosting - the - power - sector - in - sub - saharan - africa - chinese，p.16，登录时间：2018 年 11 月 16 日。
② 万军、张斌：《海外新能源合作探路——埃塞俄比亚阿达玛风电一期项目》，《国际工程与劳务》2015 年第 8 期，第 33 页。
③ 《中国电建境外最大风电总承包工程顺利移交》，《国际工程与劳务》2016 年第 7 期，第 92 页。
④ 张伊伊、陈雍容：《中国与非洲可再生能源合作创新联盟在北京成立》，新华丝路网，2017 年 8 月 8 日，http://silkroad.news.cn/invest/tzzx/44756.shtml，登录时间：2018 年 12 月 15 日。
⑤ 习近平：《携手共命运同心促发展——在二〇一八年中非合作论坛北京峰会开幕式上的主旨讲话》，《人民日报》2018 年 9 月 4 日，第 2 版。

再生能源投资将迎来新的机遇。

考虑到太平洋岛国自然环境表现出显著的气候脆弱性，所以中国对该区域的气候援助比较能够体现促进全球气候治理转型的包容与普惠。根据 2012 年的《太平洋岛国地区气候评估》的智库报告研究，该地区正在遭受的气候变化威胁主要包括，除了在密克罗尼西亚西部地区略微增长以外，整个太平洋岛国地区都会出现全区域的降雨量减少。同样在全区域范围内，气候变化导致的极端天气的频度和强度都在增加。干旱次数更加频繁，持续时间也更长，热带气旋的数量在减少。太平洋海岛的居民和物种的分布在发生变化。海水温度在上升，海洋酸性也在发生变化。[①] 从 2012 年开始，中国政府重点支持南太平洋岛国可再生能源利用与海洋灾害预警研究及能力建设、LED 照明产品开发推广应用、秸秆综合利用技术示范、风光互补发电系统研究推广利用、灌溉滴水肥高效利用技术试验示范等一批援外项目，帮助发展中国家提高应对气候变化的适应能力。[②]

2013 年 5 月，上任伊始的中国国家主席习近平会见斐济总理姆拜尼马拉马时指出了双方深化合作的领域包括农林渔业、交通通信、矿产开发、基础设施建设、旅游、人文和青年交流，并支持斐方在能源安全、气候变化、海洋资源保护等问题上合理诉求。[③] 2013 年 11 月，国务院副总理汪洋在出席第二届中国－太平洋岛国经济发展合作论坛时表示，应对气候变化、拯救地球家园，是全人类的共同挑战，也是太平洋岛国的重大关切。中方理解各岛国的特殊处境和诉求，愿意与岛国全面加强绿色发展合作，共同提高应对和适应气候变化的能力。中国支持岛国保护环境和防灾减灾，为岛国援建一批小水电、太阳能、沼气等绿色能源项目。[④] 2014 年 11 月，习近平主席对斐济进行正式访问，两国不仅签署了《关于应对气候变化物资赠送的谅解备忘录》，中方将向斐赠送数千套 LED 路灯等应

① *2012 Pacific Islands Regional Climate Assessment*，https：//pirca. org/2016/01/27/indicators/，登录时间：2018 年 12 月 15 日。
② 《中国应对气候变化的政策与行动 2012 年度报告》，中国国务院新闻办公室，2012 年 11 月，http：//www. scio. gov. cn/ztk/xwfb/102/10/Document/1246626/1246626 _ 2. htm，登录时间：2018 年 12 月 15 日。
③ 赵成：《习近平会见斐济总理姆拜尼马拉马》，《人民日报》2013 年 5 月 30 日，第 1 版。
④ 赖雨晨、陈寂：《汪洋出席中国－太平洋岛国经济发展合作论坛并发表主旨演讲》，《人民日报》2013 年 11 月 9 日，第 3 版。

对气候变化物资，而且开启了中国对太平洋地区外交新阶段，有利于更好落实和拓展以上合作倡议。此后，中国在南南合作框架下在太平洋岛国地区开展了小水电、海岸防护堤、示范生态农场、沼气技术等项目，提供太阳能路灯等绿色节能物资，每年向太平洋区域环境署捐款用于有关应对气候变化项目，邀请岛国官员出席在华举办的发展中国家应对自然灾害能力建设研修班。2014 年 12 月，中国公司承建的巴新莱城港潮汐码头一期工程竣工。2015 年 4 月，中国政府向密克罗尼西亚联邦政府提供 50 万美元紧急人道主义现汇援助，用于帮助密联邦抗击超强台风"美莎克"。同月，中国政府向瓦努阿图提供价值 3000 万元的紧急救灾物资，帮助瓦应对超强飓风"帕姆"。2015 年 9 月和 10 月，中国政府分别向汤加和萨摩亚提供了 4000 多套 LED 节能路灯等应对气候变化物资。2015 年 11 月，中国援建的萨摩亚国立大学海洋学院竣工，为萨提升应对海洋环境研究水平和应对气候变化能力提供了支持。在斐济，2013 年 7 月，中国援建的基乌瓦村海岸防护工程完工，保护当地居民免受海平面上升等气候变化影响。2014 年 8 月，为提升斐济红十字会的救灾防灾能力，中国红十字总会向斐红会捐赠非紧急人道主义物资，包括充气船、家庭包、救生衣等。2015 年 11 月，中国公司承建的 WAINISAVULEVU 堰堤加高工程竣工，所增加截蓄的水量每年可增发电量一千万度。[1]

　　从这些实践来看，清洁能源已经成为中国对太平洋岛国气候变化援助的重要领域。[2] 正因为这些切实行动，在 2018 年 12 月波兰卡托维兹举行的《联合国气候变化框架公约》第 24 次缔约方大会上，《公约》秘书处执行秘书帕特里夏·埃斯皮诺萨（Patricia Espinosa）表示，中国在自身大力发展低碳经济减少温室气体排放的同时，还向世界不同国家分享其在节能减排领域的成功经验，这种努力正在获得越来越广泛的认可。代表发展中国家利益的第三世界网络（Third World Network）气候变化项目高级法律顾问、协调员米纳克希·拉曼（Meenakshi Raman）则表示，"中国不仅仅降低了中国自身的排放量，还将这一经验通过南

---

[1]　张平：《应对气候变化：中国在行动——驻斐济大使张平在斐济〈太平洋人〉杂志发表署名文章》，中华人民共和国驻斐济共和国大使馆网站，2015 年 11 月 26 日，http://fj. chineseembassy. org/chn/xw/t1318635. htm，登录时间：2018 年 12 月 17 日。

[2]　姚帅：《对南太平洋岛国的气候变化援助：现状与外来》，载喻常森主编《大洋洲发展报告：2013～2014》，社会科学文献出版社，2014，第 279 页。

南合作等途径分享给其他发展中国家，这对全球应对气候变化意义很大。"[1]
2018 年 11 月在巴布亚新几内亚举行的 APEC 领导人非正式会议期间，习近平主席集体会见了与中国建交的太平洋岛国领导人，在主旨讲话中指出："中国重视和理解太平洋岛国在气候变化问题上的特殊关切，将向各岛国提供力所能及的帮助，携手推动《巴黎协定》有效实施，促进全球绿色、低碳、可持续发展。"[2]
这为中国延续之前的政策，一以贯之地帮助太平洋岛国应对气候变化进一步提供了明确的政策空间。

资金始终是全球气候治理中发展中国家的迫切需求，但也是发达国家最难以落实的义务，比如 2017 年后美国对外气候援助出现了"断崖式"下跌。[3] 作为南南合作的内容，中国对非洲和太平洋岛国的气候援助与投资部分弥补了这种不足，而且充分考虑到发展中国家的共同发展。中国对非洲和太平洋岛国未来的气候投资和援助可以与三方的国内发展规划更好对接。比如根据《推动共建丝绸之路经济带和 21 世纪海上丝绸之路的愿景与行动》，21 世纪海上丝绸之路重点方向是从中国沿海港口过南海到印度洋，延伸至欧洲；从中国沿海港口过南海到南太平洋。[4] 因此，中国对太平洋岛国气候援助也被纳入"一带一路"倡议。在此框架下，中国可以将自身的海洋经济战略与对太平洋岛国气候援助和投资紧密结合，在应对气候变化中实现双方发展的双赢。同样在 2018 年中非合作论坛的引领下，中国与非洲国家，特别是撒哈拉以南非洲国家的发展融合度更加提升，这也将使中国的低碳发展更具包容性，更大程度惠及非洲国家。中国引领的南南气候合作可以改善全球气候治理中重减缓轻适应的问题，提升发展中国家适应气候变化的能力。

---

① 陈溯、彭大伟：《中国减排成效在联合国气候大会获多方点赞》，中国新闻网，2018 年 12 月 11 日，http://www.chinanews.com/cj/2018/12-11/8697844.shtml，登录时间：2018 年 12 月 16 日。

② 王云松、刘天亮：《习近平同建交太平洋岛国领导人举行集体会晤并发表主旨讲话》，《人民日报》2018 年 11 月 17 日，第 1 版。

③ 赵行姝：《美国对全球气候资金的贡献及其影响因素——基于对外气候援助的案例研究》，《美国研究》2018 年第 2 期，第 74 页。

④ 《推动共建丝绸之路经济带和 21 世纪海上丝绸之路的愿景与行动》，2015 年 3 月，http://www.xinhuanet.com/world/2015-03/28/c_1114793986_2.htm，登录时间：2018 年 12 月 15 日。

第四节　中国与北极气候治理[①]

2018 年 1 月，中国政府发布了《中国的北极政策》白皮书，全面阐述了中国与北极的关系、中国的北极政策目标和基本原则，以及中国参与北极事务的主要政策主张。这是新中国成立以来中国政府发布的第一份北极政策白皮书，体现出中国作为北极重要利益攸关方对于北极事务及其全球影响的高度关切。同时，北极是遭受气候变化影响最为严重的地区之一，中国作为全球气候治理的主要参与方，在北极政策中明确写入了应对气候变化相关内容。对于北极这样生态脆弱型的区域如何平衡经济发展与生态保护的关系，可以借用习近平总书记在中国国内调研同样生态脆弱的长江经济带时所提出的"共抓大保护、不搞大开发"[②] 的理念，科学平衡二者关系。

气候与北极都是人类赖以生存的自然环境，构成了与人类命运息息相关的共同体。在气候变化作用下，北极地区在过去四十年里正在迅速变暖，其升温速度是全球升温速度的两倍。北极地区的气候变化给地区和全球自然环境都带了深远影响，首要表现就是海冰融化导致的海平面上升。同时，气候变化还给 400 万北极当地居民的捕猎、捕鱼、饲养等生产生活带来严重影响。[③] 过去三十年，夏季海冰的最小覆盖面积已经缩减了一半，体积缩小了 3/4。按照目前趋势，到 2040年夏季，北冰洋的海冰将基本消失。这带来的严重后果包括使北半球的急流发生紊乱，增加暴风雪和热浪等极端天气的不确定性，全球洋流受到影响。最为严重的是格陵兰岛的冰盖变化，格陵兰岛包含了全球 10% 的淡水，伴随全球变暖逐渐融化会加剧海平面上升。[④]

由此可见，北极虽然只是地球表面的一个区域，但由于其独特的地理位置和环境，遭受的气候变化威胁和反过来对全球气候变化的加剧都比其他地区更加明

① 本节主要内容以《气候变化全球治理视角下的中国北极政策》为题发表于《绿叶》2018 年第 2 期，收入本书有修改。
② 习近平：《在深入推动长江经济带发展座谈会上的讲话》，人民出版社，2018，第 3 页。
③ Arctic Council, http：//www. arctic - council. org/index. php/en/our - work/environment - and - climate，登录时间：2018 年 12 月 17 日。
④ "Polar Bare"，《经济学家》网站，https：//gbr. economist. com/articles/view/591533e46fa9cf 861d50f116/en_ GB/zh_ CN，登录时间：2018 年 12 月 17 日。

显。因此，"北极对全球生态系统稳定性的影响，北极臭氧层损耗，北极冰川融化等生态问题关系着世界各国的切身利益；另一方面，北极自生的生态系统非常脆弱，自我修复能力不强。如果北极生态遭到破坏，不仅对北极众多物种的影响巨大，而且很可能导致不可预测的全球性生态变化"。① 但是，北极本身由于人口稀少，并不是温室气体的主要排放源，所以北极本身在全球气候治理中的问题并非减缓而是适应。这里的一个重要主体就是北极当地居民，特别是土著居民。对此，气候变化《巴黎协定》中专门写有相关条款，比如在开篇中就强调协定签署各方"承认气候变化是人类共同关注的问题，缔约方在采取行动处理气候变化时，应当尊重、促进和考虑它们各自对人权、健康权、土著人民权利、当地社区权利、移徙者权利、儿童权利、残疾人权利、弱势人权利、发展权，以及性别平等、妇女赋权和代际公平等的义务"。② 第七条第 5 款指出："缔约方承认，适应行动应当遵循一种国家驱动、注重性别问题、参与型和充分透明的方法，同时考虑到脆弱群体、社区和生态系统，并应当基于和遵循现有的最佳科学，以及适当的传统知识、土著人民的知识和地方知识系统，以期将适应酌情纳入相关的社会经济和环境政策以及行动中。"③

总体来看，北极应对气候变化的问题可以分为两个方面，即全球层面和北极层面。在全球层面，国际社会必须落实《巴黎协定》规定的各方义务，加快削减温室气体排放，从全球层面减缓全球变暖速度，这样才能从根本上缓解北极地区因为气候变化造成的环境恶化。此外，在此过程中必须考虑北极本身的独特性，不能以应对气候变化为借口从其他方面进一步破坏北极的自然和人文环境，特别是必须尊重当地土著居民的生存权利。实际上，气候变化的政治博弈比气候变化本身给北极土著居民带来的影响更大。根据学者的实地调研，北极的因纽特人认为由于气候变化引起了全世界对北极的关注，所以"渥太华、华盛顿甚至

---

① 于宏源：《气候变化与北极地区地缘政治经济变迁》，《国际政治研究》2015 年第 4 期，第 85～86 页。

② 《巴黎协定》（中文版），第 1 页，《联合国气候变化框架公约》网站，http://unfccc.int/files/essential_background/convention/application/pdf/chinese_paris_agreement.pdf，登录时间：2018 年 11 月 17 日。

③ 《巴黎协定》（中文版），第七条第 5 款，第 7 页，《联合国气候变化框架公约》网站，http://unfccc.int/files/essential_background/convention/application/pdf/chinese_paris_agreement.pdf，登录时间：2018 年 12 月 17 日。

是更远地方的人在作北极地区的决策，因纽特人生活的地区不由自己做主，这令他们非常担忧"。不仅如此，气候变化也增加了北极的新闻曝光率，外来人口逐渐增加。根据 2011 年加拿大的人口统计，伊魁特的原住民占 61.2%（其中因纽特人占 59.2%，印第安人和梅迪思人各占 1%），白人占 34.3%，剩下的不到5% 分别来自非洲、亚洲、拉丁美洲。这一现象会改变土著居民的生活与文化，也增加了其语言消失的风险。①

总之，在气候变化影响下，北极人与自然的矛盾表现得更加突出，这体现在三个层面。第一，减缓气候变化对北极的消极影响必须从北极以外地区入手；第二，气候变暖带来的新航路开辟、主权争夺等国家利益博弈日益加剧；第三，气候变化导致的北极"消失"成为商业噱头，吸引越来越多的外来人口"抓紧时间"前往北极旅游和资源开采，由此进一步加剧了本已十分脆弱的北极环境，并改变着当地土著居民的文化。这三个层面的问题如何协调，是包括中国在内的希望参与北极事务的任何一个国家必须统筹思考的问题。

《中国的北极政策》白皮书中明确指出了中国在参与北极事务中应对气候变化的立场："应对北极气候变化是全球气候治理的重要环节。……中国致力于研究北极物质能量交换过程及其机理，评估北极与全球气候变化的相互作用，预测未来气候变化对北极自然资源和生态环境的潜在风险，推动北极冰冻圈科学的发展。加强应对气候变化的宣传、教育，提高公众对气候变化问题的认知水平，促进应对北极气候变化的国际合作。"② 这说明中国的北极政策与气候政策是相互融合的。

第一，中国明确认识到应对北极气候变化是全球气候治理的重要环节。《中国的北极政策》白皮书在"积极参与北极治理的国际合作"部分专门强调了中国参与全球气候治理的重要性，指出"中国不断加强与各国和国际组织的环保合作，大力推进节能减排和绿色低碳发展，积极推动全球应对气候变化进程与合作，坚持公平、共同但有区别的责任原则和各自能力原则，推动发达国家履行在《联合国气候变化框架公约》《京都议定书》《巴黎协定》中作出的承诺，为发展

① 潘敏：《气候变化下的因纽特人——来自冰雪北极的人文采录之三》，《中国海洋报》2016 年 2 月 25 日，第 A4 版。
② 《中国的北极政策》白皮书，国务院新闻办公室网站，http://www.scio.gov.cn/ztk/dtzt/37868/37869/37871/Document/1618207/1618207.htm，登录时间：2018 年 12 月 17 日。

中国家应对气候变化提供支持"。① 这说明中国对北极治理与气候治理关系的认知已经比较明确，这是基于中国全面参与全球气候治理和北极治理的经验，主要包括减缓和适应两个方面。

减缓方面，中国虽不是北极地区国家，但是重要利益攸关国家，其中的重要原因之一就是气候变化导致的北极环境变化会引发全球自然系统的紊乱，由此给中国国家和国民安全带来威胁，其中海冰融化加剧海平面上升是最为明显和严重的威胁。因此中国明显感受到加强国际合作尽快落实《巴黎协定》等全球气候治理文件的紧迫感。换言之，北极应对气候变化中的减缓问题不在北极而在北极之外，只有世界上的主要气候治理主体共同发挥领导作用，采取切实有效措施削减温室气体排放，北极受到的气候变化威胁才会减少，其对气候变化的反作用也会相应减小。

适应方面包括两点，首先是在气候变化已经改变北极环境的情况下，如何使当地居民，特别是土著居民，以及其他生物更好地适应新环境以维持生存。由于北极温度升高，北极熊因为食物匮乏而惨死的报道已屡见不鲜。如何避免此类事件恶化导致物种灭绝，保持北极生物多样性和北极可持续发展是中国的北极气候政策需要思考的问题。其次，需要适应气候变化下北极新环境的还有域外国家，即气候变化带来的新航路以及易开采的自然资源如何管理和分配。现在对北极航路和资源开采的争夺局面基本是各自为政，中国将气候政策与北极政策融合的重要内容，就是能够从多边和双边领域协调各方关系，避免北极成为各方动用武力抢夺航路和资源的角力场。由此可以看出，中国的北极政策实际是中国在北极的区域性气候政策的落实，二者相辅相成，共同促进，争取实现双赢的结果。

第二，中国在北极的气候政策坚持"共同但有区别的责任"原则。既然北极的气候政策是中国整体气候政策的一部分，那就必须坚持"共同但有区别的责任"这一中国气候政策的基本原则。北极自然环境在全球气候变化中的脆弱性非常明显，而北极又被认为是全人类的遗产，因此一国在全球气候治理中的责任如果被放到北极治理中，就更容易被卷入人类道义的争论。比如发展中大国由于高速增长的经济被认为是近年全球温室气体排放的主要"贡献者"，在发达国家尤其是欧盟看来，如果不设置约束性的且较为激进的减排指标，那么就是逃避

---

① 《中国的北极政策》白皮书，国务院新闻办公室网站，http://www.scio.gov.cn/ztk/dtzt/37868/37869/37871/Document/1618207/1618207.htm，登录时间：2018 年 12 月 17 日。

全球气候治理的责任。如果将这一话语放到北极治理的语境中，那么发展中大国就是不顾人类的共有遗产，以自己的发展利益牺牲全人类应该共同拥有的北极。这种道义批判比太平洋小岛国指责发展中大国借口发展需求不愿接受温控1.5摄氏度的目标更加严重。但是，"共同但有区别的责任"原则是历次联合国气候大会的共识，否则以《联合国气候变化框架公约》为核心的全球减排制度已经土崩瓦解。《巴黎协定》确定的自下而上减排模式实际上进一步巩固而非削弱了这一原则，所以才被认为是全球气候治理的里程碑。因此，虽然北极在全球气候治理中的作用特殊，但并不能否认"共同但有区别的责任"这一全球气候合作的基石。中国在最新的北极政策中突出全球减排诸文件的重要性，就是要强调中国也将按照这一原则参与应对北极的气候变化问题。这其中的关键还是发达国家应该首先履行对发展中国家资金和技术的承诺。在特朗普政府退出《巴黎协定》的背景下，全球减排的进程将受到影响，这又将加剧气候变化对北极的威胁。因此，北极实际已经成为检验各方在全球气候治理中责任履行情况的试验场，反衬出各方在这一重要的全球公共产品供给中的态度和行为。从中国的气候政策和北极政策来看，已经切实践行了人类命运共同体思想，体现了大国的责任。

　　第三，相互融合的中国气候政策与北极政策应加强不同群体对二者关系的科学认知。无论是气候变化还是北极，都还有很多问题需要科学研究进一步探索，而二者之间的互动关系更是十分复杂的科学前沿问题。中国科学家群体在相关领域展开了持续研究，为人类加深对气候变化与北极环境互动关系的科学认知做出了贡献。比如对于2018年8月有媒体报道北极圈夏季温度达到30度的"新闻"，中国第九次北极科学考察队就通过科考实践给出了自己的解释，科考船"进入冰区后，气温维持在零下3摄氏度至零摄氏度之间，与历次北极考察相比，未见异常"。考察队队员、中国国家海洋环境预报中心高级工程师宋晓姜认为，"天气尺度本身是以天来衡量的，相比气候尺度要远远小得多、短得多"。宋晓姜表示，"全球气候变化以及北极海冰逐渐减少是当今科学界普遍认同的现象，但是气候系统十分复杂，一个异常的天气过程不能完全代表气候系统的异常，需要更多的资料开展分析和研究"。[1] 随着中国国力增长和科技水平提高，有些中国科

---

① 申铖：《记者手记：今年北极真的热吗?》，新华网，2018年8月6日，http://www.xinhuanet.com/science/2018 - 08/06/c_ 137371524. htm，登录时间：2018年12月16日。

学家已经在与北极相关的科研机构担任领导职务，在重要极地治理谈判中科学家已经成为中国政府代表团重要成员。科研队伍的长期存在、科考站的空间布局、科考设备的良好运作、科考活动制度的软存在都使得中国在极地治理方面拥有了更大发言权和贡献能力。[①] 但是，中国毕竟是北极事务的后来者，而且先天缺少北极研究的地理优势，所以在气候变化与北极的复杂关系领域还需要开展广泛深入研究，才能在相关国际事务中拥有更大发言权，为保护人类共同遗产发挥更大作用。同时，气候变化与北极关系的相关科普工作也应该进一步加强。伴随媒体关于北极受气候变化影响逐渐消融报道的增多，中国赴北极旅游人数也迅速增长。携程旅行发布的《中国人极地旅行报告》显示，2008～2016 年，芬兰、挪威、冰岛等北极地区国家每年接待的中国游客数量增长在 50%～100%。[②] 由此带来的交通碳排放和污染都增加了北极的环境压力。北极理事会各方认为北极环境污染的治理不能只依赖理事会国家，而必须依靠国际社会共同努力，特别是提供北极旅游产品的企业。[③] 因此，中国作为重要北极利益攸关方也应采取相应措施，通过公共教育，提升公民赴北极旅行的低碳环保意识，尊重当地土著居民权利，减少对北极自然和人文环境的破坏。

中国提升北极适应气候变化能力需要加强与北极相关各方合作，由于美国退出《巴黎协定》和欧盟始终坚持应对气候变化的积极立场，中国主要的合作伙伴应该是欧盟。2018 年 7 月，中国和欧盟联合发布的《中欧领导人气候变化和清洁能源联合声明》指出，"为了全人类共同福祉，日益加剧的气候变化影响需要我们下决心应对。中欧双方承诺展现坚定决心，并与所有利益相关方一道应对气候变化，落实 2030 年可持续发展议程，推动全球温室气体低排放、气候适应型和可持续发展"。[④] 这为中欧合作提升北极适应气候变化能力提供了最新的政策框架，其中中国－北欧北极研究中心可以发挥积极作用。中国－北欧北极研究

① 杨剑等：《科学家与全球治理：基于北极事务案例的分析》，时事出版社，2018，第 248 页。
② 周人果：《广州位居最爱极地旅游城市前三名》，南方网，2017 年 12 月 24 日，http://kb.southcn.com/content/2017－12/14/content_ 179603797.htm，登录时间：2018 年 2 月 9 日。
③ Arctic Council, *Summary Report*, *SAO Plenary Meeting*, Oulu, Finland, October 2017, https://oaarchive.arctic－council.org/bitstream/handle/11374/2109/SAOFI201_ 2017_ OULU_ Summary－Report_ 13441_ v1.pdf? sequence =3&isAllowed = y, p. 8, 登录时间：2018 年 2 月 9 日。
④ 《中欧领导人气候变化和清洁能源联合声明》，2018 年 7 月 16 日，《人民日报》2018 年 7 月 17 日，第 8 版。

中心（以下简称北极中心）于 2013 年成立，旨在为中国和北欧 5 国开展北极研究学术交流与合作搭建平台。北极中心的成员包括冰岛、丹麦、芬兰、挪威、瑞典和中国，其中丹麦、芬兰和瑞典也是北极理事会和欧盟成员，这为中国参与制定统筹三方的气候政策提供了机遇，最终目的是加强中欧在北极气候治理，乃至全球气候治理中的合作。特朗普政府退出《巴黎协定》后，中国需要新的合作伙伴实现对《巴黎协定》生效后全球气候治理的共同引领。中欧气候合作尽管在减排目标上差异较大，但气候合作仍然是双方全面战略合作伙伴关系的重要内容，也是双方和平、增长、改革、文明四大伙伴关系建设的桥梁之一。北极是人类共同遗产，不应该因为新航路的出现和资源的丰富成为世界新的冲突之源，中国和欧盟作为当代世界奉行多边主义的重要政治力量，在维护北极和平方面具有共同责任。在新科技革命正在发生的时代，以低碳经济为主要内容的新经济形态已经是世界经济转型的大势所趋。中国是低碳产业投资大国，并在新能源技术研发领域进步迅速，欧盟在低碳技术研发和应用领域全球领先，双方优势互补可以实现在低碳经济时代以改革促增长的目标。环保哲学在欧洲文明中由来已久，特别是欧盟成员中的北欧国家，素来以重视环境的绿色发展方式著称于世，比如丹麦的风能发电已占到全国电力消耗的 43.4%。而天人合一的自然哲学也是中华文明的内在基因之一，都江堰人与自然浑然天成的工程设计至今惊叹世界。这种人与自然和谐共生的哲学取向是中欧文明伙伴关系的公约数。可见，以应对北极气候变化问题为纽带，中欧之间的四大伙伴关系又能够开辟新的边疆。因此，在美国消极对待气候变化问题时，中欧应尽力弥合自哥本哈根气候大会以来的分歧，在落实《巴黎协定》方面寻求更多共同利益。中国牵头建立的北极中心包括了丹麦、芬兰、瑞典这三个欧盟和北极理事会成员国，又负有研究气候变化与北极关系的职责，因此可以考虑增强北极中心的气候治理功能，将其发展为促进中欧气候合作的桥梁。

　　中国在北极事务中的最大短板是非北极国家身份，因而为更好参与北极事务就需要找到适合自身身份的议题，全球气候治理就是其中之一。北极事务的最大矛盾是主权争议，中国作为非北极国家恰恰可以避免陷入这一争议，同时发挥在气候治理领域的身份优势，将参与北极事务的重心之一放在应对气候变化这一功能性议题上，这样能减少主权争议对北极气候治理的干扰。北极中心的建立符合这一思路，因为中心的主要任务是科研合作，并非政治事务，所以可以避免与丹麦等国发生在北极主权方面的矛盾。丹麦是对北极主权主张最为积极的国家之一，而中国是其在亚洲的最大贸易伙伴，丹麦首相拉斯穆森（Anders Fogh Rasmussen）在 2017 年 5 月正式访华时就曾表示发展丹中全面战略伙伴关系是丹麦外交的重点，李克强总理也表示将在创新驱动发展、绿色协调发展、北极合作、地方合作等领域打造两国合作亮点。① 这为中国与北欧国家，乃至欧盟加强北极地区的气候合作提供了机遇，而北极中心在其中可以发挥关键作用。

增强北极中心在气候治理方面的功能主要是加强对北极的气候科研国际合作。中心成员在此方面都有明确目标，挪威启动了新的气候变化和海洋酸化研究计划，建立北极气候与环境研究中心以强化气候变化对北方地区影响预测研究；瑞典致力于人类对气候变化影响研究；芬兰重点加强与北极环境相关的国民生计适应性评估，并支持影响决策的区域气候模型开发；丹麦则致力于积极推进对北极气候变化及其后果认知的积累，以增强对长远变化的适应性。② 中国需要通过对中心在制度建设、资金支持等方面的完善，将中心科研活动与成员国各自北极气候科研规划对接，这样才能增加成员参与中心应对气候变化研究的动力。北极中心是中国对于地区治理机制建设的一大创新，扩大了北极理事会正式成员局限于北极地区国家的不足，并且能够减少北极理事会在北极治理中受到的主权争端等政治因素的干扰，专注于各方都能接受的最大公约数，其中就包括应对气候变化。因此，需要完善北极中心在气候治理研究方面的功能，使其在北极气候治理中的作用更加明显。

《中国的北极政策》白皮书的发布说明，以人类命运共同体思想引领的新时代中国大国外交在全球治理领域更加完善。从气候到海洋，从外空到极地，中国外交越来越具有全球色彩和担负人类命运的深远情怀。中国的北极政策和气候政策将来应该在治理目标、手段、范围、制度建设等多个领域实现更加精细化的对接，使两项政策的融合更具有可操作性。中国－北欧北极研究中心也可以在不断完善自身建设的基础上，与北极理事会、北欧理事会、世界自然基金会、联合国政府间气候变化专门委员会、欧盟、联合国环境规划署等相关多边机构加

---

① 王慧慧：《李克强同丹麦首相会谈》，《人民日报》（海外版）2017 年 5 月 4 日，第 2 版。
② 何剑锋、张芳：《从北极国家的北极政策剖析北极科技发展趋势》，《极地研究》2012 年第 4 期，第 410 页。

强交流，拓展北极气候变化研究合作方，在应对气候变化对北极的挑战中发挥更大作用。

小 结

新时代中国特色大国外交需要特定区域外交的支撑，其中首要支撑就是中国的周边外交，中国国家主席习近平多次提到亚洲命运共同体的概念，就是对构建人类命运共同体这一中国外交总体目标在中国周边区域的具体落实，是促进全球治理落地的体现。促进全球气候治理向包容、普惠和高效方向转型是中国构建人类命运共同体的重要内容，所以在区域层面使全球治理"落地"就成为中国促进全球气候治理转型的基础。新丝绸之路经济带和21世纪海上丝绸之路是中国发展进入新阶段对外合作的全新倡议，二者的特色之一就是绿色丝路，其主要目的是以中国国内的发展助力共建"一带一路"国家，而中国国内发展最大的变化之一就是低碳经济的高速发展，所以低碳发展的理念、资本、制度、技术等要素都会伴随"一带一路"不断扩展，成为中国区域气候治理的基本内容。在此过程中，对接是最为鲜明的特点。正如国务院副总理刘鹤在2012年全球金融危机深化之时主持撰写的一份具有广泛影响力的报告《两次全球大危机的比较研究》中所指出的，2008年金融危机发生后，全球进入了总需求不足和去杠杆化的漫长过程，中国的战略机遇则主要表现为国内市场对全球经济复苏的巨大拉动作用，以及在发达国家呈现出的技术并购机会和基础设施投资机会，所以应该谋求中国利益和全球利益的最大交集。[①] 中国在"一带一路"中的区域气候治理不是单纯的资本输出，而是将国内以新能源产业发展为主要内容的低碳经济发展规划与共建"一带一路"国家国内低碳发展规划对接，实现互利共赢的双向乃至多向交流。在此过程中，重点与中亚、北非这些温室气体排放较多、可再生资源丰富，又希望实现能源独立和转型的发展中国家展开合作，改变了现有区域气候治理集中在发达国家，特别是欧盟的现象，所以提高了全球气候治理的包容、普惠和效率。同时，撒哈拉以南非洲、太平洋岛国和北极都是典型的气候脆弱型区域，亟须提升适应气候变化的能力，但现有全球气候治理的一大弊端就是重减缓

---

① 刘鹤主编《两次全球大危机的比较研究》，中国经济出版社，2013，第16页。

轻适应。所以对中国促进全球气候治理转型的检验应该关注这三个区域。事实证明，中国为提升撒哈拉以南非洲、小岛国和北极区域在面对气候变化威胁中的适应能力，已经开展了包括援助、制度建设、科研合作等多方面实践。而通过借鉴"精准扶贫""合作大保护，不搞大开发"等已经比较成熟的国内发展理念加强对撒哈拉以南非洲、太平洋岛国和北极气候治理的投入，将进一步增强这三个区域适应气候变化的能力，进而提升全球气候治理的包容性、普惠性和效率。

第五章
共商共建共享：中国与全球气候治理价值观转型

　　全球治理价值观是全球治理的指南，决定了全球治理的目标和手段。西方文明，特别是盎格鲁－撒克逊文明主导的全球治理将自由主义置于核心位置，带来的结果并非全球治理而是基于西半球经验的治理，因为在治理中过于强调西方价值的单向输出和对发展中国家的改造，本质上是将世界割裂成不同部分，而不是真正的全球。中国倡导共商共建共享的全球治理价值观，这种价值观基于儒家文明的天下体系思想，表现为一种多元共生的哲学，将世界看成一个整体，从整体思考个体。中国天下观的古代实践是朝贡体系，但在当代全球治理价值观中的表现不是等级而是以平等为基础的共商共建共享。因为中国的全球治理价值观是中国外交哲学的一部分，而中国外交哲学自新中国成立起就强调国家无论大小强弱一律平等，由此发展成为求同存异、和平共处五项原则、独立自主的和平外交政策、伙伴关系、新安全观、和谐世界、人类命运共同体、新型国际关系等一系列与时俱进、一脉相承的外交观念，共同构筑了共商共建共享全球治理观的坚实基础。全球气候治理事关全人类整体利益，是最能体现这一全球治理观的领域。全球气候治理的目标和责任分摊需要共商，全球气候治理的规范、原则、规则和程序需要共建，全球气候治理的成果应该为全体人类共享。这一观念可以弥补现有全球气候治理中的两种倾向，一是制定的目标过于激进而忽视发展中国家的发展利益，二是退出《巴黎协定》逃避减排责任。这两种倾向都是以人类整体利益为代价来满足一己私利的表现。而共商共建共享的全球治理价值观则希望努力凝聚全球气候治理中最大多数参与方的共识，在发展与减排之间实现平衡。中国和美国作为最大的发展中国家和最大的发达国家，本来在应对气候变化问题上充满矛盾，但中国政府坚持共商共建共享观念，与奥巴马执政时期的美国政府达成了一系列重要共识，不仅大幅增进了两国气候合作的福祉，而且为全球气候治理做出了表率，成为实践共商共建共享价值观的经典案例。秉持这一全球治理观，中国提出全球能源互联网倡议，并在围绕《巴黎协定》落实细则的多轮谈判中明确权责、坚持原则、协调立场、凝聚共识，为 2018 年 12 月在波兰卡托维兹举行的《联合国气候变化框架公约》第 24 次缔约方大会最后达成重要共识发挥关键作用，为构建人类气候命运共同体做出了自己的贡献，由此进一步促进全球气候治理朝包容、普惠与高效的方向转型。

第一节 共商共建共享全球治理观的多元共生哲学①

共商共建共享全球治理观反映了中国对全球治理的认知变迁，即从反对到参与。由于全球治理诞生于冷战结束初期西方自由主义思潮处于绝对主导地位的时期，首要特点就是突出全球性问题及其应对手段的跨国性质，需要弱化国家主权权威，重视非政府组织在全球治理中的作用。而苏联解体的外部原因之一就是西方国家支持的非政府行为体的渗透，所以这一时期的中国对全球治理的认知是极为警惕的，认为是西方国家颠覆社会主义国家政权的全新手段。1999 年北约以人权高于主权为由对南斯拉夫联盟共和国采取了军事行动，并轰炸了中国大使馆，而维护和改善别国人权状况从一开始就是西方主导的全球治理的主要目标。因此，对西方国家人权高于主权思潮的警惕再次增强了中国对全球治理概念的负面认知。

进入 21 世纪，伴随中国国力迅速增长和参与全球性事务的增多，中国对全球治理的认知发生了变化。虽然仍然警惕自由主义思潮和非政府组织对国家主权的侵蚀，但同样看重国际社会密切合作共同应对日益增多的全球性挑战的重要性，特别是以联合国为代表的多边机制被中国视为全球治理的主导平台。在此平台下，中国开始更加广泛参与全球治理的多项议题，在经济治理领域，作为新兴

---

① 本节关于天下体系与多元共生哲学关系的论述和本章第三节曾以《多元共生：中美气候合作的全球治理观创新》为题发表于《世界经济与政治》2016 年第 7 期，收入本书有修改。

的世界贸易组织成员积极参与多哈发展回合谈判，2008 年金融危机后积极参与全球金融和货币体系改革；在安全治理领域，"9·11"事件后中国积极参与全球反恐合作，并与多国联合打击亚丁湾海盗；在环境治理领域，中国核准《京都议定书》并大幅增加了清洁发展机制（CDM）的批准数量，防扩散领域在朝鲜核问题发挥积极协调作用，并积极参与伊朗核问题斡旋，等等。

进入 21 世纪第二个十年，经济总量位居世界第二的中国本身已经成为诸多全球治理议题的中心，无法置身事外，独善其身。从全球气候治理到国际货币体系改革，从国际贸易体系的稳定和再平衡到全球发展援助，从合作应对非典、埃博拉病毒等全球传染病到深度合作反恐、防扩散和打击海盗，从维持全球生态多样性到治理海洋、极地和外空污染，从网络安全到跨国犯罪，这些全球性挑战都需要中国发挥积极作用。在此背景下，中国政府提出共商共建共享的全球治理观不仅是对自身新时代大国外交政策的宣示，也是对国际社会期待的回应。这一关于全球治理的价值观念既是新时代中国外交思想的最新发展，同时又根植于中国传统文化，体现了一种基于天下观念的多元共生哲学。

共生关系的三个特征是内生性、交互性和共生性。其中内生性是指共生关系是在社会历史中逐渐自发、扩展和演化出来的。交互性是指人类社会是诸要素内部及其相互间互动联系和作用关系的有机整体。在交互作用中主体被客体化，客体也被主体化。[①] 日本学者石原享一也认为，多元文化的共生法则有两个要点，一是引进异己分子，二是轻视血统原则。[②] 可见，共生文化隐含两个条件，一是共生的观念，即行为体在实践中认同与他者内生于一个共同体中，无法分离；二是行为体的差异，即共生不是要所有行为体统一化，而是在共生中必须保持行为体的个性，在此基础上相互吸收有益的元素。因此，共生的前提应该是多元，如果只有一元就没必要共生了，那就是一统。多元是共生的前提，二者共同构成一种多元共生的全球治理观，具体包含两个要点。

第一，基于天下哲学的世界完整性和个体多元性。赵汀阳认为，天下理论的重要性在于它把"世界"看成一个政治单位，一个最大且最高的政治单位，是

---

① 胡守钧、王世进、李友钟：《共生哲学论纲》，载任晓编《共生：上海学派的兴起》，上海译文出版社，2015，第 19~20 页。
② 〔日〕石原享一：《世界凭什么和平共生》，梁憬君译，世界知识出版社，2015，第 39 页。

思考所有社会/生活问题的最大的情景或解释条件，超出了西方的国家概念。按照这一理论，世界才是思考各种问题的最后尺度，国家只是从属于世界社会这一解释框架的次一级单位。这意味着（1）超出国家尺度的问题就需要在天下尺度中去理解；（2）国家不能以国家尺度对自身合法性充分辩护，而必须在天下尺度中获得合法性。① 基于天下概念，共商共建共享全球治理观的多元共生哲学首要解决的就是全球利益的完整性与国家利益多元性的矛盾。全球利益是国家利益实现的前提，国家之所以能够存续是因为全球共同体的存在，这个共同体不是许多国家拼凑而成的，而是先验存在的，国家只是内生于其中某个部分，好像母体与胚胎的关系，国家作为胚胎脱离母体也就失去了生命。所以，任何国家看待全球治理问题时都必须立足全球的高度，而非自身国家利益的角度，因为国家利益的实现取决于全球性问题的解决，气候变化就是典型的例子。

天下理论的基本分析单位源于家庭，家庭的幸福必定基于它的完整性与和谐，其基本原理是：（1）这个共同体的完整性是任何一个成员各自幸福的共同条件；（2）这个共同体的总体利益与任何一个成员各自利益成正比，或者说集体利益和个人利益总是挂钩一致，因此任何一个成员都没有反对另一个成员的积极性。以此为基础，最终可以得出天下概念中的完整性与多元性的关系：（1）至少两种以上东西之间的和谐是任何一种东西能够生存的必要条件，就是说，单独一种东西自身不可能生存，任何一种东西都不得不与另一种东西共存，于是，共存（co-existence）成了存在（existence）的先决条件；（2）足够多样的东西才能够使得任何一种东西具有魅力或者说价值和意义，因此，足够多样的存在方式是生活意义的基础。② 这说明完整性并非扼杀多元性，因为多元是生命的前提。在一个完整的世界中，每一个国家、人和其他所有生命体都处于世界之网的复杂联系中，通过交换各种要素维持着彼此的生存。任何个体的个性，包括内部结构和功能都是与生存环境适应后形成的，如果轻易改变就会影响整个世界的交换体系，最终导致彼此消亡。所以多元共生的全球治理观并非要实现世界一统，而是通过应对全球性挑战为各国创造更好的生存空间，保持多元性的魅力，这就是全球治理与国家利益的辩证法。以天下观世界，虽然仍然存在国家利益与全球利益

① 赵汀阳：《天下体系：世界制度哲学导论》，中国人民大学出版社，2011，第30~31页。
② 赵汀阳：《天下体系：世界制度哲学导论》，第47~51页。

的矛盾，但这只是一个时段以内的。在一个"长时段"内，或者从永恒的时间性去看，人类公共利益的最大化必定与国家利益的最大化一致。①气候变化对于国家的威胁就是如此，短期内并不明显，所以各国认为减排应对气候变化的收益远远小于不减排带来的经济发展收益，于是选择不减排。但从长远看，如果现在不减排，那么气候变化带来的长期危害将远远大于现在经济发展的收益；如果现在就开始减排，那么气候变化趋势在长期的遏制将为经济发展提供更好的自然环境，从而实现全球利益与国家利益的重合。

第二，多元个体不必然冲突，反而可以通过自我约束和交流互鉴共生出新的治理模式。在天下体系中，个体不仅多元，甚至会差异巨大。但差异是客观存在的，并不必然导致冲突，关键是如何相互认知，在相互尊重和平等对话的基础上多元个体即使差异巨大也能实现共生。在这种互动中，多元个体间逐渐相互包含了对方的元素，最后形成中国太极哲学的状态，即黑中有白，白中有黑，黑白对立，但又共生共灭。要达到这一状态需要两个条件，一是行为体的自我约束，二是行为体间的交流互鉴。温特在论述体系结构转型时给出了四个主变量，相互依赖、共同命运、同质性和自我约束。温特认为虽然前三个变量是结构变化的有效原因，但这一变化只有在行为体克服了被将要与之认同的行为体吞没的担心之后才能得以有进展，而克服这种担心的最佳方式就是自我约束。因为如果行为体相信他者没有吞没自我的意图，也不会出于利己考虑，采用机会主义的方式吞没自我，那么自我就会比较容易相信与他者认同会使自我的需求得到尊重，即便在没有外部制约的情况下也会如此。所以，自我约束是集体身份和友好关系的最根本基础，集体身份从根本上不是根植于合作行为，而是根植于对他人与自己的差异表现出来的尊重。②可见，自我约束的重要意义就在于不必然通过个体间的同质化也能实现友好，所以是真正的观念变迁消除了个体间可能相互威胁的担忧，而不是通过外力和利益计算，这就为不同质国家间的相互尊重提供了可能。在相互尊重的基础上，国家间才有可能发现其他国家治理模式的优点，并通过交流互鉴最终产生新的治理模式。

---

① 赵汀阳：《天下体系：世界制度哲学导论》，第32页。

② 〔美〕亚历山大·温特：《国际政治的社会理论》，秦亚青译，上海人民出版社，2000，第445～448页。

概括起来，以多元共生哲学为基础的共商共建共享全球治理观的逻辑是，国家以天下观进行自我约束，由此带来国家间的交流互鉴，然后融合出新的治理模式应对全球性挑战，实现国家利益与人类利益的一致。与西方全球治理观相比，多元共生哲学的全球治理观在研究起点上是天下，而西方是国家。二者研究的主体特性虽然都是独立且多元，但在整体与个体的关系上，多元共生哲学下的个体内生于天下这个整体中，所以与整体不可分割，命运共生。而西方全球治理观中的个体是外生于整体的，所以个体可以独立于整体生存。在主体间关系上，多元共生哲学下全球治理观的主体间相互包含对方的元素，所以不必然冲突，可以通过自我约束交流互鉴。而西方全球治理观下多元的治理主体间容易导致冲突，所以要追求主体的同质化。从治理模式看，多元共生哲学的全球治理观承认多种治理模式共存，所以要借鉴各种治理模式的长处，融合成新的治理模式。而西方全球治理观认为模式之间相互竞争，最后以一种模式替代所有模式。在治理目标上，多元共生哲学的全球治理观以实现人类利益为最终目标，但治理主体是通过自我约束实现人类利益，最终实现个体利益与人类利益的一致。西方全球治理观也是以实现人类利益为最终目标，但认为人类利益是个体利益的总和，所以必须先实现个体利益，最后才能实现人类利益，人类利益不能有损于个体利益。

从根本上看，共商共建共享全球治理观的多元共生哲学就是在全球性与现代性之间搭建起桥梁。现代性是当下，全球性是未来，现在人类正处在一个从现代性向全球性过渡的阶段，即以现代性为特征的民族国家必须携手应对各种超越国家界限的全球性挑战。这一过程中民族国家的认同和治理结构都在发生变化，但并未消失，甚至更加强大。[1] 多元共生哲学认为，解决这一矛盾的逻辑起点就是民族国家间必须首先建立起天下观。天下体系与全球性的区别在于，全球性强调同一，在价值层面表现为"共同的理念与意识，共同的伦理，共同的利益，共同的秩序与文明"，[2] 这与现代性的多元特征相矛盾。[3] 而天下体系则强调多元个体互为存在条件，为现代性留下了空间，在世界整体性与个体多元性之间实现了

---

① 吉登斯：《全球化时代的民族国家》，第 13～19 页。

② 蔡拓等：《全球学导论》，第 491 页。

③ 关于现代性的多元特征问题可以参看钱乘旦主编《世界现代化历程》，江苏人民出版社，2016。该套丛书共十卷，从世界历史角度比较研究了世界所有大洲的现代化历程，得出的基本结论就是文明是多元的，现代化没有统一模式。

平衡。所以天下体系要求民族国家从人类整体角度而非国家个体角度思考全球治理问题，必要时必须自我约束，甚至牺牲部分个体利益换取人类利益；同时，天下中的个体间又要意识到多元并不必然导致冲突，相反还能提供营养，所以需要汲取各种文明在治理方面的成功经验，努力寻找多元文明关于治理方式的最大公约数，以新的治理模式应对人类共同挑战。

以多元共生哲学为基础，可以为中美这两个最大经济体弥合彼此全球治理观的分歧提供可能。中美之间实力地位的接近使得这对崛起大国和守成大国间战略回旋的空间越来越小，必须寻找能够释放两国日益紧张的战略性矛盾的新领域，这就是全球治理在当前两国关系中的重要价值之一。气候变化的威胁是全球性的，这更体现出中美共生于一个天下体系中的事实，即必须从天下的整体视角而非国家利益的个体视角看待气候变化全球治理，以生命的平等权利为两国的最大公约数，通过自我约束的方式牺牲部分经济利益换取延缓气候变化威胁的全球利益，并在交流互鉴的基础上实现气候变化全球治理模式的创新。

中美都内生于一个天下体系之中，体系消逝中美也无法生存。同时，中美又差异巨大，但从文明视角看彼此又包含着对方的要素，可以通过自我约束和交流互鉴实现共生。正如布罗代尔所言，各个文明的历史实际是许多世纪不断相互借鉴的历史，尽管每个文明还保留着它们原有的特征。虽然工业文明可能会使人类最终采用相同的技术，但我们在长期内还将面临非常不同的各种文明。① 改革开放的历史表明，中国已经通过自身的市场观（即社会主义可以搞市场经济）、民主观（即发展社会主义民主法制）、安全观（即当今时代主题是和平与发展，并主动裁军一百万）以及文化观（即正确看待中国传统文化和西方文化）等四大观念的转变实现了自我约束，对内全面改革，对外和平发展。这一过程中，中国始终以多元文明的开放态度与西方文明交流互鉴，这在中国当前对待全球治理的态度上也清晰可见。习近平总书记在中共中央集体学习全球治理格局和全球治理体制时就指出："全球治理体制变革离不开理念的引领，全球治理规则体现更加公正合理的要求离不开对人类各种优秀文明成果的吸收。要推动全球治理理念创新发展，积极发掘中华文化中积极的处世之道和治理理念同当今时代的共鸣点，

---

① 布罗代尔：《文明史：人类五千年文明的传承与交流》，第40页。

继续丰富打造人类命运共同体等主张，弘扬共商共建共享的全球治理理念。"①
这显示了中国对待全球治理的包容态度，也为中美建构多元共生的气候合作关系
提供了机遇。

对美国而言，要真正提升全球治理的有效性同样需要自我约束，即减少对自
由主义作为唯一全球治理观的迷恋，认识到伴随国际格局转型，不同文明体基于
内部治理的成功经验，都会对全球治理提供有益补充。就像市场经济虽然源于盎
格鲁－撒克逊文明，但也发展出欧洲大陆资本主义模式、东亚资本主义模式和中
国特色社会主义市场经济模式，各种模式的市场经济既保留市场决定价格的普遍
原则，又凸显各自文明的特色。同样，虽然以"小政府大社会"为基本原则的
美国全球治理观有其合理性，即以全球公民社会自治补充主权国家治理的不足，
但这也是基于美国自下而上的独特建国经历，在其他文明中很少存在。相反其他
文明通过政府规划引导国家与社会治理的经验也能弥补美国治理模式的不足。费
正清（John King Fairbank）在总结美国与中国的比较时就已经看到，美国的生活
方式不是唯一的，美国人喜欢求助于立法、合同、法权和诉讼的处事方法可能效
果是有限的，相反中国提供了别的出路。崇尚个人主义的美国人可能比中国人更
需要调整以适应未来的生活。② 基辛格在展望后冷战时代的均势时也指出："美
国发现自身的处境十分近似十九世纪的欧洲，……借由共同的价值观可以增强势
力均衡。在现代世界，这些价值必然是民主的理念。但是关于一般所宣称的民
主，世界各地用词未必就一样。因此，美国要以道德共识去支撑均势，乃是合理
的做法。美国必须尽其心力，在全球坚守民主政治信念的基础上建立最大可能的
道德共识。"③ 这一道德共识在全球治理中的表现就是携手应对全球性挑战的人
类道义，在这一道义下中美哲学的共通之处逐渐显现。

张岱年先生概括中国哲学的特点中就包括"天人合一"，认为"天人既无
二，于是亦不必分别我与非我。我与非我原是一体，不必且不应将我与非我分
开。于是内外之对立消弭，而人与自然，融为一片"。④ 虽然张岱年先生认为这

---

① 《习近平在中共中央政治局第二十七次集体学习时强调：推动全球治理体制更加公正更加合
理，为我国发展和世界和平创造有利条件》，《人民日报》2015 年 10 月 14 日，第 1 版。
② 〔美〕费正清：《美国与中美》，张理京译，世界知识出版社，1999，第 459 页。
③ 基辛格：《大外交》，第 853～854 页。
④ 张岱年：《中国哲学大纲》，江苏教育出版社，2005，第 8 页。

种不分内外物我天人的哲学与西方哲学将宇宙视为外在于我的观点不同，但在艾默生（Ralph Waldo Emerson）看来，人与自然同样是和谐一体的，"人是世界的主人，并不因为他是最灵敏的居住者，而因为他是世界的头和心"。① 作为"美国文明之父"，艾默生这一人与自然关系的思想为美国的"天定命运观"做出了诠释，实际反映的是一种拯救苍生的使命感，这与中国哲学源于天人合一观的"为天地立心，为生民立命"的使命感颇具异曲同工之妙。而全球治理的实现归根到底就是需要一种胸怀全体人类甚至全体生命的责任意识，这在今天中国外交的话语中就是人类命运共同体。在此，中美两国全球治理观的最大公约数就是对生命权的平等珍视，所有生命都同处一个地球，彼此相互依赖，多元共生，因此必须责任共担，同舟共济，而不是以自己的文明取代对方。在这种共同的责任感下，中美两个大国有可能建构起以多元共生哲学为基础的共商共建共享全球治理观，既为建设新型大国关系提供精神引领，也为全球治理提供新的思路。

第二节　共商共建共享全球治理观的传承与创新

共商共建共享全球治理观以多元共生哲学为基础，但也不是凭空产生，而是不同年代新中国外交思想的继承、发展和创新。只有回溯共商共建共享全球治理观形成的历史脉络，才能科学和准确地理解新时代中国对于当代全球治理问题的认知。

虽然共商共建共享是中国第一次系统表述的全球治理观，但这一思想的内涵却早已体现在新中国成立之初的外交思想中，这些一脉相承的外交思想的共同特征是反映了中国在国际问题认知中现实主义与理想主义的平衡。国际关系无政府状态的性质决定了国家利益是各国对外行为的准绳，但正如上节所述，中国古代的天下观造就了中国人看世界的整体意识，将个体放在整体中观察，每个个体之命运系于整体之完整，所以各国之命运系于人类共同体之完整。在此，人类整体的福祉是理想，个体的利益是现实，理想与现实的关系概括起来就是"和而不同"。所谓"不同"，实际就是对政治活动参与者不同利益的主观承认，承认不同利益无法统一化而只能共处。"和"只能以"不同"为前提，否则就只能是无

①〔美〕拉尔夫·艾默生：《美国的文明》，孙宜学译，广西师范大学出版社，2002，第39页。

法实现的"和",或者说为了实现"和"的理想主义目标,就必须通过承认"不同"进而有序排列"不同"的现实主义手段。如果不顾"不同"而只一厢情愿地强行促"和",最后只会带来利益的冲突。"不同"是世间万物存在和发展的前提。自然界的"不同"带来了环环相扣的食物链,进入人类社会后便发展为不同的社会分工,并成为推动人类社会演进的基本动力。就国际社会而言,"不同"首先表现为各国资源禀赋的差异,进而才可能有优势互补的结果,这从根本上决定了国际经济体系的存在和发展。在此基础上,各国不同的历史文化传统造就了它们不同的对外战略观念和对外政策,这又构成了国际政治体系的基本内容。最后,整个国际体系的变迁与发展就是在这些不同因素的矛盾运动中实现的。可见,"和"与"不同"实则是一对互补的概念,二者相伴相生,否则就都失去了存在的价值。以此为参照,"和而不同"中的"和"也并不等同于万物归"一"的"大同世界",它必然包含着对现实世界中不同国家利益的承认,实际是立足于现实的"不同"而追求未来的"大同",是一种名副其实的"共生"哲学。

所以,"和而不同"并没有片面彰显理想主义,相反却体现了中国古代先贤们对国家间关系中理想主义与现实主义互动作用辩证思维的哲学智慧。新中国的国际战略和国际观受到中国优秀传统文化的巨大影响,[①] 其中之一便是继承了这种"和而不同"的古代哲学智慧,使理想主义与现实主义能够巧妙融合在一起,这首先体现在毛泽东同志处理中苏关系中的意识形态和国家利益的关系问题上。作为新中国外交的首要决策者,毛泽东的外交思想同时具有鲜明的理想主义色彩和现实主义色彩,前者表现为以全世界无产阶级联合战胜资产阶级的革命思想,后者表现为新中国外交必须以维护国家利益为首要原则。在他的领导下,新中国第一代领导集体首先对当时两大阵营已经形成的国际环境做出了理性判断,认为在世界已被美苏两强一分为二的情况下,任何国家要想获得自己的生存空间都必须加入一个超级大国的阵营。尤其对于一个新生政权来说,首要任务应该是清剿各种反动残余势力,恢复国民经济,因此必须有一个相对安全的国际环境,特别是周边环境以减少对有限精力的分散。这种现实主义思想的政策结果就是"一边倒"战略的实施,毛泽东同志对其的解释是:"积四十年和二十八年的经验,

---

① 张历历:《外交决策》,世界知识出版社,2007,第272页。

中国人不是倒向帝国主义一边，就是倒向社会主义一边，绝无例外。骑墙是不行的，第三条道路使没有的。"① 甚至可以说，"中国共产党坚决地加入苏联阵营已经不仅仅是从国际形势观察中得出的结论，而是把握国家命运、实现民族理想的最后、唯一的途径"。② 换言之，新中国一边倒向苏联并非单纯理想化的意识形态情结，同样有充分的现实利益考虑。

"和平共处五项原则"是新中国外交的一项标志性政策，也是新中国为国际社会贡献的重要智慧。这一思想的目标是鲜明理想主义的，但初衷和内容却饱含现实主义哲学。"和平共处五项原则"最早源于毛泽东提出的中国共产党外交原则，但他又明确区分了党的外交和国家外交。他认为，中国共产党可以受共产国际的领导，但这绝不等于新中国应该接受莫斯科的领导，在外交事务中，中国共产党只能代表全中华民族的利益。③ 为此，毛泽东又专门提出了互不干涉内政与和平共处的重要原则，并最终发展为"和平共处五项原则"。"和平共处五项原则"在理论上的首要贡献是提出了正确处理不同社会制度国家间的关系问题，其次是如何正确处理社会主义国家间的关系，④ 但从现实来看，后者的意义比前者更大。强调不同社会制度国家间应当互不干涉内政、平等互利、和平共处是对当时美国霸权主义横行的理性应对，虽然带有理想主义色彩，却是对新中国国力有限无法正面对抗的现实主义思考。其最大的现实主义意义就在于，避免了同时面对一个阵营的敌人，从而扩展了自己的战略空间。但是，如何防止自己阵营的大国推行霸权主义呢？这正是"和平共处五项原则"的另一重大贡献。其实，在提出这一原则的20世纪50年代，苏联针对中国的霸权主义倾向还不是很明显，但新中国的决策者已经预感到了其严重后果。果然到了60年代中后期中苏关系全面恶化，这就使得在平等基础上和平共处的原则对于维护中国国家利益来说显得尤为重要，并直接导致了后来"两面反""一条线，一大片"国际战略和"三个世界"划分战略思想的出现。可见，此时的新中国虽处于两大意识形态对抗的国际结构之中，但新中国决策者的外交思想却始终保持着现

---

① 《毛泽东外交文选》，中央文献出版社，1994，第93页。
② 刘建平：《新中国的原点》，西苑出版社，1999，第12页。
③ 《毛泽东年谱》（1949～1976）（上），人民出版社，1993，第561页。
④ 叶自成：《新中国外交思想：从毛泽东到邓小平——毛泽东、周恩来、邓小平外交思想比较研究》，北京大学出版社，2001，第118～119页。

实主义传统，并没有完全以意识形态异同的理想主义标准来制定外交战略和政策，基本保持了外交路线的正确方向，从而切实地维护了这一阶段新中国的国家利益。

另一个体现新中国外交理想主义与现实主义平衡的例子是周恩来总理在1955年第一次亚非会议上提出的求同存异思想。本次会议的初衷是在冷战背景下促进亚非国家团结，但有少数国家受西方大国指使无端攻击中国，破坏亚非国家团结的大局。对此，周恩来总理在大会主要发言后的补充发言中进行了回应，提出了著名的求同存异思想：

> 中国代表团是来求同而不是来立异的。在我们中间有无求同的基础呢？有的。那就是亚非绝大多数国家和人民自近代以来都曾经受过、并且现在仍在受着殖民主义所造成的灾难和痛苦。这是我们大家都承认的。从解除殖民主义痛苦和灾难中找共同基础，我们就很容易互相了解和尊重、互相同情和支持，而不是互相疑虑和恐惧、互相排斥和对立。……我们的会议应该求同而存异。……我们并不要求各人放弃自己的见解，因为这是实际存在的反映。但是不应该使它妨碍我们在主要问题上达成共同的协议。我们还应在共同的基础上来互相了解和重视彼此的不同见解。[1]

求同存异是"和而不同"哲学的直接体现，中国外交追求亚非国家团结一致的理想主义目标，但又没有脱离实事求是的现实主义路线，并不要求所有国家都和中国奉行一样的制度和政策，各国完全可以而且应该按照自己的国情选择发展道路，这是中国一贯的外交政策主张。在尊重客观差异的基础上，中国追求的是尽可能寻找各方最大的利益公约数，实现和维护好发展中国家的共同利益，包括巩固新生政权，清除殖民地经济残余，摆脱宗主国干涉，逐渐恢复民族经济，改善民生，提升国际地位。相比于少数国家拘泥于意识形态斗争，这些共同利益才是广大发展中国家都迫切需要解决的现实问题。这充分说明"求同存异进一步表征了以周恩来为代表的、具有中国特色的务实外交、柔和外交方式，意味着撇开不同的思想意识、不同的国家制度，去寻找共同点，从国际关系的实践指导

---

① 《周恩来外交文选》，中央文献出版社，1990，第121～122页。

方针上，就是放弃僵化的原则，务实地看待国际事务"。① 正是以这样现实主义的方式回应了发展中国家的核心关切，所以在短暂的波折之后，中国代表团还是在亚非会议上获得了广泛尊重，并为最后达成颇具理想主义色彩的万隆宣言做出了重要贡献。在此，中国外交思想中的现实主义和理想主义再次达成平衡。

进入改革开放新时期，中国领导人对和平与发展时代主题的判断和中国奉行的独立自主的和平外交政策完全继承了之前中国外交的主要思想遗产，并进行大胆创新，但核心价值仍然没有偏离现实主义与理想主义的平衡。邓小平在继承第一代领导集体外交思想中的现实主义因素的同时，把现实主义推向了一个高峰，② 其集中表现就是对"和平与发展"时代主题的准确把握以及对"反对霸权主义"内涵的发展，而这两点的共同特征就是第一次将生产力标准引入中国的外交思想之中。③"和平与发展"的时代主题表面上颇具理想主义色彩，却是对国际体系中主要矛盾变化的深刻洞见。20世纪80年代以来，虽然美苏开始新的冷战，但总体趋向保持战略克制，世界大战发生的可能性更小。与此同时，在新科技革命的推动下，包括发达国家在内的世界各国都面临着进一步发展经济的重任。对这两大现象的认识实际是"和而不同"思想在不同社会制度和不同类型国家共存问题上的具体表现，而在此基础上形成的以"和平与发展"为主题的战略指导思想也就反映了决策者直面新的国际竞争和维护中国国家利益的现实主义思考，其中在"发展"问题上对综合国力的强调更可以被看作对传统现实主义权力观念的发展，即超越了简单的军事因素，而将国家权力扩展到了包括科技、文化等领域的多个方面，这与只片面强调国际舆论和道德的理想主义哲学是大相径庭的。所以代表发展的"南北问题是核心问题"④，其中发展中国家的发展对于全球发展和维护和平又具有根本性的意义，⑤ 这种强调实现发展中国家在世界事务中平等地位的思想被共商共建共享全球治理观完全继承下来。"反对霸

① 何志鹏：《大国之路的外交抉择——万隆会议与求同存异外交理念发展探究》，《史学集刊》2015年第6期，第99页。
② 叶自成：《新中国外交思想：从毛泽东到邓小平——毛泽东、周恩来、邓小平外交思想比较研究》，第52页。
③ 梁守德、洪银娴：《国际政治学理论》，北京大学出版社，2000，第24页。
④ 《邓小平文选》（第三卷），第105页。
⑤ 贺耀敏等：《春潮涌动：1984年的中国》，四川人民出版社，2018，第239页。

权主义"是新中国成立以来就一直坚持的外交原则，但在"和平与发展"时代主题的大背景下又被赋予了新的内涵，即"霸权主义"只是一种行为，并不指特定的国家，对于推行"霸权主义"的国家我们一方面要坚决反对其霸权行为，但同时又要与其保持正常的国家交往。这实际是针对美国在中国国家发展中的特殊战略地位而言的。那种不顾自身国力所限，一味与一切推行"霸权主义"国家保持敌对关系的理想主义做法不仅不再符合中国所处的国际环境，而且会严重损害中国的国家利益。所以和平与发展的时代主题看似理想主义，但实际是对国际政治非常现实主义的判断。

20世纪最后十年国际关系的突出特征是冷战结束初期的大调整时期，苏联解体、东欧剧变和西方自由主义思潮的盛行给中国带来较大的意识形态挑战，也正是在这一时期中国开始接触到全球治理概念，但它又和人权高于主权思想、新干涉主义等西方霸权主义思想相伴相生，所以中国外交在这一时期也更加积极地预防西方思想的侵袭。1997年和1998年中美两国元首互访开启了中国与西方关系新阶段，直接促进了2001年中国正式成为世界贸易组织成员，由此开始中国加速进入全球经济治理的中心位置，这也为中国外交提出了新的要求，需要有相应的思想和理论创新反映全新的中国与世界的关系，这就是和谐世界理念。这一理念是对和平共处五项原则的继承和发展，体现了中国和平、发展、合作的外交思想，与人类追求进步、发展的普遍愿望和《联合国宪章》基本精神相通。① 从强调文化的多样性来看，"和谐"并不是否定矛盾，而是承认矛盾的存在，将世界看成是矛盾的统一体。从强调共同安全与共同繁荣来看，承认矛盾或"不同"并不是要激化它们，而是要通过主观努力尽量减少它们的冲突，最终实现不同要素的有序排列，促进合作。

在传承新中国成立以来这些重要外交思想的基础上，共商共建共享全球治理实现了中国世界观的创新，反映了中国对全球治理以及自身在其中地位的客观认知。具体来看，这一全球治理观的创新之处包含以下三个方面的内涵。

第一，共商全球治理目标，所以坚持联合国在全球治理中的主平台地位。不同于西方自由主义思想主导的全球治理观将非政府组织和全球公民社会作为主体，中国的全球治理观首要特征是将联合国置于主平台地位。主要原因在于，联

---

① 郑启荣主编《改革开放以来的中国外交》（1978～2008），世界知识出版社，2008，第29页。

合国因为其广泛的代表性始终是广大发展中国家争取平等权利的首要国际机制，能够使发展中国家真正参与到对全球治理议题目标的共同商议之中。在美国特朗普政府逆全球化和去多边化的对外政策下，中国更加看重联合国倡导的多边合作精神在全球治理中的引领作用，希望多边主义成为全球治理的基石。同时，联合国作为最具权威性的主权国家政府间国际组织，充分体现出主权国家在全球治理中的主体作用，可以平衡西方国家片面倡导非国家行为体，简单削弱主权国家权威的思想。《联合国宪章》第一章第二条第 4 款明确规定，"各会员国在其国际关系上不得使用威胁或武力，或以与联合国宗旨不符之任何其他方法，侵害任何会员国或国家之领土完整或政治独立"。① 这为反对非政府组织随意渗透别国主权和反对霸权国单方面以人权高于主权为借口武力攻击他国提供了国际法依据，与中国主张的和平共处五项原则完全一致。

第二，共建全球治理规则，所以要求加强全球治理规则改革，提升新兴经济体地位。规则与权力和权利对等，新兴经济体崛起改变了当代世界的权力对比关系，全球治理机制内部的投票权和份额分配也应该相应改变，这样才能赋予新兴经济体和发展中国家更多权利。中国这一主张的目的就是共建，即国际社会共同建设全球治理的机制平台，使其能够更加符合当代世界的客观面貌。也只有将更多发展中国家纳入全球治理建设的平台，才能更好地反映它们对于全球性问题的关切，发挥不同文明国家在全球治理中的智力优势，最后才能提升全球治理机制的能力。因此，共建全球治理规则的隐含之义就是在传承求同存异思想的基础上，主张不同文明、制度和发展水平的国家都能平等参与规则建设，所有国家暂时搁置分歧，集思广益，就应对人类面临的共同挑战找到最大公约数。这一观念反对霸权国家为一己之利强行将不成熟或遭到大多数国家反对的规则植入全球治理，而必须在充分协商的基础的上达成最大限度妥协。在此过程中，相关大国应该摈弃单边思维，主动承担协调各方利益和求同存异的责任，而不是增加全球治理谈判中的冲突。

第三，共享全球治理福祉，所以强调以发展为导向的全球治理，使其更好地维护广大发展中国家利益。中国强调以联合国为主平台和提升新兴经济体地位的

---

① 《联合国宪章》第一章第二条第 4 款，联合国官方网站，http：// www. un. org/zh/sections/un – charter/chapter – i/index. html，登录时间：2018 年 12 月 20 日。

主张，本身就体现出以发展为导向的全球治理观。因为新兴经济体崛起后虽然形成了二十国集团等新兴全球治理机制，但联合国的权威地位并未动摇，反而由于新兴经济体的支持得到巩固，《2030 发展议程》的通过就是证明。这一治理倡议充分体现了新兴经济体从自身发展经验和其他发展中国家实际情况出发的利益诉求，将经济、社会和环境的治理视为一个有机整体，希望在联合国领导的全球治理中同样体现包容、公平和可持续的发展理念。尽管联合国从 20 世纪 60 年代到 2000 年制定了四个"十年发展战略"，但并未达到预期成效，主要问题在于发展的公平性缺失和经济、社会、环境治理之间的脱节。直到 2015 年第 70 届联大发展峰会通过《变革我们的世界：2030 可持续发展议程》，联合国作为全球治理主导机制的身份才真正体现出来，因为这份文件充分体现出新兴经济体崛起后在全球治理中对发展中国家利益的捍卫，使得联合国的全球治理目标更加凸显经济、社会和环境的共同可持续性，并且同时包括发达国家和发展中国家，[①] 而不是之前由发达国家将联合国作为"教育"和"治理"发展中国家的工具，从而实现了"扭曲的全球治理"向"真正的全球治理"的转变。[②] 这种以联合国为主平台让全球治理的发展成果更多惠及广大发展中国家的观念就是一种共享的全球治理观。

　　总体来看，共商共建共享全球治理观的核心创新之处在于，在强调国际社会必须合作应对各种全球性挑战的理想主义目标的同时，同样强调全球治理对于发展中国家，以及不同治理模式和手段的包容性、普惠性的现实意义，特别是全球治理应该反映权力格局变化的现实性。新兴经济体崛起带来的国际格局转型是典型的现实主义命题，将其与全球治理如此理想主义的议题结合起来，就是共商共享共建全球治理观的最大创新之处。它区别于西方自由主义价值主导的全球治理观将发达国家和发展中国家的"中心－外围"结构固化的模式，而从国际政治权力关系动态发展的视角观察全球治理的结构性问题，认为全球治理议题的商定、规则的建设、福祉的分享都应该符合这种动态性，否则就是全球治理的扭曲，最终将降低全球治理的包容性、普惠性和效率。虽然考虑对发展中国家和多

①　张贵洪：《联合国、二十国集团与全球发展治理》，《当代世界与社会主义》2016 年第 4 期，第 21 页。

②　谢来辉：《从"扭曲的全球治理"到"真正的全球治理"——全球发展治理的转变》，《国外理论动态》2015 年第 12 期，第 5 页。

元治理手段的包容性表面上会因为增加治理主体和手段的数量而降低治理效率，但多元治理手段间可以实现互补，并满足更多国家不同的利益需求，由此提升治理效率。比如在全球气候治理中，以单一的《联合国气候变化框架公约》渠道就出现了重减缓轻适应的问题，这使得很多发展中国家，特别是小岛国面对气候变化威胁需要提升适应能力的需求得不到满足。而中国有针对性地主动增加对小岛国的气候援助，丰富了《公约》外的气候治理手段，又满足了小岛国适应气候变化的需求，最终实现了以扩大全球气候治理的包容性和普惠性，提升了治理效率的目标。

总之，共商共建共享的新型全球治理观是新中国外交思想的传承和创新，一方面传承了和平共处五项原则、求同存异、和谐世界等思想的核心理念，维持了理想主义目标和现实主义手段的平衡。另一方面，这一全球治理观又根据当代世界的最新变化进行了诸多创新，最为重要的就是反映了包括中国在内的新兴经济体崛起对国际格局的改变。这说明中国已经不再排斥全球治理，相反更加明确自身在全球治理中的定位，即作为一个逐渐具有全球影响力的新兴大国需要发挥自身观念的引领作用，协调多元的利益攸关方共同应对全球性挑战。因此，共商共建共享全球治理观以多元共生哲学为基础，"以天下观天下，超越了国家和意识形态的分野，是全球治理和世界秩序塑造的中国理念和中国方案，也是构建新型国际关系、构建人类命运共同体的必由之路"。[①]

第三节　共商共建共享全球治理观下的中美气候合作

中国和美国分别是世界第二和第一大经济体，以及第一和第二大温室气体排放国，在全球气候治理中的分歧明显，但在奥巴马政府时期中美却在气候合作领域达成了系列共识，为全球气候治理做出了示范，这一成功案例为共商共建共享全球治理观做出了注解。

中美在2009年哥本哈根气候大会上最初展现了共商共建共享的气候变化全球治理观。美国政府的立场首先是要求发展中国家和发达国家必须共同减排。其次，所有国家减排的行为必须接受国际社会监督，包括发展中大国。最后，美国

---

① 秦亚青、魏玲：《新型全球治理观与"一带一路"合作实践》，《外交评论》2018年第2期，第7页。

虽然给出了资金承诺，但前提是必须达成一个包括发展中国家减排义务的协定。可见，奥巴马总统虽然明显比其前任小布什总统重视气候变化全球治理，但并未减少对中国的要求，布什政府试图重构"共同但有区别责任"原则的做法在奥巴马政府时期得到继续。① 与此对照，中国的首要关切就是维护《联合国气候变化框架公约》的基本架构，因为这一架构确立了"共同但有区别的责任"原则。中国倡导的规则公平性并非按温室气体排放多少分配减排指标，而是在发达国家和发展中国家之间区别责任。为此，中国认为全球气候治理的目标不能只关注中长期，而要把重点放在完成近期和中期减排目标，兑现承诺。所以最后建议国际社会做出切实有效的制度安排，确保发达国家履行对发展中国家的义务。尽管分歧明显，但最终的《哥本哈根协定》还是充分吸收了中方立场，维持了《联合国气候变化框架公约》的基本架构及其确定的"共同但有区别责任"原则，充分考虑了发展中国家权利，② 没有确定严格的量化减排目标。英国时任气候变化大臣的米利班德会后严厉指责中国"挟持"了大会，阻碍2050年前全球减排50%温室气体目标的达成。③ 这从侧面反映出《哥本哈根协定》背后的中美妥协。

以哥本哈根气候大会为起点，中美的气候变化全球治理观经历了多次交锋，最后围绕2015年的巴黎气候大会逐渐走向共识，这在2014年作为预备的利马气候大会上已经表现出来。这次会议上，美方认为中国坚持的"共同但有区别的责任"原则和人均排放原则是20年前订下的，已经脱离现实。而中国等发展中国家认为"国际监控"自主减排是对主权的侵犯，美国等发达国家则认为如果没有国际监控就无法控制全球总排放量。关于承诺期，中方认为10年期政策比较稳定，可以有足够的时间让市场跟上。而美方则认为5年承诺期能及时更新减排目标，目前科技日新月异，10年承诺期可能会"锁定"一个较低值，而不能纳入最新的科技因素。尽管分歧明显，最后的《利马协定》还是在中美妥协中

① 薄燕：《中美在全球气候变化治理中的合作与分歧》，《上海交通大学学报》（哲学社会科学版）2016年第1期，第22页。
② Copenhagen Accord, p. 2, http：//unfccc. int/resource/docs/2009/cop15/eng/l07. pdf，登录时间：2018年12月25日。
③ Ed Miliband, "The Road from Copenhagen", http：//www. theguardian. com/commentisfree/2009/dec/20/copenhagen－climate－change－accord，登录时间：2018年12月25日。

达成，原因就是加入了"考虑到各国不同国情"的表述，这是中美气候变化全球治理观的重要共识。《联合国气候变化框架公约》秘书处执行秘书克里斯蒂安娜·菲格雷斯女士认为这几个字是"重要突破"，原因在于："第一，这个概念回应了历史上的'共同但有区别的责任'原则；第二，各国的能力是在逐渐增强；第三，各国政策应反映各国国情。现在很明确了：当你提到各国应对气候变化的责任和能力，这三点应该是同等重要的。"①

总体来看，从哥本哈根气候大会到巴黎气候大会，中美两国的气候变化全球治理观经过了不断交锋但努力寻求共识的过程。中国的观念逐渐走向开放，在坚持"共同但有区别的责任"原则基础上希望在国家利益与人类利益之间实现平衡，从碳强度减排目标到 2030 年达到排放峰值，中国为自己制定了越来越严格的减排目标。美国的观念则从理想主义回归现实，开始考虑各国国情差异，意识到不能对发达国家和发展中国家统一要求。特别是尊重中国这一世界第二大经济体和第一大温室气体排放国的气候治理观念，对美国实现自己的气候治理目标十分关键。在这一背景下，共商共建共享的气候变化全球治理观逐渐在两国之间形成。

首先，中美共商共建共享气候变化全球治理观的多元性具体体现在两国始终存在的分歧上，这也影响到气候变化《巴黎协定》后续谈判和 2020 年全球气候治理机制的具体设计。第一是指导原则。中国坚决维护"共同但有区别的责任"原则，认为这是在发达国家和发展中国家间维持减排责任公正性的基础，绝对不能动摇。正如中国 2015 年发布的《强化应对气候变化行动——中国国家自主贡献》中对巴黎气候谈判预期指出：本次会议"结果应遵循共同但有区别的责任原则、公平原则、各自能力原则，充分考虑发达国家和发展中国家间不同的历史责任、国情、发展阶段和能力，全面平衡体现减缓、适应、资金、技术开发和转让、能力建设、行动和支持的透明度各个要素。谈判进程应遵循公开透明、广泛参与、缔约方驱动、协商一致的原则"。② 美国同意区别责任，但前提必须是发达国家和发展中国家共同减排，因为只有所有利益攸关方参与才能有效应对气候

---

① 孙莹：《气候大会上的中美较量》，凤凰网，2014 年 12 月 22 日，http://news.ifeng.com/a/20141222/42768616_0.shtml，登录时间：2018 年 12 月 24 日。

② 《强化应对气候变化行动——中国国家自主贡献》，2015 年 6 月，http://news.xinhuanet.com/2015-06/30/c_1115774759.htm，登录时间：2016 年 5 月 24 日。

变化。[1] 第二，减排目标设定的依据。美国坚持以温室气体排放总量为依据，同时考虑国情、能力、减排机会和发展水平。[2] 而中国则坚持历史原则和人均原则，即今天大气中的温室气体浓度是发达工业国自工业革命以来累计排放的结果，挤占了今天发展中国家的排放空间。发展中国家今天的主要任务是发展，需要基本的生存排放，所以不应负主要责任。以此为基础，每一个人都享有发展权，所以都有排放权，因此温室气体排放量的计算应该以人均量为依据，而不是总量。按此标准，中国的排放量并不显著。第三，自主减排是否接受国际监督。尽管巴黎气候大会上两国都接受了自主减排方案，但美国仍然主张国别自主减排应该接受严格的国际监督，但中国坚持认为监督不能损害主权，自主减排应该充分体现各国制订符合国情减排方案的独立性。第四，资金和技术转让。中国认为应该由政府主导资金和技术转让，美国则认为应该以市场机制实现转让，实际是想以知识产权为借口拒绝转让核心技术，至于资金转让则始终是承诺大于行动。

其次，中美共商共建共享的气候变化全球治理观的共生性具体体现在双方的气候合作理念上。刘建飞认为中美新型大国关系已经具备合作的动力和机制，但要以合作主义建构这一关系还需要其他条件，首先就是合作理念的培育。[3] 这一条件在奥巴马政府时期的气候领域已初步具备，两国许多学者认为双方领导人意识到有必要合作应对气候变化，这种互动将使两国受益。[4] 典型的例证就是2014年11月发表的《中美气候变化联合声明》中开篇就强调了两国气候合作的共同利益："中华人民共和国和美利坚合众国在应对全球气候变化这一人类面临的最大威胁上具有重要作用。该挑战的严重性需要中美双方为了共同利益建设性地一起努力。"[5] 之后，双方宣布了两国2020年后应对气候变化的各自行动，指出两国"认识到这些行动是向低碳经济转型长期努力的组成部分并考虑到2℃全球温升目标。美国计划于2025年实现在2005年基础上减排26%~28%的全经济范围

① White House, *National Security Strategy*, 2010, https：//www. whitehouse. gov/sites/default/files/rss_viewer/national_ security_ strategy. pdf, p. 47，登录时间：2018 年 12 月 24 日。
② 高小升、石晨霞：《中美欧关于 2020 年后国际气候协议的设计：一种比较分析的视角》，《教学与研究》2016 年第 4 期，第 84 页。
③ 刘建飞：《构建新型大国关系的合作主义》，《中国社会科学》2015 年第 10 期，第 199~120 页。
④ Robert Sutter, "China and America：The Great Divergence?", *Orbis*, Vol. 58, No. 3, 2014, p. 363.
⑤ 《中美气候变化联合声明》，《人民日报》2014 年 11 月 13 日，第 2 版。

减排目标并将努力减排 28%。中国计划 2030 年左右二氧化碳排放达到峰值且将努力早日达峰，并计划到 2030 年非化石能源占一次能源消费比重提高到 20% 左右。双方均计划继续努力并随时间而提高力度"。① 在这份中美双边声明中，中国第一次明确提出了自己量化的峰值目标。根据国际能源署的研究报告，中国要想达到声明中的峰值目标，发展模式必须实现巨大转变，将投资拉动增长转变为消费拉动，同时降低发展速度。② 这充分说明了中国决定通过自我约束为气候变化全球治理做出贡献。在此基础上，2015 年《中美元首气候变化联合声明》中进一步指出，气候合作已经成为"两国双边关系的新支柱。……两国元首重申坚信气候变化是人类面临的最重大挑战之一，两国在应对这一挑战中具有重要作用。两国元首还重申坚定推进落实国内气候政策、加强双边协调与合作并推动可持续发展和向绿色、低碳、气候适应型经济转型的决心"。③ 2016 年《中美元首气候变化联合声明》最后指出，"中美气候变化方面的共同努力将成为两国合作伙伴关系的长久遗产"。④ "双边关系的新支柱"和"两国合作伙伴关系的长久遗产"的提法表明，气候合作和经贸关系一样已经成为中美关系的基础之一，绝不是两国为缓解目前紧张关系的权宜之计，而是面向两国关系乃至全球气候治理未来的长远设计。

　　观念形成只是第一步，要转换成行为还需要一定条件。杰弗里·加勒特和巴里·魏因格斯特从理论层面给出了解释。他们认为观念的作用是三个相互联系的现象的函数：（1）一系列相关参与者预期从合作中得到的收益；（2）一套表达这些合作收益的观念；（3）一套能够将观念转化为共同的信念体系以影响预期乃至行为的机制。第一个因素构成了各方合作的动机；第二因素把集体行动的原因与观念联系起来；第三个因素最重要，它有助于解释为什么通过社会机制实施的观念对从合作中获利是必要的。⑤ 换言之，要将合作观念转换成行为需要两个

① 《中美气候变化联合声明》，《人民日报》2014 年 11 月 13 日，第 2 版。
② IEA, *WEO 2015 Special Report on Energy and Climate Change*, http：//www.iea.org/publications/freepublications/publication/WEO2015SpecialReportonEnergyandClimateChange.pdf，登录时间：2018 年 12 月 26 日。
③ 《中美元首气候变化联合声明》，《人民日报》2015 年 9 月 26 日，第 3 版。
④ 《中美元首气候变化联合声明》，《人民日报》2016 年 4 月 2 日，第 2 版。
⑤ 〔美〕杰弗里·加勒特、〔美〕巴里·魏因格斯特：《观念、利益与制度：构建欧洲共同体内部市场》，载〔美〕朱迪斯·戈尔茨坦、〔美〕罗伯特·基欧汉《观念与外交政策：信念、制度与政治变迁》，刘东国、于军译，北京大学出版社，2005，第 197 页。

变量，一是从合作中得到的收益，二是实现这种收益的机制。对照中美，第一，能够将多元共生观念转换成行为的预期收益在于两点，一是共同应对气候变化对各自安全的威胁，二是实现能源体系转型。

首先，气候变化对两国的国家安全威胁来源于大气环境改变带来的极端天气事件。联合国气候变化政府间专门委员会出版的第五份评估报告显示，过去三个十年的地表温度依次升高，比 1850 年以来的任何一个十年都偏暖。1983～2012年这个时期在北半球有此项评估的地方很可能是过去 800 年里最暖的 30 年时期（高信度），可能是过去 1400 年里最暖的 30 年时期（中等信度）。全球陆地和海洋综合平均表面温度的线性趋势计算结果表明，1880～2012 年期间（存在多套独立制作的数据集）温度升高了 0.85［0.65 至 1.06］℃。基于现有的一个最长的数据集，1850～1900 年时期和 2003～2012 年时期的平均温度之间的总升温幅度为 0.78［0.72 至 0.85］℃。对于计算区域趋势足够完整的最长时期（1901～2012 年），全球几乎所有地区都经历了地表增暖。① 由于 21 世纪中期或之后的气候变化，尤其是气候变化和其他压力源的互相作用，一大部分的陆地、淡水和海洋生物面临着更大的灭绝风险（高信度）。预计 21 世纪，遭受水短缺并受到主要河流洪水影响的全球人口比例将会随着全球变暖的水平而增加（证据确凿、高一致性）。如果不采取适应行动，且在局地温度高出 20 世纪末水平的 2℃ 或更高的情况下，预估热带和温带地区的小麦、水稻和玉米生产会受到气候变化的不利影响，虽然个别地方可能会受益（中等信度）。预估气候变化将增加城市地区的人群、资产、经济和生态系统的风险，包括热应力、风暴、极端降水、内陆和沿海洪水、山体滑坡、大气污染、干旱、水资源短缺、海平面上升和风暴潮带来的风险（很高信度）。②

正因为如此，2015 年的美国《国家安全战略报告》才会将应对气候变化提升到国家安全层面，认为气候变化带来的极端天气和自然灾害严重威胁美国国家

---

① 联合国气候变化政府间专门委员会：《气候变化 2014 综合报告》，http：//www.ipcc.ch/pdf/assessment - report/ar5/syr/SYR_ AR5_ FINAL_ full_ zh. pdf，第 40 页，登录时间：2016 年 4 月 15 日。

② 联合国气候变化政府间专门委员会：《气候变化 2014 综合报告》，http：//www.ipcc.ch/pdf/assessment - report/ar5/syr/SYR_ AR5_ FINAL_ full_ zh. pdf，第 67～69 页，登录时间：2016 年 4 月 15 日。

安全。中国在《强化应对气候变化行动——中国国家自主贡献》中也强调，积极应对气候变化是中国保障经济安全、能源安全、生态安全、粮食安全以及人民生命财产安全，实现可持续发展的内在要求。①

其次，中美具有类似的能源结构，携手应对气候变化有利于两国的能源体系转型。根据 BP 能源统计，中国和美国在 2014 年的煤炭产量分别达到 1844.6 百万吨和 507.8 百万吨油当量，分别占世界总产量的 46.9% 和 12.9%，位居第一和第二位。消费量分别达到 1962.4 百万吨和 453.4 百万吨油当量，分别占世界总量的 50.6% 和 11.7%，同样位居第一和第二位。② 另外根据国际能源署的统计，2013 年中国和美国分别以 28% 和 16% 的份额位居世界二氧化碳排放国前两位。③ 具体到排放部门，两国在 2013 年通过煤炭生产的电力分别达到 4111 兆瓦时和 1712 兆瓦时，位居世界第一和第二位，远远超过第三位印度生产的 869 兆瓦时，④ 这为两国的温室气体排放做出了"主要贡献"。为此，两国都制订了详细的能源体系转型计划。根据《可再生能源中长期发展规划》和《国家应对气候变化规划（2014～2020）》，中国计划到 2020 年可再生能源占能源消费总量比重为 15%，⑤ 非化石能源占一次能源消费的比重到 15% 左右。⑥ 美国在 2013 年发布的《总统气候行动计划》中将 2012 年批准 10 千兆瓦可再生能源的目标又提

---

① 《强化应对气候变化行动——中国国家自主贡献》，2015 年 6 月，http：//news. xinhuanet. com/2015 – 06/30/c_ 1115774759. htm，登录时间：2018 年 12 月 24 日。

② 《BP 世界能源统计 2015》，http：//www. bp. com/content/dam/bp – country/zh_ cn/Publications/2015SR/Statistical% 20Review% 20of% 20World% 20Energy% 202015% 20CN% 20Final% 2020150617. pdf，第 32～33 页，登录时间：2018 年 12 月 24 日。

③ IEA，*CO2 Emissions from Fuel Combustion Highlights 2015*，https：//www. iea. org/publications/freepublications/publication/CO2EmissionsFromFuelCombustionHighlights2015. pdf，p. 10，登录时间：2018 年 12 月 25 日.

④ IEA，*Key World Statistics 2015*，https：//www. iea. org/publications/freepublications/publication/KeyWorld_ Statistics_ 2015. pdf，p. 25，登录时间：2018 年 12 月 25 日.

⑤ 《可再生能源中长期发展规划》，第 18 页，中国国家发展和改革委员会，2007 年 8 月，http：//www. sdpc. gov. cn/zcfb/zcfbghwb/200709/W020140220601800225116. pdf，登录时间：2018 年 12 月 25 日。

⑥ 《国家应对气候变化规划（2014～2020）》，第 5 页，中国国家发展和改革委员会，2014 年 9 月，http：//www. sdpc. gov. cn/zcfb/zcfbtz/201411/W020141104584717807138. pdf，登录时间：2018 年 12 月 25 日。

高一倍，要在 2020 年再增加 10 千兆瓦。[①] 在递交给《联合国气候变化框架公约》的 2025 年排放目标中，美国又从发展清洁能源电站、提高汽车尾气排放标准和能效等多个方面完善了能源体系转型计划。这种对能源体系转型的共同需要使两国愿意在可再生能源产业等领域合作，在低碳经济时代的国际竞争中获得优势。

此外，中美为落实气候合作观念建立了复合机制，涉及全球、多边、区域和双边多个层次，金融、投资、科研、政策协调等多个领域，以及中央政府、地方政府、企业、高校、科研院所等多种行为体。其中的首要机制就是中美气候变化工作组。[②] 该工作组是 2013 年中美战略与经济对话之前设立的，目的在于确定双方推进技术、研究、节能以及替代能源和可再生能源等领域合作的方式，由时任中国国家发展和改革委员会副主任解振华和美国气候变化特使斯特恩担任组长。由此看出，该工作组由中美两国主管应对气候变化工作的职能部门负责，能够为两国元首和其他部门提供富有实际价值的应对气候变化政策报告，为其他各层次和领域的具体合作提供智力和政策支持。因此，该工作组也成为中美气候合作最重要的连接点，并为两国其他领域合作提供了成功经验。

在气候工作组的协调下，中美气候合作的内容不仅丰富，而且具有创新性。根据中美气候变化工作组的报告，两国气候合作主要包括五个倡议行动计划，第一，载重汽车和其他汽车减排。具体包括：（1）提高载重汽车和其他汽车燃油效率标准；（2）清洁燃料和汽车排放控制技术；（3）推广高效、清洁的货运三个内容。第二，智能电网。将分别在中国天津生态城、深圳前海、美国费城和加州建设四个示范项目。第三，碳捕集利用和封存（CCUS）。主要是美方的项目和技术支持协助中国政府和业界的 CCUS 示范和能力建设，这些支持包括交流和分享 CCUS 技术和示范项目经验，加强双边对话，开展双方政府、学界和业界间合作，识别和实施双方企业间 CCUS 联合示范项目，以及在此期间不断总结、回顾和汇报 CCUS 领域的工作进展。第四，建筑和工业能效。双方主要在加强合同能源管理合作、建筑能效和十大能效最佳实践和最佳技术工作组三个方面展开了政策交流。第五，温室气体数据收集和管理。为在两国建立健全温室气体报送系

① The President's Climate Action Plan, June 2013, p. 7, https：//www.whitehouse.gov/sites/default/files/image/president27sclimateactionplan.pdf，登录时间：2018 年 12 月 25 日。

② 《中美元首气候变化联合声明》，《人民日报》2015 年 9 月 26 日，第 3 版。

统，美方将与中方分享其在国家温室气体报送系统实践中的专业知识和成功经
验，以支持中国在重点工业排放源中的相关工作。[1]

为落实这些内容，中美建立了联合研发的创新型合作机制。发达国家向发展
中国家转让低碳技术的主要障碍是知识产权壁垒，破解这一难题的可能方法是发
达国家和发展中国家联合建立研发中心，共同投资，共享知识产权，中美清洁能
源联合研究中心的建立就是一种尝试。在该中心下，中美双方同意在未来 5 年内
共同出资 1.5 亿美元，支持清洁煤、清洁能源汽车和建筑节能等三个优先领域产
学研联盟的合作研发。在此基础上，中美双方确认由清华大学与密歇根大学牵头
清洁能源汽车产学研联盟的合作、华中科技大学与西弗吉尼亚大学牵头清洁煤产
学研联盟的合作、住房和城乡建设部建筑节能中心与劳伦斯伯克利国家实验室牵
头建筑能效产学研联盟的合作。[2] 这一联合研发的实践为突破发达国家向发展中
国家转移低碳技术的知识产权壁垒提供了可以借鉴的经验。

中美的气候合作充分体现了共商共建共享的全球治理观。因为中国和美国分
别是最大的发展中国家和最大的发达国家，这种合作本身就体现出对不同发展阶
段国家共商全球气候目标的包容性，同时强调全球治理的规则必须由不同类型的
国家共建，而不能由发达国家单方面制定。此点最典型的例子就是中美绕开欧盟
领导达成哥本哈根协定。同时，中美气候合作突出了体现全球气候治理的成果必
须使不同类型的国家人民共享，而非只是惠及少数发展等级较高的国家。总之，
共商共建共享全球治理观在中美气候合作中得到了实践，为中国促进全球气候治
理转型提供了有益的经验。

第四节　以共商共建共享全球治理观构建
人类气候命运共同体

人类命运共同体思想的特征在于三点。第一，找到了人的安全这一中国与世

---

[1] 《中美气候变化工作组提交第六轮中美战略与经济对话的报告》，2014 年 7 月，http：//
qhs. ndrc. gov. cn/gzdt/201407/W020140709709338381140. pdf，第 1 页，登录时间：2016 年 4 月
20 日。

[2] 中美清洁能源联合研究中心网站，http：//www. cerc. org. cn/AboutUs. asp？ column = 50，登录
时间：2016 年 4 月 15 日。

界的最大公约数，避免各国在全球治理中拘泥于国家利益的博弈，而忽略人类整体利益的福祉。第二，这一思想并非对西方自由主义"人权高于主权"观念的妥协，而是从人类整体命运视角思考人与世界的关系，体现了中国传统的多元共生哲学，并非西方哲学从个体观世界的视角，将人与国家简单对立。因此构建人类命运共同体的过程就是不断提升国家能力服务于人的过程，最终将实现国家与人类的共同强大。第三，人类命运共同体思想的实现在于各国国内发展与世界发展有效对接。构建人类命运共同体需要摒弃各自为政的发展思路，这并非要统一各国发展路径，而是需要各国在基于自身国情的基础上加强发展政策的国际协调，减少 2008 年金融危机中少数国家为应对国内危机而向世界转嫁风险的行为。在更宏观层面上，面对人类共同挑战，各国更应该加强沟通，分工协作，以互联互通思维将全球治理共识嵌套进本国发展规划中。因此，人类命运共同体思想是新时代中国对于人类共同利益和共同价值进行重大理论探寻的创新，[1] 同时，这一思想又并非抽象的，而是可以分步渐进实现的具体目标。[2] 总之，构建人类命运共同体目标体现了新时代中国外交希望超越国家之间意识形态和利益分歧、承担大国责任的政治意愿，是中国在全球治理的观念层面向世界提供的重要公共产品，表现出中国引领全球治理的能力和信心。气候变化是典型的涉及全人类共同命运的重大全球治理议题，中国外交既然已经将构建人类命运共同体作为新时代的国家方略之一，那么构建人类气候命运共同体就必然是中国履行共商共建共享全球治理观的一项重要实践。人类气候命运共同体是指，人类作为一个整体，在同一个而且唯一的气候系统中形成的命运休戚与共的关系。这个共同体中的任何一个个体都无法逃离这个气候系统因为变化而带来的影响，所以必须同舟共济，携手应对气候变化的挑战。中国构建人类气候命运共同体的立场充分体现在全球能源互联网倡议和推动《巴黎协定》的达成、生效及其后续谈判中。

全球能源互联网倡议是中国国家主席习近平于 2015 年 9 月参加联合国发展峰会上提出的，旨在促进实现全球电力的清洁和绿色发展，在此基础上成立了全球能源互联网发展合作组织，宗旨是推动构建全球能源互联网，以清洁和绿色方

---

① 吴志成、吴宇：《人类命运共同体思想论析》，《世界经济与政治》2018 年第 3 期，第 22 页。
② 杨洁勉：《牢固树立人类命运共同体理念》，《求是》2016 年第 1 期，第 62 页。

式满足全球电力需求，推动实现联合国"人人享有可持续能源"和应对气候变化目标，服务人类社会可持续发展。合作组织的职能包括积极推广全球能源互联网理念，组织制定全球能源互联网发展规划，建立技术标准体系，开展联合技术创新、重大问题研究和国际交流合作，推动工程项目实施，提供咨询服务，引领全球能源互联网发展。全球能源互联网发展合作组织的理事单位包括 ABB 集团、埃森哲、爱迪生电气协会、巴西电力公司、伯明翰大学、俄罗斯电网公司、国家电网、国家开发银行股份有限公司、韩国电力公社、华为技术有限公司、摩根士丹利亚洲有限公司、气候议会、日本可再生能源协会、山东大学、西门子股份公司、中国电力企业联合会、中国工商银行股份有限公司、中国华能集团公司、中国南方电网有限责任公司，涉及能源、互联网、金融、高校、社会组织等多个领域。合作组织的会员数量更加庞大，包括 127 家能源电力企业、107 家装备制造和工程建设企业、15 家信息通信和物流运输企业、44 家咨询公司和金融机构、161 高等院校和研究机构、143 家团体组织和传媒单位和南非贸易公司、苏丹太阳能干制食品公司两家其他类型机构。① 所有理事单位和会员机构都覆盖了全球所有地区，体现了全球能源互联网倡议的全球性、互联性、发展性。

根据全球能源互联网发展合作组织 2019 年 3 月发布的《全球能源互联网促进全球环境治理行动计划》，该网络实质就是"智能电网 + 特高压电网 + 清洁能源"，通过全球覆盖将实现三个转变。一是能源生产由化石能源主导向清洁能源主导转向。目标是 2025 年前后全球化石能源达峰，2040 年前清洁能源占比超过化石能源，2050 年占比提高到 71.6%，成为主导能源。二是能源配置由局部平衡向跨国跨洲和广域配置转变。依托特高压和智能电网等技术，加快建设跨国跨洲骨干网架，基于全球清洁能源资源禀赋和各洲经济社会发展需要，推动各洲内部电网互联互通。三是能源消费由煤、油、气等向电为中心转变。2015～2050 年，化石能源在终端消费中的比重由 67% 降至 31%。电能占终端能源消费比重从 2015 年的 18.6% 增长到 2050 年的 44.1%。② 全球能源互联网的构建将分为三

---

① 全球能源互联网发展合作组织官方网站，http://www.geidco.org/，登录时间：2018 年 12 月 28 日。
② 全球能源互联网发展合作组织：《全球能源互联网促进全球环境治理行动计划》，2019 年 3 月，http://www.geidco.org/html/files/2019 - 03/11/20190311163301.pdf，登录时间：2019 年 3 月 30 日。

个阶段。第一阶段为国内互联：从 2015 年到 2020 年，加快推进各国清洁能源开发和国内电网互联，大幅提高各国的电网配置能力、智能化水平和清洁能源比重；第二阶段为洲内互联：从 2020 年到 2030 年，推动洲内大型能源基地开发和电网跨国互联，实现清洁能源在洲内大规模、大范围、高效率优化配置；第三阶段为洲际互联：从 2030 年到 2050 年，加快"一极一道"（北极风电、赤道太阳能）能源基地开发，基本建成全球能源互联网，在全球范围实现清洁能源占主导目标，全面解决世界能源安全、环境污染和温室气体排放等问题。[1] 2019 年，全球能源互联网发展合作组织与联合国相关机构等各方举办国际水资源大会、最不发达国家可持续能源投融资国际会议、全球能源互联网高端论坛等多场国际会议，并发布 13 项研究成果。依托特高压和智能电网等先进技术，未来全球将形成"九纵九横"骨干网架能源通道，覆盖 100 多个国家、80% 的人口和 90% 的经济总量，实现清洁能源全球优化配置，保障世界能源安全和永续供应。[2] 为此，全球能源互联网发展合作组织成立后在发展中地区，特别是共建"一带一路"国家召开了多次国际论坛，并与相关国家达成合作协议。比如 2018 年 6 月 28 日，由全球能源互联网发展合作组织和阿拉伯国家联盟联合主办的"阿拉伯国家能源互联网暨'一带一路'建设论坛"在北京举行。论坛召开期间，全球能源互联网发展合作组织分别与阿拉伯国家联盟、阿拉伯地区可再生能源与能源效率中心签署合作协议。根据协议内容，合作组织与阿盟于 2019 年 10 月在埃及开罗联合举办全球能源互联网培训班，来自中国、欧洲和阿拉伯国家电力能源领域资深专家以及拥有丰富工程经验的工程师，将对阿盟成员国能源、电力政府部门及电力企业的技术管理人员进行培训。合作组织与阿拉伯地区可再生能源与能源效率中心将在促进低碳转换、可再生能源发展、地区及跨区域能源互联互通等领域协同合作，共同开展相关战略研究。合作组织代表在论坛上介绍了阿拉伯国家能源转型与能源互联网发展展望研究成果。合作组织研究提出，综合考虑资源禀赋和开发条件等情况，在北非可优先开发 7 个大型太阳能基地，可装机容量达

---

[1] 刘振亚：《构建全球能源互联网推动能源清洁绿色发展》，《人民日报》2015 年 10 月 22 日，第 11 版。

[2] 肖中仁：《从共识到行动 全球能源互联网建设取得积极进展》，中央广电总台国际在线，2019 年 3 月 29 日，http://news.cri.cn/20190329/5cf74b89 - f47b - e6ec - 55bb - 4925c2cd7770. html，登录时间：2019 年 3 月 30 日。

11亿千瓦；在西亚西部可优先开发10个大型太阳能基地，可装机容量达21亿千瓦。合作组织研究提出了13个重点互联工程，定位于跨洲、跨区清洁能源电力外送消纳、互补互济。①

2018年12月22日，在尼日利亚首都阿布贾举行的西非国家经济共同体（西共体）首脑峰会上，西共体委员会、全球能源互联网发展合作组织和几内亚政府当天联合举办能源互联网可持续发展高级别会议，探讨了全球能源互联网倡议对促进西非各国经济社会和能源电力协调可持续发展的潜力。全球能源互联网发展合作组织主席刘振亚在会上介绍了针对西非地区的能源互联网规划方案和"电—矿—冶—工—贸"联动发展思路。该方案旨在统筹区内区外资源，加强各国电网建设和跨国跨区联网，引导区内清洁能源开发，引入区外清洁电能，为西非经济社会发展提供安全、经济、清洁的能源保障。非洲大陆拥有丰富的清洁能源资源和矿产资源，"电—矿—冶—工—贸"联动发展方式通过统筹水电等清洁能源基地、矿山冶金基地、工业园区规划和建设，形成发、输、用一体化的电力市场，有效解决工业发展缺电力、电力开发缺市场的问题，经济社会效益巨大。②

全球能源互联网倡议是典型的从人类整体利益出发治理气候变化的中国方案，体现了中国希望构建人类气候命运共同体的目标，是互联互通思维在全球气候治理中的应用。从其广泛的参与方、服务对象以及以互联网手段提升能源转型的效率等多维视角考察，已经促进了全球气候治理转型的包容、普惠和高效。首先，全球能源互联网发展合作组织的理事和会员涵盖了发达国家和发展中国家在能源、互联网、金融、制造、学术、社会活动等领域的代表性机构，打破了南南合作和南北合作的界限，目的就是在发达国家和发展中国家，以及不同行业之间互联互通，集中全球智慧、资本、技术和资源，从人类整体视角治理气候变化。这种整体视角的意义既包括不同类型的国家，也包括不同行业，都应该为治理气候变化这一人类的共同挑战做出贡献。其次，以互联网联通能源转型的思想具有创新性。中国经济转型已经明显受惠于互联网＋，互联网技术已经从传统的电子

① 王静：《加快推动阿拉伯国家清洁能源开发及电网互联互通》，人民网，2018年6月28日，http：//ydyl. people. com. cn/n1/2018/0628/c411837–30094095. html，登录时间：2018年12月28日。

② 郭骏：《中国方案助力非洲能源可持续发展》，《人民日报》2018年12月24日，第3版。

商务扩展到全社会生产生活的广泛领域。尽管新一轮科技革命包含人工智能、新能源、区块链、3D 成像和打印、人脸识别、云计算、大数据等多种标志性技术，但互联网却是众多技术革新的"基础设施"。没有成熟和完善的互联网技术作为支撑，各种技术之间就会面临兼容困境。在能源领域，从化石能源向新能源转型的路径就面临这样的挑战。比如如何增强新能源生产的电力与整体电网的兼容性；如何通过互联网改善智能电网的质量，提升能源效率，减少能耗；如何利用互联网提升新能源汽车的智能水平；如何利用互联网缩小全球不同地区间的绿色鸿沟，让更多发展中国家能受惠于全球低碳经济发展潮流。这些问题的解决必须依赖能源与互联网的深度融合。全球能源互联网倡议具有鲜明的中国特色，因为中国发展的成功经验之一就是融合政府、企业、社会组织、研究机构等多元主体夯实基础设施建设，以强大的交通、水利、通信、港口、能源等基础设施作为现代化建设的硬件。因为动力和沟通是人类社会的两大基本功能，如果没有动力和沟通水平的提升，人类社会的整体进步必将受到严重阻碍。第一次科技革命是蒸汽动力革命，第二次科技革命是电气动力革命，同时伴随石油、汽车、飞机、电话、电报、电影等新型交通和沟通手段的出现，可见动力和沟通技术的革新已经成为科技革命的标志。在新一轮科技革命中，这种标志已经发展为新能源和互联网，因此将此二者深度融合就是抓住了新科技革命的核心，不仅能够促进全球气候治理转型，而且能从更加宏观的层面促进人类社会的整体发展。以此视角分析，全球能源互联网是中国在发展低碳经济和互联网经济方面的经验总结，也是中国向国际社会提供的一项重要公共产品，其侧重点在发展中国家，但合作方遍及全球，目的就是通过整合全球资源使更多发展中国家受惠于新科技革命成果，在有效应对气候变化的同时，实现经济社会的整体进步。

2015 年巴黎气候大会前两个月，习近平总书记在中共中央政治局集体学习全球治理时指出："要推动全球治理理念创新发展，积极发掘中华文化中积极的处世之道和治理理念同当今时代的共鸣点，继续丰富打造人类命运共同体等主张，弘扬共商共建共享的全球治理理念。"[1] 这说明积极参与全球治理不仅已成为中国的重要外交政策，而且中国秉持开放的全球治理观，希望从人类命运共同

① 《习近平在中共中央政治局第二十七次集体学习时强调：推动全球治理体制更加公正更加合理，为我国发展和世界和平创造有利条件》，《人民日报》2015 年 10 月 14 日，第 1 版。

体高度应对全球性挑战。2015 年的巴黎气候大会上，中国国家主席习近平首次作为中国国家元首参加会议，他在演讲中系统阐述了中国关于《巴黎协定》的立场，认为"巴黎协议应该有利于实现公约目标，引领绿色发展；应该有利于凝聚全球力量，鼓励广泛参与；应该有利于加大投入，强化行动保障；应该有利于照顾各国国情，讲求务实有效"。[①] 这四条建议构成了中国构建人类气候命运共同体主张的基础。首先，气候公约的主要目标并非公约本身，而是能够起到引领绿色发展的作用，也就是人类气候命运共同体的实现必须有各国发展与世界发展潮流的对接。当代世界发展的潮流之一就是绿色低碳，所以气候谈判的任何结果如果不能落实到各国切实的绿色低碳发展中，就没有任何意义。全球气候治理的本质就是全球发展方式向绿色低碳的方向转型，如果不能够促进这种共识的达成，那么任何气候谈判都失去了实际意义。其次，既然要构建人类气候命运共同体，就必须使全球气候治理体现广泛的参与性，这与全球气候治理转型的包容性目标相一致。只有让更多国家，特别是气候脆弱型国家广泛参与到全球气候治理的进程中，才能体现人类共享一个气候系统的命运共同体。如果只是大国，特别是西方大国主导全球气候治理并决定他国的命运，那就只能体现小团体的命运而非人类整体命运。再次，构建人类气候命运共同体的目标要让发达国家履行已经承诺的义务，在资金、技术等关键环节提出具体的实施细则，这种区别性的责任承担是构建人类气候命运共同体的必由之路。也只有让发达国家切实履行其应尽的义务，全球气候治理的成果才能真正普遍惠及广大发展中国家。最后，一刀切的思维只会降低全球气候治理的效率，使各方拘泥于各种复杂的文本。因此，要提高全球气候合理的效率，必须充分照顾各国国情，以寻找最大公约数的方法在各方之间达成妥协，尽快促成协议达成和生效，落实到各国国内发展规划中。包容、普惠、高效这三个全球气候治理转型目标完整、清晰地体现在习近平主席巴黎气候大会的讲话之中，体现了中国为促进全球气候治理转型做出的贡献。

《巴黎协定》生效后最重要的一次谈判是 2018 年 12 月在波兰卡托维兹举行的《联合国气候变化框架公约》第 24 次缔约方大会，目标是制定《巴黎协定》

---

① 习近平：《携手构建合作共赢、公平合理的气候变化治理机制》，《人民日报》2015 年 12 月 1 日，第 2 版。

的实施细则，中国同样为此次会议达成具有积极意义的成果发挥了关键作用。会议之前，中国已经表达了对会议应该完成以下主要工作的立场：一是要把如期完成巴黎协定实施细则谈判作为会议的核心任务；二是把"落实"作为会议的主要定位，推动各方落实好2020年前的各项承诺和行动，为巴黎协定在2020年后的实施奠定互信基础；三是促进性对话应把向绿色低碳转型作为会议发出的重要信号，推动全球向绿色低碳转型，构建人类命运共同体的积极信号；四是要把妥善解决资金问题作为推动会议成功的突破口，发达国家就2020年前每年1000亿美元目标落实情况给出更为详细的信息，满足发展中国家在各项气候资金议题上的合理诉求。①

卡托维兹气候大会最终就《巴黎协定》关于自主贡献、减缓、适应、资金、技术、能力建设、透明度、全球盘点等内容涉及的机制、规则基本达成共识，并对下一步落实《巴黎协定》、加强全球应对气候变化的行动力度做出进一步安排。在这次气候大会期间，全球能源互联网发展合作组织发布《全球能源互联网促进〈巴黎协定〉实施行动计划》，与联合国气变公约秘书处联合主办"建设全球能源互联网，促进巴黎协定全面实施"主题活动，并与美国环保协会、国际能源署和联合国经济社会事务部分别举办边会。中国在"七十七国集团加中国""基础四国""立场相近发展中国家"内部加强了沟通协调，特别是做了欧盟、美国等"伞形集团国家"及一些其他国家的工作，中国的斡旋和沟通为这次气候变化大会顺利完成发挥了重要作用，得到了与会各方的认可。波兰环境部部长科瓦尔赤克说："全世界都关注中国在本次气候大会上的引导力，中国在本次气候变化大会上发挥了重要的建设性作用。""七十七国集团加中国"主席国埃及环境部部长福阿德表示："中国在本次气候大会期间与广大发展中国家协调合作，沟通立场，保持了良好的互动。同时中国本身节能减排绿色发展的路径也增强了发展中国家减排的信心。"②绿色和平组织东亚气候与能源政策高级官员李硕也认为，中国在本次谈判中发挥了建设性作用："一份切实可靠的实施细则

① 《中国应对气候变化的政策与行动2018年度报告》，中国国家生态环境部，2018年11月，http://www.mee.gov.cn/xxgk/tz/201811/P020181129538579392627.pdf，登录时间：2018年12月29日。
② 于洋：《推动卡托维兹气候大会取得积极成果中国展现应对气候变化引导力》，《人民日报》2018年12月17日，第3版。

能够通过，在透明度和审查机制问题上能够达成具有约束力的共同规则，中国功不可没。这些气候会谈也表明，中国越来越多地扮演着发达国家和发展中国家之间主要桥梁的角色，帮助推动发展中国家承担更多的责任。"① 第73届联合国大会主席埃斯皮诺萨对于中国在全球气候治理中的这种积极作用也表达了充分肯定，她认为"七十七国集团和中国可以并且已经展示了很好的表率作用，与各方沟通时也体现了前瞻性，我们现在比任何时候都更需要依靠这样的表率作用"。埃斯皮诺萨还援引国际劳工组织的数据指出，如果全球推动绿色经济发展，到2030年能够创造2400万个就业机会，而中国在这方面将走在前列，因为中国政府在优化能源结构和积极发展绿色能源来应对气候变化方面做出了努力。②

《巴黎协定》的达成及其后续谈判证明，中国已经从全球气候治理的学习者逐渐转变为协调者。中国是全球气候治理的后来者，虽然在20世纪80年代末参与了《联合国气候变化框架公约》的谈判，但国内以经济增长速度为主要目标的发展规划使得应对气候变化和经济社会发展长期分属两个独立的领域。党的十八大以来的中国外交明确将构建清洁美丽的世界作为与传统的政治、经济、安全和文化四大议题并列的重要目标之一，与国内生态文明和美丽中国建设遥相呼应，体现了中国对于国内环境治理和全球环境治理的关系，以及环境治理与发展治理关系的全新认识。其中，气候变化作为当代世界最为棘手的环境治理问题，本质上就是发展问题，所以中国以国内发展方式转型为契机统筹国内低碳经济发展和全球气候治理，以构建人类气候命运共同体为目标。虽然特朗普政府退出《巴黎协定》使奥巴马总统时期的中美双重领导结构不复存在，但中国依然从自身发展需要和人类前途命运的统筹视角坚持积极的气候政策。协调作用尤为重要，中国已经不再只是"独善其身"，只强调维护自己的发展利益，而是开始"兼济天下"，在全球气候谈判中广泛推广自己的治理理念，

---

① 《波兰气候大会艰难完成谈判》，金艳译，中外对话网站，2018年12月17日，https：//www.chinadialogue.net/article/show/single/ch/10983 – Climate – talks – scrape – through – difficult – round – of – negotiations，登录时间：2018年12月29日。

② 张家伟、张章、金晶：《中国在实现气候目标的投入上让人"印象深刻"——访第73届联合国大会主席埃斯皮诺萨》，新华网，2018年12月5日，http：//www.xinhuanet.com/world/2018 – 12/04/c_1123805601.htm，登录时间：2018年12月29日。

在不同参与方之间传递信息，增信释疑，尽量拉近各方立场的距离，帮助各方寻找最大公约数。

小　结

观念是全球治理的精神引领，基于多元文明的观念变迁是全球治理由单一的西方自由主义观念转型到多元观念引领的精神基底。中国作为东方文明的代表，不仅创造了辉煌灿烂的古代文明，而且这种文明基因也被植入今日之全球治理的大变革中。共商共建共享的全球治理观一方面继承了中国优秀传统文化，另一方面也是新中国成立以来中国外交思想的集成，其哲学基础来源于中国古代天下观的多元共生。这种世界观将世界作为一个不可分割的整体视之，从整体看个体，认为整体是个体存在的前提，所以个体之生存必须依赖彼此间的合作以及与整体的良性互动，否则整体瓦解，个体也将不存。全球气候治理符合典型的天下观，地球上的所有成员共享一个气候系统，这决定了彼此间的多元共生关系。可以尊重个体的差异，但必须以应对气候变化为个体生存的前提。回望1955年第一次亚非会议，周恩来总理面对少数国家对中国的无理攻击，提出求同存异的外交思想，认为亚非国家因为制度和价值观差异存在政策分歧是客观事实，应该尊重，但更应该看到彼此间共有的被殖民历史和巩固新生国家政权与发展经济、反对霸权主义和强权政治的共同任务。以此不仅化解冲突，而且促进了发展中国家的团结。这与中国今日倡导的共商共建共享全球治理观、促进各国搁置分歧、携手应对人类共同挑战的主张完全一致。秉持这一观念，中国与奥巴马总统时期的美国政府形成了紧密的气候合作关系，促成国际社会达成《巴黎协定》，证明共商共建共享全球治理观具有现实中的生命力。同时，正如求同存异思想诞生于发展中国家团结合作希望提升国际地位的亚非会议一样，共商共建共享的全球治理观在关注应对全球性挑战的理想主义目标的同时，也同样以现实主义的务实理念强调在应对挑战的过程中应该提升发展中国家的地位。所谓共商，就是要让更多发展中国家参与到全球治理目标的共同商议之中；共建，就是要让更多发展中国家参与全球治理规则的共同建设；共享，就是要让更多发展中国家参与全球治理福祉的共同分享，这与包容、普惠、高效的全球气候治理转型目标相互契合。如果没有发展中国家地位的改善，那么全球治理就依然没有摆脱西方自由主义单一价值观的主导状态。正因为如此强调发展中国家在全球治理中的地位，以及自身在低碳经济发展方面的努力，在美国退出《巴黎协定》后，中国逐渐获得了全球气候治理参与各方的信任，成为《巴黎协定》后续谈判的协调者，以构建人类气候命运共同体的使命感促进全球气候治理朝着包容、普惠、高效的方向转型。

第六章
金融与气候治理：新兴全球治理机制
中的中国与全球气候治理转型

　　新兴全球治理机制是全球治理转型的制度支撑，不仅能够提升新兴经济体的话语权，而且能够将其制度化为规则制定权。全球治理机制作为非国家行为体本身就是全球化和全球治理的基本特征之一，因此也必然是全球治理转型的基础性指标之一。二十国集团、金砖国家银行和亚洲基础设施投资银行作为全球治理机制转型的代表，其重要意义在于打破了以世界银行和国际货币基金组织为代表的、西方发达国家主导全球治理机制的单一结构，丰富了全球治理机制的类型。这种结构性变化的意义远不止于在西方国家主导的全球治理机制内部改变投票权和份额分配的微观变化，而是从全球宏观层面增加了全球治理机制的选择，为新兴经济体自己设定全球治理议题和规则提供了全新的制度平台。从目前的实践考察，凡是新兴经济体主办的二十国集团领导人峰会，都是以发展为主题，其中又多次涉及发展与环境的关系，凸显在处理二者关系时的包容性与普惠性。金砖银行与亚投行更是直接由新兴经济体发起，目的就是服务于金砖国家和发展中国家基础设施的绿色发展，充分体现出新兴经济体将自身群体性崛起的结构性变化转变为制度优势的努力。在此，三大新兴治理机制的共同特点是将金融治理与发展和环境治理结合，体现出三者联系紧密的内在逻辑关系，其中的连接点就是气候治理。气候变化是全球性的环境挑战，但治理的根本途径是转变人类的发展方式，所以气候治理的本质是发展治理，而金融则在发展方式转型中发挥基础性作用。应对气候变化的发展方式转型需要大量资金投入低碳技术研发和低碳产业，这与投资设备开采化石能源不同。因为可再生能源、新能源汽车、碳捕捉与封存等低碳技术和产业的培育属于科技革命引领的新兴产业，就如同硅谷孕育网络经济一样，需要相比于传统产业更多的资金投入，这就需要专门的金融机制对其进行专门服务。在此过程中，资金流向如何更具包容性，如何能更加普遍惠及发展中国家，如何能使发展中国家在应对气候变化中更好兼顾发展、减缓和适应的关系，如何能提升全球气候治理的效率，都是必须统筹思考的问题。中国是二十国集团成员，并发挥着日益重要的作用，同时中国作为金砖国家成员与其他四国共同发起了金砖国家银行，又发起成立了亚投行，所以是全球治理机制转型的重要推动者。也正因为如此，中国在这三大新兴治理机制中充分表达了符合发展中国家应对变化的利益诉求，积极设置符合发展中国家的气候变化议题，努力使现代金融工具能更好地为全球气候治理朝包容、普惠和高效的方向转型服务。

第一节 全球治理中的议题联系：能源、金融与气候治理

议题联系（issues linkage）是全球化时代国际关系的重要现象，体现在全球治理不同议题间的相互影响与制约关系中。基欧汉和奈曾经指出复合相互依赖的出现会减少联系战略的运用，因为由于军事力量地位的下降，军事强国意识到越来越难以运用总体的支配地位控制自己所处弱势问题的结果，例如贸易、航运、石油等权利资源分配状况差别甚大，不同问题领域的结果模式和政治进程也大不相同。[①] 本研究认为，基欧汉和奈的分析只看到纵向权力关系联系性的减弱，未给予横向权力关系足够重视，这与二人当时研究的重点有关。《权力与相互依赖》一书的主要目的是扩展传统的国际关系权力概念，认为权力不只是军事，而是存在于贸易、金融、投资，甚至文化等多个领域的相互依赖关系。奈用三层棋盘来形容这种权力的变化，认为最高层是军事，美国和俄罗斯占有绝对优势；中层是经济，美国、欧盟、日本和中国都具有竞争实力；最下层是社会和文化权力，各种非国家行为体拥有了和国家一样的权力优势。这一权力结构的建立更加突出的是纵向权力关系以及每个层次间权力的区隔，所以容易得出上层权力不易干涉下层权力的结论。但是，既然新自由主义范式开辟了不同于传统权力政治研

---

① 〔美〕罗伯特·基欧汉、约瑟夫·奈：《权力与相互依赖》，门洪华译，北京大学出版社，2002，第32页。

究的新领域，强调国际关系研究重点应该从传统的权力冲突转向议题研究，那么议题联系就应该是这一转向的基础。① 在宏观层次上，议题联系甚至是国际合作演化的动力。② 欧洲一体化研究者就从经验层面验证了议题联系、行为体联系和国内政治与国际政治的联系如何影响欧洲一体化中的合作。③ 这些既有研究都证明，联系政治虽然在纵向会受到不同层次属性差异的阻碍，但同一层次不同议题间的联系政治不仅存在，而且是国家在国际谈判中结盟策略的主要手段之一④，更是全球治理的内在要求。

全球治理的出现基于全球性问题的出现，全球性问题的主要特点包括跨越国界的影响力和作用机制的复杂性，这既是因为世界市场比国内市场更加复杂，也是因为国际体系无政府状态带来的权力作用。世界市场的规模远大于国内市场，更容易受到不同国家和地区市场以及非市场因素的影响。同时，由于国际体系的无政府状态属性，虽然有特定机制治理相应的领域，但毕竟没有国内政治中中央政府权威的强制性，所以一旦出现市场波动容易产生系统性效应，将微小波动放大到全球。比如在环境治理领域的水、能源和粮食组成的纽带安全（Water-Energy-Food Nexus，WEF-Nexus）概念的提出，就是从联系政治的角度思考全球治理的典型，这一概念包括了代表自然科学的资源系统、代表社会科学的行动方案两个维度，既要强调资源系统内部复杂的关联关系，也要关注对资源系统所采取的行动方案，比如管理行为、资源可获取性、公平性等。⑤ 进一步考察，单就水安全的角度来看，至少就有三种类型与能源和粮食产生联系。首先是水资源匮乏，由此导致干旱；其次是水资源过多，导致洪涝；最后是水污染，包括人为和自然两种情况，这三种类型的水安全问题都会威胁粮食产量。水利设施对水资源进行调节涉及水能的科学利用。对于人为水污染导致的安全问题，如果是生产生

① Arthur A. Stein, "The Politics of Linkage", *World Politics*, Vol. 33, No. 1, 1980, p. 81.
② Michael D. McGinnis, "Issue Linkage and the Evolution of International Cooperation", *The Journal of Conflict Resolution*, Vol. 30, No. 1, 1986, pp. 141 – 170.
③ Susanne Lohmann, "Linkage Politics", *The Journal of Conflict Resolution*, Vol. 41, No. 1, 1997, pp. 38 – 67.
④ Paul Poast, "Does Issue Linkage Work? Evidence from European Alliance Negotiations, 1860 to 1945", *International Organization*, Vol. 66, No. 2, 2012, pp. 304 – 305.
⑤ 李桂君、黄道涵、李玉龙：《水－能源－粮食关联关系：区域可持续发展研究的新视角》，《中央财经大学学报》2016 年第 12 期，第 78 页。

活的客观原因，则需要从优化经济、社会和环境布局角度进行治理。如果是带有政治动机的主动污染行为，则需要政治行为进行调节。而自然原因的污染问题，则需要从更广泛的自然生态系统角度进行治理。总之，从微观层面分析，水、能源和粮食三项议题之间的联系已经非常复杂，如果从国际关系的宏观视角考察，这三者之间的联系性会更加密切。比如，水和能源都属于战略性资源，围绕二者展开的国家间政治博弈甚至战争不在少数。中东地区战事多发的原因之一就是该地区是重要的石油产地，同时水资源匮乏。位于以色列和叙利亚之间的戈兰高地是中东国家争夺水资源导致战争的典型。由于地势较高，拦截了地中海水汽，使得戈兰高地集中了中东地区较为丰富的水资源，有多条地表径流汇集。以色列自然环境干燥少雨，对于戈兰高地的水资源需求迫切，在1967年中东战争中成功将其占领，至今仍然占有较大面积土地。中东地区内部的阿以冲突，特别是以色列与叙利亚的政治矛盾至今影响着戈兰高地的归属。2019年3月，美国总统特朗普宣示戈兰高地主权属于以色列，再次激化这一矛盾，给本已十分动荡的中东再添波澜。在域外，西方大国围绕石油展开的博弈更加激烈，冷战后美国发动的两次伊拉克战争都带有明显的能源因素。可见，在中东，政治关系与水和能源的互动关系形成了域内和域外两个相互影响的圈层，内部是相关国家为了生存和发展围绕水资源的争夺，因为在缺水的中东有限的水资源直接关系到粮食生产。外部是大国为了获得全球霸权围绕石油展开的争夺。而美国与以色列的特殊关系又使这两个圈层之间发生了互动，这种复杂的政治关系最终导致水、能源与粮食的纽带安全问题在中东地区比其他任何地区更加严峻。

　　全球治理中最值得关注的议题联系发生在那些具有基础性作用的议题之间，比如水、能源和粮食事关人类的基本生存，而能源和金融的结合则关系到世界经济的稳定与发展。能源是工业的血液，金融是现代经济的润滑剂，前者从技术层面大幅提升了工业效率和质量，后者从制度层面优化生产和经营结构，所以二者最早的结合发生在第二次工业革命之初，1886年威尔士的卡迪夫建立了最早的能源交易所——煤炭交易所，运用金融交易的管理模式对当时煤炭交易商的交易进行管理与运作，而现代能源金融的研究更多关注金融对能源产业发展的支持作用。[1] 这种作用主要体现在以下两个方面。第一，能源价格与标价货币汇率的

---

[1]　李忠民、邹明东：《能源金融问题研究评述》，《经济学动态》2009年第10期，第101页。

关系。能源金融化的重要指标就是能源价格随标价货币的汇率波动而波动，所以标价货币的母国就一定程度上掌握了能源定价权。尽管能源商品的价格最终受到供求关系的影响，比如欧佩克等重要石油生产国联盟的增产和减产决定，以及全球能源需求的大小在根本上决定了石油价格，但这更多是长期效应。在短期内，美元作为石油价格的主要标价货币，其汇率的波动直接决定了石油价格的高低。货币的信用来源于权威，在国内，由于中央政府具有不可挑战的最高权威，所以其发行的货币可以被市场接受。相反，当一国中央政府出现权威丧失的情况，其发行的货币也就失去了信用，并会导致恶性通货膨胀。可见，货币虽是经济现象，但起决定作用的是政治因素，包括武力的垄断和合法性。在国际关系中，由于无政府状态的存在，没有世界政府垄断武力的使用，国际权威的建立依赖主权国家的武力和合法性，在西方国际关系理论中这种国家即为霸权国。美国作为当代世界的霸权国正是基于在二战后和冷战后建立的超强军事实力和诸多重要国际公共产品供给者的身份，在武力与合法性两方面获得国际权威，由此让国际社会相信其本国货币美元可以信赖，进而作为国际储备货币，成为众多大宗商品的标价货币，美元霸权由此形成。

在此基础上，美元涨跌直接决定了包括石油在内的众多能源商品的价格涨跌，这也成为美国打击俄罗斯、伊朗等以石油出口为主要创汇途径的所谓战略对手的手段之一。反之，俄罗斯、伊朗等国为反制美国，最直接的手段就是在石油交易中去美元化，即使用其他货币进行石油贸易，降低对美元的依赖。比如在2014年乌克兰危机和特朗普政府退出伊朗核协定后，俄罗斯和伊朗增加了在与中国进行石油交易时使用人民币结算的比例。由于货币具有主权性，所以这种围绕石油交易货币的博弈实际是主权国家间的利益博弈。美元是美国的主权货币，代表美国国家利益，但在全球化时代，这种一国国内的货币主权伴随霸权国的实力超越国界，成为世界货币，因而能够在全球范围内通过金融工具实现财富再分配，服务于自身国家利益。石油是俄罗斯和伊朗的主权资源，也是两国实现国家利益的重要手段，却被美国的主权货币定价服务于美国的国家利益，这种看似市场结构的矛盾反映的却是国际体系中主权国家间的利益分歧。石油是传统地缘政治的象征，美元是币缘政治的象征，"金融全球化改变了国家利益和国家力量的形态，导致在今天世界政治大棋局的博弈中，币缘政治将与地缘政治一道成为合纵连横、纵横捭阖的关键性因素"。① 因此，能源金融相比于水、能源和粮食组成的纽带安全而言，超越了仅限于环境和经济议题的低层政治，进入国际关系传统安全、大国战略博弈的高层政治领域，更能体现国际关系视角下联系政治的大国竞争属性。

第二，金融流向决定能源转型的方向。金融作为虚拟经济，只有与实体经济结合才能发挥积极作用，历史上的两个反例可以证明这种作用。一个是法国在经济现代化过程中对传统产业投资不足的教训。法国现代工业落后英美的原因之一是工业革命因为拿破仑战争被推迟，但另一个重要原因是传统手工业吸引了大量资本，忽视了对现代大工业的投资。这带来的结果是，一方面法国手工业与现代技术结合提高了效率，使人主动与机器结合，而不是让人依附于标准化的机器生产；但另一方面，直到 19 世纪 70 年代法国产业革命结束时，经济中的二元结构仍然存在。在传统的工业部门以小企业居多，工业集中度低，资本投资极少，主要利用劳动力，最终导致法国经济现代化缓慢。② 法国在现代化早期对新兴技术和产业投资不足导致经济现代化的落后，一方面是因为经济结构的客观原因，另一方面是因为政府主观经济政策没有及时正确引导资本流向。正确的做法应该是由政府根据经济发展的宏观趋势制定投资规划，主动扶持新兴产业，培育新兴企业，开发新兴技术，使法国的传统手工业优势与新兴经济形态共同发展。类似的例子出现在美国，虽然以硅谷为代表的制度创新使资本成功地与技术结合，缔造了美国强大的科技实力，但 2008 年金融危机也证明，经济的金融化问题在美国同样严重，资本在金融体系和房地产市场之间流动，不断催生金融泡沫，加上人们一夜暴富的投机心理，最终酿成危机。

可见，金融流向对于实体经济，特别是新兴技术和产业的发展至关重要，发挥金融议题和能源议题联系政治的积极作用，使金融流向有利于低碳经济发展的技术和产业领域，是促进全球气候治理转型的必要途径。

金融与气候治理的结合是能源金融的延伸，即从发挥金融支持传统能源发展的作用转向发挥金融支持可再生能源发展的作用，这种作用同样基于两种路径。一是碳金融。二是金融与低碳经济实体产业的结合。碳金融业务主要涉及碳卖

① 王湘穗：《币缘政治的历史与未来》，《太平洋学报》2017 年第 1 期，第 12 页。
② 谭崇台主编《发达国家发展初期与当今发展中国家经济发展比较研究》，第 81、94 页。

家、碳买家以及碳减排收入的国家收费管理机构三方,[1] 其功能就是通过利用为减少温室气体排放所进行的各种金融制度安排和金融交易活动,包括碳排放权及其衍生产品的交易、低碳项目开发的投融资、碳保险、碳基金,以及相关金融咨询服务等金融市场工具和金融服务转移环境风险,实现优化环境目标,做到降低金融风险、增加社会效益。[2] 从这个角度理解,碳金融的核心是围绕碳排放展开的排放权交易,碳排放之所以能够具有金融属性,就是因为全球气候治理逐渐将限制温室气体排放作为各方经济社会发展的硬约束,而约束条件的形成就是要素价格形成的前提。微观经济学两大基本假定,一是经济活动中的人都是理性的,二是资源的有限性。正因为如此,经济活动中的行为体所做的决策都必须面对利益取舍(trade-off),以在资源约束条件下实现成本最小化、收益最大化。碳约束就起到这种作用,为应对气候变化,各国必须限制碳排放,但是短期内由于经济结构的刚性,有些高碳经济结构的国家必须排放必要的温室气体,于是就出现了不同类型国家买卖排放权的现象,碳排放权也就具有了价格。《京都议定书》下的三个灵活机制是典型的在全球范围内进行的碳排放权交易机制,其中清洁发展机制将发达国家与发展中国家联系起来,让希望排放更多温室气体但排放成本较高的发达国家向排放成本较低的发展中国家购买排放权,发展中国家则可以获得资金和技术。但这种以市场换技术的方式无法保证发展中国家获得发达国家的核心技术。

更重要的是,国家间的碳排放权交易实际上并没有产生实质性减排,比如对俄罗斯东欧等转型国家热气的购买,只是实现了碳排放权交易量的增长,而并没有温室气体排放的实质性下降,最后还是会发展为碳减排领域的脱实向虚,使金融资本在交易体系内空转,而没有促进减排技术和产业的实质性发展。严格意义上看,围绕碳排放权展开的金融活动是从狭义或者静态角度考察碳金融,即对碳排放权这种稀缺性资源进行的跨期和跨空间配置。如果从动态角度考察,碳金融就是低碳金融的发展,是金融低碳化的过程,即金融机构的资金运用对实体经济产生碳减排的效果。金融本身并不与碳排放直接相关,它

① 林立:《低碳经济背景下国际碳金融市场发展及风险研究》,《当代财经》2012年第2期,第51页。
② 杜莉、李博:《利用碳金融体系推动产业结构的调整和升级》,《经济学家》2012年第6期,第46页。

只有进入实体经济，在金融资本层面影响其他经济部门的运行，间接通过对金融资源的不同配置才会产生减排效果。当金融资源通过实体经济所创造的二氧化碳减少，便能从整体和宏观上反映金融低碳化发展。[①] 因此，金融与气候治理的结合，最终还是要落实到对实体低碳经济的支持中。

　　金融本身就是一种治理手段，[②] 金融与气候治理的议题联系就是要整合金融、能源和环境三者关系，协调三个领域参与方的利益分歧。能源金融将能源实体性和金融虚拟性相结合，使能源行业通过金融市场直接融资，虚拟经济支撑实体经济高效发展，同时实体经济的发展又防止虚拟经济泡沫化和产业的空心化。另外，金融配置定价、保值增值、规避风险等功能有利于能源产业高效发展，减少环境污染，又降低能源风险。[③] 从这个意义上看，金融与能源的联系政治和贸易与气候治理的联系政治同等重要，后者关系到短期内各方对外贸易的现实利益，[④] 所以当欧盟提出碳关税甚至航空税议题后遭到美国和广大发展中国家的集体谴责，而前者则关系到各方在长期受到碳减排约束下的产业竞争力问题。既然是联系政治，就不能仅从经济角度考察金融和气候治理的关系，而要围绕气候治理的核心碳排放权展开分析。碳排放权的特点是同时包含了权利和权力两种属性。碳排放的权利是在碳约束下获得有限碳排放的空间，关系到现实的发展利益，而碳排放的权力则关系到在低碳经济条件下各国的产业竞争力，即在全球低碳经济结构固化的背景下，高碳经济的生存空间受到彻底压缩，于是谁的低碳经济越发达，产业竞争力就越强，也就是获得减少碳排放但又能促进经济增长的能力。这种未来能力的获得必须依赖今天的投资，也就是发挥金融的导向作用，使资金更多流向低碳经济领域。其方式有两种，一种是在全球治理机制中设置相关议题，然后各参与方协调政策，由国内金融机构发行相应的金融工具。另一种是

---

① 乔海曙：《中国低碳经济发展与低碳金融机制研究》，经济管理出版社，2013，第13页。

② Fleur Johns, "Financing as Governance", *Oxford Journal of Legal Studies*, Vol. 31, No. 2, 2011, p. 415.

③ 余力、赵米芸、张慧芳：《能源金融与环境制约的互动效应》，《财经科学》2015年第2期，第28页。

④ 从联系政治视角分析国际贸易的文献可以参看 José E. Alvarez, "The WTO as Linkage Machine", *The American Journal of International Law*, Vol. 96, No. 1, 2002, pp. 146–158；关于贸易与气候治理关系的国内文献可以参看杜培林、王爱国《全球碳转移格局与中国中转地位：基于网络治理的实证分析》，《世界经济研究》2018年第7期，第95~107页。

直接建立以绿色、低碳为导向的新兴开发性金融机构。这里的关键是，公共部门如何与私人部门有效合作。欧洲复兴开发银行（EBRD）对西巴尔干地区的能源和环境投资项目就曾因为私人企业考虑成本因素而降低了对可再生能源和相关可持续发展项目的投资。① 低碳经济的发展依赖可再生能源的技术突破和产业培育，需要金融支持，但与传统能源金融最大的不同在于，可再生能源是技术导向的高科技领域，而非传统能源的资源为王，所以以资本促进技术创新是可再生能源金融的主要功能。可再生能源是作为化石能源的替代者身份出现的，而化石能源的长期存在必然产生路径依赖，这种能源转型带来的全社会成本非常巨大，直接涉及化石能源开采、加工、生产、运输、销售等各个环节的企业，以及普通人的消费习惯和生活成本。因此，可再生能源的推广会遭遇非常巨大的市场和社会阻力，如果仅依靠私人部门，则容易受制于市场机制的成本收益计算，最后难以形成可持续成规模的投资。

所以，对于可再生能源的金融支持必须依赖全球范围内公共部门与私人部门的合作，撬动大规模资金进行持续投资。② 这种投资的流向有两种，一种是流向可再生能源技术的研发，而且为避免知识产权垄断，最好是多国联合研发，共享知识产权。由于可再生能源的替代性质，具有未来产品的不确定性，所以在研发过程中必须给予足够的失败容忍度，保持宽松的科技创新环境，密切政府、企业、大学和科研院所的合作，争取实现相关技术的实质性变革。另一种是直接流向可再生能源项目投资。这里的重要问题是如何平衡发展中国家化石能源和可再生能源的关系。因为发展中国家应对气候变化必须同时兼顾发展需求，如果过于快速淘汰化石能源发展可再生能源可能会在短期导致发展中国家能源供应不足、企业倒闭、失业加剧等问题。所以金融对可再生能源的支持不同于化石能源只从经济角度考虑成本收益，而必须从能源转型甚至全社会转型的角度将经济、环境和社会等多重变量统筹分析，真正实现全球气候治理的包容、普惠和高效。发达国家主导的全球治理机制虽然也将支持低碳经济发展列

---

① Stefan Buzar, "Energy, Environment and International Financial Institutions: The EBRD's Activities in the Western Balkans", *Geografiska Annaler Series B*, *Human Geography*, Vol. 90, No. 4, 2008, p. 428.

② Kassia Yanosek, "Policies for Financing the Energy Transition Daedalus", *The Alternative Energy Future*, Vol. 141, No. 2, 2012, pp. 102 – 103.

入项目清单，但往往从自身发展阶段出发，只看到削减温室气体排放的环境效应，忽视发展中国家的发展权利，导致重减缓轻适应问题。因此，全球气候治理需要新兴经济体参与和主导建立的新兴全球治理机制，从兼顾减排与发展的角度满足更多发展中国家在发展低碳经济时的金融需求，这也正是中国在二十国集团杭州峰会提出绿色金融议题并将绿色作为亚投行的目标之一，以及主张金砖国家银行可持续发展投资方向的初衷。

第二节　中国与二十国集团绿色金融倡议

2016 年在中国杭州举办的二十国集团领导人峰会主题为"构建创新、活力、联动、包容的世界经济"。本次峰会是中国向世界提供全球治理公共产品的一次机遇。二十国集团虽然崛起于 2008 年全球金融危机之时，主要功能是治理全球金融体系，但伴随危机的扩展和该机制本身逐渐完善，二十国集团的议题也扩展到其他经济领域，并与政治、社会、环境等议题联系，体现出全球治理中议题联系的典型特征。中国作为新兴经济体一员，在杭州峰会中也同样突出了发展与环境的关系，发起建立了"围绕经济发展、能源可及性、改善气候环境和能源安全为主题的全球能源投资框架"，目的是聚集一批国际能源机构和政府，厘清为达到国际社会所设下的能源投资目标而需要的条件。此项目将梳理出这些条件的广度和所需投资的性质，以及可以利用的筹资渠道、法律、法规及其他为了公共或私人资本筹集而需要的准备。[①] 而中国在本次峰会上最为突出的公共产品供给就是设置了绿色金融议题，将金融与发展和环境联系起来，并间接推动了《巴黎协定》的生效。[②] 二十国集团杭州峰会公报对此具体表述为："为支持在环境可持续前提下的全球发展，有必要扩大绿色投融资。绿色金融的发展面临许多挑战，包括环境外部性内部化所面临的困难、期限错配、缺乏对绿色的清晰定义、信息不对称和分析能力缺失等，但我们可以与私人部门一起提出许多应对这类挑战的措施。我们欢迎绿色金融研究小组提交的《二十国集团绿色金

---

① 杨玉峰、〔英〕尼尔·赫斯特：《全球能源治理改革与中国的参与》，清华大学出版社，2017，第 42 页。
② 董亮：《G20 参与全球气候治理的动力、议程与影响》，《东北亚论坛》2017 年第 2 期，第 65～66 页。

融综合报告》和由其倡议的自愿可选措施，以增强金融体系动员私人资本开展绿色投资的能力。"① 这一内容说明以下四个层次的问题，第一，绿色金融作为全球治理中的议题联系，对于可持续发展非常必要，应该充分利用金融手段应对发展中的环境问题；第二，绿色发展面临挑战，需要改进，公报在此提出了非常明确的问题；第三，各方政府愿意与私人部门合作解决这些问题，而不是公共和私人部门各自为政；第四，建立了绿色金融研究小组作为落实绿色金融倡议的具体机制。这里的核心是绿色金融研究小组的建立，该小组由中国在杭州主办 G20 峰会时倡议设立，主要任务是"识别绿色金融发展所面临的体制和市场障碍，并在总结各国经验的基础上，提出可提升金融体系动员私人部门绿色投资能力的可选措施"。② 该小组的具体运行由中国人民银行和英格兰银行共同主持，并由联合国环境规划署（UNEP）担任秘书处，小组参与者包括二十国集团成员和六个国际组织，共计 80 余人。这种设置体现出中国是绿色金融倡议的发起者和政策落实引领者。

绿色金融研究小组成立后召开了系列会议，在由其提供的 2016 年《G20 绿色金融报告》报告中指出，"绿色金融"指能产生环境效益以支持可持续发展的投融资活动。这些环境效益包括减少空气、水和土壤污染，降低温室气体排放，提高资源使用效率，减缓和适应气候变化并体现其协同效应，等等。报告提出了提升金融体系动员私人部门绿色投资的能力的七项措施建议供 G20 和各国政府参考，包括：提供战略性政策信号与框架；推广绿色金融自愿原则；扩大能力建设学习网络；支持本币绿色债券市场发展；开展国际合作，推动跨境绿色债券投资；推动环境与金融风险问题的交流；完善对绿色金融活动及其影响的测度。这七项措施也被写入最后的二十国集团杭州峰会公报。在具体政策措施方面，报告建议银行体系的绿色化可以在自愿的基础上推动采纳可持续银行原则，采用创新金融工具来克服期限错配和支持长期绿色项目，加强政策协调以及扩大能力建设网络。债券市场绿色化的建议包括：通过宣传和示范项目，提高对绿色债券好处的认知度；支持本币绿色债券市场的发展；降低风险溢价以及认证和信息披露的成

① 《二十国集团领导人杭州峰会公报》第 21 条，2016 年 9 月 5 日，《人民日报》2016 年 9 月 6 日，第 6 版。
② G20 绿色金融研究小组：《2016 年 G20 绿色金融报告》，2016 年 9 月，http://news.hexun.com/2016-09-08/185945028.html，登录时间：2019 年 1 月 24 日。

本；发展绿色债券指数、评级和在交易所上市；加强国际合作以推动跨境绿色债券投资；培育本地绿色投资者。关于机构投资者的绿色化，报告建议从提供战略性政策信号和框架、推动自愿采用责任投资原则和强化市场能力产品创新三个方面改进。[①]

《2017 年 G20 绿色金融报告》针对环境风险对金融活动日益严重的威胁提出了环境风险分析的工具，认为金融机构在开展环境风险评估时可考虑两方面因素：一是理解并识别可能导致金融风险的环境因素来源，二是将这些环境因素转换为数量和质量信息，以更好地判断环境风险对投资可能带来的潜在影响，并对投资决策提供帮助。[②] 图 6-1 显示了报告总结的风险分析工具的种类。

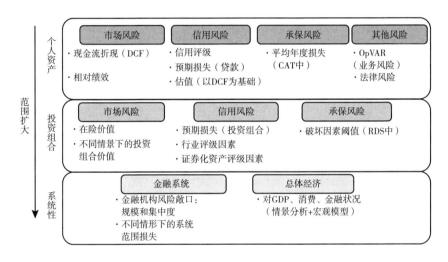

图 6-1　风险分析工具的种类

资料来源：G20 绿色金融研究小组：《2017 年 G20 绿色金融报告》，第 7 页。

同时，报告强调了公共部门提供的环境数据对于环境风险分析的重要性，因为这些数据具有一定的前瞻性，能够帮助金融和非金融企业评估与环境相关的物理风险（如自然灾害、环境事故）和转型风险（如能源政策、绿色技术的变化）的概率及其影响。报告还为使用者改善公共环境数据可得性和有用性提供了措

---

① G20 绿色金融研究小组：《2016 年 G20 绿色金融报告》，2016 年 9 月，http：//news. hexun. com/2016-09-08/185945028. html，登录时间：2019 年 1 月 24 日。

② G20 绿色金融研究小组：《2017 年 G20 绿色金融报告》，2017 年 7 月，第 6~9 页，中国人民银行网站，http：//www. pbc. gov. cn//goutongjiaoliu/113456/113469/3344238/index. html，登录时间：2019 年 1 月 24 日。

施,包括:G20 成员与其他伙伴可共同推动环境风险分析方法和环境成本与收益分析方法等领域的知识共享;政府可支持私人部门改善公共环境数据的质量和可用性;研究小组可支持联合国环境署和经合组织开发公共环境数据指南;各国政府可在国内推动支持金融分析的公共环境数据共享。①

可见,G20 绿色金融小组的建立已经为议题联系下的金融与环境治理提出了富有价值的政策建议,使这一重要倡议具备了落实的条件。同时应该看到,中国在二十国集团发起绿色金融倡议的最终目的,是利用这一新兴的全球治理机制在全球范围内引领金融与发展、环境治理的融合,特别是形成与以《联合国气候变化框架公约》为核心的全球气候治理主平台相互促进的新渠道,完善全球气候治理体系,促进其包容性、普惠性和治理效率的提升。因此,对绿色金融倡议价值的检验需要考察不同国家在落实杭州峰会公报关于绿色金融七大举措的情况。对此,《2017 年 G20 绿色金融报告》进行了跟踪关注,参见表6 - 1。

表 6 - 1 G20 绿色金融七大措施进展

国家/国际机构		G20 绿色金融七大措施进展
		措施一:提供战略性政策信号与框架
国家	阿根廷	2017 年 2 月开始评估其金融体系应如何支持可持续发展,包括如何发展绿色金融
	澳大利亚	澳大利亚审慎监管局(APRA)认为气候变化是"重大的"物理和转型风险,将在对银行、保险和资产管理的监管中更多考虑这些风险
	中国	国务院于 2016 年 8 月批准了七部委发布的《关于构建绿色金融体系的指导意见》,鼓励和推动绿色信贷、绿色债券、绿色基金、绿色保险和强制环境信息披露等
	法国	2017 年 2 月,财政部、央行和审慎监管当局联合发布了一份综合报告,在评估银行业与气候相关风险的基础上,为增强其未来专业能力提供了相关框架和指南
	德国	柏林州设计了一个可持续性指数,以在 2017 年重新配置其养老金的投资组合。黑森州也宣布,拟将法兰克福市建成绿色金融中心
	印度	印度央行正在研究绿色金融的各方面内容,准备着手制订一份在印度发展绿色银行业的路线图

① G20 绿色金融研究小组:《2017 年 G20 绿色金融报告》,2017 年 7 月,第 11 ~ 16 页,中国人民银行网站,http://www.pbc.gov.cn//goutongjiaoliu/113456/113469/3344238/index.html,登录时间:2019 年 1 月 24 日。

续表

国家/国际机构		C20 绿色金融七大措施进展
措施一:提供战略性政策信号与框架		
国家	印度尼西亚	金融监管局于 2017 年 2 月宣布,将于 2017 年制定印尼自己的绿色债券发行框架和监管规则。该局还发布了有关再生能源、提升能效、有机农业和棕榈油相关的自愿融资指导意见
	意大利	2017 年 2 月发布国家层面对可持续金融长达一年的对话结果,提出了 18 项具体措施
	墨西哥	政府宣布拟于 2018 年设立碳交易市场,并与墨西哥证交所签订了合作协议,开展自愿试点项目,建立一个排放交易系统,覆盖 60 家国内和跨国公司
	沙特	2017 年 1 月能源部部长 Khalid al-Falih 表示,将在 2023 年前向可再生能源领域投资 300 亿~500 亿美元
	南非	设立国家级指导委员会,以形成一个可持续金融路线图,并计划在 2017 年底前向公众征求意见
国际机构	欧盟	2016 年 12 月成立可持续金融高级专家组,作为资本市场联盟的一部分,为欧盟可持续金融战略提供政策建议,并将在 2017 年 7 月发布一份中期报告
	经合组织	成立"绿色金融与投资中心",旨在为各国提供支持绿色金融与投资的政策、机构和工具方面的经验,支持全球经济向绿色、低排放和具有气候韧性的模式转型;采纳"巨灾风险融资战略"中的一项政策建议,为巨灾风险的资金管理提供了一项高级政策指南
	联合国	成立了"可持续发展目标融资友邦组织",涉及 30~40 个国家,由加拿大和牙买加驻联合国大使担任共同主席
	联合国环境署与世界银行	倡议建立"可持续金融路线图",首个咨询报告在 2017 年 4 月国际货币基金组织/世界银行春会期间发布
措施二:推广绿色金融自愿原则		
国家	巴西	2016 年 10 月,巴西银行联合会和巴西可持续发展商会发布"巴西绿色债券发行指南 2016"
	加拿大	加拿大养老金监管协会修订有关指南,将 ESG(环境、社会、治理)问题作为评估养老金受托人的典型风险
	中国	2016 年 10 月,证监会公开表示,鼓励投资者加入责任投资原则(PRI)
	法国	2016 年 11 月发起"能源与生态气候转型"标签,作为绿色投资基金的标识
	新加坡	新加坡证交所(SGX)2016 年 9 月以交易所伙伴身份加入"可持续证交所倡议"(SSE),并于 2016 年 11 月出台《新加坡责任投资者管理原则》
	韩国	金融服务委员会发布了《机构投资者尽责管理守则》(Stewardship Code)草案

续表

国家/国际机构		G20 绿色金融七大措施进展
国际机构	19 家银行和投资者(共掌管 6.6 万亿美元资产)	2017 年 1 月在巴黎发布《金融积极影响原则》。该原则为金融机构和投资者提供指南,以分析、监测并发布其管理的金融产品和服务所产生的社会、环境和经济影响
措施三:扩大能力建设学习网络		
国家	中国	中央财经大学于 2016 年 9 月成立绿色金融国际研究院
	德国	德意志交易所 2017 年 5 月宣布发起可持续融资倡议
	沙特	沙特央行表示其将加入可持续银行网络(SBN)
	英国	英格兰银行正在与英国其他金融监管机构就气候相关金融风险和绿色金融开展对话
国际机构	国际金融公司(IFC)	旗下可持续银行网络(SBN)成员数量从 24 个发展到 31 个,并正在为银行业监管机构和银行业协会开发工具,协助其设计和实施可持续银行业指南,支持 7 个成员国设计或更新可持续银行业监管规则/指南。包括责任投资原则(PRI)、可持续证交所倡议(SSE)和 UNEP 金融倡议在内的市场主导型国际网络,也在向发达国家和发展中国家提供更多的能力建设支持
措施四:支持本币绿色债券市场发展		
国家	阿根廷	拉里奥哈省在国际资本市场发行第一支绿色债券
	加拿大	安大略省 2017 年 1 月发行了第三支,也是迄今最大一支绿色债券;2017 年 2 月,魁北克省发行了第一支绿色债券
	中国	在出台《绿色债券支持项目目录》和《绿色债券指引》之后,2016 年绿色债券发行量(包括在境内和境外)相当于 340 亿美元,而 2015 年只有 10 亿美元。中国证监会于 2017 年 3 月发布了《关于支持绿色债券发展的指导意见》
	法国	2017 年 1 月发行一笔欧元计价的长期(22 年)主权绿色债券(70 亿欧元),旨在推动整合最佳市场实践(尤其是在评估和影响报告方面)并支持绿色债券市场的发展
	德国	在德国国有银行(如德国复兴信贷银行和北威州银行)继续发行绿债和绿色投资活动的同时,德国国有银行协会(VÖB)发起了"德国绿色债券倡议",以支持该领域的理念传播、能力建设和知识共享
	印度	印度证券交易委员会发布一个关于发行绿色债券的概念性文件
	日本	东京都政府宣布了发行绿色债券的计划
	墨西哥	国家金融发展银行发行了首支本币绿色债券,墨西哥银行业协会也在推动本地绿债市场发展方面发挥重要作用
	俄罗斯	俄央行开展了绿色债券相关的金融市场监管评估

续表

国家/国际机构		G20 绿色金融七大措施进展
国家	新加坡	新加坡金管局制定了绿色债券奖励机制,以鼓励发行绿色债券。获得奖励的合格发行方可以抵扣为发行绿色债券而产生的外部评估费用
	韩国	2017 年 4 月 18 日,马德里自治区发行一笔 5 年期欧元计价的可持续债券,总额 7000 万欧元。该债券符合《绿色债券原则》(GBP)和一系列可持续发展目标
国际机构	国际金融公司	筹划"绿色债券基石投资项目"
措施五:开展国际合作,推动跨境绿色债券投资		
国家	加拿大	安大略省和魁北克省最近发行的绿色债券都是国际债券,充分利用了跨境投资。魁北克省发行的绿色债券的 40% 被国际投资者认购
	法国	2017 年 3 月批准成立首个绿色债券 ETF,追踪 116 支投资级绿色债券组合
	印度	在英国组织了一次以发行债券为目的的绿色基础设施投资路演
	南非	约翰内斯堡证交所(JSE)正按照国际最佳实践制定绿色债券上市要求
	英国	2016 年 11 月与中国合作,在伦敦证交所发行了第一支中国绿色资产担保债券
措施六:推动环境与金融风险问题的交流		
国家	巴西	央行于 2017 年 2 月发布了一项将环境风险纳入风险管理体系的规定
	中国	推动金融机构开展环境压力测试成为《关于构建绿色金融体系的指导意见》的一项重要内容。这项工作正由中国金融学会绿色金融专业委员会牵头开展
	法国	财政部、央行和其他机构于 2016 年 12 月召开了一次研讨会,讨论了识别、评估、定价和管理气候相关金融风险等议题
	德国	财政部发布了一项关于气候变化对金融市场稳定潜在影响的委托研究报告
	印度尼西亚	金融服务局和 SBN 于 2016 年 12 月在印度尼西亚联合主办了 2016 年"国际可持续论坛"和第四届 SBN 年会,就可持续金融议题推动在 30 个国家间的知识共享
	荷兰	央行就金融机构的气候风险开展专题评估
	英国	英格兰银行进一步研究气候相关金融风险对英国保险业的影响,并开始考虑在英国银行业也开展相关风险研究
国际机构	德国发展合作机构(GIZ)等	与自然资本金融联盟(NCFA)与来自巴西、中国、墨西哥、美国的 9 家银行,联合开发了一项环境和干旱压力测试工具
	金融稳定理事会(FSB)	发起的由私人部门主导的气候相关财务信息披露小组(TCFD)于 2016 年 12 月公布了公司披露的建议初稿,旨在帮助市场参与者理解与气候相关的金融风险
	第21 届气候变化缔约国大会(COP21)	主席国要求经合组织(OECD)开展研究,将 ESG 风险和机遇融入机构投资者决策中去。该报告于 2017 年 5 月发布

续表

国家/国际机构		G20 绿色金融七大措施进展
		措施七：完善对绿色金融活动及其影响的测度
国家	墨西哥	墨西哥银行家协会正在制定一个气候融资统计框架
	瑞士	环保部将于 2017 年面向所有瑞士养老基金和保险公司开展一项自愿试点评估工作，免费评估其持有的股票和债券组合是否与《巴黎协定》有关 2℃升温要求相一致
	土耳其	银行业监管机构（BRSA）已开始制定一个关于银行可持续金融能力及相关活动的报告模板
	英国	2016 年 11 月，英国绿色投资银行首次发布一份关于项目"绿色影响"的评估报告
国际机构	可持续银行网络（SBN）	成立了"可持续金融测度工作组"。该工作组将开发相关技术指南和工具，以帮助评估绿色金融政策的有效性，并整合不同的统计框架和指标
	欧盟	欧盟国家正在将欧盟"非金融企业报告指令"变为国内法律，这些法律将要求欧盟上市或从事银行和保险业务的大型机构在其治理报告中披露有关环境和社会信息

资料来源：G20 绿色金融研究小组：《2017 年 G20 绿色金融报告》，第 17～24 页。

　　绿色金融倡议的提出反映了中国关于全球气候治理转型的促进作用逐渐从观念过渡到具体方案，通过多元的金融手段强化全球气候治理。总体来看，绿色金融倡议的意义包括以下四个方面特点。第一，明确议题联系的中国方案。全球治理的鲜明特征是议题之间的复杂联系性，一种议题的治理不能局限于议题本身，而必须与相关议题统筹考虑。当代环境问题在深层次上就是发展问题，其中以气候变化最为典型。而能源转型又是治理气候变化的治本之策，所以绿色金融本质上脱胎于能源金融。在此基础上，中国从更广泛的经济、社会、环境、能源互动的视角重新审视能源金融的当代价值，提出绿色金融概念，挖掘出这些人类社会发展基础性议题更加深刻的内在联系，体现出中国方案的成熟性。所以，"'中国方案'不只是局限于全球金融治理，而是广泛地涉及全球治理的诸多方面，包括全球经济增长、网络治理、国际秩序、气候、能源治理、生态文明、减贫、世界和平等等，其核心内涵是中国对解决全球性问题的系统性看法和主张"。[①]

　　第二，对现有全球气候治理资金机制的补充。资金是全球气候治理的四个轮

---

① 张发林：《全球金融治理体系的演进：美国霸权与中国方案》，《国际政治研究》2018 年第 4 期，第 34 页。

子之一，但在全球气候谈判中进展缓慢，主要问题是发达国家一再逃避落实承诺资金的责任。2018 年波兰卡托维兹气候大会最后文件关于资金的措辞就避免了发达国家反对的审评（review）字眼。① 目前的绿色气候基金仍然存在很多问题，比如资金的来源是否具有可预测性，是否能够通过可测量、可报告和可证实的测试，资金的实用性和灵活性需要满足发展中国家的适应需要，对于"新的和增加的"资金含义如何理解，以及资金的可获得性等。② 在此背景下，中国主动提出绿色金融倡议，从银行、债券、机构投资者等多元渠道吸引绿色资金，并且都提出了切实可行的方案，在全球范围产生广泛响应，这将有助于全球气候治理的资金供应，是对现有全球气候治理体系的有益补充。

第三，中国的绿色金融倡议强调公共部门和私人部门的合作。绿色金融是中国按照国际金融市场惯例提出的倡议，所以完全符合市场经济的一般规则，不侧重政府的行政性资金供给方案，也不完全依赖私人部门投资。前者受限于财政规则，后者容易屈从于成本收益压力。事实上，北美地区由于过于信赖自由市场原则，其可再生能源技术的研发就曾苦于公共部门投资不足。③ 中国提出的公私合作方案既是基于中国国内发展中政府引导投资的经验，也是借鉴国际金融市场的通行惯例，同样体现出中国供给的全球治理方案逐渐走向成熟。

第四，突出绿色金融措施的因地制宜。全球治理的金融方案无法实现一刀切，即一种方案适用所有国家。④ G20 绿色金融研究小组对于报告提出的绿色金融概念本身就强调其基础性，认为这一定义在概念层面上是清晰的，但同时允许不同国家和市场进行不同的技术性解释。对于公共环境数据的搜集，报告也指出，由于预测性数据的不确定性，数据的使用要根据具体场景，不能简单套用所有国家。这些问题的强调都体现出中国引领的绿色金融倡议统筹考虑了全球治理中同一性与多样性的平衡，没有强制性输出自己的方案，而是充分结合各方实

---

① 朱松丽：《从巴黎到卡托维兹：全球气候治理中的统一和分裂》，《气候变化研究进展》2019 年第 1 期，第 3 页。

② Anwar Sadat, "Green Climate Fund: Unanswered Questions", *Economic and Political Weekly*, Vol. 46, No. 15, 2011, p. 25.

③ Edward B. Barbier, "Building the Green Economy", *Canadian Public Policy*, Vol. 42, November, 2016, p. 6.

④ Hany Gamil Besada and Michael Olender, "Fossil Fuel Subsidies and Sustainable Energy for All: The Governance Reform Debate", *Global Governance*, Vol. 21, No. 1, 2015, p. 90.

际，着眼于具体问题的解决，体现出对全球治理包容不同类型参与者的充分尊重，因此也增强了绿色金融方案在实践中的生命力。

总之，"绿色金融不仅为可持续发展提供了一种有效的金融政策工具，还将会成为促进全球可持续发展的重要保障和动力"。[①] 无论是传统的发达国家金融中心还是越来越多的发展中国家，都在不同的水平上开始对绿色金融进行探索，未来几年绿色金融领域的国际交流和能力建设需求将持续上升。[②] 这将为全球气候治理开辟新的金融渠道，提升治理效率，是中国为全球气候治理转型做出的积极贡献。

第三节　中国与金砖国家银行的可持续投资理念

金砖国家银行是金砖国家合作的机制化成果，虽然是金融合作机制，但目的是通过金融手段满足五国以及其他新兴经济体基础设施建设和可持续发展的资金需求。对于已有的旨在服务于增长与发展的多边和地区性金融机构，金砖国家银行保持开放合作的态度，并鼓励私人部门利用各种金融工具参与银行的合作。金砖国家银行设立宗旨的两个显著特征是强调发展中国家的基础设施投资和投资对于环境的兼容性，保持环境与社会的可持续发展，目标之一就是应对气候变化。金砖国家银行寻求促进应对气候变化的减缓与适应措施，旨在巩固现有的，并在地区、国家、次国家和私人部门多个层面支持建立新的绿色经济增长倡议。银行同样为基础设施投融资应对气候变化提供保障。[③] 金砖国家银行《2017～2021年总体规划》中列出了银行运营的关键领域，其中第一个就是清洁能源投资，表示银行通过多种途径支持能源系统向可持续路径转型，包括：（1）能源部门的结构化转型，特别是促进新兴的可再生能源技术；（2）提高能效，特别是革新现有发电厂、电网和能效技术；（3）减少能源部门的空气、水和土壤污染，包括建设离岸风电、分布式太阳能电站、水电站以及城市智能电网系统。该《规

---

① 李鹏辉：《G20杭州峰会：中国推动全球进入可持续发展新时代》，《世界环境》2017年第1期，第24页。

② 马骏、程琳、邵欢：《G20公报中的绿色金融倡议（上）》，《中国金融》2016年第11期，第54页。

③ New Development Bank, https：//www.ndb.int/about - us/strategy/environmental - social - sustainability/，登录时间：2019年1月25日。

划》强调金砖国家银行更加看重革新技术的适用性，比如能源存储系统、智能电网和基于固体废物的能源系统。[①] 截至 2019 年 2 月，金砖国家银行与应对气候变化有关的基础设施贷款项目占到批准项目总数的 28.07%，具体项目见表6 - 2。

表 6 - 2　金砖国家银行批准的与削减温室气体排放有关的项目

（截至 2019 年 12 月）

项目	批准时间	贷款额（百万美元）	借款方	目标部门	发展影响
卡拉纳银行	2016 年 4 月 13 日	250	印度	可再生能源（风能、太阳能）	500 兆瓦可再生能源电力；每年减少 815000 吨二氧化碳
临港	2016 年 4 月 13 日	81	中国	可再生能源（屋顶光伏发电）	100 兆瓦太阳能电力；每年减少 73000 吨二氧化碳
巴西发展银行 BNDES	2017 年 4 月 26 日	300	巴西	可再生能源（风能、太阳能）	600 兆瓦可再生能源电力；每年减少 1000000 吨二氧化碳
南非国家电力公司 ESKOM	2016 年 4 月 13 日	180	南非	可再生能源（电力传输）	670 兆瓦可再生能源电力；每年减少 1300000 吨二氧化碳
EDB/IIB	2016 年 4 月 16 日	100	俄罗斯	可再生能源（水电＋绿色能源）	49.8 兆瓦可再生能源电力；减少 48000 吨二氧化碳
平海	2016 年 11 月 22 日	298	中国	可再生能源（风能）	250 兆瓦风能电力；减少 869900 吨二氧化碳
江西	2017 年 8 月 30 日	200	中国	能源储存	95118 吨标准煤存储能力；每年减少 263476 吨二氧化碳
环境保护项目	2018 年 5 月 28 日	200	巴西	可持续基础设施	通过降低水污染增进环境和社会效益；提升水资源再利用效率；降低排放

---

① *NDB General Strategy*：*2017 - 2021*，https：//www.ndb.int/wp - content/uploads/2017/08/NDB - Strategy.pdf，p.20，登录时间：2019 年 1 月 25 日。

续表

项目	批准时间	贷款额（百万美元）	借款方	目标部门	发展影响
江西天然气传输发展项目（中国）	2018年11月16日	400	中国	能源	大幅度降低二氧化碳、二氧化硫等污染物，提升居民生活质量，改善城市环境，使能源绿色化
广东阳江沙坝区离岸风电项目	2018年11月16日	20亿元人民币	中国	可再生能源	每年降低499500吨二氧化碳排放
降低二氧化碳排放和能源部门发展项目	未提供	300	南非	清洁能源和可持续发展	降低温室气体排放；提升可再生能源发电能力；提升南非所有能源部门效率；释放私人部门投资
可再生能源发展项目	2019年3月31日	11.5亿兰特	南非	可再生能源	每年减少480000吨二氧化碳排放
可再生能源发展项目	2019年9月12日	300	俄罗斯	可再生能源	每年减少200000吨二氧化碳排放
印度农村电气化有限公司可再生能源发展项目	2019年10月14日	300	印度	可再生能源	每年减少986667吨碳排放
米佐拉姆邦小水电技术支持项目	2019年12月2日	0.3	印度	清洁能源	未提供
电池能源储存项目	2019年12月16日	60亿兰特	南非	清洁能源	每年减少90000吨二氧化碳排放

资料来源：金砖国家开发银行网站，https://www.ndb.int/projects/list - of - all - projects/，登录时间：2020年7月1日。

可见，气候治理在金砖国家银行的政策清单中占据了非常靠前的位置，发展可再生能源已经成为金砖国家银行投资基础设施的硬约束，这体现了金砖国家在应对气候变化中的优势，即作为准俱乐部产品的性质。

气候俱乐部是在《联合国气候变化框架公约》的困境日益显现的背景下出现的。《公约》下的全球气候谈判最大困境在于涉及的利益方过于广泛，因此利益协调极其困难，难以达成有实质性内容的全球性气候协定，所以《巴黎协定》

放弃了《京都议定书》为特定国家设置减排指标的做法，而是确立了自下而上的减排模式，具体减排指标和方式由各方自行制定。即使如此，《巴黎协定》的履行也缺少监督和管控。在此背景下，具有共同特征的相关方便开始自行组成气候俱乐部，有些气候俱乐部希望推倒重来（de novo），由领导者承担成本，有些则建立在现有机制上，优点是降低了交易成本，但缺点是收益预期和成员已经固定。[①] 诺德豪斯（William Nordhaus）将气候俱乐部看作克制全球气候治理中搭便车行为的一种有效方式，其手段是俱乐部成员对非俱乐部成员征收碳税。[②] 气候俱乐部的理论来源是经济学的俱乐部产品理论，其要求是俱乐部成员和非成员间严格的排他性和成员之间的成本分摊，[③] 所以具有消费的非竞争性和排他性的特点，这决定了其与纯公共产品之间的冲突。[④] 根据产品的属性和供给方式，气候俱乐部可以分为布坎南俱乐部和准俱乐部两种，二者区别见表 6 - 3。

表 6 - 3　布坎南俱乐部和准俱乐部的区别

要素	布坎南俱乐部	准俱乐部
成员数量与结构	限定数量、成员稳定	数量可变、成员具有流动性
参与成本	约束性资金支付，如会费	非约束性行动支付，如减少排放
收益	俱乐部产品 某些公共产品 主要是气候收益	俱乐部产品，如市场准入、资格认证 公共产品，如清洁大气 私人化收益，如声誉 强调非气候收益
监督、惩罚机制	一般有	可有可无

　　资料来源：胡王云、张海滨：《国外学术界关于气候俱乐部的研究述评》，《中国地质大学学报》（社会科学版）2018 年第 3 期，第 12 页。

[①] Robert Keohan and David G. Victor, "The Regime Complex for Climate Change", *Perspective on Politics*, Vol. 9, No. 1, 2011, p. 10.

[②] William Nordhaus, "Climate Clubs: Overcoming Free-riding in International Climate Policy", *The American Economic Review*, Vol. 105, No. 4, 2015, p. 1366.

[③] James M. Buchanan, "An Economic Theory of Clubs", *Economica*, Vol. 32, No. 125, 1965, p. 13. 关于俱乐部产品排他性的数学论证可参看 Robert W. Helsley and William C. Strange, "Exclusion and the Theory of Clubs", *The Canadian Journal of Economics*, Vol. 24, No. 4, 1991, pp. 888 - 899。

[④] Todd Sandler and John Tschirhart, "Club Theory: Thirty Years Later", *Public Choice*, Vol. 93, No. 3/4, 1997, p. 336.

　　根据此分类金砖国家银行兼有布坎南俱乐部和准俱乐部产品的属性。其所具有的布坎南俱乐部属性包括以下内容。第一，金砖国家银行成员具有约束性的资金支付。银行启动资金 500 亿美元，而且并非按照经济总量大小分配，而是在五国间平均分配，每个国家 100 亿美元，另外应急资金 1000 亿美元。第二，监督机制。金砖国家银行专门设立了独立的评估机构、内部审计机构和欺诈与道德审查机构。从这个角度看，虽然二十国集团因为在气候治理方面的行动被认为属于准气候俱乐部的一员，但由于其本身的机制化程度有限，更多是高规格的领导人论坛和职能部门政策协调机构，缺少有效的资金分担和监督机制，更重要的是相较于金砖国家银行更多的成员和议题分散了气候治理的资源，所以在气候治理的俱乐部属性方面要弱于金砖国家银行。同时金砖国家银行还具有准俱乐部的特征，首先在成员数量方面，虽然从名称可以确定其成员就是金砖五国，而且成立至今的贷款方也都是五国，但《2017～2021 年总体规划》也明确表示将扩展成员国数量，并正在制定相应标准，希望在地理分布的多样性和发达国家、中高收入国家及低收入国家间保持平衡。① 其次，关于俱乐部的收益，金砖国家作为俱乐部产品的主要收益是为可持续发展的基础设施提供贷款，其中实现基础设施与应对气候变化的兼容是主要方面，但不是唯一方面，所以有非气候收益的存在。因此，金砖国家银行是兼有布坎南俱乐部和准俱乐部的气候俱乐部形式，这也为其作为新兴全球治理机制在全球气候治理中发挥作用提供了优势。

　　第一，金砖国家银行集中了温室气体排放的关键国家和关键议题。气候俱乐部成功的关键是集中少数在全球气候治理中能够发挥关键作用的国家，但是究竟多大的成员规模才能达到帕累托最优状态并没有定论，② 可以确定的是，俱乐部是否能达到最优既与成员数量规模有关，但同样需要考虑成员属性，越具有同质

① *NDB General Strategy*：*2017 - 2021*，https：//www. ndb. int/wp - content/uploads/2017/08/NDB - Strategy. pdf，p. 4，登录时间：2019 年 1 月 25 日。

② 相关文献可参看 Yew-Kwang Ng, "Optimal Club Size: A Reply", *Economica*, Vol. 45, No. 180, 1978, pp. 407 -410; Moisés Naím, "Minilateralism", *Foreign Policy*, No. 173, 2009, pp. 135 - 136; David Victor, "Plan B for Copenhagen", *Nature*, September, 2009, pp. 342 -344; Barry Carin and Alan Mehlenbache, "Constituting Global Leadership: Which Countries Need to Be Around the Summit Table for Climate Change and Energy Security?", *Global Governance*, Vol. 16, No. 1, 2010, pp. 21 - 37; William Antholis and Strobe Talbott, *Fast Forward: Ethics and Politics in the Age of Global Warming*, Brookings Institution Press, 2010, pp. 76 - 94, http: //muse. jhu. edu/chapter/1192971, 登录时间：2019 年 2 月 16 日。

化和相同或相似价值观的成员组成的俱乐部越能够达到帕累托最优，金砖五国正是这样的成员。① 五国在全球气候治理中的关键性作用不仅体现在温室气体排放位居世界前列，更重要的是五国都是有较大发展需求的新兴经济体，2017 年金砖五国经济总量占世界经济总量的 23.31%，人口占世界总量的 41.63%，温室气体排放占全球的 15.44%。② 气候治理最为重要的问题就是如何平衡发展与减排的关系，二者缺一不可，这一点发展中国家比发达国家更加突出。金砖国家是发展中国家中的代表，在经济规模、人口规模、基础设施投资需求等方面都更加凸显出发展与减排的矛盾。其中人口规模的庞大带来密集的高碳排放生活方式，特别是北京、上海、新德里、孟买、里约热内卢、圣保罗、莫斯科、德班、约翰内斯堡这些金砖国家正在崛起的国际大都市都是人口高度密集的发展中城市，由此增加了汽车和住房消费等温室气体的主要排放源。另外，作为新兴经济体的代表，必须有大规模基础设施建设才能支撑庞大的现代化发展，其中所需的能源、航空、船舶、港口、化工、钢铁等产业都是典型的高排放产业，只有在金砖国家的这些领域实现投资的可持续发展，才能对全球气候治理产生实质性效果。因此，金砖国家虽然不是全球气候治理的全部关键国家，但必然是其中不可或缺的一部分。

第二，金砖国家银行能够使金砖五国独立和平等地发挥全球气候治理中关键国家的作用。金砖国家银行是发展中国家自身联合建立的金融机构，没有发达国家参与，也没有发达国家援助，体现了全球治理格局转型背景下新兴经济体地位的上升和谋求独立、平等地位的努力。新兴经济体是在发达国家主导的世界体系中崛起的，与世界经济发生了深度融合，但仍然保留了经济发展中国家和准国家组织的决定性作用。③ 世界体系的"中心－外围"结构并非一成不变，伴随新兴经济体的不断学习和创新，已经在资本主义主导的工业、金融、文化等多个体系中摆脱边缘地位，金砖国家银行是这种改变的合作形式。金融是现代经济的润滑剂，发达国家掌握金融霸权就掌握了大宗商品的定价权和投资的贷款权，所以世

---

① Todd Sandler and John T. Tschirhart, "The Economic Theory of Clubs: An Evaluative Survey", *Journal of Economic Literature*, Vol. 18, No. 4, 1980, p. 1514.

② World Bank, data, https://data.worldbank.org/indicator/SP.POP.TOTL, 登录时间：2019 年 1 月 26 日。

③ 〔德〕马修·D. 斯蒂芬：《新兴大国、全球资本主义与自由主义的全球治理：金砖国家的挑战的历史唯物主义解释》，张晨阳编译，载高奇琦主编《全球治理转型与新兴国家》，上海人民出版社，2016，第 148 页。

界银行的行长始终是美国人，国际货币基金组织的总裁始终是欧洲人，亚洲开发银行行长始终是日本人。但是应该注意到，发达国家金融霸权的存在是与生产性霸权和贸易霸权紧密联系的。因为只有在全球生产体系中掌握资本创造的优势，然后通过对贸易规则的垄断获取经常项目顺差，才能保证利润源源不断地流向发达国家，也才能使得发达国家有足够资金成为全球贷方的主体，缺乏资金的发展中国家则成为客体。因此，金砖国家银行的出现首先说明五国作为发展中国家在生产体系中逐渐突破了发达工业国的束缚，开始拥有独立自主的工业体系，并能够在全球贸易体系中获得优势，不断积累国家财富和国民财富，所以才可能拥有足够资金组成独立于发达国家之外的投资性银行。在现代经济中，金融是生产和流通的表现，真正占据金融体系高端的国家一定是在生产和贸易领域占据主导地位的国家。所以金砖五国特别是中国作为世界第一制造业大国和贸易大国的地位，才可能为引领新兴的全球金融治理机制提供坚实的物质基础。在生产、贸易和金融领域的地位都逐渐提升之后，新兴经济体才能够按照自己的价值促进经济社会发展，在金砖国家银行中的表现就是结合各国具体国情，以可持续发展标准实现基础设施和应对气候变化的平衡，由此独立于发达国家对新兴经济体过于激进的减排要求。在此，环境成为发展－权力－独立性枢纽的中心，[1] 只有获得平等和独立处理环境与发展关系的权力，新兴经济体才能够在未来低碳时代的国际竞争中掌握主动权。从此意义看，金砖国家银行的政治意义大于经济意义，金融在此实际是新兴经济体改革不平等全球治理体系的手段，其最终目的是构建更加包容、普惠和高效的新型全球治理体系。

第三，金砖国家银行的气候俱乐部属性反映出当代发展中大国对于更高层次发展观的集体认同。金砖国家银行以机制化的方式将之前松散的金砖合作提升了层次，一方面有五国对改革全球治理体系的共同利益，另一方面离不开五国对于应对气候变化的共同认知和在全球气候谈判的互动中形成的集体身份。[2] 在气候

---

① Andrew Hurrell and Sandeep Sengupta, "Emerging Powers, North - South Relations and Global Climate Politics", *International Affairs*, Vol. 88, No. 3, 2012, p. 464.

② 赵斌：《新兴大国气候政治群体化的形成机制——集体身份理论视角》，《当代亚太》2013 年第 5 期，第 138 页；Kathryn Hochstetler and Manjana Milkoreit, "Emerging Powers in the Climate Negotiations: Shifting Identity Conceptions", *Political Research Quarterly*, Vol. 67, No. 1, 2014, p. 233。

俱乐部的研究者看来，俱乐部成功建立的条件之一就是成员能够就一些特殊的设计达成共识，包括交换减缓承诺、成员标准以及决策程序的安排。① 换言之，金砖国家银行能够将减少基础设施建设中的温室气体排放作为主要目标之一，并以机制化形式确定为一种硬约束，充分体现了五国虽然是具有强烈发展需求的新兴经济体，但仍然就应对气候变化达成了共识，这种集体身份的建构反映了新兴经济体发展观的重大转变，是人类现代化进程中的一种突破，改变了发达国家发展早期以牺牲环境为代价的发展模式，进入真正将发展与环境融合的崭新发展模式阶段，是人类向生态文明进化的动力。金砖国家银行这种虽然没有为贷款设立政治条件但依然坚持"高标准"的特点，② 使其具有了区别于传统全球治理机制的优势，即超越政治分歧的功能性合作机制。这种对于更高发展层次追求的集体身份认同将使金砖五国以金砖国家银行为平台，更加专注于新发展道路的开辟，在全球气候治理，乃至在更广阔的全球发展治理领域改变西方自由主义发展模式单一主导的局面，体现出新兴经济体崛起的文明多样性色彩。

中国作为金砖国家之一，为金砖国家银行的建立和运行发挥了协调作用。从金融层面看，金砖国家银行是中国主动参与国际经济治理和提升国际经济地位的重要举措之一，是中国加快建设国际金融中心的重要举措，是中国推进海外工程承包企业融资的重要举措，也是人民币国际化的重要举措。③ 但是超越金融层面，金砖国家银行也是中国国内发展理念在全球气候治理领域的制度化成果。具体体现在三个方面。

第一，中国是金砖国家银行建立的积极推动者和建设者。中国作为金砖国家一员始终支持加强金砖国家建设，包括提升合作的机制化水平。2013 年习近平主席首次参加金砖国家峰会就在主旨演讲中表示"加强同金砖国家合作，始终是中国外交政策的优先方向之一"，并代表中国表明希望建立金砖国家银行的主张。④

---

① Jon Hovi, Detlef F. Sprinz, Håkon Sælen, and Arild Underdal, "The Club Approach: A Gateway to Effective Climate Cooperation?", https://www. diw. dedocumentsdokumentenarchiv17diw _ 01. c. 502663. depaper_ sprinz_ theclubapproach. pdf, p. 13, 登录时间：2019 年 1 月 27 日。

② 朱杰进：《金砖银行的战略定位与机制设计》，《社会科学》2015 年第 6 期，第 31 页。

③ 林跃勤：《金砖国家与新开发银行建设》，载徐秀军等《金砖国家研究：理论与议题》，第 231～232 页。

④ 习近平：《携手合作共同发展——在金砖国家领导人第五次会晤时的主旨讲话》，《人民日报》2013 年 3 月 28 日，第 2 版。

2014 年 11 月在参加布里斯班二十国集团峰会前夕会见金砖国家领导人时，习近平主席专门提出要抓紧落实建立金砖国家开发银行和应急储备安排。金砖国家银行宣布成立后总部设在上海，中国在银行应急储备金 1000 亿美元中出资最多，为 410 亿美元。2017 年 9 月，中国又成为第一个向银行项目准备基金出资捐赠的创始会员国，金额为400 万美元。该准备金将为金砖国家银行项目运行打造更高效的环境，将用于相关项目的可行性研究、帮助制订国家间伙伴关系计划、开展项目周期调研等。①

第二，中国国内绿色债券市场的高速发展为金砖国家银行绿色债券发行提供了经验和机遇。绿色债券与一般债券不同在于，绿色债券的募集资金专项用于具有环境效益的项目，这些项目以减缓和适应气候变化为主。绿色债券的绿色标签为投资者提供了一个辨认机制，投资者可以通过绿色标签辨认出气候相关投资，尽量减少资源用于尽职调查。这样可以减少市场阻力，促进气候相关投资的增长。中国绿色债券的发行从 2015 年底中国农业银行在伦敦发行绿色债券开始，之后规模迅速扩大。2016 年中国绿色债券从几乎为零增长到人民币 2380 亿元（约 362 亿美元），占全球发行规模的 39%，成为全球最大的绿色债券发行国。根据中国人民银行的《绿色债券支持项目目录》中的六个领域进行划分，清洁能源是中国绿色债券发行最多的领域，其次是清洁交通和能源节约。② 而在同年7 月，金砖国家银行的第一笔绿色债券共 30 亿元人民币宣布在上海发行。③ 可见，绿色债券是金融领域气候治理的专门性工具，其发行的规模大小和市场成熟的程度代表相关政府或者机构利用金融工具治理气候变化的能力强弱。而中国国内绿色债券市场的迅速发展的效益明显已经外溢到金砖国家银行，这是中国在该新兴全球治理机制中促进全球气候治理转型的重要表现。

第三，逆全球化背景下中国对金砖国家合作机制的坚定支持给予了金砖国家银行持续发展的动力。2008 年全球金融危机后，金砖国家普遍增长乏力，经济

① 黄鹏飞：《中国向金砖国家新开发银行项目准备基金捐赠 400 万美元》，新华网，http://www.xinhuanet.com/world/2017 -09/05/c_ 1121607648.htm，登录时间：2019 年 1 月 27 日。
② 气候债券倡议组织、中央国债登记结算有限责任公司：《中国绿色债券市场现状报告2016》，2017 年 1 月，https://cn.climatebonds.net/files/reports/china - sotm - 2016.pdf，第 3 ~ 4 页，登录时间：2019 年 1 月 27 日。
③ 周蕊、姚玉洁：《金砖国家新开发银行在华首发绿色金融债券》，新华社，2016 年 7 月 12 日，中国政府网，http://www.gov.cn/xinwen/2016 - 07/13/content_ 5090714.htm，登录时间：2019 年 1 月 27 日。

增速出现下滑（见图 6-2），其中巴西增速从 2010 年的 7.542% 一路下滑到 2016 年的 -3.468%。俄罗斯 2010 年经济增速为 4.504%，2011 年上升到 5.285%，之后也一路下滑到 2015 年的 -2.828%，2016 年继续负增长 0.225%。南非经济虽然没有出现负增长，但增速仍然从 2011 年的 3.284% 下滑到 2016 年的 0.565%。中国和印度一直是金砖国家中经济增速最高的国家，但中国进入 21 世纪第二个十年后增速由 2010 年 10.636% 一路下滑至 2017 年的 6.681%，印度是唯一经济增速较为稳定的金砖国家，但 2012 年也曾下降到 5.456%，尽管之后有所反弹，但始终没有恢复到 2010 年 10.26% 的增速，2017 年为 6.681%。金融危机导致金砖国家经济增速下降，反过来又因为危机的扩散增加了经济复苏的金融压力，国际市场对金砖国家投资前景保持犹豫，美联储的紧缩政策进一步增加了金砖国家融资成本。而从根源上看，金融危机也暴露出金砖国家经济结构的深层次问题，需要长期改革才能有效应对。[①] 这些挑战增加了国际社会对金砖机制能否长期存在的怀疑，也为金砖国家银行的运行带来压力。在此背景下，中国保持了对金砖机制的充分支持，特别是利用 2017 年厦门金砖国家领导人峰会的主场外交机会，不仅表达了对金砖机制的信心，而且有针对性地提出了金砖国家对内应加强务实经济合作和战略对接、对外应积极开展金砖 + 合作的倡议，在夯实金砖国家自身发展基础和巩固合作机制的同时，提升金砖国家整体在全球事务中的影响力。也正是在厦门峰会上宣布成立了金砖国家银行非洲区域中心，这不仅增强了金砖国家银行服务非洲基础设施建设的能力，也使得其可持续的基础设施投资理念在非洲这个较为典型的气候脆弱型大陆扩散，这是中国作为金砖主席国为提升金砖国家银行作为新兴全球金融治理机制在全球气候治理中的作用做出的贡献。以非洲为开端，这种开发银行区域中心的模式可以逐渐推广到其他区域，成为实现发展与气候治理双赢的新路径。

在中国提出金砖 + 倡议的影响下，金砖国家银行的可持续基础设施投资理念逐渐向国际社会扩散，并影响到其他新兴全球治理机制的建立，其中就包括亚洲基础设施投资银行。以金砖国家银行的绿色金融理念和实践为基础，中国倡议建立的亚投行在促进基础设施投资和应对气候变化的双赢方面展现出更加积极的姿态。

[①]　拉朱・汇德姆、M. 阿伊汉・高斯、弗朗西斯卡・L. 奥恩佐格：《金砖国家增长放缓及其溢出效应》，《新金融》2017 年第 2 期，第 35 页。

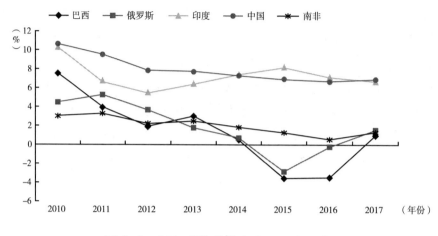

图 6 - 2　金砖五国经济增速（2010 ~ 2017 年）

资料来源：世界银行数据库，https：//data. worldbank. org/indicator/NY. GDP. MKTP. KD. ZG？end = 2017&locations = ZA&start = 2010&view = chart，登录时间：2019 年 1 月 27 日。

第四节　中国与亚洲基础设施投资银行的绿色目标

亚洲基础设施投资银行是中国进入新发展阶段倡导建立的，主要向亚洲发展中国家提供基础设施公共产品的开放式投资银行。由于其成员和未来目标都不局限于亚洲，表现出立足亚洲面向世界的开放式制度设计取向，所以也将其作为新兴的全球治理机制。

亚投行的三大目标是廉洁、精简和绿色，为落实绿色目标，亚投行制定了详细的《环境与社会框架》。在愿景部分，该《框架》明确表明了支持《巴黎协定》目标落实的立场，包括减缓、适应和重塑资金流向三大目标。亚投行将通过增强适应能力、复原能力以及降低气候脆弱性来支持全球应对气候变化的适应性。银行将通过减缓、适应、金融、技术转让和能力建设促进成员履行各自在《巴黎协定》下的国家自主贡献。还将通过投资支持各成员制定长期的低排放战略。为此，亚投行特别支持对所投资基础设施可能的气候变化影响，以及气候变化对所投资基础设施影响的测量，并将把促进温室气体削减，以及包括气候灾难防御和可再生能源在内的气候适应性基础设施投资列为银行投资的优先选项。为执行这一愿景，亚投行在环境与社会评估部分专门强调了对所投资基础设施温室气体排放的量化评估功能。[①]

亚投行《能源部门战略》是具体执行《环境与社会框架》的文件，因为能源部门既是经济社会发展的基础，又是环境污染特别是温室气体排放的主要来源，所以促进能源体系转型、削减温室气体排放成为《亚投行能源部门战略》的重点内容，其中第三条原则就是降低碳密集型的能源供应。目标包括两点，第一，对于燃料供应的投资从 2015 年到 2040 年要从 33 万亿美元下降到 21 亿美元。主要通过减少原油投资、煤炭投资以及略微降低的天然气投资。第二，增加 2015～2040 年的电力投资，从 20 万亿美元增加到 22 万亿美元。为实现《巴黎协定》的目标，这些投资将成倍地集中于可再生能源领域，以及电力传输和配给的投资。关于可再生能源投资的执行，《战略》将投资领域的先后顺序列为水电、风能、太阳能和其他，并强调分散型发电和迷你、微型电网的作用。之所以如此，理由是根据数据研究，全球风能资源最丰富的 20 个国家只有 4 个在亚洲，全球太阳能资源最丰富的 20 个国家有 8 个在亚洲，但大约 2/3 的未开发的水能资源在亚洲。为此，亚投行的可再生能源战略的具体实施规划是，第一，优先支持水电建设，包括新建多功能水电设施、自流式水电站、抽水储能设施，同时将对现有水电设施进行升级改造、修复、增加安全性。第二，因地制宜地支持集中式和分散式的可再生能源供应，特别是与亚洲其他多边开发银行和机构合作，利用多元化资金，分担投资风险。第三，支持有资金和技术能力的国家开发新的能源转型技术，特别是太阳能存储技术。这一措施的最终目的是帮助新技术大规模进入生产和消费领域，在降低对化石能源使用的同时，降低新技术的成本，使得更多国家能够负担新的低碳能源技术。第四，与亚洲其他多边开发银行和机构，以及私人部门共同投资开发特定国家和地区的地热能资源。第五，在协调生态系统、生物系统和粮食安全的前提下，主要在农村地区利用现代生物技术开发生物质能源。[②]

[①] AIIB, *Environmental and Social Framework*, February, 2016, https：//www. aiib. orgenpolicies－strategies_ downloadenvironment－framework20160226043633542. pdf, pp. 5，16，登录时间：2019 年 1 月 29 日。

[②] AIIB, *Energy Sector Strategy: Sustainable Energy for Asia*, April, 2018, https：//www. aiib. orgenpolicies－strategiesstrategiessustainable－energy－asia. contentindex_ downloadenergy－sector－strategy. pdf, pp. 12，16，登录时间：2019 年 1 月 29 日。

中国作为亚投行的发起者，也是其绿色目标的提出者。金立群作为首任行长，其很多理念都体现了中国对于亚投行治理的贡献。比如在亚投行成立前夕，时任亚投行临时多边秘书处秘书长的金立群在与英国财政部磋商时就已经正式表示精简、廉洁和绿色将作为亚投行的三个目标。① 在一次接受采访中回答关于基础设施投资与环境的关系时他也曾表示，"通过投资基础设施项目促进经济可持续发展，同时还不对环境造成负面影响，是亚投行的神圣使命。很多发展中国家正在致力于解决贫困和其他经济社会发展问题，极度贫困的人有权利活下去。保护自然资源的确非常重要，但保护环境与实现发展不应当是冲突的。……在低收入国家，大部分人口甚至还没有用上电。……只要情况允许，亚投行就不会建设新的大坝或电厂，而是会致力于对现有电网进行升级，升级之后，输电和配电的系统性损失将得以减少，这其实相当于又建造了很多新的电厂"。② 这段表述充分体现在亚投行的清洁能源项目投资中。在《能源部门战略》和《环境与社会框架》指导下，截至 2020 年 3 月亚投行批准的14 个清洁能源项目中只有 5 个是涉及太阳能、风能和地热能的新能源，其余9 个都是水电、天然气和煤改气等传统能源项目的升级、改造、维修和扩展，具体见表 6 - 4。另外亚投行处于审核中的四个能源项目中还有两项明确的清洁能源项目，分别是尼泊尔的塔玛科西 5 级水电项目和格鲁吉亚的南斯卡拉280 兆瓦水电项目。

表 6 - 4　亚投行批准的清洁能源项目（截至 2020 年 3 月）

国别	项目内容	融资批准时间	能源类型	项目要点
巴基斯坦	塔贝拉水利枢纽工程扩展项目	2016 年 9 月 27 日	传统能源	传统水电设施更新,三十年减少 2000 万吨二氧化碳排放
缅甸	敏建燃气电厂项目	2016 年 9 月 27 日	传统能源	缅甸最大的燃气独立发电厂
阿塞拜疆	安纳托利亚天然气管道项目	2016 年 12 月 21 日	传统能源	跨越土耳其输送到欧洲的跨洲能源项目

① 师琰:《独家解密亚投行未来三大目标:精简、廉洁、绿色》,《21 世纪经济报道》2015 年 3 月 20 日,第 8 版。

② 金立群接受美国《彭博市场》杂志 2018 年 4 月/5 月刊的采访,观察者网,马力翻译, https://www.guancha.cn/JinLiQun/2018_04_20_454318_s.shtml,登录时间:2019 年 1 月 30 日。

续表

国别	项目内容	批准时间	能源类型	项目要点
孟加拉国	天然气基础设施和能效提升项目	2017 年 3 月 22 日	传统能源	提升蒂特斯天然气田的能源效率和天然气传输管道能力
塔吉克斯坦	诺拉克水电修复项目第一阶段	2017 年 6 月 15 日	传统能源	水电能力修复、能效提升和巩固大坝安全
埃及	太阳能光伏上网电价项目	2017 年 9 月 4 日	新能源	投资 11 座太阳能发电厂，装机容量为 490 兆瓦，每年为埃及减少 50 万吨二氧化碳
中国	北京空气污染治理与煤改气项目	2017 年 12 月 8 日	传统能源	项目预计每年可为北京减少 65 万吨标准煤的使用，减少二氧化碳排放量 59.57 万吨、颗粒物排放量 3700 吨
土耳其	图兹湖天然气存储能力扩建项目	2018 年 6 月 24 日	传统能源	提升天然气存储和供给能力的安全性与可靠性
尼泊尔	上特里苏里河水电站项目	2019 年 5 月 21 日	传统能源	降低尼泊尔严重的缺水危机以提升供电能力，满足该国电力需求。
土耳其	Efeler97.6 兆瓦地热电站扩展项目	2019 年 7 月 11 日	新能源	提升土耳其地热资源发电能力
印度	拉贾斯坦邦 250 兆瓦太阳能项目	2019 年 12 月 6 日	新能源	促进太阳能发电的私人投资
中国	京津冀低碳能源传输和空气质量改进项目	2019 年 12 月 12 日	传统能源	提升天然气使用比例，降低京津冀地区煤炭使用和碳排放
哈萨克斯坦	卡腊套山 100 兆瓦风力发电项目	2019 年 12 月 12 日	新能源	促进哈萨克斯坦可再生能源的私人投资
阿曼	伊卜里 II 500 兆瓦太阳能光伏独立电站项目	2020 年 3 月 16 日	新能源	提升阿曼可再生能源发电能力，平衡用电高峰时间的供需。减少阿曼对化石能源的依赖，提高能源供给的混合性。

资料来源：AIIB Approved Projects，https：//www.aiib.org/en/projects/list/index.html？status=Approved，登录时间：2020 年 7 月 1 日。

从中可以看出亚投行从理念到战略，再到具体投资项目都努力向绿色靠拢，表现出五个特征。

第一，不简单迷信可再生能源，因地制宜投资能源转型。亚投行在分析中指出了主要成员自然资源状况的特点，亚洲国家的现实就是水能条件充裕，但太阳能和风能资源欠缺。因此亚投行在投资中并非为了能源转型而转型，简单跟风全球可再生能源投资风潮，也没有简单输出中国国内大规模可再生能源发展的经验，而是以水能投资为主，太阳能和风能投资为辅。这种因地制宜的投资战略能够更好地结合对象国经济社会发展实际，表现出对投资贷款对象国的尊重，也能最大限度释放能源与环境的共生效应。

第二，新建和修复并行，主动与其他多边开发机构合作。能源转型的确需要大规模基础设施投资，但同样会带来大规模贷款，增加贷款人负担。所以亚投行的策略是新建与修复并行，一方面贷款新建能源设施，另一方面如果对象国已经有成规模的能源设施，就可以贷款进行技术改造升级，或者提升安全性。这种方式可以减少资金和资源浪费，减轻贷款国负担，还可以增进与其他多边开发机构的合作。比如巴基斯坦塔贝拉水利枢纽工程就是世界银行20世纪70年代投资兴建的，亚投行与世行合作，共同出资对该项目进行扩建，展现出开放式的治理模式。这也证明亚投行确实不是中国谋求区域霸权而主导的排他性机构，相反是既嵌套在已有的全球和区域治理体系中，又具有改革性质的新兴金融治理机制，具有整合老资源、开发新资源、合力推进亚洲绿色低碳发展的功能。

第三，基础设施投资与可再生能源技术革新并进。绿色银行存在的意义之一，就是通过投资解决长期性的可再生能源技术难题，特别是促进其向市场转化。绿色银行要支持的技术是那些虽然被认为有效率但比传统能源技术更难融资的技术。绿色银行的结构应该有助于同时撬动公共部门和私人部门的投资，共同投资这些具有巨大潜在价值的技术，并创造绿色就业，助力低碳转型。[1] 在《能源部门战略》中，亚投行就特别强调了支持发达成员或者有能力的发展中成员，以及吸引更多私人部门投资，合作进行可再生能源技术的研发，特别是促进新技术的大规模市场推广。这已经超出了传统多边开发银行的模式，而是着眼于未来挑战的、具有引领式的投资行为。考虑到中国和印度是亚投行研发实力最强的发展中成员，未来可以特别支持两国在核心低碳技术领域的合作，比如作为两个汽车大国，可以考虑建立中印在新能源汽车领域的产学研联盟，为亚投行更多中低

---

① Whitney Angell Leonard, "Clean Is the New Green: Clean Energy Finance and Deployment through Green Banks", *Yale Law & Policy Review*, Vol. 33, No. 1, 2014, pp. 200 – 201.

收入的发展中成员研发和生产更加廉价的新能源汽车。

第四，注重化石能源转型和天然气投资。高比例的煤炭消费是发展中国家，尤其是发展中大国的普遍特征，所以要缩短能源转型的时间，尽快减少温室气体排放，除了投资可再生能源外，还必须设法实现化石能源转型。北京煤改气项目就是如此。煤炭占据中国能源消费结构的绝对主导地位，亚投行投资北京煤改气项目同时具有实际意义和象征意义。一方面该项目可以实际减少大量温室气体排放，另一方面也象征着对中国最主要能源类型的技术改造，也将成为中国低碳经济之路的重要手段，这样可以和可再生能源投资一起提高减排效率。同时值得注意的是，亚投行清洁能源项目大量投资于天然气，而不是太阳能和风能。虽然天然气也会产生温室气体，但含量远低于煤炭和石油，价格与太阳能和风能相比又具有竞争优势，而且属于清洁能源，所以更能被中低收入发展中国家接受。这种能源投资取向较大程度地满足了经济成本、能源转型的效率和减排的共赢，是亚投行履行绿色原则的创新之举。

第五，注重投资能源的联通性。互联互通是"一带一路"的基础性内容，其中的重点就是能源基础设施联通。亚投行成员覆盖整个欧亚大陆，能源联通势在必行。如果只是投资单个国家的清洁能源，难以扩大清洁能源市场，会降低能源的共享性，也无法起到以投资带动发展的作用。阿塞拜疆的安纳托利亚天然气管道项目就是一项跨越亚欧的大型天然气管道输送项目，主导方实际是土耳其。对此项目的投资体现出亚投行旨在促进跨洲清洁能源联通的目标，希望以基础设施建设为纽带将一国清洁能源扩散至更多国家，发挥自己作为立足亚洲、面向世界的新型全球治理机制在促进绿色低碳发展方面的作用。

但是，亚投行也面临其他开放性银行所没有的挑战，主要是如何以创新性的发展理念服务成员中大量的发展中国家。截至 2019 年 2 月，以发达程度为标准，亚投行成员中共有 7 个最不发达国家，分别是阿富汗、孟加拉国、柬埔寨、老挝、缅甸、尼泊尔和东帝汶。[1] 以世界银行的人均国民收入为标准，亚投行成员中有低收入水平国家 3 个，分别是塔吉克斯坦、爱沙尼亚、马达加斯加，[2] 中低

① 联合国最不发达国家标准和成员参看 United Nations，Committee for Development Policy，https：//www.un.org/development/desa/dpad/wp‑content/uploads/sites/45/publication/ldc_list.pdf，登录时间：2019 年 12 月 29 日。

② World Bank，Data by Country，https：//data.worldbank.org/income‑level/low‑income? view = chart，登录时间：2019 年 1 月 29 日。

收入水平国家有 18 个，分别是埃及、印度、印度尼西亚、吉尔吉斯斯坦、蒙古国、巴基斯坦、菲律宾、斯里兰卡、乌兹别克斯坦、瓦鲁阿图、越南、苏丹、孟加拉国、柬埔寨、老挝、缅甸、尼泊尔和东帝汶,① 低收入和中低收入国家占到亚投行成员总数的 30%。同时还应注意到，这些成员中，除中国、印度、伊朗等少数国家的温室气体排放居于世界前列外，绝大多数中低收入国家的温室气体排放并不高。以太平洋岛国为例，虽然 2007 年碳排放是 1950 年的 18 倍，年均增速 5.2%，排放增长明显，但与其他国家相比，小岛国碳排放水平明显偏低，美国多年平均排放量是小岛国联盟的 78.86 倍，1990 年前是其 96.65 倍，最高是其 258 倍。2009 年中国碳排放量是小岛国联盟的 36.85 倍，近十年平均排放量是小岛国的 29.06 倍。与全球碳排放相比，小岛国排放量占比较小，最高年份不到全球的 0.7%，多年平均占全球的 0.46%。从排放总量看，小岛国排放增长较快，年均增长率为 5.1%，但从所占全球比例看，增长率较为缓和。从整个时间段看，小岛国排放总量占全球比例年均增长率为 2.2%；1950～1997 年所占比例的年均增长率为 3%。21 世纪第一个十年里，小岛国排放总量占全球比例呈下降趋势，年均下降为 1.2%。② 换言之，亚投行发展中成员应对气候变化的主要任务不是减缓，而是适应。研究显示，因为环境原因，小型经济体更愿意集中于适应气候变化的环境威胁，而不是减缓。当适应无法实现时，小型经济体也将减少用于减缓气候变化的投资，因为无法降低现有温室气体排放的影响将会降低它们的经济增速，所以国际社会应该对最不发达国家适应气候变化进行援助。③

　　正因为如此，亚投行虽然在《能源部门战略》中表示将有条件地资助煤电项目，即新的煤电项目能够替代老旧技术设备，或者贷款国缺少发展其他能源的条件,④ 但并不是对绿色投资原则的违背，而是因地制宜适应发展中成员的合理

① World Bank, Data by Country, https：//data. worldbank. org/income－level/lower－middle－income? view = chart, 登录时间：2019 年 1 月 29 日。
② 邱巨龙、曲建生、李燕、曾静静：《小岛国联盟在国际气候行动格局中的地位分析》，《世界地理研究》2012 年第 1 期，第 161 页。
③ Omar Chisari, Sebastian Galiani and Sebastian Miller, "Optimal Climate Change Adaptation and Mitigation Expenditures in Environmentally Small Economies", *Economía*, Vol. 17, No. 1, 2016, p. 91.
④ AIIB, *Energy Sector Strategy：Sustainable Energy for Asia*, April, 2018, https：//www. aiib. orgenpolicies－strategiesstrategiessustainable－energy－asia. contentindex_ downloadenergy－sector－strategy. pdf, p. 17, 登录时间：2019 年 1 月 29 日。

举措。对于成员中的1/3是中低收入国家和7个是最不发达国家而言，发展经济、改善民生以及提高国民收入是它们的主要任务，尤其不能割裂这种生存性需求与应对气候变化的关系。这些国家的能源结构可能以煤炭为主，但由于总排放量过小，强行进行可再生能源替换既会增加其贷款负担，还可能会因为其他基础设施不健全造成大规模弃风弃电问题。所以对于这些国家而言，应该以适应气候变化的投资为主，在能源部门则以投资煤电技术改造为主、可再生能源为辅。降低这些国家减缓气候变化的压力，首先帮助它们适应气候变化带来的环境威胁，实现经济发展的任务，在增加国家和国民财富、提升国家能力基础上，再承担更多的减缓任务。亚投行《能源部门战略》显示，在全世界最易遭受气候变化五类风险的国家中，亚投行成员占了将近一半，其中印度和伊朗受干旱威胁，孟加拉国、中国、印度、柬埔寨、老挝、巴基斯坦、斯里兰卡、泰国、越南受洪水威胁，菲律宾、孟加拉国、越南、蒙古国、萨摩亚、汤加、中国、斐济受风暴威胁，低于海平面国家、越南、印度尼西亚、中国、缅甸、孟加拉国受海岸威胁，印度和巴基斯坦受农业威胁。[①] 由此也可以看出，亚投行成员实际上面临非常巨大的适应性挑战。为此，银行的部分贷款对相关国家的困境进行了有针对性的投放。比如针对印度尼西亚面临的海平面上升威胁，亚投行批准了其大坝安全性提升和改进项目；针对印度的干旱和农业威胁，亚投行了批准了印度安德拉邦的城市水供给项目；等等。

亚投行不是中国输出发展模式的工具，但由于是中国发起建立，所以肯定会受到中国发展经验的影响，其中就包括如何实现减贫与减排的平衡。脱贫攻坚战是中国深化改革战略的三大攻坚战之一，并已经取得良好效果，其中精准扶贫的指导思想发挥了关键作用。概括起来，精准扶贫就是要找准脱贫对象真正的现实需求，而不是大水漫灌，根据当地特殊情况找到脱贫增收的有效办法。亚投行对欠发达成员的基础设施投资也带有脱贫性质，并且同样注意投资的精准化水平。以亚投行批准的塔吉克斯坦和埃及能源项目为例。在塔吉克斯坦，水能资源的优势明显超过其他资源，总量约5270亿千瓦/年，居世界第8位，在独联体国家中

---

① AIIB, *Energy Sector Strategy*：*Sustainable Energy for Asia*, April, 2018, https：//www. aiib. orgenpolicies－strategiesstrategiessustainable－energy－asia. contentindex_ downloadenergy－sector－strategy. pdf, p. 3，登录时间：2019年1月29日。

仅次于俄罗斯居第 2 位，人均拥有量居世界第 1 位。丰富的水力资源储备为塔吉克斯坦建设水电站创造了良好的条件，目前共建有 26 座大、中、小型水电站和 2 个热电站。前者总装机容量为 406 万千瓦，后者总装机容量为 31.8 万千瓦。根据 20 世纪 80 年代初期塔吉克斯坦政府制定的能源发展纲要规定，塔吉克斯坦发展能源领域的主要手段是建设大型水电站，并制定了年发电量达到 868 亿千瓦时的目标。随着苏联的解体和塔吉克斯坦独立后多年的内战，这些能源发展计划未能实现。多处已开工建设的水电站被迫在 90 年代初全部停止。现在塔吉克斯坦年均发电量只相当于 20 世纪 80 年代初期水平，水资源利用率仅占实际资源总量的 3.4%，发展速度极为缓慢。塔吉克斯坦水电的主要问题包括：一是夏天水库蓄水量不能满足冬天的发电供电需要；二是集中了塔大部分企业的费尔干纳北部山区的用电区域，因高山阻隔，无法与南部主电网相连；三是水电设备老化，缺乏专业技术人员和资金维护。[①] 针对这些问题，亚投行主要投资了塔吉克斯坦水利设施的升级、改造和维护，而非盲目淘汰水能新建太阳能和风能设施，以此降低塔吉克斯坦能源发展的成本和贷款负担，提升了资源利用效率。但对于同样拥有丰富水能资源且曾经长期依赖水电的埃及，亚投行的策略却不同。根据国际可再生能源署（IRENA）的报告，埃及的水能资源主要集中在阿斯旺，达到 2800 兆瓦，每年产生 13545 千瓦时电力。在 20 世纪六七十年代，水电占到埃及全部电力来源的 50%，但随着其他电力来源的推广，到 2015～2016 年水电所占比例已经下降到 7.2%，相反太阳能发电将成为埃及未来最主要的电力来源。埃及是世界上太阳能资源最为丰富的国家之一，年日照时长在 2900～3200 小时，密度为每平方米 1970～3200 千瓦时，辐射强度为每年每平方米 2000～3200 千瓦时，而且覆盖全埃及。所以埃及是世界上最适合同时发展太阳能电力和太阳能热能的国家之一。根据预测，埃及水电比重到 2021～2022 年将下降到 2.8%，2029～2030 年下降到 2.9%，成为比例最低的电力来源，并将延续到 2034～2035 年，而光伏太阳能发电比例在 2009～2010 年还为 0，到 2021～2022 年将上升到 3%，2029～2030 年上升到 22.9%，2034～2035 年上升到 31.75%，超过风电的

[①] 《塔吉克斯坦水力资源开发现状》,《塔吉克斯坦水电资源流失严重》，中华人民共和国驻塔吉克斯坦大使馆经济商务参赞处网站，2004 年 7 月 29 日，http://tj.mofcom.gov.cn/aarticle/ztdy/200407/20040700256484.html，2005 年 4 月 28 日，https://tj.mofcom.gov.cn/article/ztdy/200504/20050400083025.shtml，登录时间：2019 年 1 月 30 日。

20.6%，成为比例最高的电力来源。聚光太阳能发电（CSP）比例也将从2009～2010年的0上升到2034～2035年的8.1%，超过水电所占比例。① 在此背景下，尽管埃及水能资源丰富，但亚投行并未投资于埃及的新水电项目，或者改造升级旧水电设备，而是较大规模投资了埃及的11个太阳能项目，目的就是提升投资的精准性，着眼于埃及未来的能源需求。

由此可见，亚投行的绿色投资目标绝非为了绿色而绿色，盲目向发展中成员投资太阳能和风能产业，输出中国国内过剩的产能，而是借鉴了中国国内发展的经验，以高度精准化的评估充分考虑其减贫与减排的平衡需要，不以应对气候变化为由增加欠发达贷款国的发展负担，而是因地制宜地投资最适合当地的绿色能源项目，在零排放、低排放、可再生能源、化石能源改造、老旧能源设备升级等多个层面进行选择，目的就是释放发展与环境共生的合力，实现二者的良性循环。

小　结

金融化是全球气候治理发展的新趋势，因此也是全球气候治理转型的内容之一。全球气候治理的机制转型就是要通过新兴全球治理机制促进气候治理与金融的结合，以金融为杠杆撬动气候治理转型。新兴全球治理机制的特征是集中在金融领域，其中的代表是二十国集团、金砖国家银行和亚洲基础设施投资银行。之所以如此，一方面是因为金融在国际权力转移中发挥了纽带作用。从国际关系史的演变看，如果一国货币成为世界货币，则掌握了为世界定价的权力，进而可以掌握金融的规则制定权，可以决定全球资金的投资流向，引领生产体系和贸易体系的发展方向。另一方面，2008年金融危机暴露了西方发达国家，特别是美国主导的全球金融体系的重大缺陷，在国际社会形成了对现有国际货币金融体系进行改革的诉求，其中的重要内容就是使这一体系能够更加真实地反映当代世界权力分散化的特点，给予新兴经济体在全球金融体系内的话语权和规则制定权。在

---

① International Renewable Energy Agency, *Renewable Energy Outlook：Egypt*, October, 2018, pp. 22 - 25，https：//www. irena. orgpublications2018OctRenewable - Energy - Outlook - Egypt，登录时间：2019 年 1 月 30 日。

此背景下，首先是二十国集团在危机中崛起，其特征之一是在成员分配上实现了发达国家和新兴经济体的对等，但其缺陷是机制化程度不高，更多是政策协调机构，没有实质性的金融工具。金砖国家银行某种程度上弥补了这一缺陷，作为完全由金砖国家发起创建、金砖国家出资、投资于金砖国家基础设施的新型开发性金融机构，金砖国家银行为五个最具代表性的新兴经济体整体崛起搭建了机制化平台。在同一时间成立的亚洲基础设施投资银行与金砖国家银行具有类似目标，但在范围上更加广泛，资金也更加雄厚。三大新兴全球金融治理机制的共同目标是利用各种金融工具和严格的制度设计，保证资金投向低碳环保的基础设施建设，中国在这一过程中发挥了关键作用。在二十国集团内部，中国利用杭州峰会的主场外交机会提出绿色金融倡议。作为规模最大的金砖国家，中国发挥协调作用，积极主张金砖国家银行应该奉行可持续投资理念，促进金砖国家低碳转型。以此为经验，中国发起建立亚洲基础设施投资银行，并确立廉洁、精简和绿色发展目标。从实践看，金砖国家银行和亚投行的能源项目大多投向了清洁和可再生能源领域。不仅如此，亚投行还针对其成员多属于中低收入国家的状况，根据不同资源禀赋、基础条件、已有能源设施状况等，因地制宜地选择能源类型，而非简单套用中国国内大规模投资太阳能和风能的经验，对外输出过剩产能。总体来看，中国首先是三大新兴全球治理机制的主要发起者和制度设计者，所以能够将自身国内生态文明建设的理念植入其中，但是又区别于西方发达国家过于激进的绿色主义，而是奉行绿色发展主义的立场，强调发展与应对气候变化的共生关系，认为发展中国家特别是中小发展中国家更需要适应气候变化的威胁，而不是承担过多减缓气候变化的责任，而只有精准化地投资于发展中国家的基础设施，不断促进其发展能力的提升，才能实现其适应气候变化能力的提升。所以，中国对于新兴全球气候治理机制的贡献是使金融更好地与广大发展中国家实际结合，成为真正能够帮助发展中国家解决发展与环境两难问题的有效手段，以此促进全球气候治理转型。

第七章
多元主体参与：中国地方政府在
全球气候治理转型中的作用

　　全球气候治理的主体转型是指从全球治理原型的主体侧重于非政府组织转型到政府与非政府组织并重。其中地方政府既能够运用政府资源，又能够发挥相较于中央政府更灵活的作用，从而成为连接政府与非政府组织的桥梁。地方政府在全球气候治理中的作用始终存在，并形成了较为成熟的全球和地区性网络，但主要问题是由发达国家地方政府特别是欧洲国家地方政府主导，发展中国家地方政府参与不够，发达国家地方政府和发展中国家地方政府在共同参与全球气候治理中的包容性和普惠性方面有待提升。地方政府参与全球气候治理的动因一方面是安全威胁；另一方面因为地方政府特别是大都市已经成为全球温室气体排放的主要来源，所以只有在最基础的城市进行实质性减排，才能从根本上有效减缓全球气候变化的趋势。地方政府参与全球气候治理的资格来源于各国宪法赋权。联邦制国家比单一制国家给予地方政府更多对外行为能力，但单一制国家结构下地方政府仍然能够作为执行中央政府对外政策的主体参与全球治理。当一国中央政府坚定地应对气候变化时，其地方政府可能反而比联邦制地方政府拥有更多参与全球气候治理的政策资源。考虑到中国国有企业在经济中的主导地位，地方国有企业的对外清洁能源投资、低碳技术合作和人员培训都属于中国地方政府参与全球气候治理的方式。中国地方政府对于全球气候治理转型的促进首先表现在"一带一路"的气候治理中，因为这是由发展中国家发起的联结发展中国家和发达国家的合作倡议，中国边疆地区的地方政府承担着落实中央合作政策的职能，主要就是和中国周边国家地方政府合作，这些国家大多是发展中国家，双方合作的内容也广泛涉及低碳经济的产能合作。中美是当代世界最大的两个经济体，也是温室气体排放最多的国家，为此两国地方政府开展了密切的气候合作。特朗普政府退出《巴黎协定》后，这种合作更具有了全球示范效应。京津冀协同发展是上升到中国国家层面的区域发展战略，由于三地在人口、传统产业和温室气体排放方面的密度在世界范围都具有一定代表性，所以在协同发展过程中提升三地低碳经济发展水平，对于全球气候治理都具有积极意义。总之，虽然中国地方政府相较于发达国家地方政府而言是全球气候治理的后来者，但由于其发展中属性、丰富的治理资源和中央政府坚定的气候政策支持，仍然可以通过积极参与从而提升全球气候治理对于发展中国家的包容性、普惠性和治理效率。

第一节　地方政府参与全球气候治理的动因和制度基础

2015 年气候变化《巴黎协定》的一个主要成就就是形成了自下而上的减排模式，即各国自主确定和执行国别减排方案，定期接受国际社会监督。这改变了《京都议定书》以来各国被动接受国际社会减排指标的逻辑，是对各国国情的尊重。既然是自下而上，那么最底层的减排对象就应该是地方政府，其中主要是城市。因为城市特别是特大都市，由于人口多、车辆多、建筑多，构成了全球温室气体的主要排放源，城镇化破坏的森林又减少了碳汇。如果不能有效应对城市温室气体排放，全球减排目标将无法达成。大都市的含义是多维的，从经济维度看，大都市往往承载了一个国家或者该国一个区域的主要经济发展需要，集中了众多产业门类，尤其是传统工业部门，需要大量生产性能源消费。从社会维度看，大都市是人口密集区，需要大量生活性能源消费，包括供暖、空调、汽车等多种类型。从流通维度看，大都市是区域甚至世界交往中心，是各种交通工具的集中区。其中，世界级城市和准世界级城市更是世界经济交往、人员往来和交通中心，比如纽约的城市经济总量达到 1 万亿美元，东京的经济总量更是占到日本经济总量的 1/5，这么高的经济产出必然导致大量的生产和生活能源排放。联合国人居署发布的《城市与气候变化：全球人类住区报告 2011》显示，尽管城市只占全球陆地面积的 2%，却"贡献"了全球 75% 的温室气体排放。全球温室气体排放的主要来源中，能源消费排放占到 26%，交通排放占 13%，商用和住宅排放占 8%，废弃物排放占3％。① 而这些排放活动主要集中在都市区，这证明大都市已经成为当代世界温室气体排放的主要来源（如表7－1和表7－2所示）。

表7－1　世界主要城市人均温室气体排放量和全国人均排放量比较

城市	人均温室气体排放量 （吨二氧化碳当量） （括号中为调查年份）	全国人均温室气体排放量 （吨二氧化碳当量） （括号中为调查年份）
华盛顿特区（美国）	19.7（2005）	23.9（2004）
格拉斯哥（英国）	8.4（2004）	11.2（2004）
多伦多（加拿大）	8.2（2001）	23.7（2004）
上海（中国）	8.1（1998）	3.4（1994）
纽约市（美国）	7.1（2005）	23.9（2004）
北京（中国）	6.9（1998）	3.4（1994）
伦敦（英国）	6.2（2006）	11.2（2004）
东京（日本）	4.8（1998）	10.6（2004）
首尔（韩国）	3.8（1998）	6.7（1990）
巴塞罗那（西班牙）	3.4（1996）	10.0（2004）
里约热内卢（巴西）	2.3（1998）	8.2（1994）
圣保罗（巴西）	1.5（2003）	8.2（1994）

资料来源：联合国人居署：《城市与气候变化：全球人类住区报告2011》，https：//cn. unhabitat.org/ books/cities－and－climats－2011－abridged/，第14页，登录时间：2019年2月1日。

表7－2　世界主要城市个人交通能源消费、人口密度和人均二氧化碳排放排序

个人交通能源消费（由低到高）	城市人口密度（由高到低）	人均二氧化碳排放（由低到高）
上海	首尔	圣保罗
北京	巴塞罗那	巴塞罗那
巴塞罗那	上海	首尔
首尔	北京	东京
圣保罗	东京	伦敦
东京	圣保罗	北京
伦敦	伦敦	纽约
多伦多	多伦多	上海
纽约	纽约	多伦多
华盛顿特区	华盛顿特区	华盛顿特区

资料来源：David Dodman, "Blaming Cities for Climate Change? An Analysis of Urban Greenhouse Gas Emissions Inventories", *Environment and Urbanization*, Vol. 21, No. 1, 2009, p. 193。

---

① 联合国人居署：《城市与气候变化：全球人类住区报告2011》，第10～13页。

从表中可以看出，世界主要大都市人均二氧化碳排放都占各自国家人均排放较大比例，其中伦敦、纽约、华盛顿、东京等发达国家大都市都是人均二氧化碳排放的主要来源。而像中国的北京、上海这些新兴国家的大都市人均排放甚至远远超过全国人均排放。导致这一现象的原因在于中国明显低于发达国家的全国人均排放水平和城市化的非均衡性。首先，发达国家相对于中国而言人口总量明显较少，中国全国的人均排放量远低于发达国家。其次，中国城市之间的发展水平差异较大，有北京、上海这样接近发达国家水平的国际大都市，也有武汉、成都、西安等发展中大城市，更有广大的中西部地区欠发达的中小城市。由此导致的结果是，大城市对各种社会资源的集聚程度要高于发达国家，对人口的吸引力也更大。像北京、上海这样的城市都是 2000 万以上的人口规模，在没有实现低碳经济转型的背景下，其排放总量居高不下，尽管人口多，但人均排放依然较高，超过了中国较低水平的全国人均排放。

在排放大量温室气体的同时，城市也受到气候变化的严重威胁，这也构成了城市参与国际气候治理的必要性。IPCC 2014 年的气候变化综合报告显示，预估气候变化将增加城市地区的人群、资产、经济和生态系统的风险，包括热应力、风暴、极端降水、内陆和沿海洪水、山体滑坡、大气污染、干旱、水资源短缺、海平面上升和风暴潮带来的风险，并且具有很高信度。对于那些缺乏必要基础设施和服务或者居住在暴露地区的人们来说，这些风险会被放大。[1] 根据联合国人居署报告，气候变化对城市中由建筑、道路、排水系统和能源系统等构成的基础设施网络产生了直接的影响，并反过来影响城市居民的福利和生计。在低海拔的沿海地带，这种影响尤为严重，而全球有很多大型城市位于这种地带。尽管低海拔沿海地带只占全球土地面积的 2%，可其中却居住着全球 13% 的城市人口。气候变化带来的海平面上升和海水倒灌会增加城市地表下陷的风险，有的地方会达到每 10 年下沉 1 米，对基础设施造成极大损害。气候变化带来的洪水还会阻断交通，酷热和极寒天气则会增加能源的使用。气候变化对城市经济的影响首先表现在对交通、通信等基础设施的破坏，还有旅游景点和设施的破坏。大规模气候灾难事件的增多也会增加保险业的压力。自然环境的改变还会增加城市传染病的

---

① IPCC：《气候变化综合报告 2014》，http：//www.ipcc.ch/pdf/assessmentreport/ar5/syr/SYR_ AR5_ FINAL_ full_ zh.pdf，第 69 页，登录时间：2019 年 2 月 1 日。

概率，包括清洁用水的减少和灾后疫情。而大风导致的医院基础设施中断则又降低了城市应对疾病的能力。在社会层面，气候变化导致的极端天气还给城市贫困人口雪上加霜，因为他们本来暴露在灾害下的程度就高，而在极端灾害中更难以及时得到政府救助，而城市被淹没又会带来大量难民。[1] 正如《大气化学与物理学》2016 年刊登的一项研究显示，如果温室气体的排放量不能急剧下降，气候变化带来的灾难将比预想中发生的早，全球的海平面极有可能在接下来的 50 ~ 150 年内上升数米高，世界上的沿海城市，包括纽约、伦敦和上海，将在 21 世纪末被海水淹没，居民被迫迁徙。[2]

中国沿海地区是受到气候变化影响较为严重的地区之一，以中国经济最为发达的长江三角洲城市群为例。在交通方面，高温日数增多，容易使人急躁、激动，易使司机和行人的机敏度和判断力下降，还可能造成交通工具和交通设施的恶化，从而酿成交通事故。气候变化带来的极端降水使长三角城市易受台风、暴雨、洪汛和天文大潮的影响。水安全方面，温度升高 1℃ 引起当地水资源的减少量相当于降水量减少 3.3% 引起的水资源减少量。此外，气候变化导致的降水减少加剧了长三角城市的干旱状况。2003 ~ 2004 年上半年浙江省遭遇了新中国成立以来罕见的严重干旱。2003 年 4 ~ 12 月全省平均降雨量为 850 毫米，较常年同期偏少 34%，为新中国成立以来最低值。在能源安全方面，持续高温使长三角地区用电负荷加剧。夏季除日最高气温 ≥35℃ 以外，日最低气温 ≥28℃ 的持续出现也对用电负荷有重要影响。[3] 除沿海地区外，中国内陆地区城市受到气候变化威胁的程度也在上升，比如内陆沿江河地区城市受到的洪涝影响，北方城市干旱的加剧，等等，这些安全威胁都促使中国城市愿意更加积极地参与到全球气候治理之中。

随着气候变化的加剧，不仅沿海城市，内陆城市也开始遭受日益严重的极端

---

[1] 联合国人居署：《城市与气候变化：政策方向全球人类住区报告 2011》，第 20 ~ 24 页。关于气候变化对城市的威胁，还可参看 Cynthia Rosenzweig, William Solecki, Patricia Romero-Lankao, Shagun Mehrotra, Shobhakar Dhakal and Somayya Ali Lbrahim (eds), *Climate Change and Cities*, *Second Assessment Report of the Urban Climate Change Research Network*, Cambridge: Cambridge University Press, 2018, pp. 66 – 73。

[2] James Hansen, etc., "Ice Melt, Sea Level Rise and Superstorms: Evidence from Paleoclimate Data, Climate Modeling, and Modern Observations That 2℃ Global Warming Could Be Dangerous", *Atmospheric Chemistry and Physics*, Vol. 16, Issue 6, 2016, pp. 3761 – 3812.

[3] 《长三角城市群区域气候变化评估报告》，气象出版社，2016，第 53 ~ 70 页。

天气的侵袭。比如 2019 年 3 月，美国内陆密苏里河流域连日暴雨，导致河水暴涨，内布拉斯加州 17 处河段的水位急升，部分地区甚至出现了半个世纪以来的新纪录。洪水流入州内的奥福特（Offutt）空军基地，60 座军方建筑受损。在重灾区萨尔披县（Sarpy County），多达 500 栋民房被淹，当地人表示从未见过这样的洪灾。爱荷华州内西南部弗里蒙特县（Fremont County）的密苏里河水位也一度涨至约 9.2 米，导致区内两个人口分别为 200 人和 50 人的小镇需要全面疏散。美国中西部的内布拉斯加州、威斯康辛州、南达科他州先后宣布紧急状态，爱荷华州则发出灾难通告。受到水灾影响，沿线铁路多趟列车延误或停止运行。① 美国国家海洋和大气管理局（NOAA）的春季天气预报显示，超过 2 亿美国人在 2019 年会遇到洪水侵扰，其中有 1300 万人面临重大洪灾的风险，还约有 4100 万人面临中度洪灾的风险。截至 2019 年 3 月，密苏里河已经在内布拉斯加州、爱荷华州和南达科他州的 30 个地区创下了洪水最高水位的历史纪录。气象专家表示，沿俄亥俄州和田纳西州山谷湿地降雪的融化等多个因素导致了洪水的泛滥。而除了年度天气自然变化外，还有一个长期的、驱使气候变化的动力，导致极端降雨天气更加剧烈。② 由此可见，气候变化对于城市的威胁已经由沿海深入内陆，给城市及其中居住的人口带来日益严重的安全威胁，这是城市作为地方政府参与全球气候治理的重要动力。

地方政府参与全球气候治理需要制度基础，因为其对外交往行为必须在一国宪法规定的基本国家政治制度框架之下。虽然外交事务被宪法授予中央政府，但主权国家在行动方式上远非单一行为体，③ 因为主权不可分割，但治权可以分享，不同国家地方政府在治理权限上拥有不同程度的对外交往权力。比如美国宪法第一条第十款第（1）项规定："无论何州，不得缔结条约、结盟或加入联盟"，第（3）项规定："无论何州，未经国会同意，不得与他州或外国缔结协定

① 《美国中西部洪灾已致 2 人死亡多州宣布进入紧急状态》，中国新闻网，2019 年 3 月 19 日，http://www.chinanews.com/gj/2019/03-19/8784357.shtml，登录时间：2019 年 3 月 22 日。
② 《美国气象部门：全美或有 2 亿人面临洪灾风险》，中国新闻网，2019 年 3 月 22 日，http://www.chinanews.com/gj/2019/03-22/8787242.shtml，登录时间：2019 年 3 月 22 日。
③ Michele M. Betsill and Harriet Bulkeley, "Transnational Networks and Global Environmental Governance: The Cities for Climate", *International Studies Quarterly*, Vol. 48, No. 2, 2004, p. 490. 另可参看该作者另一篇文献，Michele M. Betsill and Harriet Bulkeley, "Cities and the Multilevel Governance of Global Climate Change", *Global Governance*, Vol. 12, No. 2, 2006, pp. 141–159。

或条约"。第二条第二款第（2）项规定："总统征得参议院意见和同意，并经该院出席议员三分之二赞同，有权缔结条约。"但是宪法第十修正案规定："本宪法所未授予合众国或未禁止各州行使之权力，皆由各州或人民保留之。"① 联邦制的国家结构也加剧了美国不同地区因为受到气候变化不同影响而形成不同政策的动力，不同州的政府结构、政党政治和法律制度使得没有任何一个州的气候政策完全相同。② 可见，在联邦制框架下，美国地方政府并非完全没有对外行为能力，在国会同意的情况下还是可以缔结条约和协定。更重要的是，宪法第十修正案的规定使得州政府具有了"负面清单"的权力，即缔结条约和协定之外的对外交往权力，哪怕违背联邦政府外交政策立场。中国虽然是单一制国家，中华人民共和国宪法规定"地方各级人民政府对上一级国家行政机关负责并报告工作"，③ 外交权归中央政府，但各地方政府都设有外事办公室，处理与本地相关的涉外事务。在2018年5月中央外事工作委员会第一次会议上，习近平主席特别强调了地方外事工作对推动对外交往合作、促进地方改革发展的重要意义，指出"要在中央外事工作委员会集中统一领导下，统筹做好地方外事工作，从全局高度集中调度、合理配置各地资源，有目标、有步骤推进相关工作"。④ 这为中国地方政府对外交往提供了新的制度和政策支持。可见，无论在联邦制还是单一制国家，地方政府都具有服从中央政府外交权力之下的对外交往权力，这是各国地方政府参与全球气候治理的基本制度基础。

在宪法基础上，城市外交是地方政府参与全球气候治理的一种理论解释。作为一种特殊的外交形态，城市外交是在中央政府的授权和指导下，某一具有合法身份和代表能力的城市当局及其附属机构，为执行一国对外政策和谋求城市安全、繁荣和价值等利益，与其他国家的官方和非官方机构围绕非主权事务所开展的制度化的沟通活动，具有主体特征、目的特征、内容特征和形式特征。⑤ 可

---

① 《美国宪法及其修正案》，商务印书馆，2014，第7、9、16页。
② Barry Rabe，"Contested Federalism and American Climate Policy"，*The State of American Federalism*，*2010 - 2011*，Vol. 41，No. 3，2011，p. 497.
③ 《中华人民共和国宪法》第一百一十条，http://www.gov.cn/gongbao/content/2004/content_62714.htm，登录时间：2019年2月1日。
④ 习近平：《努力开创中国特色大国外交新局面》，《人民日报》2018年5月16日，第1版。
⑤ 赵可金、陈维：《城市外交：探寻全球都市的外交角色》，《外交评论》2013年第6期，第69页。

见，城市外交的首要特征是城市在一国宪法规定的国家制度下获得对外交往的行为能力，而非以独立身份展开的平行外交，这种观点认为次国家行为体具有了独立身份而具有了宪法属性。① 实际上，如前述美国宪法也没有给予州政府独立的对外交往权力。另一种观点认为次国家行为体具有多层外交性质，"外交政策只是发生了扩展而非被排斥"。② 但需要更加明确的是，多层之间并非平等关系，而是宪法框架的隶属关系。所扩展的并非主权而是治权，变化的不是国家利益，而是实现国家利益的方式，这种方式的变化依不同国家和地方政府的特点不同而不同。一般而言，联邦制国家的地方政府对外交往能力比单一制国家更大，但这并不妨碍单一制国家地方政府，特别是国际化程度较高的地方政府承担部分对外交往的职能。因为，城市外交的根本目的是补充中央政府外交的某些不足，并非取代中央外交。特别是在全球治理中，许多问题绕过中央政府直接跨越国界形成了全球问题网络，这时单凭中央政府的传统外交手段无法及时应对，这就需要地方政府的有益补充，在主权范围内发挥自己的优势。比如一国中央政府往往会给予地方政府在社会文化领域较大的对外交往权力，以丰富本国在软权力方面的手段，这也成为地方政府参与全球气候治理的一种方式，中国（深圳）气候影视大会就是一种有益尝试。2019 年举办了第四届，共收到全球 1453 部影视作品，其中国外影片作品 1301 部，国内影片作品（含港、澳、台地区）152 部，并通过展映形式让公众观赏。作为中国首个以"应对气候变化"为主题的绿色公益影视活动，大会作为"公众广泛参与应对气候变化的范例"被写入《2017 年中国应对气候变化的政策和行动》年度报告。大会征集的优秀获奖作品也已经连续四年受邀参加联合国气候变化大会进行展映。③ 深圳作为中国改革开放的窗口，在经济与生态融合发展方面成就显著，特别近年来在低碳转型方面积极探

---

① Panayotos Soldatos, "An Explanatory Framework for the Study of Federated States as a Foreign-policy Actors", in Hans J. Michelmann and Panayotis Soldatos (eds), *Federalism and International Relations: The Role of Subnational Units*, Oxford: Clarendon Press, 1990, p. 35; 也可见 Andre Lecours, "Paradiplomacy: Reflections on the Foreign Policy and International Relations of Regions", *International Negotiation*, Vol. 7, 2002, pp. 91 – 114。

② Brian Hocking, *Localizing Foreign Policy: Non-central Governments and Multilayered Diplomacy*, London: The Macmillan Press Limited, 1993, p. 26.

③ 李若清：《第四届中国国际气候影视大会召开 聚焦可持续发展目标绿色传播》，《中国气象报》2019 年 10 月 9 日，第 3 版。

索，也是中国城市社会治理最为成功的城市之一。将这种公益性质的大型气候传播活动放在深圳举办，可以充分利用深圳在低碳经济发展方面的城市治理经验，调动社会组织、大学、媒体等多种资源扩大气候治理的影响，在社会层面形成浓厚的重视气候治理的氛围，让更多公众参与其中。同时，可以向来参会的全世界气候影视人展现深圳作为一个发展中国家城市在融合经济发展与应对气候变化方面的成就。归根到底，应对气候变化是一项改变人类生产生活的庞大社会性活动，只有让更多公众意识到应对气候变化的极端重要性和紧迫性，真正从自己开始改变高碳的生活方式，才能为全球气候治理建立庞大、坚实和持久的社会基础。深圳作为一座属于发展中国家典型的、凭借普通人自下而上建设起来的现代化大都市，非常适合承担这种向公众传播气候治理理念的重任，这也成为中国除低碳产业投资和政策供给之外，由地方政府在社会文化领域促进全球气候治理转型的一项贡献。

在国际层面，一国地方政府参与全球治理的制度基础来源于《巴黎协定》。《巴黎协定》是全球气候治理体系具有里程碑意义的文件，形成了自下而上的减排模式。虽然是主权国家间达成的国际协定，但《巴黎协定》及其相关文件仍然充分考虑了包括城市在内的地方政府在未来全球减排中的作用。具体来看，《巴黎协定》第七条第 1 款和第 2 款指出："缔约方兹确立关于提高适应能力、加强抗御力和减少对气候变化的脆弱性的全球适应目标，以促进可持续发展，并确保在第二条所述气温目标方面采取适当的适应对策"，"缔约方认识到，适应是所有各方面临的全球挑战，具有地方、次国家、国家、区域和国际层面，它是为保护人民、生计和生态系统而采取的气候变化长期全球应对措施的关键组成部分和促进因素，同时也要考虑到对气候变化不利影响特别脆弱的发展中国家迫在眉睫的需要"。[①] 可见，各方强调了适应对于全球应对气候变化的重要性，这体现在气候变化威胁同时存在于地方、次国家、国家、区域和国际等多个层面，因此适应工作的开展也必须在多个层面同时进行。在此，地方和次国家层面的适应和其他层面同等重要，特别是发展中国家的多层适应能力，需要发展中国家自身和国际社会共同努力来提升。为此，该条第 5 款指出："缔约方承认，适应行动应当遵循一种国家驱动、注重性别问题、参与型和充分透明的方法，同时考虑到

[①] 《巴黎协定》（中文版）第七条第 1、2 款，第 23 页，http://qhs. ndrc. gov. cn/gzdt/201512/W020151218641349314633. pdf，登录时间：2019 年 2 月 1 日。

脆弱群体、社区和生态系统,并应当基于和遵循现有的最佳科学,以及适当的传统知识、土著人民的知识和地方知识系统,以期将适应酌情纳入相关的社会经济和环境政策以及行动中。"这里表明了适应必须将现代科学与特定地区的传统结合,让地区居民包括土著居民充分参与到适应过程中,这体现出《巴黎协定》对不同地区应对气候变化权利的尊重。

在多层次国际合作方面,该条第7款提出了具体做法:

(a)交流信息、良好做法、获得的经验和教训,酌情包括与适应行动方面的科学、规划、政策和执行等相关的信息、良好做法、获得的经验和教训;

(b)加强体制安排,包括《公约》下服务于本协定的体制安排,以支持相关信息和知识的综合,并为缔约方提供技术支助和指导;

(c)加强关于气候的科学知识,包括研究、对气候系统的系统观测和预警系统,以便为气候服务提供参考,并支持决策;

(d)协助发展中国家缔约方确定有效的适应做法、适应需要、优先事项、为适应行动和努力提供和得到的支助、挑战和差距,其方式应符合鼓励良好做法;

(e)提高适应行动的有效性和持久性。[①]

该条第9款则明确了各方应酌情开展适应规划进程并采取的各种行动,包括:

(a)落实适应行动、任务和/或努力;

(b)关于制订和执行国家适应计划的进程;

(c)评估气候变化影响和脆弱性,以拟订国家制定的优先行动,同时考虑到处于脆弱地位的人民、地方和生态系统;

(d)监测和评价适应计划、政策、方案和行动并从中学习;

(e)建设社会经济和生态系统的抗御力,包括通过经济多样化和自然资源的可持续管理。[②]

---

① 《巴黎协定》(中文版)第七条第7款,第24页。
② 《巴黎协定》(中文版)第七条第9款,第24页。

（c）项充分体现出适应行动中国家与地方的平衡。（e）项所指经济多样化也表明了对不同地区经济社会发展状况差异的尊重，不能用全球统一的适应方法解决不同地区的适应问题。

在能力建设部分，《巴黎协定》第十一条第2款指出："能力建设，尤其是针对发展中国家缔约方的能力建设，应当由国家驱动，依据并响应国家需要，并促进缔约方的本国自主，包括在国家、次国家和地方层面。能力建设应当以获得的经验教训为指导，包括从《公约》下能力建设活动中获得的经验教训，并应当是一个参与型、贯穿各领域和注重性别问题的有效和迭加的进程。"该款说明，地方政府构成了各方应对气候变化能力建设的内容之一，同时必须以国家的需要为原则，在主权范围内展开应对气候变化的各项能力建设。

总体来看，《巴黎协定》充分考虑了地方政府在应对气候变化中的重要作用，为其参与这一主权国家为主体的国际合作提供了充足的法律和制度空间。概括起来，这些制度设计主要集中在适应气候变化和能力建设领域，其目的是要参与方考虑地域之间受到气候变化威胁的多样性问题，这也反映了全球气候治理同一性和多样性的矛盾。就大气升温的威胁来看，气候变化确实是全球同一性的，所有生活在地球上的生命，不止人类，都会面对这一威胁的挑战。但是，由于参与应对的各方发展水平不均衡，在减缓和适应方面的能力不对等，于是就出现了国家利益的矛盾。对于主权国家而言如此，对地方政府更是如此，因为面对气候变化的威胁，地方政府的多样性更加复杂，尤其像中国、美国、欧盟这样庞大的国家和国家联盟，其内部各地区之间的发展水平和能力条件同样有差距，一国的减缓和适应措施也不能一刀切，只能按照不同地方的自然、经济、人文条件具体落实。而涉及国家之间，也需要在不同类型地方政府之间寻找合作应对气候变化的途径，这样才能真正做到包容、普惠与高效。

第二节　中国地方政府参与"一带一路"气候治理

中国地方政府是"一带一路"倡议的重要载体，承担具体执行中央政府整体政策目标的任务。"一带一路"中地方政府对外合作的特点是主要集中在相邻国家，主要形式有两种，一种是与邻国地方政府合作，另一种是承接中国和邻国中央政府的合作政策。《推动共建丝绸之路经济带和21世纪海上丝绸之路的愿景与行动》专门列出一章阐述"中国各地方开放态势",指出"推进'一带一路'建设,中国将充分发挥国内各地区比较优势,实行更加积极主动的开放战略,加强东中西互动合作,全面提升开放型经济水平"。①《关于推进绿色"一带一路"建设的指导意见》也专门指出要"发挥地方优势,加强能力建设,促进项目落地",包括"发挥区位优势,明确定位与合作方向"和"加大统筹协调和支持力度,加强环保能力建设"。② 这些表述都为中国地方政府参与"一带一路"气候合作提供了政策基础。

中国地方政府参与"一带一路"气候合作的能力基础首先来自整体经济实力的增长。以 2017 年中国前十名省份的地区生产总值对应当年国家国内生产总值的世界排名,中国地区生产总值最高的广东省对应近似的国家是澳大利亚,世界排名第 13 位,第 10 位的是福建省,对应的近似国家是比利时,世界排名第 24位(见表 7 - 3)。

表 7 - 3 2017 年中国地区生产总值前十名省份对应近似国家的世界排名

单位:亿美元

国内排名	中国省份	地区生产总值	对应近似国家	国内生产总值	国家世界排名
1	广东省	13348.80	澳大利亚	13234.21	13
2	江苏省	12778.05	西班牙	13113.20	14
3	山东省	10808.50	印度尼西亚	10155.39	16
4	浙江省	7703.50	荷兰	8262.00	18
5	河南省	6629.79	瑞士	6788.87	20
6	四川省	5502.93	瑞典	5380.40	22
7	湖北省	5279.40	波兰	5264.66	23
8	河北省	5061.87	比利时	4926.81	24
9	湖南省	5045.01	比利时	4926.81	24
10	福建省	4788.93	比利时	4926.81	24

资料来源:中国省份数据来源于国家统计局兑换美元计算,http://data.stats.gov.cn/easyquery.htm? cn = E0103,国别数据来源于世界银行,https://databank.worldbank.org/data/download/GDP.pdf,登录时间:2019 年 2 月 2 日。

① 国家发展和改革委员会、商务部、外交部:《推动共建丝绸之路经济带和 21 世纪海上丝绸之路的愿景与行动》,《人民日报》2015 年 3 月 29 日,第 4 版。
② 环境保护部、外交部、国家发展和改革委员会、商务部:《关于推进绿色"一带一路"建设的指导意见》,《中国环境报》2017 年 5 月 9 日,第 3 版。

再以中国所有边疆省份和主要参与"一带一路"省区市（已列入前十名除外）地区生产总值对应近似国家，具体见表7-4。

表7-4 2017年中国内陆边疆省份和主要参与"一带一路"省区市
地区生产总值对应近似国家

单位：亿美元

中国省区市	地区生产总值	对应近似国家	国内生产总值	国家世界排名
新疆维吾尔自治区	1619.32	哈萨克斯坦	1628.87	55
甘肃省	1110.89	乌克兰	1121.54	60
		摩洛哥	1097.09	61
宁夏回族自治区	512.43	乌兹别克斯坦	496.77	84
陕西省	3258.70	丹麦	3248.72	35
内蒙古自治区	2395.23	埃及	2353.69	44
黑龙江省	2366.44	埃及	2353.69	44
吉林省	2223.86	越南	2237.80	45
辽宁省	3483.47	南非	3428.72	32
北京市	4168.83	奥地利	4165.96	27
天津市	2760.26	智利	2770.76	41
上海市	4558.41	伊朗	4553.03	26
海南省	664.06	缅甸	670.96	72
广西壮族自治区	2756.40	智利	2770.76	41
云南省	2436.92	孟加拉国	2497.24	43
贵州省	2014.98	希腊	2002.88	51
重庆市	2890.54	智利	2770.76	41
西藏自治区	195.08	阿富汗	195.44	114

资料来源：中国省份数据来源于国家统计局兑换美元计算，http：//data. stats. gov. cn/easyquery. htm？cn = E0103，国别数据来源于世界银行，https：//databank. worldbank. org/data/download/GDP. pdf，登录时间：2019年2月2日。

根据比较可知，单纯从经济总量衡量，中国前十名省份已经具备了世界前24位国家的水平，其中一半为东部沿海省份，是21世纪海上丝绸之路主要参与者。其他内陆省份也都可以利用各自区域经济规划积极参与"一带一路"合作。而中国的中西部边疆省份都是新丝绸之路经济带主要参与者，虽然大多数省份经济总量对应的国别GDP并不靠前，但多数仍然处于世界50名左右。而上海和北京作为中国综合经济实力最为强大的两座城市，对应的国别GDP更分别位居世界第 26 和 27 位。另外截至 2018 年，中国已经有 15 座城市的人均 GDP 达到 2 万美元，即初等发达国家水平，分别是深圳、东营、鄂尔多斯、无锡、苏州、珠海、广州、南京、常州、杭州、北京、长沙、武汉、上海、宁波。中国地方政府这种强大的经济实力为其参与"一带一路"中的气候合作奠定了物质基础。

与此同时，中国主要参与"一带一路"省份在自身能源转型方面取得了较大发展，这为其参与对外合作提供了产业基础，在此以边疆省份新疆和云南以及内陆省份甘肃和湖南为例。原因在于，新疆和云南作为边疆省份，都是主要参与"一带一路"的地方政府，而且都是能源大省，其能源转型的表现和基础能力能够体现出中国地方政府参与"一带一路"气候治理的能力。甘肃虽不是边疆省份，但也是新丝绸之路经济带主要参与的地方政府，而且是风能大省，其在风能开发利用、装备制造和科研领域的发展也是地方政府参与"一带一路"气候治理的重要表现。湖南虽然是内陆省份，而且并非能源大省，却是内陆近年高速发展省份的代表，其在优化能源结构和可再生能源制造、研发等创新能力方面，尤其是现代装备制造业领域的表现，对于中国内陆省份参与"一带一路"气候治理也具有代表性。

新疆是中国能源大省，拥有丰富的油气和可再生资源，其中风能和太阳能资源尤其丰富。根据《新疆维吾尔自治区"十三五"风电发展规划》，新疆在"十三五"风电首要目标是建成国家风电基地，并以打造风电制造业基地和科技创新能力为基础。[①] 在太阳能领域，《新疆维吾尔自治区"十三五"太阳能发电发展规划》指出，要"支持金风科技、特变电工等企业与沿线及周边国家开展重点项目合作，大力推进巴基斯坦旁遮普省真纳太阳能光伏等项目建设"。[②] 可见，强大的能源科技创新能力和制造业能力是新疆能源转型的突出特点。在激烈的市场竞争中，新疆诞生了金风科技、华锐风电、海装风电等一批具备国际竞争力的可再生能源企业，这使得新疆不再只是一个资源型大省，而是能源科技创新大省，能够承担国家"一带一路"对外能源合作的重任，尤其是促进相对发展落

---

① 《新疆维吾尔自治区"十三五"风电发展规划》，新疆维吾尔自治区发展和改革委员会，2017年 12 月 5 日，http://www.xjdrc.gov.cn/info/9916/19980.htm，登录时间：2019 年 2 月 2 日。
② 《新疆维吾尔自治区"十三五"太阳能发电发展规划》，新疆维吾尔自治区发展和改革委员会，2017 年 12 月 5 日，http://www.xjdrc.gov.cn/info/9916/19981.htm，登录时间：2019 年 2 月 2 日。

后的邻国能源转型，比如帮助巴基斯坦发展可再生能源项目，提升其应对气候变化的能力。

　　从西北边疆到西南边陲，云南省"十二五"期间能源转型也成效显著。截至2015年底，全省可再生电力能源与火电装机比例由2010年的70∶30调整为82∶18。2012年非化石能源占一次能源消费比重达31.4%，提前3年实现"十二五"规划30%的目标。煤炭生产消费则出现"断崖式"下降，2014年非化石可再生能源生产和消费比重均达到历史高点，可再生能源生产比重达73%，非化石能源占一次能源消费比重高达41.7%，煤炭消费比重降为43%。同时，与尼泊尔、印度尼西亚以及南美洲、非洲一些国家的可再生能源合作取得突破。① 在内陆省份中，甘肃是能源转型的突出代表。根据《甘肃省"十三五"能源发展规划》，截至2015年底，风光电装机1862万千瓦，约占全省总装机量的40%。"十二五"期间，甘肃水电、风电和光电装机容量分别增长7.1%、17.9%和213.9%。煤炭在能源消费结构中的比重从64.1%下降到60%，非化石能源消费比重从15.5%增长到19%。新能源已经成为甘肃电力的第二大电源，而且全省新能源装备制造业初步形成了集设计、研发、制造、培训、服务为一体的综合产业体系，新能源已成为甘肃重要的支柱产业。② 同属内陆的湖南省"十二五"期间也在优化能源结构方面取得了进步，新能源装机占总装机的比重提高到6%；天然气、非化石能源等占一次能源消费比重提高约5.2%，煤炭消费占比降低4.3%。更重要的是，"十二五"期间湖南能源科技装备水平实现突破，拥有国家级工程（技术）研究中心、重点（工程）实验室、企业技术研发中心、检测检验中心10个，省部级重点实验室和工程研究中心24个。③

　　以上可以看出，中国地方政府在能源转型方面表现出以下特点。第一，主动谋划。无论能源型省份还是非能源型省份，都在中央政府推进低碳经济转型的政策下主动谋划能源转型。一方面是利用可再生资源优势转化为能源优势，另一方

---

① 《云南省能源发展规划（2016～2020年）》，云南省人民政府，2016年10月10日，https：//www.xsbn.gov.cn/files/2016/12/20161206101354661.pdf，第9～10页，登录时间：2019年2月2日。

② 《甘肃省"十三五"能源发展规划》，甘肃省人民政府，2017年9月5日，http：//www.gansu.gov.cn/art/2017/9/12/art_4786_321504.html，登录时间：2019年2月2日。

③ 《湖南省"十三五"能源发展规划》，湖南省发展和改革委员会，2017年1月，http：//power.in-en.com/html/power-2280563.shtml，登录时间：2019年2月2日。

面是利用技术优势挖掘可再生能源潜力。能源转型已经成为中国地方政府发展规划的约束性目标，并逐渐进入对地方政府考核的指标体系，低碳减排也由一种软约束成为硬约束，具有详细的量化目标。虽然《巴黎协定》没有像《京都议定书》那样为缔约方制定详细的减排目标，只是规定各国自主减排，但中国地方政府的减排目标实际成为对《巴黎协定》目标的分解和具体化，是中国自主地而不是被动履行《巴黎协定》义务的实践。这为中国地方政府参与"一带一路"气候治理提供了主观条件。第二，中国地方政府推进能源转型的同时注重制造能力和知识能力的支撑。中国的能源大省和制造业大省都加快了能源转型基础设施生产和制造。同时，这些省份还注重可再生能源的技术研发和传播，注意促进当地大专院校和科研院所与企业的合作，以及加强对相关从业人员培训，提升社会接受能源转型的能力和承载力。这种基础的积累为中国地方政府参与"一带一路"气候治理提供了能力条件。

在主观条件和能力条件的共同作用下，中国地方政府开始逐渐承担起中国在"一带一路"中的气候治理任务，主要分为项目投资、设计勘探和标准援助，以及人员培训三种类型。

第一，项目投资。代表性案例首先是由中国新疆特变电工股份有限公司于2015年5月建成的巴基斯坦旁遮普省巴哈瓦尔布尔市真纳100兆瓦大型太阳能光伏电站项目一期。该项目投资2.1亿美元，年平均发电约为1.49亿千瓦时，可以解决约5万户一般家庭的日常用电问题。基于该项目经验，新疆特变电工又与旁遮普省签订了600兆瓦太阳能电站合作备忘录。[①] 巴基斯坦是电力紧缺国家，旁遮普省是巴基斯坦人口最多、工商业最密集的省份。新疆特变电工投资的太阳能项目不仅缓解了巴基斯坦电力短缺问题，而且因地制宜，充分利用巴基斯坦丰富的太阳能资源，降低了大规模用电的温室气体排放。

其次是2018年4月，云南能源投资集团投资建设的仰光达克鞳燃气蒸汽联合循环电厂一期106兆瓦发电项目。项目装机容量500兆瓦，是缅甸在运行的效率最高和能耗最小的天然气发电站。[②] 2018年4月，重庆京天能源投资（集团）

---

① 杨迅：《中企助力巴基斯坦电力建设》，《人民日报》2015年4月6日，第3版。

② 吴清泉：《云南能投缅甸仰光达克鞳燃气蒸汽联合循环电厂一期106MW发电项目竣工》，《云南日报》2018年4月18日，第2版。

股份有限公司与乌兹别克斯坦共和国塔什干州州政府签署清洁能源战略合作备忘录，双方将建立合资公司和联合实验室，在清洁能源以及广泛的节能环保产品的生产和联合研发领域展开合作。同时，双方还将共同建设"Ohangaron 绿色城市"项目，就地利用电力，降低电力传输损耗，提高能源利用效率，减少排放。① 这两项投资的特点是体现了中国在亚投行中的投资原则，就是因地制宜地根据对象国资源特点和发展状况进行投资，而非"一刀切"投资于可再生能源。比如投资缅甸的天然气项目虽然是化石能源，但温室气体排放量较小，而且地址在市中心，能够充分满足人口较为集中地区的电力需求，比单纯大规模的太阳能和风能更适合缅甸经济社会发展需要。而乌兹别克斯坦可再生资源丰富，更适合相应的可再生能源项目建设，所以中方的合作不止于单个项目，而是全方位的能源转型合作。

　　第二，设计勘探和标准援助。典型案例如 2017 年 12 月中国能源建设集团新疆分院参与由上海鉴乾集团有限公司投资建设的吉尔吉斯斯坦 50 兆瓦巴勒科奇风电场项目。新疆院的任务是积极配合吉方进行现场踏勘、方案优化。同时，由于吉尔吉斯斯坦国内目前尚无可供借鉴的风电发展经验，该项目的建设完全参照中国风电行业标准建设。② 类似的案例还有 2017 年 7 月中俄合资建设的华电捷宁斯卡娅燃气蒸汽联合循环供热电站项目，位于吉林省长春市的中电工程东北电力设计院有限公司作为分包设计院，制订了主要技术方案和关键部位的设计工作。设计院采用的最先进燃气发电设备可减少天然气消耗 25%，将大气污染物排放量降低三成。项目图纸虽由俄方提供，但由于缺乏建设经验导致图纸经常变动，东北设计院及时给出合理建议，并利用技术优势发现建造中的问题并及时解决。③ 这种类型的合作体现出中国地方政府在能源转型中不仅是输出产能，还能够提供必要的技术和标准。不仅是产品创造者，还是关于低碳经济的知识创造者。东北地区曾被誉为"共和国经济的长子"，曾经发挥过服务全国现代化建设的重任，特别是在能源项目的设计、科研和制造领域积累了丰富的经验和深厚的底蕴。吉尔吉斯斯坦和俄罗斯虽然是资源能源型国家，但由于技术更新较为缓

---

① 熊怡、唐安冰：《中国重庆—乌兹别克斯坦塔什干州经贸合作论坛在渝举行：搭乘"一带一路"的"头班车"，推动双方经贸人文务实合作》，《重庆与世界》2018 年第 9 期，第 17 页。
② 《中国能建签订吉尔吉斯斯坦首个风电项目合同》，《通讯机械》2018 年第 1 期，第 11 页。
③ 孙岳：《打造中俄电力合作样板》，《中国电力企业管理》2018 年第 2 期，第 84~85 页。

慢，所以在现代能源项目建设中需要中国的经验和技术支持，中国能建新疆分院和中电工程东北电力设计院正好发挥了这一优势，体现出中国地方政府在"一带一路"气候治理中对于知识型公共产品的供给。

第三，人员培训。典型的案例包括由中国商务部主办、甘肃省科学院自然能源研究所承办的发展中国家太阳能应用研修班。甘肃省科学院自然能源研究所长期致力于太阳能、风能等可再生能源领域技术的研究开发和推广利用，截至2017年7月，已为五大洲130多个国家和地区培训了1600余名技术人员和政府官员。[1] 中国提出"一带一路"倡议后，该培训班更加聚焦于共建"一带一路"的发展中国家的太阳能知识和技能培训，为这些国家可再生能源发展储备了急需的人力资源。这一举措发挥了甘肃在可再生能源发展中的优势，就是不仅对丰富的可再生资源进行大幅投资，实现快速的能源转型，而且注意相关技术研发和人才培养，在"新能源装备制造业初步形成了集设计、研发、制造、培训、服务为一体的综合产业体系"。甘肃省不仅依靠这一体系促进自身能源转型，而且主动服务"一带一路"国家能源转型的人才需求，是中国地方政府参与"一带一路"气候治理方式的创新。同样在湖南，由于中国湖南省在可再生能源领域的成功经验，2016年9月，中国商务部主办了突尼斯可再生能源利用管理研修班，由位于湖南省长沙市的中国电建集团中南勘测设计研究院有限公司承办。来自突尼斯的20名官员通过专题讲座、交流讨论、实地参观考察等形式学习了中国新能源开发利用机制、风力发电场规划设计、光伏电站的规划与建设等。[2]

中国地方政府参与"一带一路"气候治理的代表性案例表现出以下两个特点。第一，依托强大的地方经济实力。中国地方政府参与全球和地区治理的首要特点是自身规模庞大，从表7-3和表7-4的比较可以发现，中国很多边疆省份的经济总量等于甚至超过相邻国家。虽然GDP衡量的经济总量不能完全代表一个地区的经济发展水平，但能够体现一个地区经济发展的存量资源，包括投资积累、消费能力、企业产出和收益，以及由此带来的税收和政府财政收入，这间接

---

① 秦娜：《发展中国家太阳能应用研修班开班》，每日甘肃网，http://gansu.gansudaily.com.cn/system/2017/05/10/016688948.shtml，2017年5月10日，登录时间：2020年7月2日。

② 刘玉先、周王宁馨：《20名突尼斯官员湖南学可再生能源利用》，红网，2016年9月9日，http://hn.rednet.cn/c/2016/09/08/4080350.htm，登录时间：2019年2月3日。

反映了该地区能够用于对外合作的资本实力。比如这些地方政府都拥有资本和技术实力极为雄厚的地方国有能源企业，不仅在本地能源转型中发挥了民营能源企业无法起到的作用，而且在对外投资中体现出中国国有企业独特的制度优势。从这个角度看，中国地方政府参与"一带一路"气候治理促进了已有的全球治理地方政府体系的结构性转型。除美国、德国、日本等较大规模的经济体外，绝大多数发达国家，特别是欧洲发达国家的地方政府经济总量普遍较小。所以，当经济总量庞大而且数量众多的中国地方政府加入全球气候治理后，首先在力量对比关系上就改变了原有的权力结构，类似于中国崛起对国际结构的改变。因此如果仅从经济总量指标衡量，中国地方政府是介于地方政府和国家之间的第三种行为体，即政治地位是地方性的，但经济实力是国家性的。因此其参与"一带一路"气候治理，无论是低碳经济转型的规模还是产生的减排以及其他经济转型的影响都可能会超出其合作的他国地方政府。比如新疆特变电工和云南能源投资集团，都是各自省份的骨干国有企业，关系到当地经济社会发展和民生的产业命脉，因而也具备了一般民营企业所没有的强大经济和技术实力，所以才能够分别投资巴基斯坦旁遮普省太阳能项目和缅甸仰光天然气项目这样同样关系项目所在国国计民生的重大能源项目。这两个项目的所在城市都是两国人口和经济活跃度最为密集的地区，所以满足的能源需求和减排效果都超出了所在城市，具有国家层面的意义。

第二，中国地方政府依托国内区域发展规划与邻国地方政府开展气候治理合作，实现发展中国家之间的跨境区域联动发展。中国国土辽阔，不同区域的发展需要中央政府指导地方政府制定因地制宜的发展规划。而中国地方政府参与"一带一路"气候治理的特色之一，就是将这一对外合作嵌套进其所在的国内区域发展规划中。比如2016年发布的《中共中央国务院关于全面振兴东北地区等老工业基地的若干意见》指出，要"提高制造业核心竞争力，再造产业竞争新优势，……做优做强电力装备……等先进装备制造业，提升重大技术装备以及核心技术与关键零部件研发制造水平，优先支持东北装备制造业走出去，推进东北装备'装备中国'、走向世界"。[①] 中电工程东北电力设计院有限公司作为东北地

---

① 《中共中央国务院关于全面振兴东北地区等老工业基地的若干意见》，《人民日报》2016年4月27日，第1版。

区具有代表性的老牌电力设计企业，与相邻的俄罗斯地方政府的电力设计合作项目正是其提升电力设计技术能力，促进"装备中国、走向世界"的体现。这种将中国国内区域发展规划与对外气候合作紧密结合的实践还体现在西部大开发战略中。中国国家发展和改革委员会 2012 年发布的《西部大开发"十二五"规划》中，把新疆列为国家重点建设的综合能源基地，同时指出要积极推进甘肃河西等西北地区大型风电基地建设，加强产学研合作，开展包括新能源在内的科技联合攻关，加强气候变化等基础科学研究研究。要求把重庆和昆明等城市打造成内陆开放型经济战略高地，要"引导、鼓励和支持西部地区企业大力发展服务贸易，积极参与对外投资和承接服务外包"。① 新疆、甘肃、云南和重庆都属于西部大开发战略实施范围，按照这些要求，经过"十二五"发展，当地企业在低碳产业的技术研发、产品制造和对外合作方面明显提升了实力，于是才有前述对相邻的"一带一路"国家清洁能源项目的投资和技术合作。这种依托国内区域发展规划开展与相邻国家地方政府气候合作的形式，形成了跨境区域合作集成效应，即将中国边疆地区与相邻国家地区看作一个跨境区域，然后集中和整合区内资源、资金、产业、科技和人才优势实现快速发展。这种方式能够让中国地方政府低碳经济发展的成效更加广泛惠及相邻发展中国家的地区，不仅是对发达国家主导的地方政府参与全球气候治理方式的创新，更是南南气候合作在地方层面的创新，促进了全球气候治理体系朝普惠性方向转型。

第三节　美国签署和退出《巴黎协定》与中美
地方政府气候合作

中国地方政府不仅积极参与共建"一带一路"发展中国家气候治理，而且与美国地方政府开拓了发展中国家与发达国家地方政府气候合作的新路径，体现出中国地方政府参与和促进全球气候治理转型的创新作用。

中美是温室气体排放第一和第二位的国家，表 7-1 和表 7-2 显示两国许多城市是较大的温室气体排放源，这决定了中美如果要引领全球气候治理，必须加

---

① 中国国家发展和改革委员会：《西部大开发"十二五"规划》，《经济日报》2012 年 2 月 21 日，第 13 版。

强地方政府气候合作。中国与美国奥巴马政府践行了共商共建共享的全球治理观，形成了两国紧密的气候命运共同体，这不仅表现在两国联合发布了多份元首级别的气候变化联合声明，还表现在两国共同推动气候变化《巴黎协定》的达成和生效上。在此背景下，中美不仅在国家层面，还在地方政府气候合作层面进行了有益探索。2015 年 9 月，中美正式发出气候智慧型/低碳城市倡议，在洛杉矶举行了第一届中美气候智慧型/低碳城市峰会，两国多个省、州、市领导人在会上联合签署了《中美气候领导宣言》，郑重宣布各自积极应对气候变化的决心，以及将在各自所在城市和地区采取的行动，如设定富有雄心的达峰目标、报告温室气体排放清单、建立气候行动方案，以及加强双边伙伴关系与合作等（详见表 7 - 5）。同时，中国国家发改委、北京市政府等 9 个单位与美方对口合作单位签署了低碳发展合作协议或谅解备忘录。另外，为支持中国在 2030 年前后二氧化碳排放达到峰值，中国北京、深圳、广州、四川等 11 个省市共同发起成立"率先达峰城市联盟"（表 7 -6）。①

表 7 -5　美国智慧型/低碳城市减排目标

美国城市	减排目标和措施
亚特兰大	到 2020 年减排 20%，到 2030 年减排 40%，到 2040 年减排 80%（2009 年基准）。所有的减排承诺在全球市长领导集团上体现，达成 1 亿平方英尺的商业建筑面积承诺为美国能源部"更好建筑项目"。亚特兰大"更好建筑项目"的所有参与者都承诺到 2020 年降低 20% 的能源和水消耗
波士顿	承诺到 2020 年温室气体减排 25%，到 2050 年减排 80%（2005 年基准）。继续在能源利用率方面领先，被 ACEEE 评为美国能源效率最高的城市，也是美国第一个采用绿色建筑分区的城市
洛杉矶	到 2025 年温室气体减排 45%，到 2030 年减排 60%，到 2050 年减排 80%（1990 年基准）。到 2017 年，将会扩展"更好建筑项目"至超过 6000 万平方英尺的面积，减少 1250 吉瓦时的能源使用。到 2025 年，洛杉矶将消除燃煤发电。市长埃里克·加希提（Eric Garcetti）发布一项承诺，将租用 160 辆纯电力汽车，这将使洛杉矶成为美国市政府拥有纯电力汽车最多的城市。这个项目要求市政机关使用纯电车和混合动力电车来替代传统市政车，包括那些使用传统内燃发动机的车辆。洛杉矶将会在 2015 年 12 月发布气候行动计划草案

---

① 《第一届中美气候智慧型/低碳城市峰会上发表的中美气候领导宣言》，中国国家发展和改革委员会网站，http://www.sdpc.gov.cn/gzdt/201509/W020150922344556917878.pdf，登录时间：2019 年 2 月 15 日。

续表

美国城市	减排目标和措施
华盛顿特区	到 2032 年减排 50%，到 2050 年减排 80%（2006 年基准）。市长签署了一项能源购买协议，使用 4.6 千兆瓦的风能提供 35% 的特区政府的电力，从而每年减少 10 万吨碳排放
西雅图	到 2050 年达到碳中性（碳封存和碳排放的量基本一致）。中期目标：到 2030 年温室气体减排 58%
波特兰	到 2050 年，温室气体减排 80%（1990 年排放水平）。到 2030 年，温室气体减排 40%（1990 年排放水平）。到 2020 年，波特兰城的太阳能设施加倍。实现 100% 的可再生能源发电
休斯顿	到 2016 年减排 42%，到 2050 年减排 80%（2007 年基准）。市长帕克（Parker）承诺继续保持休斯顿在美国国内作为最大可再生能源购买城市的领导地位，保持 50% 的城市能源来自可再生资源，以及不久将会批准一个 3 千万瓦的太阳能项目
盐湖城	2015 年目标：通过交通能源手段，使社区温室气体减排 10%，达到每年 470 万吨碳排放。到 2015 年市政业务方面减排 15%（8.4 万吨碳排放）——2008 年基准。在 2008 年，市长 Becker 和盐湖城市委签署了一个共同解决方案，承诺到 2020 年，盐湖城将会降低市政碳排放痕迹至 2005 年排放水平以下 20%，到 2040 年降低至 2005 年排放水平以下 50%，到 2050 年降低至 2005 年排放水平以下 80%。到 2020 年，50% 的市政业务方面的能源消耗来自可再生能源
兰开斯特	兰开斯特市承诺，将成为世界首批净零（Net-Zero）城市之一，这代表兰开斯特将会通过可再生资源获取和产生比城市总消耗能源更多的能源。比亚迪（BYD）的公交车和长途汽车工厂，以及它在兰开斯特的电池生产厂，向北美引进唯一的中国制造的设备，自从开始营业以来，BYD 已经研发了加州第一个长途电车，就叫"兰开斯特"。建立了国内第一个城市授权的居住区太阳能法令，要求所有新的居住区建设项目必须包括 1 千瓦/新建一户
纽约	到 2050 年减排 80%（2005 年基准），到 2030 年减排 40%（1990 年基准）。到 2025 年，建筑物排放量降低 30%。签发 RFI 使得 100% 的城市电力来自可再生资源。到 2025 年，所有市政府建筑物进行翻新，提高能源利用率
奥克兰	到 2020 年，温室气体减排 36%（2005 年基准），到 2050 年减排 83%（2005 年基准）。翻新所有卡车，在奥克兰港口的 11 个泊位建立海岸发电。自 2005 年以来，已经减少了从环境敏感地区来的 165 吨多的颗粒物。 从 2015 年开始，城市新的零垃圾经销协议和扩展业务每年减少了 45 万吨排放
卡梅尔	到 2040 年减排 40%。计划将至少 30 个交通信号灯路口转变成环状交叉路口，每转变一个平均每年节省 2.6 万加仑的燃料。现在已经有大约 100 个环状交叉路口开放了，卡梅尔市将作为拥有最多环状交叉路口的美国城市继续起领导作用
得梅因	到 2015 年减排 25%（2012 年基准）

续表

美国城市	减排目标和措施
迈阿密-戴德县	在2008年，戴德县致力于美国优秀郡县目标，到2050年温室气体减排80%（2008年排放水平）。作为2016年迈阿密-戴德县社区可持续计划（绿色印记）更新的一部分，该县建立了一个中期温室气体减排目标，即到2020年减排20%（2008年排放水平）。迈阿密国际机场发起了一个可持续计划，这是迄今为止美国东部和佛罗里达州最大的节能项目之一。这个项目致力于安装节能灯，节水设备翻新，空调和通风装置更新，以及其他措施，总价值3200万美元，这将会在未来的14年里节约超过4000万美元的资源花费
菲尼克斯	到2050年减排80%（2005年基准）。到2015年城市运作产生的排放减少15%（2009年基准）。到2020年，城市拥有建筑物排放减少20%（2009年基准）。到2025年，可再生能源提供15%的城市建筑施工能源消耗。建造国内最大的城市可替代燃料车拥有量，在整个菲尼克斯地区节约6000万加仑的石油。一半的城市公共办公楼使用太阳能
旧金山	到2017年减排25%，到2025年减排40%，到2050年减排80%（1990年排放水平）。城市能源供应已经超过40%不产生温室气体。发展一个新的清洁能源项目，通过利用可再生资源获取更多的能源来降低居住区和商业区的温室气体排放。城市柴油车将会停止使用石油提炼的柴油，取而代之的是可再生柴油，从而来降低温室气体排放，提高空气质量

资料来源：《第一届中美气候智慧型/低碳城市峰会上发表的中美气候领导宣言》，中国国家发展和改革委员会网站，http：//www.sdpc.gov.cn/gzdt/201509/W020150922344556917878.pdf，登录时间：2019年2月15日。

表7-6　中国智慧型/低碳城市达峰目标

中国城市	达峰时间	中国城市	达峰时间
北京	2020年左右	镇江	2020年左右
深圳	2022年	吉林	2025年前
广州	2020年底前	延安	2029年前
武汉	2022年左右	金昌	2025年前
贵阳	2025年前		

资料来源：《第一届中美气候智慧型/低碳城市峰会上发表的中美气候领导宣言》，中国国家发展和改革委员会网站，http：//www.sdpc.gov.cn/gzdt/201509/W020150922344556917878.pdf，登录时间：2019年2月15日。

中美地方政府气候合作表现出不同于既有的、以欧洲为主导的多边城市气候联盟的特点。第一，中美两国地方政府经济规模、人口规模和排放规模远大于欧洲国家地方政府。如表7-3所示，2017年中国经济总量前四位地方政府的地区生产总值之和近似于位列世界第三的日本国内生产总值，前三位之和近似于世界第四的德国国内生产总值，前两位之和近似于世界第五的英国国内生产总值。美国加利福尼亚州2017年的经济总量则超过了同年英国的国内生产总值。城市方面，中国参与两国气候智慧型/低碳城市峰会经济规模最大的北京市、深圳市和武汉市2017年经济总量分别为4168.13亿美元、3342亿美元和1997亿美元，分别近似国内生产总值世界排名第27位的奥地利、第34位的爱尔兰和第51位的希腊。美国纽约市2017年经济总量更是高达17771亿美元，① 仅从经济总量数据考察，可以超越国家排名第十位的加拿大。美国参与两国气候智慧型/低碳城市峰会的其他城市经济总量也能在国家GDP排名中位居靠前位置。这决定了两国地方政府气候合作对于其他国家地方政府参与气候治理，乃至整个全球气候治理都具有政治上的示范意义和减排上的实质意义。政治上的示范意义在于，彰显出拥有大规模经济总量的经济体主动承担减排义务的责任感。减排上的实质意义在于，中美大规模经济总量的地方政府大多是温室气体排放的主要来源，如果这些经济体采取实质性措施削减温室气体排放，对全球温室气体减排具有实质性意义。

第二，中国参与中美气候智慧型/低碳城市合作的类型多样。其中不仅有大城市、重工业城市，还有中小城市和资源型城市，体现出中国地方政府参与全球气候治理的多样性。这些城市分布于中国东北、华东、华中、西北和西南，体现出不同的生态特征和发展类型。比如华东地区的镇江市，常住人口318万人，2017年地区生产总值611.56亿美元，人均地区生产总值1.9万美元，② 在中国属于中上发达程度的中等规模城市，因为在低碳经济发展领域的积极探索成为巴黎气候大会上的明星城市，成为中国中等规模较发达城市发展低碳经济的样板。贵阳是地处中国西南地区贵州省的省会城市，经济发展相对落后，属于中等规模的资源型城市，但因为紧抓大数据产业和绿色产业，实现了较快的产业转型，经济质量不断提升，正在积极探索资源型城市发展低碳经济之路。吉安、金昌和延安分别是中国华中和西北地

---

① U. S. Bureau of Economic Analysis, https：//apps. bea. gov/itable/iTable. cfm？ReqID = 70&step = 1，登录时间：2019年2月15日。

② 根据《2017年镇江市国民经济和社会发展统计公报》人民币单位换算美元，镇江市统计局网站，http：//tjj. zhenjiang. gov. cn/tjzl/tjgb/201805/t20180504_ 1967486. htm，登录时间：2019年2月16日。

区经济发展较为落后的小型城市，面临紧迫的发展任务，但仍然加入中美气候智慧型/低碳城市合作，主动提出达峰时间，体现出发展低碳经济的决心。多样类型的城市参与双边乃至全球气候治理避免了既有的全球城市气候联盟只是"富人俱乐部"的问题。应对气候变化并非少数社会精英的理想主义追求，而是切实拯救人类的集体行动。不能将低碳经济看作只是富人才能享受的高端经济形态，而应当将其广泛惠及各种发展水平的城市和人口。正因为既有的城市气候联盟缺少发展中国家城市的参与，所以和发达国家间的减排联盟一样表现出重减缓轻适应的问题。[①]之所以如此，是因为许多城市气候联盟标准较高，加入的城市需要在低碳经济和减排方面做出突出成绩，对于城市的加入选择性较强。但是，很多资源型的中小城市本来就对高排放产业形成了路径依赖，缺少减缓气候变化的能力，同时对于气候变化的威胁又较为脆弱，亟须提升适应气候变化的能力，却被排除在城市气候联盟之外。中美双边城市气候合作为这些城市提供了机遇，因为这一合作受惠于两国中央政府推动并建立合作框架，有利于各种类型城市加入，为广大中小型特别是较为落后的资源型城市提升减缓和适应能力创造了条件。

第三，中美城市治理气候变化模式的互补性可能会融合出新的气候治理模式。只有用比较政治考察气候治理才能更好地理解不同国家为什么会采取不同的气候政策，以及其中合作的可能。[②]中美地方政府在气候治理模式上的主要差异在于，中国地方政府更擅长以行政方式快速推进产业转型，其中包括产业规划、行政规定以及政府对低碳产业的培育和拉动，在对外合作中也更强调政府作用。政府在美国各州和城市气候治理中同样重要，但更多是通过制定标准和立法，给予私人部门更多空间。特别是在投资领域，以加州政府和硅谷的关系为范例，美国地方政府更看重风险投资在高科技低碳企业成长方面的作用，以市场机制为基础建立大学、企业和政府的关系。这两种模式各有优势和不足。比如过于依赖市场的治理模式会导致高排放行业的路径依赖，不愿意也没有能力较快转向低碳产业，从而延缓治理气候变化的时机。政府的行政命令可能会干预市场规律，比如造成低碳产业投资过剩，但也可以强行终止企业对高排放行业的路径依赖，以较

① Taedong Lee and Susan van de Meene, "Who Teaches and Who Learns? Policy Learning through the C40 Cities Climate Network", *Policy Sciences*, Vol. 45, No. 3, 2012, p. 213.
② Robert Keohane, "The Global Politics of Climate Change: Challenge for Political Science", *The 2014 James Madison Lecture*, American Political Science Association 2015, pp. 24–25.

快速度地实现产业向低碳方向转型，比较适用于发展中国家。中国地方政府可以学习美国地方政府鼓励更多私人部门参与气候治理。特别是在低碳企业的孵化上，中国可以参考美国的风险投资机制，让资本与低碳技术更自由地融合。从这一点考虑，中美地方政府的合作不能局限在低碳经济领域，还应该在低碳和绿色金融领域展开广泛交流与合作，比如参与气候智慧型/低碳城市的深圳拥有资本市场，而且是中国高科技企业与技术创新的重镇，可以和同样参与这一合作框架的纽约以及加州的城市加强金融促进低碳技术与企业孵化的合作，探索发展中国家城市和发达国家城市合作促进低碳经济发展的新路径。

中美共同推动了《巴黎协定》的签署和生效，也建立了双方地方政府气候合作的框架，这一点在特朗普政府退出《巴黎协定》后体现出更加重要的价值。在特朗普宣布退出后，美国60多个城市的市长发布了一份共同声明，表示他们不欢迎特朗普总统的举动。其中包括洛杉矶、纽约、盐湖城、匹兹堡等美国大城市的市长。他们表示，相关城市代表了超过3600万美国民众，将接受、尊重和恪守对《巴黎协定》所定目标的承诺。他们说，即使美国总统决定退出《巴黎协定》，美国的这些城市也会建立或加强与全世界的联系，共同保护地球，预防灾难性的气候变化风险。① 为此，在2017年在德国波恩举行的气候变化大会上，甚至出现了美国地方政府组成的代表团与美国政府代表团同时存在的"两个美国"现象。② 这为中美地方政府在特朗普政府退出《巴黎协定》后延续之前的合作势头提供了机遇。

从能力角度看，中美都在可再生能源产业领域具有领先全球的地位。中国的可再生能源投资位居世界第一，美国是全球能源研发支出最大的国家，同时在可再生能源的私人投资，特别是风险投资领域领先全球。③ 在地方政府能力方面，加利福尼亚州是美国应对气候变化最为积极的地方政府，并拥有良好的气候治理

---

① 《特朗普抛弃巴黎协定惹众怒美60余位市长联名批总统》，《北京青年报》2017年6月3日。
② Milan Elkerbout, "An American in Bonn: A Tale of Two Delegations at COP23", https://www.ceps. eusystemfilesME_ COP23. pdf，登录时间：2019年2月16日。
③ Arun Sivaram and Teryn Norris, "The Clean Energy Revolution: Fighting Climate Change With Innovation", https://www.foreignaffairs. com/articles/united－states/2016－04－18/clean－energy－revolution? cid = nlc－fatoday－20160422&sp_mid = 51215936&sp_rid = ay0xOTE5ODNAMTYzLmNvbQS2&spMailingID = 51215936&spUserID = MTA0NDcyODMyMTU4S0&spJobID = 902842302&spReportId = OTAyODQyMzAyAyS0，登录时间：2019年2月16日。

制度和政策基础，所以加利福尼亚州是特朗普政府宣布美国退出《巴黎协定》后反对最为强烈的美国地方政府之一，同时积极寻求与中国地方政府合作。2005年，时任加利福尼亚州州长施瓦辛格访华时就为提升中国地方政府能效管理水平签订人员培训协议，江苏和上海作为中国最为发达地区省市是主要合作对象，这也为两省市与加州开展气候合作奠定了基础。习近平主席2015年9月访美时，两国签署了州省清洁能源发展合作协议，目的是加快可再生资源利用和清洁能源技术的产业化。此协议将合作从东部省份扩大到中国内地。就在特朗普政府2017年6月退出《巴黎协定》的当月，加州州长布朗来到中国参加第八届中美清洁能源部长级会议，并代表加利福尼亚州与中国七个省份签订了合作协议。[①]布朗州长还专门访问了中国四川省，与当地政府官员和企业家对话。他指出，加州的可再生能源占比已达到33％。这一切都得益于中国大力投资和发展以光伏、风能为代表的可再生清洁能源，使得系统成本大幅下降，让加州的可再生能源比例得以大幅提升。加州在光伏、风能等可再生能源方面的投资将继续延续，在电动汽车及储能电池方面的投资将加速。同时，希望中国在电动汽车的发展上进行更大力度投资，并在汽车排放方面设立相应法规，加州对此将予以充分支持。[②]2018年5月，第四届中美省州长论坛在中国成都召开，专门设立绿色发展主题分论坛，参会的两国省州长都表达了希望更加积极支持低碳产业发展的态度。比如加州能源委员会主席维森米勒就表示，加州正积极在政策、创新、投资方面与中国展开交流，如推动伯克利大学和清华大学的研究合作、将中美双方的能源创新中心建立连接、在中国建立清洁技术投资基金会、投资优秀的清洁技术公司等。"希望下一步能把合作带到四川。"[③]

可见，美国退出《巴黎协定》后，中美地方政府在气候合作方面保持了美国奥巴马政府时期两国建立的合作关系，做到了在2016年《中美元首气候变化

---

① 冯灏：《加州遇见四川：中美地方气候合作升温?》，中外对话网站，2017年6月7日，https：//www.chinadialogue.net/article/show/single/ch/9903 - California - pushes - ahead - for - new - era - of - US - China - climate - partnerships，登录时间：2018年1月12日。

② 《刘汉元主席对话美国加州州长：美国退出〈巴黎协定〉让全球失望!》，通威集团网站，2017年6月6日，http：//www.care - pet.com/show_ 37_ 2321.html，登录时间：2018年1月12日。

③ 李欣忆：《清洁能源离我们还有多远?》，《四川日报》2018年5月22日，第5版。

联合声明》中最后指出的"中美气候变化方面的共同努力将成为两国合作伙伴关系的长久遗产"。由于中美经济规模和温室气体排放的巨大体量，中美地方政府气候合作对于全球气候治理有着其他城市气候联盟无法替代的重要意义。未来，中美地方政府气候合作还可以从以下四个方面进行完善。一是加强两国智慧型/低碳城市有针对性的合作对接。目前参与政府的实质性双边和多边合作仍然缺乏，特别是有针对性的合作对接不够，需要在政策、项目和产业对接方面更加精准。二是将更多资源型的发展中城市和气候脆弱型城市纳入合作轨道，提升这些城市减缓和适应气候变化的能力，体现两国地方政府气候合作的普惠性和包容性。三是加强两国地方政府产学研气候合作的协同效应。比如中国长三角地区和美国加州地区都有高水平的高等院校和实力强大的企业，应该加强这些院校与当地企业的合作。比如中国浙江省和美国加州政府可以搭建平台，促进浙江大学和吉利汽车集团与斯坦福大学在新能源汽车领域的三方合作。四是加强两国地方政府在全球气候谈判和其他城市气候联盟中的协调配合。中美两国地方政府的气候合作应该保持开放态度，以双边合作引领多边合作，将两国地方政府应对气候变化的巨大能量转变为推动全球气候治理转型的强大动力。

第四节　京津冀协同发展中的气候治理及其全球意义

城市群是城市的集合体，因此也是温室气体的主要排放源。城市群在全球气候治理中的作用主要体现在圈内城市通过协同发展，发挥各自产业特色、自然条件、人力资源和区位优势，在良性互动中整合出一条低碳经济发展的创新之路。相较于单一城市，城市群虽然也是通过自身的产业转型，特别是能源转型，还有全社会发展中的低碳规划发挥在全球气候治理中的作用，但是，城市群更强调圈内城市之间的分工协作，而且由于规模比单个城市更大，所以其减排的总量规模相较于单个城市对于全球气候治理的价值也更大。

选取京津冀地区作为中国城市群参与全球气候治理的样本，是因为京津冀协同发展已经上升为中国国家战略，在中国新一轮改革开放中将发挥经济增长极的作用，因此具有世界级的经济影响力，这一点等同于珠三角和长三角这两个既有的中国经济增长极。但同时，京津冀地区的产业结构又决定了其在中国温室气体排放总量中占据了重要位置。同时三地不平衡的发展水平又决定了产业转型和能源转型的方式、速度和经济社会的承载力都不相同，所以在创新低碳经济发展路径方面面临珠三角和长三角所没有的特殊困难。这种困境中寻求创新的矛盾性凸显出京津冀地区在全球气候治理中对于其他发展中的大都市区发展低碳经济的参考价值。

2015 年 4 月，中共中央审议通过《京津冀协同发展规划纲要》，指出"推动京津冀协同发展是一个重大国家战略。战略的核心是有序疏解北京非首都功能，调整经济结构和空间结构，走出一条内涵集约发展的新路子，探索出一种人口经济密集地区优化开发的模式，促进区域协调发展，形成新增长极。……要在京津冀交通一体化、生态环境保护、产业升级转移等重点领域率先取得突破。……"① 从中可以看出，中央政府对京津冀协同发展的定位是国家级战略，目标是形成中国经济新的增长极，作用比肩珠三角和长三角。但这种新增长极的形成不能完全重复珠三角和长三角的老路，而是必须在原有路径上优化升级，以生态环境保护和产业转型为先导，开辟一条京津冀地区特色的低碳经济之路。具体来看，京津冀地区的特色对于城市群在全球气候治理中的价值表现在以下三个方面。

第一，京津冀地区需要充分发展才能实现成为中国经济增长极的战略目标。要成为世界第二经济体的增长极，首要条件是该地区必须具备足够规模的经济总量，在该国经济总量中的份额远远超出其他地区，以此形成带动国家经济发展的动力和对周边地区强大的经济辐射力与拉动力。同时，作为经济增长极的地区还应该具备较高发达程度，比如较高的人均可支配收入，以体现该地区尤为突出的富裕程度，以此形成人才吸引力。数据显示，2019 年长三角、珠三角和京津冀三大城市群地区生产总值占全国的比重分别为 23.9%、8.8% 和8.5%。在其他多个指标方面，京津冀与珠三角不相上下，但明显落后于长三角，见表 7 - 7。

---

① 《中共中央政治局召开会议分析研究当前经济形势和经济工作审议〈中国共产党统一战线工作
　条例（试行）〉、〈京津冀协同发展规划纲要〉》，《人民日报》2015 年 5 月 1 日，第 1 版。

表 7 - 7　三大城市群 2019 年主要经济指标对比

单位：%

	长三角	珠三角	京津冀	全国
	占全国比重			
地区生产总值	23.9	8.8	8.5	100.0
固定资产投资	24.8	5.8	10.1	100.0
社会消费品零售总额	21.7	7.3	8.7	100.0
一般公共预算收入	15.1	6.8	6.3	100.0
实际利用外资	55.5	15.9	21.2	100.0
货物进出口总额	34.5	21.6	12.7	100.0
进口总额	31.1	18.9	20.6	100.0
出口总额	37.4	23.9	6.1	100.0
	增长率			
地区生产总值	6.4	6.4	6.1	6.1
固定资产投资	7.4	12.3	6.2	5.1
社会消费品零售总额	7.6	7.3	5.6	8.0
一般公共预算收入	3.7	3.4	4.9	3.8
实际利用外资	-2.4	1.3	-8.3	2.4
货物进出口总额	1.9	-0.5	3.1	3.4
进口总额	-1.2	-3.1	3.4	1.6
出口总额	4.1	1.3	2.2	5.0

资料来源：中国人民银行货币政策分析小组：《中国区域金融运行报告》，2020 年 5 月 19 日，http：//www.pbc.gov.cn/goutongjiaoliu/113456/113469/4030508/index.html，第 26 页，登录时间：2020 年 7 月 2 日。

　　从人均地区生产总值衡量，如果不考虑香港和澳门因素，京津冀地区的北京和天津与珠三角和长三角地区差距不大，但河北省的数据明显低于其他省市。因此，从总量考察，如果要具备成为中国经济新增长极的能力，京津冀地区需要扩大经济规模，提升在中国整体经济中的份额，增强对周边乃至全国经济的辐射力和拉动力。如果以人均地区生产总值考察，河北省距离经济增长极的定位还有较大提升空间。尽管京津冀地区是被作为整体定位为新的经济增长极，三地分工不同，在发达程度上也不能统一要求，但目前河北省与北京和天津的人均地区生产总值差距仍然过大，无法承担应有的功能。按照《京津冀协同发展规划纲要》

要求，京津冀协同发展的核心是有序疏解北京非首都功能，[①] 所以河北省需要消纳一部分从北京疏解的人口，而人力资源选择流向的主要指标就是包含人均地区生产总值在内的地区发达程度。如果地区发达程度过低就难以有效发挥吸纳人口的作用。2019 年 3 月，石家庄市发布了《关于全面放开我市城镇落户限制的实施意见》，全面放开落户限制，居民仅凭身份证和户口本即可落户，在政策上进一步吸引人口流入。但政策效果还必须依赖经济发达程度的提升，这决定了充分发展仍然是未来相当长时期内河北省的首要任务，但在中国落实《巴黎协定》义务的硬约束下，这又给产业结构偏向高排放行业的河北省提出了挑战。

第二，京津冀地区产业和能源结构不利于稳增长背景下的温室气体减排。以《京津冀协同发展规划纲要》发布的 2015 年数据为例，京津冀地区三省市煤炭、石油、汽油三者的消费量分别占当年全国的 12.65%、7.9%、10.57%，粗钢产量占全国的 26%，电力产量、销量分别占全国消费的 7.8% 和 8.5%。[②] 以京津冀、珠三角和长三角三城市群比较，2012 年京津冀地区煤炭消费比重高达68.97%，单位国土面积的煤炭消费量约是长三角的 1.16 倍，是珠三角的 1.82倍，而天然气和水电、核电、风电等清洁能源的占比分别仅为 3.23% 和1.54%，[③] 2005 ~ 2015 年间，京津冀碳排放受产业结构和能源强度影响最大。[④]2005 ~ 2012 年，京津冀地区碳排放量逐年递增，碳排放量河北最大，北京次之，天津最少。其中河北二氧化碳排放量从 2005 年的不到 6 万万吨增加到了 2012 年的 10 万万吨。[⑤] 从 1995 年到 2015 年，虽然河北省的煤炭消费在终端能源消费结构中的比重从 74.9% 下降到 64.99%，但始终占据最大份额。[⑥] 这种产业结构和

[①] 《中共中央政治局召开会议分析研究当前经济形势和经济工作审议〈中国共产党统一战线工作条例（试行）〉、〈京津冀协同发展规划纲要〉》，《人民日报》2015 年 5 月 1 日，第 1 版。
[②] 根据中国国家统计局网站分省年度数据计算，http://data.stats.gov.cn/easyquery.htm? cn = C01，登录时间：2019 年 2 月 18 日。
[③] 龙如银、邵天翔：《中国三大经济圈碳生产率差异及影响因素》，《资源科学》2015 年第 6 期，第 1251 页。
[④] 冯冬、李健：《我国三大城市群城镇化水平对碳排放的影响》，《长江流域资源与环境》2018年第 10 期，第 2198 页。
[⑤] 宗刚、牛钦玺、迟远：《京津冀地区能源消费碳排放因素分解分析》，《生态科学》2016 年第 2期，第 112 页。
[⑥] 王风云、苏烨琴：《京津冀能源消费结构变化及其影响因素》，《城市问题》2018 年第 8 期，第 61 页。

能源结构决定了京津冀地区在扩大经济规模的过程中面临较大的减排压力。所以将京津冀、珠三角和长三角三城市群比较，京津冀的突出特点是三地发展的不平衡性，这种不平衡性既表现在经济发达程度，也表现在经济发展阶段不同导致的经济结构差异。但也正因为如此，选取京津冀协同发展作为中国经济下一个增长极更具全局性的意义，因为发展不平衡正是中国的现实。珠三角和长三角代表的是发达地区的中国，然而作为整体的中国还是一个发展极不平衡的发展中国家，所以必须探索不同发展水平地区间的低碳经济之路。从这个角度看，按 2019 年数据，拥有约 1.1 亿人口，12000 亿美元经济总量的京津冀地区已经具备了一个中等国家的规模，如果能够寻找到一条既能促进经济增长又能够减少温室气体排放的低碳经济路径，那么对于全球温室气体总量的削减和发展中国家城市低碳经济模式的选择都具有参考价值。

第三，京津冀需要探索不同发展阶段地区间如何良性互动实现全地区低碳转型的路径。京津冀协同发展探索低碳经济之路的关键在于如何在不同发展水平的地区间形成良性互动，而非各自为政。具体来看就是北京在疏解非首都功能的过程中，既要疏解，又要发挥地区引领作用，以疏解促进地区整体发展。疏解是手段不是目的。通过疏解，既要减轻北京的发展压力，进一步凸显首都功能和提升经济社会发展质量，又要通过疏解的人力资源和产业、资本、机构等促进河北省发展质量的提升。所以必须以联系的视角考察京津冀协同发展，而不能仅仅将疏解视为减轻北京的发展负担。

在气候治理领域，考虑到河北省对于高排放产业具有比较明显的路径依赖，所以京津冀协同发展的主要目标之一是通过疏解促进河北省产业转型升级。由于历史原因，京津冀三地在产业分工上不同，导致河北省承担了大量高排放产业，成为当地经济发展的支柱。如果按照三地统一标准进行减排，比如《"十三五"控制温室气体排放工作方案》中规定北京、天津、河北三省（市）二氧化碳排放量分别下降 20.5% 的目标，则会让河北省付出较大的经济代价，打击减排的积极性。[①] 对于三地的减排标准应该因地制宜实行差异化，北京、天津可以加快产业转型升级的速度，减排目标高于河北。河北省则应该有较长的产业转型过渡

---

① 崔晶、马江聆：《区域多主体协作治理的路径选择——以京津冀地区气候治理为例》，《中国特色社会主义研究》2019 年第 1 期，第 80 页。

期，其间需要科学处理产业转型与再就业的关系。气候治理的发展属性要求经济社会发展方式的革命性转变，这对于河北省这样高度依赖高排放产业的省份意味着短期内失业的增加。所以一方面北京市的疏解和京津的产业转移要能够促进河北省新兴产业的培育和发展，另一方面还要帮助河北省做好因为产业转型导致的失业人员的培训和再就业，尽快缩短新旧动能转换的减速期，更要及时合理应对因为失业可能导致的社会问题。反过来，京津虽然已经处于较高的发展水平，但同样面临向更高产业转型升级的机遇和压力。所以三地应该将各自的产业转型视为合力，形成人力资源、自然空间、政府和社会资本、消费市场等要素良性互动的区内循环机制，使得京津在带动河北省产业升级的同时，使河北省的产业转型和庞大的市场规模与地理空间为京津的高端产业打开更广阔的发展空间，雄安新区的建设印证了这一思路。2018 年 4 月发布的《河北雄安新区规划纲要》显示，新区定位为北京非首都功能疏解集中承载地，要建设成为高水平社会主义现代化城市、京津冀世界级城市群的重要一极、现代化经济体系的新引擎、推动高质量发展的全国样板。到 2035 年"雄安质量"对引领全国高质量发展的作用明显，成为现代化经济体系的新引擎。为达此目标，在产业发展方面首先是承接北京高端产学研资源，自身发展也定位在引领新一轮科技革命的前沿产业。同时严格控制碳排放，优化能源结构，推进资源节约和循环利用，推广绿色低碳的生产生活方式和城市建设运营模式，保护碳汇空间、提升碳汇能力。① 可见，雄安新区建设的目标就是助力京津冀地区成为中国新的经济增长极，但又必须走低碳经济之路，这与《京津冀协同发展规划》的目标一致，主要方式是通过北京高端产业分享和当地高端产业的培育，大幅改变河北省过于依赖高排放产业结构的现状，提升河北省发展质量，使京津冀地区内部发达程度更加平衡，然后又以雄安新区这一高端产业的新高地反馈京津，实现京津冀三地高质量经济社会发展的良性互动。这种不同发展水平地区间的产业带动和良性互补机制就是京津冀不同于粤港澳和长三角城市群的鲜明特征，也是京津冀协同发展对于全球其他类似都市圈通过产业转型促进气候治理的参考价值。

为实现这种不同发展阶段地区协同发展的低碳经济路径，京津冀三地政府发挥了积极作用。2016 年北京市发布了《北京市"十三五"时期节能降耗及应对

---

① 《河北雄安新区规划纲要》，《河北日报》2018 年 4 月 22 日，第 2 版。

气候变化规划》，目标设定为 2020 年，全市能源消费总量控制在 7651 万吨标准煤以内，万元地区生产总值能耗比 2015 年下降 17%，二氧化碳排放总量达到峰值并争取尽早实现，万元地区生产总值二氧化碳排放比 2015 年下降 20.5%。全市煤炭消费总量控制在 900 万吨以内，优质能源消费比重达到 90% 以上，新能源和可再生能源比重提高到 8% 以上。① 天津市于 2016 年 12 月发布《天津市可再生能源发展"十三五"规划》，目标是到 2020 年可再生能源利用量达到 500 万吨标煤，占一次能源消费的比重超过 4%；可再生能源发电装机达到 212 万千瓦，占全市电力总装机的 10%；非水可再生能源消纳电量（含外购可再生能源电量）占全社会用电量的比重达到 10%。② 2017 年 9 月发布的《河北省"十三五"能源发展规划》确定的目标是，到 2020 年，全省能源消费总量控制在 3.27 亿吨标准煤左右，年均增长 2.2%。电力消费 3900 亿千瓦时，年均增长 4.2%。压减省内煤炭产能 5100 万吨，原油、天然气产量稳定在 580 万吨和 9 亿立方米左右。煤炭实物消费量控制在 2.6 亿吨以内，天然气消费比重提高到 10% 以上，风电、光电装机分别达到 2080 万千瓦、1500 万千瓦，非化石能源占能源消费总量的比重达到 7% 左右。单位 GDP 能耗比 2015 年争取下降 19%，能源转换效率达到 81%，煤电单位供电煤耗降至 305 克标煤，电网综合线损率降至 6.4% 以下。单位 GDP 二氧化碳排放浓度较 2015 年下降 20.5%。农村清洁取暖率达到 70%，天然气管网覆盖率 95% 以上。③

在协同发展方面，2017 年 11 月三地政府联合发布了《京津冀能源协同发展行动计划（2017~2020 年)》，希望利用三地良好的能源基础设施、科技资源、产业优势实现推进能源转型和互联互通。三地能源消费中燃煤比例较高，该行动计划为三地提出了差异化的削减目标，北京到 2020 年平原地区基本实现"无煤化"，河北 2020 年年底前平原农村地区取暖散煤基本"清零"，天津除山区使用

---

① 《北京市"十三五"时期节能降耗及应对气候变化规划》，2016 年 8 月，北京市发展和改革委员会网站，http://fgw.beijing.gov.cn/zwxx/ztzl/sswgh2016/ghwb/201610/P020161021400991464272.pdf，第 8~9 页，登录时间：2019 年 2 月 20 日。

② 《天津市可再生能源发展"十三五"规划》，2016 年 12 月，天津市发展和改革委员会网站，http://fzgg.tj.gov.cn/dtzx/tzgg/201612/P020161220319722305112.pdf，第 8 页，登录时间：2019 年 2 月 20 日。

③ 《河北省"十三五"能源发展规划》，2017 年 9 月，河北省人民政府网站，http://info.hebei.gov.cn/hbszfxxgk/329975/329982/6753062/index.html，登录时间：2019 年 2 月 20 日。

无烟型煤外，其他地区取暖散煤基本"清零"。该行动计划还提出，发挥北京创新优势，建设京津冀能源协同创新中心和产学研联盟。开展北京海淀北部新区能源互联网示范项目、北京未来科技城能源互联网示范工程，建设中新天津生态城多能互补集成优化示范工程、河北煤炭集约开发示范工程、张北风光热储输多能互补集成优化示范工程等一批示范项目。加强政策引导，加大三地煤改清洁能源支持力度，研究设立京津冀能源结构调整基金，完善地方财税政策等内容。①

截至2018年，京津冀三地在产业结构和能源结构优化升级和降低排放方面已经取得一定成效。北京市2018年第三产业比重已经高达81%，当年平原地区基本实现"无煤化"，2017年燃煤消费比重已从2000年的54.37%下降至5.65%，燃煤消费绝对量也从2005年的3069万吨（历史最高值）下降至2017年的500万吨以内，电、天然气等优质能源占比已超过94%，燃煤污染比重从22.4%降至3%。② 2018年天津三次产业比例为0.9∶40.5∶58.6，粗钢产量增长6.4%，比上年回落13.4个百分点，生铁产量下降0.5%。③ 2013～2017年，天津市万元生产总值能耗累计下降25%以上，压减粗钢产能750万吨，市行政辖区钢铁产能控制在了2000万吨以内。④ 自2015年《京津冀协同发展规划纲要》发布以来，河北省煤炭产量逐年下降，2016年为 - 12.8%，2017年为 - 6.4%，2018年为 - 7.7%。第一、二、三次产业结构比例由2014年的10.8∶51.7∶37.5优化为2018年的9.3∶44.5∶46.2。2018年河北省规模以上工业战略性新兴产业增加值比上年增长10%。高新技术产业增加值增长15.3%，高新技术产业占规模以上工业增加值的比重为19.5%，装备制造业对工业生产增长的贡献率为34.6%，居工业七大主要行业之首。新能源汽车产量同比增长1.8倍，高新技术产业投资增长30.4%，占固定资产投资（不含农户）的比重为12.4%，其中环保产业投资增长41.5%。⑤ 同时，2018年河北省规模以上工业新能源发电量

---

① 杨学聪：《京津冀推动能源协同发展》，《经济日报》2017年11月9日，第15版。
② 金可：《北京推动生态环境质量改善燃煤污染比重从22.4%降至3%》，《北京日报》2018年12月13日。
③ 天津市统计局：《2018年天津市国民经济和社会发展统计公报》，《天津日报》2019年3月1日，第6版。
④ 《天津市2018年政府工作报告》，《天津日报》2018年2月2日，第1版。
⑤ 河北省统计局，《河北省2018年国民经济和社会发展统计公报》，《河北日报》2019年3月7日，第12版。

352.1 亿千瓦时，同比增长 7.0%，高于全省规模以上工业全部发电量增速 3.8 个百分点。其中，风力发电量 261.8 亿千瓦时，增长 5.4%；太阳能发电量 56.9 亿千瓦时，增长 15.8%；生物质发电量 23.9 亿千瓦时，增长 6.5%；垃圾焚烧发电量 9.4 亿千瓦时，增长 3.7%。①

根据京津冀三地 2018 年经济社会发展统计公报数据，自 2014 年以来三地经济增速普遍放缓，从 2014 年到 2018 年北京市经济增速分别为 7.4%、6.9%、6.8%、6.7%、6.6%。河北省经济增速分别为 6.5%、6.8%、6.8%、6.6%、6.6%。天津市分别为 10%、9.3%、9%、3.6%、3.6%。说明在京津冀协同发展的目标中，成为中国新的经济增长极是一个需要长期发展的过程。不同于粤港澳大湾区和长三角地区，由于产业结构和发展阶段的差异，京津冀协同发展的首要目标是通过体制机制创新，实现发达地区和发展中地区在产业转型中的共生模式，重在转换动能，而非短期内的高速增长。所以相对于经济增长速度的下降，京津冀协同发展在产业优化升级领域的进展更体现出发展中城市群在全球气候治理中的价值。

除在地区内加快产业转型削减排放以外，京津冀三地政府和公共部门还积极参与对外气候和能源转型合作，主要方式包括直接参加联合国气候变化大会、与他国地方政府开展清洁能源合作和举办相关会展。第一种方式的典型例子是北京市能源协会在 2018 年波兰卡托维兹联合国气候变化大会上主办的中国角"碳市场"边会，为多家北京当地和其他代表性的中国能源企业搭建平台，讲述它们在平衡企业发展和能源转型中的故事，向世界展现北京乃至中国在落实《巴黎协定》中的具体实践。京津冀第二种参与全球气候治理方式的例子是河北省参与比利时法兰德斯大区东弗兰德省、安特卫普省、林堡省和法兰德斯布拉班特省的中比清洁技术合作推广项目。该项目旨在吸引更多中国企业投资比利时清洁能源产业，促进中比两国清洁能源合作。由于河北省属于典型的处在能源转型过程中的中国地方政府，在清洁能源产业发展的需求和增长方面都表现出较大潜力，所以参与其中。举办会展的主要案例是京津冀国际清洁能源产业博览会的举办，大会旨在通过公共部门搭建平台，向世界展现京津冀在发展转型发展过程中展现

---

① 《2018 年全省规模以上工业企业新能源发电保持增长》，河北省统计局网站，2019 年 2 月 11 日，http://www.hetj.gov.cn/hetj/tjxx/101548813276133.html，登录时间：2019 年 2 月 20 日。

出来的清洁能源产业的巨大发展前景，吸引世界各国清洁能源企业抓住机遇投资京津冀，实现京津冀地区低碳转型和企业发展的双赢。

总体来看，京津冀三地作为地方政府参与全球气候治理的方式主要是内外两种，对内是通过自身低碳经济发展削减温室气体排放，对外是参与对外气候合作。由于京津冀三地属于人口密集、高排放行业集中的发展中都市圈，所以在内部通过产业转型实现低碳发展的路径更为主要，对于全球城市群气候治理的价值也更大。在对外合作层面，虽然三地各自或者联合采取了多种措施，但由于三地在机构协调方面还需要时间磨合，所以还没有以整体身份更深入参与全球气候治理。未来可以尝试的做法是，在国家应对气候变化及节能减排工作领导小组下设立跨京津冀三地的类似机构，统筹协调三地对内应对气候变化政策和对外参与气候变化合作。同时，三地外事机构应加强对外气候合作的统筹协调，将其作为京津冀外事工作的重点之一，包括以联合身份参与联合国气候变化大会、共同为三地清洁能源企业开拓国际市场服务、为分属三地的高校搭建联合参与气候变化国际科研合作的平台。一方面突出发展中城市群受到气候变化影响的程度，另一方面集合国际智慧为京津冀地区采取更加有针对性的低碳经济政策提供科学支持。同时，京津冀地区本身也具备具有世界影响力的大学和科研机构，可以在研究本地区如何减缓和适应气候变化的基础上，通过国际合作，为其他发展中国家都市圈应对气候变化和发展低碳经济提供经验和建议。总之，在机构设置、产业国际化、科研国际化等多个方面，京津冀地区都可以更多以联合身份参与其中，凸显出该地区作为一个整体在遭受气候变化威胁和应对气候变化措施方面，为其他国家城市群特别是发展中国家城市群参与全球气候治理提供的参考价值。

小 结

地方政府参与全球气候治理体现出全球治理的多元主体特征，但又因为其政府属性而没有对国家权威构成严重挑战，同时还能利用自身丰富的政策资源参与全球性问题的解决，这是非政府组织所不具备的优势。地方政府参与全球治理的动机主要源于两点，一是大都市成为全球温室气体排放的主要来源，二是地方政府成为气候变化威胁的主要受害者。各国政治制度不同，但都为地方政府参与全球治理提供了制度空间,《巴黎协定》也在相应条款中明确了支持地方政府发挥各自优势参与全球气候治理,以及全球气候治理应该关注地方政府,特别是最不发达国家气候脆弱型的城市和社区。中国地方政府虽然是全球气候治理的后来者,但其参与行动表现出不同于发达国家,特别是不同于欧洲国家主导的气候城市联盟的特征。首先,在地方政府能力上,中国地方政府经济总量普遍较大,表现在产业规模、财政资金、地方企业实力等多个方面。特别是中国特色社会主义制度下的国有企业制度,使得许多地方国有企业都掌握着当地关系到国计民生的重要产业,具有强大的资本和技术实力,成为中国地方政府参与全球气候治理的主要角色,主要方式包括低碳产业投资、技术合作和人才培训。其次,中国地方政府重点与共建"一带一路"发展中国家地方政府开展气候合作,特别是其与相邻国家的地方政府形成跨境区域合作模式,集中区内优势资源提升低碳经济发展速度,开辟了南南气候合作的新路径。再次,除参与多边城市气候网络外,中国地方政府更重视与美国这样全球气候治理的关键国家开展双边气候合作,并注重不同类型地方政府间的差异化合作。在美国退出《巴黎协定》背景下,中美地方气候合作的延续向世界展现了两个最大温室气体排放国治理气候变化的决心,增强了国际社会在逆全球化下应对气候变化的信心,对于其他国家地方政府参与全球气候治理具有示范意义。除此之外,中国地方政府在内部的气候治理对于全球气候治理具有更加根本性的意义。京津冀地区作为人口和高排放产业集中的温室气体排放密集区,既是中国新近确定的未来经济增长极,更是探索发展中城市群低碳发展路径的样板区,不仅对于中国发展低碳经济,对于其他发展中国家城市群应对气候变化和全球温室气体减排都具有参考价值。三地政府已经在产业和能源转型方面采取了积极政策并取得了一定成效。这将改变既有的以欧洲主导的地方政府参与全球气候治理的结构。同时,中国地方政府参与全球气候治理的发展导向和与关键国家地方政府合作的双边导向,也将改变既有欧洲发达城市主导的多边城市气候联盟的治理路径,使气候治理成果更多惠及发展中国家地方政府,体现出更大包容性和普惠性,提高全球气候治理的效率。

结　论

　　全球化催生了全球治理，而逆全球化则成为全球治理的障碍。气候变化是典型的全球性挑战，需要全球治理应对，那么逆全球化下的全球气候治理是否可行？问题的答案在于两方面。首先，是否有关键国家继续坚持顺应全球化的政策，成为全球气候治理的重要参与者甚至引领者。其次，既有的全球气候治理体系是否存在问题，需要革新转型。二者结合起来就是，如果有关键国家能够引领全球气候治理的转型，那么逆全球化下的全球气候治理就依然可行，本研究认为中国正是这样的关键国家。

一　中国是连接全球气候治理原型与转型的枢纽

　　中国作为全球气候治理原型和转型的枢纽包含三层含义，第一，全球气候治理原型存在问题，需要转型；第二，转型和原型并非割裂的关系，而是从原型中发展出来，是对原型的改革；第三，中国是这种改革的实践者，将全球气候治理的原型和转型连接起来。

　　本研究认为，全球治理被嵌套在其所处时代的国际体系和国际格局之中，所以是特定国际体系和国际格局的表现。冷战后的国际体系特征突出表现为全球性问题的增多，国际格局的突出特征是美国成为单极霸权，由此不仅催生了全球治理的诞生，而且决定了全球治理的基本形态，即治理结构以发达国家为主导，治理观念以西方自由主义为主导，治理机制延用二战结束时美国主导建立的国际机制，治理主体侧重非政府组织。这一基本形态在全球气候治理中的表现就是，西方发达国家主导着资金、技术和规则三项全球气候治理的核心要素，要么类似于欧盟激进减排，但对发展中国家提出同样激进的、超出其能力的减排目标，要么类似美国退出《巴黎协定》，逃避减排责任，但二者的共同点是都缺乏对发展中国家如何平衡发展与减排的有效援助，特别是重减缓轻适应，不能解决发展中国家在应对气候变化中的真实困难。气候变化是全人类面临的挑战，其治理必须体现对所有国家的普惠和包容，并且需要提升效率，因为科学研究已经证明，气候变化的速度在加快，留给人类应对的时间正在减少。但是，全球气候治理原型由于缺少对发展中国家的支持，所以表现出普惠性和包容性上的不足，而治理中的多集团特征和领导者缺失的现象，又降低了全球气候治理的效率。因此，全球气候治理需要向更加普惠、包容和高效的方向转型。

全球治理嵌套在国际体系和国际格局之中，所以全球气候治理转型也必然在体系和格局两个层面展开。国际体系是全球气候治理存在的宏观环境，因此也是全球气候治理转型的基础变量。与全球气候治理最为相关的体系层次变量是世界经济体系，世界经济向低碳经济转型为全球气候治理转型提供了基本的体系背景，因为其代表了比物质文明更加进步的生态文明形态，是人类文明存续的必然方向。既然如此，低碳经济的成果需要惠及广大发展中国家，表现出普惠性的特征。国际格局是国际体系中特定时期主要行为体的力量对比关系，决定了全球治理的基本结构。新兴经济体的群体性崛起使冷战结束后的国际格局发生了深刻转型，也改变了全球气候治理的领导结构，转型中的全球气候治理需要发达国家和新兴经济体共同领导。从世界经济体系的低碳化趋势和国际格局转型的宏观视角考察全球气候治理，就可以跳出传统的仅围绕《联合国气候变化框架公约》减排协定谈判的全球气候治理研究，而将其看作在世界低碳经济发展、区域气候治理格局、多种治理价值观交融、新兴气候治理机制崛起和治理主体更加多元的多个领域展开的复杂宏观体系。如果没有这些领域的同时发力，包括《巴黎协定》在内的任何《联合国气候变化框架公约》内达成的全球减排协定都难以实现。因此，对全球气候治理转型的考察也需要在几个领域展开。

世界低碳经济发展关系到全球气候治理的领导结构，由于新兴经济体在经济和科技领域的群体性崛起，当代世界的低碳经济发展由发达国家主导，开始向发达国家与新兴经济体并立的多元结构转型。区域气候治理格局是对全球气候治理的有益补充，欧盟长期是区域气候治理的成功代表，但这一格局开始向多元区域治理格局转型。治理价值观是全球气候治理的灵魂，伴随新兴经济体的群体性崛起，单一的西方自由主义主导的价值观开始向西方与非西方的多元价值观共存转型。在西方发达国家主导的全球治理下，非政府组织在全球气候治理中受到格外重视，崛起中的新兴经济体则更警惕非政府组织以全球治理为由侵蚀国家主权，所以全球气候治理的主体转型更凸显政府与非政府的平衡，地方政府的作用因此提升。

但是，全球气候治理的转型并非彻底否定其原型，而是将其作为母体，在继承中改革，在发展中创新。全球治理的概念是在冷战结束初期由发达国家提出的，其本意确实反映了冷战结束后全球性问题增多、需要人类携手应对的事实，并提出了诸多方案，低碳经济就是发达国家为应对全球气候治理而创造出的一种全新经济形态。由于发达国家的经济和科技实力，以及超前的发展阶段，即使新兴经济体在这一领域后来居上，也仍然需要加强与发达国家合作，共同实现低碳技术更新和普及。在治理的价值观领域，非西方经济体的崛起确实能够贡献自己文明的治理智慧，但不能否认西方自由主义哲学的市场机制仍然是一种有效的治理手段。新兴治理机制的崛起普遍加强了金融与气候议题的结合，但同样表达了与世界银行、国际货币基金组织和亚洲开发银行密切合作的开放立场。在地方政府参与全球气候治理方面，欧洲城市作为先行者已经建立了多种城市气候联盟，为新兴经济体地方政府参与全球气候治理提供了必要的参考。在这种继承和革新之间，中国作为第二大经济体和最大温室气体排放国，主动承担起了连接全球气候治理原型和转型的枢纽责任。

第一，中国国内低碳经济发展和对外投资促进了全球低碳经济发展。中国虽然是低碳经济的后来者，但并不因为自身高碳增长模式而逃避国际责任，相反主动推动发展方式转型，承担与能力相符的减排义务，长期处于世界第一大太阳能和风能投资国地位。国内庞大的市场和能源结构的高碳特征为中国低碳经济发展提供了巨大动力。这种规模效应不仅对中国自身温室气体排放进行了控制，还产生了明显的正外部性，即大幅降低了全球可再生能源产业的成本，提升了相关企业的利润率，从而使金融危机中的低碳经济成为朝阳产业，吸引更多企业加入，并带动相关产业发展。在对外投资层面，中国资本使得陷入债务危机的欧盟低碳经济产业（主要集中在风能领域）获得了足够的资金支持，从而使这一最为激进的全球气候治理主体能够有坚实的产业基础继续发挥应对气候变化的积极作用。除投资外，中国还与欧盟及其成员国加强了低碳经济科技合作，携手促进低碳技术不断革新。除欧盟外，中国的低碳产业资本覆盖全球发展中区域，特别是撒哈拉以南非洲、太平洋岛国和北极这样的气候脆弱型地区，希望弥补在发达国家主导的全球气候治理格局下过于重视减缓而轻视适应的不足，增强了相关区域适应气候变化威胁的能力。大量案例证明，中国低碳经济发展与世界低碳经济发展逐渐实现了有效对接，是促进全球气候治理向包容、普惠和高效转型的最主要变量。

第二，共商共建共享的全球治理价值观实现了对不同价值观的包容互鉴。中国秉持共商共建共享的全球治理价值观，就是并不完全否定西方自由主义的治理哲学，而是反对其成为全球治理价值观的唯一主导。在共商共建共享价值观下，中国主张西方和非西方价值观能够实现包容互鉴，将各自价值观的合理部分贡献给全球气候治理，提升全球气候治理的普惠、包容和效率。这种开放包容的价值理念既源于中国传统文化中的多元共生哲学，又源于七十多年来新中国外交哲学的传承与发展。从周恩来总理在万隆会议上的求同存异到和平共处五项原则成为广泛共识，从改革开放后的独立自主的和平外交政策到新时代构建人类命运共同体的全新理念，中国逐步形成了共商共建共享的全球治理观。在这一价值观引导下，中美之间在奥巴马政府时期形成了紧密的气候合作关系，为不同发展阶段的国家间开展气候合作提供了范例。也正是在这一价值观引领下，中美成为全球气候治理的共同推动者，推动了《巴黎协定》的达成和生效。在此，中国并未排斥美国自由主义市场哲学的治理理念，而是秉持包容开放的态度，希望能够借鉴美国的硅谷模式，与中国特色社会主义市场经济的结合，在政府扶持和市场竞争的良性互动中，孵化出属于中国的世界级高科技低碳经济企业。

第三，中国参与和发起的新兴治理机制保持与传统治理机制的互补与合作。二十国集团、金砖国家银行和亚投行作为中国参与和发起的新兴全球治理机制，在中国倡议下，都加强了金融与气候治理的结合，为全球气候治理增添了新兴的金融工具。但是，中国并不排斥三大机制与世界银行、国际货币基金组织和亚洲开发银行的合作，而是始终秉持开放态度，认为双方是互补关系。中国作为新兴金融治理机制发起者，需要借鉴已有治理机制的通行国际规则，提升新兴治理机制的透明度和科学治理水平。最典型的表现是亚投行的发展中成员和发达成员几乎对半，这无疑提升了亚投行的公信力，优化了治理结构，是中国促进全球气候治理包容性的充分体现。在此基础上，中国又将不同于传统治理机制的理念植入新兴机制中，其中最为主要的就是充分考虑贷款对象国对于兼顾发展与减排的需要。典型的例子是秉持绿色目标的亚投行并没有盲目输出中国国内经验，向亚洲发展中国家大规模投资可再生能源，而是充分考虑到发展中国家的经济水平和技术能力难以承受过快的能源转型，所以选择水能、天然气和清洁煤等介于可再生能源和高碳能源之间的能源类型投资，以此满足发展中国家在应对气候变化约束下的发展需要。

第四，中国地方政府补充了既有的城市气候联盟，同时开拓了发展中国家地方政府参与全球气候治理的新路径。中国对地方政府积极参与全球气候治理持支持态度，不仅鼓励相关城市加入西方城市主导的城市气候联盟，比如中国已经有五座城市加入C40，还鼓励地方政府与共建"一带一路"的相邻国家地方政府开展气候合作。这证明中国对西方国家主导的地方政府参与全球气候治理模式表示认同，但同时中国地方政府具有近似国家的庞大经济规模，所以中国地方政府普遍加入全球气候治理必然改变既有格局。首先是中国的地方政府具有强大的经济和技术实力进行对外低碳经济投资，特别是促进发展中国家地方政府低碳转型。其次，中国地方政府注重与美国地方政府的双边气候合作，而非欧洲城市主导的多边城市气候联盟。因为中美是全球气候治理中的少数关键国家，两国地方政府无论是经济规模还是排放量都位居世界前列，能够起到关键少数合作带动全局的作用，对国际社会发挥示范效应。同时，类似京津冀这样大规模的发展中都市圈的低碳经济发展，不仅对全球温室气体减排会产生正外部性，还会为其他发展中国家地方政府的低碳经济发展提供参考。

总之，中国并非全球气候治理的颠覆者而是改革者，正使自身低碳经济发展的成果更多惠及发展中国家，并使发达国家和发展中国家形成更加紧密的人类气候命运共同体，并提升了全球气候治理的效率。正因为如此，虽然研究中有部分案例发生在特朗普执政奉行逆全球化政策以前，但这更验证了中国作为全球气候治理转型的枢纽国家作用，因为中国将自身在特朗普执政前的气候政策延续到其执政之后，体现了政策连续性，并没有因为逆全球化而改变积极应对气候变化的立场，这样才能将全球气候治理的原型和转型连接起来，发挥在逆全球化下促进全球气候治理转型的作用。逆全球化背景下的中国在继承全球气候治理原型优势的基础上，以鲜明的发展导向对其进行了改革，使之朝着更加普惠、包容和高效的方向转型，成为连接全球气候治理原型和转型的枢纽。这一结论验证了本研究提出的主假设：主权国家是全球治理转型的核心推动力量，以及子假设：全球气候治理转型的实现必须依赖中国国内低碳经济发展与世界低碳经济发展的有效连接。

二 新时代的中国将引领全球气候治理未来

中国特色社会主义进入新时代是中国共产党第十九次全国代表大会做出的重要判断，其中尤为重要的是给出了新的中国社会发展的主要矛盾，即"人民日益增长的美好生活需要和不平衡不充分的发展之间的矛盾"。党的十九大报告指出，"必须认识到，我国社会主要矛盾的变化是关系全局的历史性变化，对党和国家工作提出了许多新要求。我们要在继续推动发展的基础上，着力解决好发展不平衡不充分问题，大力提升发展质量和效益，更好满足人民在经济、政治、文化、社会、生态等方面日益增长的需要，更好推动人的全面发展、社会全面进步"。同时，提出了新时代中国特色社会主义的十四大基本方略，其中就包括"坚持推动构建人类命运共同体。……构筑尊崇自然、绿色发展的生态体系，始终做世界和平的建设者、全球发展的贡献者、国际秩序的维护者"。为此，中国呼吁各国人民同心协力，"建设持久和平、普遍安全、共同繁荣、开放包容、清洁美丽的世界。……要坚持环境友好，合作应对气候变化，保护好人类赖以生存的地球家园"。① 可见，对内主要矛盾的变化与对外构建人类命运共同体的使命正在塑造新时代的中国引领全球气候治理未来的意愿与能力。

第一，新时代的中国将全面发展低碳经济。党的十九大报告确定的第一阶段目标是到 2035 年基本实现社会主义现代化，第二阶段目标是到 21 世纪中叶把中国建成富强民主文明和谐美丽的社会主义现代化强国。而中国的减排目标是在 2030 年前后达到排放峰值，这与第一阶段目标中实现生态环境根本好转、美丽中国基本实现的内容相吻合。国务院发展研究中心的一项研究显示，到 2035 年

---

① 习近平：《全面建成小康社会 夺取新时代中国特色社会主义伟大胜利——在中国共产党第十九次全国代表大会上的报告（2017 年 10 月 18 日）》，《人民日报》2017 年 10 月 28 日，第 1 版。

的未来 15 年，世界经济的十大趋势中有两项与气候治理有关。一是绿色发展将成为各国制定发展战略的重要取向，"展望 2035 年，要实现可持续发展目标和推动世界发展，控制污染、实现低碳转型的绿色发展正在成为各国的主流"。二是全球能源结构与格局将深刻变化，呈现出清洁化、低碳化和电力化特征。① 中国虽然进入新时代，但仍然处在社会主义初级阶段，所以发展仍然是中国的主题。但是新时代的发展将更加深入地与气候治理融合，中国经济也将全面融入绿色发展和能源转型的世界经济大趋势，在国内全面推广和发展低碳经济，使之成为中国经济新常态的重要表现。为此，新时代的中国将在所有地区和所有行业推行低碳经济，使全国全社会形成一种趋向绿色低碳的氛围，逐渐摆脱对高碳行业的依赖，转而以庞大的绿色低碳产业链作为经济社会可持续发展的坚实基础。中国将采取的措施包括但不止于大幅提升能源消费中的可再生能源占比；加快淘汰或者革新高排放产能，同时做好产业转型中的就业培训和再就业；大力发展新能源汽车产业，逐渐优化对新能汽车企业的补贴政策，② 促进市场竞争，提升新能源汽车产品质量，同时逐渐淘汰燃油车；增加对高等院校与低碳产业有关专业的政策支持，为低碳经济储备充足人力资源；加强产学研合作，共同培育大量拥有核心技术的高科技低碳经济企业；利用更加有效的综合性政策鼓励公共交通；提升天然气在冬季供暖中的比重；加强气候传播，增强公众应对气候变化认知，提升应对气候变化知识的社会普及程度，逐渐改变公众高碳的生活方式；等等。根据经济学家研究，如果中国在 2030 年实现达峰，那么经济增长将累计下降 14.8%，所有行业都会受到影响，能源行业尤其严重。因此，除优化能源结构、较快推进新能源汽车发展外，还需要适度加快结构调整，提高第三产业比重，推进节能型电器、汽车和建筑发展。③ 中国经济增长的目标已经由高速转向中高速，特别是山西省、东北地区等依赖高排放产业的省份，近年一直处在中国地方政府经济增

---

① 国务院发展研究中心课题组：《未来 15 年国际经济格局变化和中国战略选择》，《管理世界》2018 年第 12 期，第 6~7 页。

② 2019 年 3 月 26 日，中国财政部等四部委联合印发《关于进一步完善新能源汽车推广应用财政补贴政策的通知》，根据新能源汽车规模效益、成本下降等因素以及补贴政策退出的规定，降低新能源乘用车、新能源客车和新能源货车补贴标准，促进产业优胜劣汰，防止市场大起大落。

③ 张其仔、郭朝先、杨丹辉等：《2050：中国的低碳经济转型》，社会科学文献出版社，2015，第 530~531 页。

速后几位。比如山西主动压缩主导性的煤炭产业，经济增速在 2015 年下降到 3.5%，同年全省一般公共预算收入增长速度下降到 -9.8%，2016 年下降到 -5.2%。但是经过转型阵痛，山西经济增速在 2017 年和 2018 年分别达到 7.1% 和 6.7%，均高于全国水平。全省一般公共预算收入增速在 2017 年反弹至 19.9%，2018 年为 22.8%。2018 年山西规模以上工业增加值中，曾经主导性的煤炭工业增加值仅增长 0.3%，非煤工业增加值则增长 8.2%。战略性新兴产业增加值增长 14.0%，占全部规模以上工业增加值的比重为 9.8%，比上年提高 0.8 个百分点。在战略性新兴产业中，新能源汽车产业增长 38.6%，高端装备制造业增长 25%，新一代信息技术产业增长 21.2%，新材料产业增长 11.4%。[①] 山西作为以煤炭为主导产业的地方政府，能够主动加快供给侧改革，优化经济结构，不仅为中国低碳经济发展增加了产业空间，更从侧面折射出中国在新时代全面发展低碳经济的决心。正如王毅外长在向全球推介雄安新区时所言，这个以绿色低碳发展为鲜明特征的未来大都市，"将成为中国未来高质量发展的全国样板，代表了中国的未来，引领了世界的潮流，也预示了人类发展的未来方向"。[②] 相关研究认为，中国按照新时代建设第一阶段提出的单位国内生产总值二氧化碳强度 2030 年比 2005 年下降 60% ~ 65% 的自主承诺目标，能够保持温室气体排放总量 4% 年下降率以上，已经高于大多数发达国家 2030 年前年下降率的水平，同时保障了中国实现现代化进程所必需的能源消费和二氧化碳排放的增长空间，实现发展与减碳共赢。而国家发改委制定的《能源生产消费革命战略（2016 ~ 2030）》提出非化石能源在一次能源消费中占比在 2030 年达 20% 以上的基础上，到 2050 年超过 50% 的目标，则可以看到中国新时代第二阶段的低碳经济发展的长远目标。展望 2035 ~ 2050 年，中国应对气候变化战略要制定并实施涵盖全经济尺度所有温室气体排放的减排目标和实施对策，采用与目前发达国家相一致的减排指标，在减排速度、力度和进程上逐渐达到与发达国家相当的水平，对世界范围内加快

[①] 山西省统计局：《山西省 2018 年国民经济和社会发展统计公报》，《山西日报》2019 年 3 月 18 日，第 7 版。

[②] 王毅：《新时代的中国：雄安探索人类发展的未来之城——王毅国务委员兼外长在外交部雄安新区全球推介活动上的讲话》，中华人民共和国外交部网站，2018 年 5 月 28 日，https://www.fmprc.gov.cn/web/wjbz_ 673089/zyjh_ 673099/t1563124.shtml，登录时间：2019 年 3 月 20.

能源变革和经济转型发挥引领作用。① 可见，为实现承诺的减排目标，新时代的中国需要在全国全产业全社会铺开低碳经济建设，这种深刻的转型将是中国引领全球气候治理重要的国内基础。

第二，新时代的中国将为全球气候治理提供更多公共产品。新时代的中国特色大国外交的主要任务之一是为构建人类命运共同体创造条件，② 这就需要中国在诸多事关人类命运的重大全球治理中发挥更加积极的作用。中国国家主席习近平在 2019 年中法全球治理论坛闭幕式演讲中指出，国际社会需要合作破解全球治理面临的治理赤字、信任赤字、和平赤字和发展赤字，③ 再次表明了新时代中国特色大国外交致力于积极参与全球治理的立场，而在全球气候治理领域，中国的引领者角色将更加突出。这种角色作用的来源既包括器物、制度和精神三个层面，④ 但更重要的是在逆全球化背景下，中国对坚持全球气候治理坚定的政治决心。这种逆境中的坚持给予国际社会应对气候变化宝贵的信心，体现出中国作为负责任大国在逆全球化背景下的责任担当，因此能够获得国际社会对于中国成为全球气候治理引领者的广泛共识，这实际已经超出全球气候治理本身而具有更加广泛的国际关系意义。中国逆全球化下坚持的全球气候治理，实际坚持的是国际关系的民主化、多边主义、文明的多样性、正确的义利观等广泛的国际关系理念，这些理念既是全球气候治理转型的必要条件，更是构建人类命运共同体的基石。因此，新时代的中国对于全球气候治理的引领作用实际是向国际社会的政治宣示，一个全面实现现代化的社会主义中国，将开启一种真正的新型国际关系，以引领全球气候治理的原则和立场，引领国际社会构建人类命运共同体。

作为引领者，中国将为全球气候治理供给更多国际公共产品。中国是《联合国气候变化框架公约》谈判和之后历次缔约方大会的参与者，对全球气候治理的认知经历了从单纯的环境问题到经济问题，再到事关国家发展前途和人类命运的重大战略问题的转变，积累了丰富的谈判经验。同时，新时代的中国将在国

---

① 何建坤：《新时代应对气候变化和低碳发展长期战略的新思考》，《武汉大学学报》（哲学社会科学版）2018 年第 4 期，第 15 ~ 18 页。

② 刘建飞：《新时代中国外交战略基本框架论析》，《世界经济与政治》2018 年第 2 期，第 9 页。

③ 习近平：《为建设更加美好的地球家园贡献智慧和力量——在中法全球治理论坛闭幕式上的讲话》，《人民日报》2019 年 3 月 27 日，第 3 版。

④ 庄贵阳、薄凡、张靖：《中国在全球气候治理中的角色定位与战略选择》，《世界经济与政治》2018 年第 4 期，第 21 ~ 23 页。

内全面推广和发展低碳经济，在大幅提升自身应对气候变化能力的同时，将通过大规模对外投资、援助、贸易和科技与人文合作增强对其他国家和地区应对气候变化的影响力，获得更大的全球气候治理话语权。中国国内低碳经济发展的经验将成为其他发展中国家发展低碳经济的重要参考，中国也将通过各种人文交流形式向发展中国家传播低碳经济的中国经验。在国际层面，中国首先将更加坚定地捍卫《联合国气候变化框架公约》在全球气候治理中的主渠道地位，尤其是捍卫"共同但又区别的责任原则"，并在围绕《公约》展开的各种气候协定谈判中发挥引领作用，更多地设置有利于维护发展中国家合法利益的规则，特别是利用制度性手段使减缓与适应的资源投入更加平衡。在《公约》之外，中国一方面将更加充分发挥国家机构改革后建立的国际发展合作署和应急管理部的作用，另一方面将巩固二十国集团、金砖国家银行和亚投行等现有气候俱乐部性质的新兴金融治理机制的作用，同时在南南气候合作框架下发起建立更多气候适应型治理倡议，三者共同发力援助并提升气候脆弱型地区和国家适应气候变化的能力，以凸显中国作为新兴经济体引领全球气候治理的发展导向。

三　理论启示：增进比较政治学与全球
治理研究的对话

关于中国与全球气候治理转型的研究能够得出一项重要理论启示，就是应该增进比较政治学与全球治理研究的对话。本研究得出结论，中国是连接全球气候治理原型和转型的枢纽，进入新时代的中国终将引领未来的全球气候治理，其深层含义就是主权国家是全球治理的基础。本研究认为中国在逆全球化背景下促进了全球气候治理转型，换言之，全球化与主权国家的关系密不可分。虽然全球化是一种经济、科技和社会发展的客观现象，但主权国家作为政治上的独立变量具有干预全球化和全球治理的能力。关键国家奉行开放的对外政策会促进全球化，奉行封闭的政策就会导致逆全球化。而当不同的关键国家采取不同的政策时，全球化和全球治理的前景就不确定。这一逻辑中的核心变量始终是主权国家，国家的国内政治经济制度、政治文化、决策模式及其形成的最终公共政策产出是决定全球化与全球治理发展方向的基础。因此，要想更准确理解全球化与全球治理的发展轨迹，就有必要深入比较不同国家内部的这些制度和文化因素，而这正是比较政治学的任务。

比较政治学是政治学的学科基础，主要内容是研究不同国家的政治制度、政治发展、政治文化和公共政策，在比较中发现共性和个性，更好认识不同国家政治运行的特点。回望古希腊时期，亚里士多德的《政治学》被认为是这门学科的奠基之作，但其主要方法就是比较古希腊世界不同城邦的政体，然后得出了其著名的政体类型理论。换言之，比较政治学实际是政治学学科诞生的基础。在华尔兹的结构现实主义诞生之前，实际上国际关系学的主要视角依然是国家的。尽管经过体系理论的不断完善，但新古典现实主义仍然重新发现了国内政治的价值，认为将国内与国际政治结合起来才能更科学地理解国际关系的现实。全球治理是冷战后国际关系的新发展，拓展了国际关系学的新领域。进入 21 世纪后，全球性问题的增多凸显出全球治理的重要价值，而在学术层面，全球治理也逐渐成为国际关系学的显要领域。但是，任何学科的发展都不能脱离该学科的基本规律。政治学学科发展规律就是国内与国际政治始终无法完全分离，而全球治理目标的实现更是高度依赖主权国家的内部政治经济发展，任何全球治理协定的酝酿、决策、执行、反馈的整个过程都会受到各参与国宏观和微观政治环境的制约。因此要更准确理解全球治理的发展与困境，就需要首先要弄清特定国家的行政、立法、司法、政党、利益集团和官僚体系等政治行为体的制度关系及其运行规则，还有这一套政治结构与政治文化的关系。

所以，全球治理研究有必要加强与比较政治学的对话，这至少包括以下几个方面。第一，特定国家关于全球治理政策产生的国内政治根源。比如特朗普政府逆全球化的政策如何受到美国政治制度和党派政治的影响。第二，特定国家国内政治如何影响了该国全球治理观的变迁和规范内化。比如，中国的国内政治和文化如何影响了中国对于全球气候治理观念的转变，然后又如何使之内化？第三，不同国家中央与地方关系如何影响特定全球治理协定的落实。比如单一制国家和联邦制国家的中央地方关系，赋予地方政府不同权限，那么这些地方政府在落实全球治理目标的过程中将发挥什么作用？即使同为联邦制国家，也会搭配不同的政体，比如美国总统共和制的联邦制，德国议会内阁制的联邦制，俄罗斯类似半总统制的联邦制，还有比利时这样立宪君主制的联邦制，这些不同政体下的联邦制在政策运行过程中会给各自国家落实全球治理协定带来哪些影响？第四，比较政治经济学与全球治理的结合。大部分全球治理问题属于或与经济问题密切相关，因此无论是一国的全球治理政策产出还是对全球治理目标的内化，都会涉及国内政治与经济互动。比如中国和印度两个新兴经济体的国内政治和经济制度，在落实《巴黎协定》的目标以及发展低碳经济时发挥了何种作用？查莫斯·约翰逊（Chalmers Ashby Johnson）在《通产省与日本经济的奇迹》中特别强调通产省作为日本国家的代表发挥独立性作用，引导了日本的经济崛起，那么中印同样作为后发国家，国家自主性如何发挥引导作用促进两国低碳经济的崛起？中印都是新兴的汽车产业大国，那么在两国新能源汽车产业发展过程中，全球气候治理的国际环境与两国政府与市场如何发生互动？古诺维奇（Peter Gourevitch）的《艰难时下的政治：五国应对危机政策比较》，通过比较五国应对危机政策的不同国内根源，展示了比较政治经济学与世界经济研究的互动关系。全球气候治理的基础是低碳经济，那么要研究如何真正实现全球气候治理的目标就必须深入关键国家，以及北欧等在应对气候变化领域较为突出的中小国家的国内政治经济制度中，比较不同的制度形式和文化观念在促进或阻碍特定国家低碳经济发展中的作用。

本研究的结论在理论上再次证实了国家是政治学研究的核心，是连接国内政治和国际政治的焦点。全球治理研究的去国家化议题不能否认国家的这种作用，因为全球治理本身就高度依赖国家的政策和政策产出。从这个角度看，无论是逆全球化还是顺全球化，都是特定国家维护国家利益的政策结果。全球化本身没有变，变化的是国家。美国依然是唯一的超级大国，但地位已经不及冷战结束初期，因此从全球化和全球治理的发起者、领导者变为反对者。中国是新兴经济体的代表，国内发展日益受惠于全球化，所以从全球化和全球治理的反对者变成支持者、协调者、引领者。在此，全球化和全球治理并未抹去国家的特殊性实现一种全球同一性，相反，无论是全球化和全球治理的支持国家还是反对国家，都更加表现出特殊性和独立性，希望在参与全球化和全球治理的进程中掌握主动，保持国内发展的稳定和有序。这种以国家个性为基础的全球化带来的是一种竞争性的全球治理，即在逆全球化背景下，各国和各地区都在加紧提升适应能力，形成了相互竞争的局面，而地区内的领导国家则是决定该地区能否适应新全球化的关键。当不同地区在区内领导国家带领下以自己的方式参与全球化和全球治理时，这种相互竞争的局面最终可能反而有利于全球治理总目标的实现。比如全球气候治理虽然出现困境，但区域气候治理反而跨出欧洲开始在全球各区域扩展，一些发展中区域的治理机制开始主动尝试气候＋的治理路径，将应对气候变化纳入该区域发展的约束条件之中。这种竞争性现象的出现需要研究者更加关注国际关系中的个性，以比较政治学的理论和方法考察不同国家，特别是特定区域中的关键国家的政治经济制度和政策如何影响该区域气候治理的发展。

国际关系学诞生已逾百年，回望百年美国前总统威尔逊提出的"十四点原则"，某种程度上可以看作全球治理的先声，但是这种饱含理想主义情怀的倡议先后在巴黎和会和美国参议院遭到否定，国际联盟虽然建立，但并未发挥阻止大战的作用。归根到底，是英法美等大国的各国国内政治否定了威尔逊的"全球治理倡议"。时至今日，百年后的国际关系学再次见证全球治理的危机，只有真正深入探寻主要国家国内政治经济制度和发展的特色与规律，才能加深对这种全球治理周期性危机的科学认识，也才能为优化全球治理的效果贡献智慧。

参考文献

中文著作

《长三角城市群区域气候变化评估报告》，气象出版社，2016。

《邓小平文选》（第三卷），人民出版社，1993。

《毛泽东年谱》（1949~1976）（上），人民出版社，1993。

《毛泽东外交文选》，中央文献出版社，1994。

《周恩来外交文选》，中央文献出版社，1990。

阿查亚：《美国世界秩序的终结》，袁正清、肖莹莹译，上海人民出版社，2017。

阿米蒂奇：《现代国际思想的根基》，陈茂华译，浙江大学出版社，2017。

埃斯特瓦多道尔、布莱恩·弗朗兹、谭·罗伯特·阮主编《区域性公共产品：从理论到实践》，张建新等译，上海人民出版社，2010。

艾默生：《美国的文明》，孙宜学译，广西师范大学出版社，2002。

奥耶：《无政府状态下的合作》，田野、辛平译，上海人民出版社，2010。

巴尼特、芬尼莫尔：《为世界制定规则：全球政治中的国际组织》，薄燕译，上海人民出版社，2009。

鲍尔、贝拉米主编《剑桥二十世纪政治思想史》，任军锋、徐卫翔译，商务印书馆，2016。

彼得斯：《政治科学中的制度理论："新制度主义"》，王向民、段红伟译，上海人民出版社，2011。

别尔嘉耶夫：《俄罗斯的命运》，汪剑钊译，译林出版社，2011。

薄燕：《全球气候变化治理中的中美欧三边关系》，上海人民出版社，2012。

布尔：《无政府社会：世界政治秩序研究》，张小明译，世界知识出版社，2003。

布尔斯廷：《美国人：民主历程》，中国对外翻译出版公司译，生活·读书·新知三联书店，1993。

布林布尔科姆：《大雾霾：中世纪以来的伦敦空气污染史》，启蒙编译所译，上海社会科学院出版社，2016。

布罗代尔：《文明史：人类五千年文明的传承与交流》，常绍民等译，中信出版社，2014。

布赞、理查德·利特尔：《世界历史中的国际体系——国际关系研究的再构建》，刘德斌主译，高等教育出版社，2004。

蔡拓、杨雪冬、吴志成主编《全球治理概论》，北京大学出版社，2016。

蔡拓等：《全球学导论》，北京大学出版社，2015。

陈刚：《〈京都议定书〉与国际气候合作》，新华出版社，2008。

陈家刚主编《全球治理：概念与理论》，中央编译出版社，2017。

丛日云：《西方政治文化传统》，黑龙江人民出版社，2002。

达尔：《论民主》，李风华译，中国人民大学出版社，2012。

迪普伊：《烟尘与镜子：空气污染的政治与文化视角》，沈国华译，上海财经大学出版社，2016。

杜祥琬等：《低碳发展总论》，中国环境出版社，2016。

法里德·扎卡里亚：《后美国世界：大国崛起的经济新秩序时代》，赵广成、林民旺译，中信出版社，2009。

樊勇明、钱亚平、饶芸燕：《区域国际公共产品与东亚合作》，上海人民出版社，2014。

费正清：《美国与中美》，张理京译，世界知识出版社，1999。

芬尼莫尔：《国际社会中的国家利益》，袁正清译，浙江人民出版社，2001。

冯绍雷：《20世纪的俄罗斯》，生活·读书·新知三联书店，2007。

福赛特：《自由主义传》，杨涛斌译，北京大学出版社，2017。

福斯托：《巴西史》，郭存海译，东方出版中心，2018。

傅聪：《欧盟气候变化治理模式严峻：实践、转型与影响》，中国人民大学出版社，2013。

甘均先：《中国气候外交能力建设研究》，中国社会科学出版社，2013。

高奇琦主编《全球治理转型与新兴国家》，上海人民出版社，2016。

戈丁主编，波瓦克斯、斯托克斯编《牛津比较政治学手册》（上、下），唐士其等译，人民出版社，2016。

戈尔茨坦、罗伯特·基欧汉：《观念与外交政策：信念、制度与政治变迁》，刘东国、于军译，北京大学出版社，2005。

古迪：《西方中的东方》，沈毅译，浙江大学出版社，2012。

顾朝林主编《气候变化与低碳城市规划》，东南大学出版社，2013。

哈特、奈格里：《帝国——全球化的政治秩序》，杨建国、范亭译，江苏人民出版社，2003。

何建坤、康艳兵、冯升波：《与世界同行——中国应对气候变化行动纪实》，安徽科技出版社，2018。

贺耀敏等：《春潮涌动：1984 年的中国》，四川人民出版社，2018。

亨廷顿：《变动社会中的政治秩序》，王冠华、刘为等译，沈宗美校，上海人民出版社，2015。

亨廷顿：《文明的冲突与世界秩序的重建》，周琪等译，新华出版社，2010。

候方淼、付亦重：《世界低碳经济政策与行动》，中国林业出版社，2015。

基欧汉：《霸权之后——世界政治经济中的合作与纷争》，苏长和、信强、何曜译，苏长和校，上海人民出版社，2006。

基欧汉、约瑟夫·奈：《权力与相互依赖》，门洪华译，北京大学出版社，2002。

基辛格：《大外交》，顾淑馨、林添贵，海南出版社，1998。

吉登斯：《全球化时代的民族国家》，郭中华编，江苏人民出版社，2010。

吉尔平：《全球政治经济学——解读国际经济秩序》，杨宇光、杨炯译，上海人民出版社，2006。

吉尔平：《世界政治中的战争与变革》，武军、杜建平、松宁译，中国人民大学出版社，1994。

卡尔索普：《气候变化之际的城市主义》，彭卓见译，中国建筑工业出版社，2012。

卡森：《寂静的春天》，吕瑞兰、李长生译，上海译文出版社，2014。

科顿：《伦敦雾：一部演变史》，张春晓译，中信出版社，2017。

科利：《国家引导的发展：全球边缘地区的政治权力与工业化》，朱天飚、黄琪轩、刘骥译，吉林出版集团，2007。

克拉普：《工业革命以来的英国环境史》，王黎译，中国环境科学出版社，2011。

拉哈：《欧洲一体化史：1945～2004》，彭姝祎、陈志瑞译，中国社会科学出版社，2005。

李安山主编《世界现代化历程·非洲卷》，江苏人民出版社，2015。

李成威：《低碳产业政策》，立信会计出版社，2011。

李军军：《中国低碳经济竞争力研究》，社会科学文献出版社，2015。

李形主编《金砖国家及其超越：新兴世界秩序的国际政治经济学解读》，世界知识出版社，2015。

里夫金：《第三次工业革命：新经济模式如何改变世界》，张本伟、孙豫宁译，中信出版社，2012。

梁守德、洪银娴：《国际政治学理论》，北京大学出版社，2000。

林毅夫：《新结构经济学：反思经济发展与政策的理论框架》，苏剑译，北京大学出版社，2014。

琳达：《中国的经济增长》，鲁冬旭译，中信出版社，2015。

刘鹤主编《两次全球大危机的比较研究》，中国经济出版社，2013。

刘建平：《新中国的原点》，西苑出版社，1999。

刘江华等：《国际视野下的城市发展转型》，中国经济出版社，2015。

刘伟、张辉主编《全球治理：国际竞争与合作》，北京大学出版社，2017。

卢现祥、张翼等：《低碳经济与制度安排》，北京大学出版社，2015。

洛克：《政府论》（下篇），叶启芳、瞿菊农译，商务印书馆，1964。

马丁、贝思·西蒙斯编《国际制度》，黄仁伟、蔡鹏鸿等译，上海人民出版社，2006。

麦克尼尔、威廉·H. 麦克尼尔：《麦克尼尔全球史》，王晋新等译，北京大学出版社，2017。

门洪华：《霸权之翼：美国国际制度战略》，北京大学出版社，2005。

米德:《美国外交政策及其如何影响了世界》,曹化银译,辽宁教育出版社,2003。

尼赫鲁:《印度的发现》,向哲濬、朱彬元、杨寿林译,上海人民出版社,2016。

帕累托:《普通社会学刚要》,田时纲译,社会科学文献出版社,2016。

帕斯卡:《统治阶级》,贾鹤鹏译,译林出版社,2012。

帕斯特:《七大国百年外交风云》,胡利平、杨韵琴译,上海人民出版社,2001。

潘恩:《潘恩选集》,马清槐译,商务印书馆,2004。

潘家华:《中国的环境治理与生态建设》,中国社会科学出版社,2015。

潘家华、陈孜:《2030年可持续发展的转型议程:全球视野与中国经验》,社会科学文献出版社,2016。

庞珣:《全球治理中金砖国家外援合作》,世界知识出版社,2016。

齐绍洲等:《低碳经济转型下的中国碳排放权交易体系》,经济科学出版社,2016。

乔海曙:《中国低碳经济发展与低碳金融机制研究》,经济管理出版社,2013。

秦晖:《南非的启示》,江苏文艺出版社,2013。

秦亚青主编《理性与国际合作:自由主义国际关系理论研究》,世界知识出版社,2008。

任晓编《共生:上海学派的兴起》,上海译文出版社,2015。

入江昭:《全球共同体:国际组织在当代世界中的角色》,刘青、颜子龙、李静阁译,刘青校,社会科学文献出版社,2009。

瑞安:《论政治》(下卷),林华译,中信出版集团,2016。

萨拜因:《政治学说史》,托马斯·兰敦·索尔森修订,盛葵阳、崔妙因译,南木校,商务印书馆,1990。

上海立信会计学院:《中国低碳经济发展研究报告》(第Ⅱ辑),中国经济出版社,2015。

施廷克尔:《金砖国家与全球秩序的未来》,钱亚平译,上海人民出版社,2017。

石原享一：《世界凭什么和平共生》，梁憬君译，世界知识出版社，2015。

斯特兰奇：《国际政治经济学导论：国家与市场》，杨宇光等译，经济科学出版社，1990。

斯特兰奇：《权力流散：世界经济中的国家与非国家权威》，肖宏宇、耿协峰译，北京大学出版社，2005。

斯特雷耶：《现代国家的起源》，华佳、王夏、宗福常译，王小卫校，上海人民出版社，2011。

宋立刚、郜若素、蔡昉、江诗伦主编《中国经济增长的新源泉（第1卷）：改革、资源能源与气候变化》，社会科学文献出版社，2017。

索洛维约夫：《俄罗斯与欧洲》，徐风林译，河北教育出版社，2002。

谭：《没有国界的正义：世界主义、民族主义与爱国主义》，杨通进译，重庆出版集团，2014。

谭崇台主编《发达国家发展初期与当今发展中国家经济发展比较研究》，武汉大学出版社，2008。

汤因比：《希腊精神：一部文明史》，乔戈译，商务印书馆，2015。

唐世平：《国际政治的社会演化：从公元前8000年到未来》，董杰旻、朱鸣译，中信出版社，2017。

陶良虎主编《低碳产业》，人民出版社，2016。

图图：《没有宽恕就没有未来》，江红译，阎克文校，上海文艺出版社，2002。

王彬彬：《中国路径——双层博弈视角下的气候传播与治理》，社会科学文献出版社，2018。

王珏：《基于低碳经济的中国产业国际竞争力研究》，北京大学出版社，2014。

王玲杰：《新常态下传统产业低碳转型发展研究》，河南人民出版社，2016。

王宇博、汪诗明、朱建君：《世界现代化历程：大洋洲卷》，江苏人民出版社，2015。

王雨辰：《生态学马克思主义与后发国家生态文明理论研究》，人民出版社，2017。

王正毅、张岩贵：《国际政治经济学——理论范式与现实经验研究》，商务印书馆，2003。

威亚尔达、哈维·F. 克莱恩编著《拉丁美洲政治与发展》，刘婕、李宇娴译，上海译文出版社，2017。

温特：《国际政治的社会理论》，秦亚青译，上海人民出版社，2000。

沃尔波特《印度史》，李建欣、张锦冬译，东方出版中心，2015。

沃尔兹：《国际政治理论》，信强译，苏长和校，上海人民出版社，2003。

沃特金斯：《西方政治传统：近代自由主义之发展》，李丰斌译，广西师范大学出版社，2016。

邢瑞磊：《比较地区主义：概念与理论演化》，中国政法大学出版社，2014。

徐海燕：《绿色丝绸之路经济带的路径研究——中亚农业现代化、咸海治理与新能源开发》，复旦大学出版社，2014。

徐鹤：《气候变化新视角下的中国战略环境评价》，科学出版社，2013。

徐秀军等：《金砖国家研究：理论与议题》，中国社会科学出版社，2016。

薛进军、赵忠秀：《低碳经济蓝皮书：中国低碳经济发展报告（2017）》，社会科学文献出版社，2018。

扬：《世界事务中的治理》，陈玉刚、薄燕译，上海人民出版社，2007。

扬：《直面环境挑战：治理的作用》，赵小凡等译，经济科学出版社，2014。

杨剑等：《科学家与全球治理：基于北极事务案例的分析》，时事出版社，2018。

杨玉峰、尼尔·赫斯特：《全球能源治理改革与中国的参与》，清华大学出版社，2017。

叶自成：《新中国外交思想：从毛泽东到邓小平——毛泽东、周恩来、邓小平外交思想比较研究》，北京大学出版社，2001。

伊斯顿：《政治结构分析》，王浦劬等译，北京大学出版社，2016。

于宏源：《国际气候环境外交：中国的应对》，东方出版中心，2013。

俞可平主编、张胜军副主编《全球化：全球治理》，社会科学文献出版社，2003。

喻常森主编《大洋洲发展报告：2013~2014》，社会科学文献出版社，2014。

扎卡里亚：《后美国世界：大国崛起的经济新秩序时代》，赵广成、林民旺译，中信出版社，2009。

张岱年：《中国哲学大纲》，江苏教育出版社，2005。

张其仔、郭朝先、杨丹辉等：《2050：中国的低碳经济转型》，社会科学文献出版社，2015。

张淑兰：《印度的环境政治》，山东大学出版社，2010。

张文木：《气候变迁与中华国运》，海洋出版社，2017。

张云飞：《唯物史视野中的生态文明》，中国人民大学出版社，2014。

赵斌：《全球气候政治中的新兴大国群体化——结构、进程与机制分析》，社会科学文献出版社，2019。

赵汀阳：《天下体系：世界制度哲学导论》，中国人民大学出版社，2011。

郑家馨：《南非史》，北京大学出版社，2010。

郑启荣主编《改革开放以来的中国外交》（1978～2008），世界知识出版社，2008。

中国气象局：《中国气候变化蓝皮书2018年》，中国气象出版社，2018。

周冯琦、刘新宇、陈宁等：《中国新能源发展战略与新能源产业制度建设研究》，上海社会科学院出版社，2016。

周宏春：《低碳经济学：低碳经济理论与发展路径》，机械工业出版社，2012。

朱立群、富里奥·塞鲁蒂、卢静主编《全球治理：挑战与趋势》，社会科学文献出版社，2014。

庄贵阳、朱仙丽、赵行姝：《全球环境与气候治理》，浙江人民出版社，2009。

邹骥：《论全球气候治理：构建人类发展路径创新的国际体制》，中国计划出版社，2015。

中文论文

薄燕：《中美在全球气候变化治理中的合作与分歧》，《上海交通大学学报》（哲学社会科学版）2016年第1期，第17～27页。

蔡拓：《全球治理的中国视角与实践》，《中国社会科学》2004年第1期，第94～106页。

曹德军：《嵌入式治理：欧盟气候公共产品供给的跨层次分析》，《国际政治研究》2015 年第 3 期，第 62 ~ 77 页。

曹慧：《全球气候治理中的中国与欧盟：理念、行动、分歧与合作》，《欧洲研究》2015 年第 5 期，第 55 ~ 65 页。

陈琪、管传靖：《国际制度设计的领导权分析》，《世界经济与政治》2015 年第 8 期，第 13 页，第 4 ~ 28 页。

陈伟光、蔡伟宏：《逆全球化现象的政治经济学分析——基于"双向运动"理论的视角》，《国际观察》2017 年第 3 期，第 1 ~ 18 页。

陈志敏：《国家治理、全球治理与世界秩序建构》，《中国社会科学》2016 年第 6 期，第 14 ~ 21 页。

崔晶、马江聆：《区域多主体协作治理的路径选择——以京津冀地区气候治理为例》，《中国特色社会主义研究》2019 年第 1 期，第 77 ~ 108 页。

崔顺姬：《人的发展与人的尊严：再思人的安全概念》，《国际安全研究》2014 年第 1 期，第 63 ~ 77 页。

丁金光、张超：《"一带一路"建设与国际气候治理》，《现代国际关系》2018 年第 9 期，第 53 ~ 43 页。

董亮：《G20 参与全球气候治理的动力、议程与影响》，《东北亚论坛》2017 年第 2 期，第 56 ~ 70 页。

董云龙：《论国际关系中的人权与主权关系：兼驳"人权高于主权"谬论》，《求是》2000 年第 6 期，第 20 ~ 23 页。

杜莉、李博：《利用碳金融体系推动产业结构的调整和升级》，《经济学家》2012 年第 6 期，第 45 ~ 52 页。

杜培林、王爱国：《全球碳转移格局与中国中转地位：基于网络治理的实证分析》，《世界经济研究》2018 年第 7 期，第 95 ~ 107 页。

冯存万：《南南合作框架下的中国气候援助》，《国际展望》2015 年第 1 期，第 34 ~ 51 页。

冯冬、李健：《我国三大城市群城镇化水平对碳排放的影响》，《长江流域资源与环境》2018 年第 10 期，第 2194 ~ 2200 页。

福山：《何谓"治理？如何研究？"》，王匡夫译，《国外理论动态》2018 年第 6 期，第 94 ~ 104 页。

高程：《美国主导的全球化进程受挫与中国的战略机遇》，《国际观察》2018

年第 2 期，第 51 ~ 65 页。

高翔：《中国应对气候变化南南合作进展与展望》，《上海交通大学学报》（哲学社会科学版）2016 年第 1 期，第 38 ~ 49 页。

高小升、石晨霞：《中美欧关于 2020 年后国际气候协议的设计：一种比较分析的视角》，《教学与研究》2016 年第 4 期，第 83 ~ 91 页。

巩潇泫：《欧盟气候治理中的跨国城市网络》，《国际研究参考》2015 年第 1 期，第 10 ~ 15 页。

管传靖、陈琪：《领导权的适应性逻辑与国际经济制度变革》，《世界经济与政治》2017 年第 3 期，第 35 ~ 61 页。

郭树勇：《二十国集团的兴起与国际社会的分野》，《当代世界与社会主义》2016 年第 4 期，第 10 ~ 16 页。

国务院发展研究中心课题组：《未来 15 年国际经济格局变化和中国战略选择》，《管理世界》2018 年第 12 期，第 1 ~ 12 页。

何彬：《美国退出〈巴黎协定〉的利益考量与政策冲击——基于扩展利益基础解释模型的分析》，《东北亚论坛》2018 年第 2 期，第 104 ~ 115 页。

何建坤：《新时代应对气候变化和低碳发展长期战略的新思考》，《武汉大学学报》（哲学社会科学版）2018 年第 4 期，第 13 ~ 21 页。

何建坤：《〈巴黎协定〉后全球气候治理的形势与中国的引领作用》，《中国环境管理》2018 年第 1 期，第 9 ~ 13 页。

何剑锋、张芳：《从北极国家的北极政策剖析北极科技发展趋势》，《极地研究》2012 年第 4 期，第 408 ~ 414 页。

何泽荣、严青、陈奉先：《东亚外汇储备库：参与动力与成本收益的实证考察》，《世界经济研究》2014 年第 2 期，第 3 ~ 9 页。

何增科：《国家治理及其现代化探微》，《国家行政学院学报》2014 年第 2 期，第 11 ~ 14 页。

何志鹏：《大国之路的外交抉择——万隆会议与求同存异外交理念发展探究》，《史学集刊》2015 年第 6 期，第 97 ~ 108 页。

洪娜：《从"全球主义"到"美国优先"：特朗普经济政策转向的悖论、实质及影响》，《世界经济研究》2018 年第 10 期，第 48 ~ 54 页。

胡王云、张海滨：《国外学术界关于气候俱乐部的研究述评》，《中国地质大学学报》（社会科学版）2018 年第 3 期，第 10～25 页。

黄仁伟：《全球经济治理机制变革与金砖国家崛起的新机遇》，《国际关系研究》2013 年第 1 期，第 54～70 页。

黄瑶：《从使用武力法看保护的责任理论》，《法学研究》2012 年第 3 期，第 195～208 页。

黄志雄：《非政府组织：国际法律秩序中的第三种力量》，《法学研究》2003 年第 4 期，第 122～131 页。

汇德姆、M. 阿伊汉·高斯、弗朗西斯卡·L. 奥恩佐格：《金砖国家增长放缓及其溢出效应》，《新金融》2017 年第 2 期，第 32～35 页。

贾康、苏京春：《论供给侧改革》，《管理世界》2016 年第 3 期，第 1～24 页。

柯顿：《G20 与全球发展治理》，朱杰进译，《国际观察》2013 年第 3 期，第 13～19 页。

柯顿：《全球治理与世界秩序的百年演变》，《国际观察》2019 年第 1 期，第 67～90 页。

李丹：《论全球治理改革的中国方案》，《马克思主义研究》2018 年第 4 期，第 52～62 页。

李桂君、黄道涵、李玉龙：《水－能源－粮食关联关系：区域可持续发展研究的新视角》，《中央财经大学学报》2016 年第 12 期，第 76～90 页。

李鹏辉：《G20 杭州峰会：中国推动全球进入可持续发展新时代》，《世界环境》2017 年第 1 期，第 23～24 页。

李昕蕾、宋天阳：《跨国城市网络的实验主义治理研究——以欧洲跨国城市网络中的气候治理为例》，《欧洲研究》2014 年第 6 期，第 129～148 页。

李昕蕾、王彬彬：《国际非政府组织与全球气候治理》，《国际展望》2018 年第 5 期，第 136～156 页。

李忠民、邹明东：《能源金融问题研究评述》，《经济学动态》2009 年第 10 期，第 101～104 页。

林洁、祁悦、蔡闻佳、王灿：《公平实现〈巴黎协定〉目标的碳减排贡献分担研究综述》，《气候变化进展》2018 年第 5 期，第 529～539 页。

林卡、胡克、周弘：《"全球发展"理念形成的社会基础条件及其演化》，

《学术月刊》2018 年第 9 期，第 101～109 页。

林立：《低碳经济背景下国际碳金融市场发展及风险研究》，《当代财经》2012 年第 2 期，第 51～58 页。

刘建飞：《构建新型大国关系的合作主义》，《中国社会科学》2015 年第 10 期，第 189～202 页。

刘建飞：《新时代中国外交战略基本框架论析》，《世界经济与政治》2018 年第 2 期，第 4～20 页。

刘明：《互嵌式人类共同体及其全球治理逻辑》，《天津社会科学》2018 年第 3 期，第 80～86 页。

刘硕、张宇丞、李玉娥、马欣：《中国气候变化南南合作对〈巴黎协定〉后适应谈判的影响》，《气候变化研究进展》2018 年第 2 期，第 201～217 页。

刘雪莲、姚璐：《国家治理的全球治理意义》，《中国社会科学》2016 年第 6 期，第 29～35 页。

龙如银、邵天翔：《中国三大经济圈碳生产率差异及影响因素》，《资源科学》2015 年第 6 期，第 1249～1256 页。

马博：《海平面上升对小岛屿国家的国际法挑战与应对——"中国—小岛屿国家"合作展望》，《国际法研究》2018 年第 6 期，第 46～60 页。

马骏、程琳、邵欢：《G20 公报中的绿色金融倡议（上）》，《中国金融》2016 年第 11 期，第 52～54 页。

门洪华：《应对全球治理危机与变革的中国方略》，《中国社会科学》2017 年第 10 期，第 36～46 页。

倪建军：《亚投行与亚行等多边开发银行的竞合关系》，《现代国际关系》2015 年第 5 期，第 5～7 页。

牛华勇：《〈巴黎协定〉后的全球气候治理趋势》，《区域与全球发展》2018 年第 1 期，第 69～80 页。

欧阳康：《全球治理变局中的"一带一路"》，《中国社会科学》2018 年第 8 期，第 5～16 页。

潘家华、陈迎：《碳预算方案：一个公平、可持续的国际气候制度框架》，《中国社会科学》2009 年第 5 期，第 83～98 页。

庞珣：《全球治理中"指标权力"的选择性失效——基于援助评级指标的因

果推论》，《世界经济与政治》2017 年第 11 期，第 130~155 页。

庞珣、何枻焜：《霸权与制度：美国如何操控地区开发银行》，《世界经济与政治》2015 年第 9 期，第 4~30 页。

庞中英：《全球治理的"新型"最为重要——新的全球治理如何可能》，《国际安全研究》2013 年第 1 期，第 41~54 页。

庞中英：《效果不彰的多边主义和国际领导赤字——兼论中国在国际集体行动中的领导责任》，《世界经济与政治》2010 年第 6 期，第 4~18 页。

秦海波等：《美国、德国、日本气候援助比较研究及其对中国南南气候合作的借鉴》，《中国软科学》2015 年第 2 期，第 22~34 页。

秦亚青、魏玲：《新型全球治理观与"一带一路"合作实践》，《外交评论》2018 年第 2 期，第 1~14 页。

邱巨龙、曲建生、李燕、曾静静：《小岛国联盟在国际气候行动格局中的地位分析》，《世界地理研究》2012 年第 1 期，第 158~166 页。

邱卫东：《全球化时代的人类命运共同体：内在限度与中国策略》，《太平洋学报》2018 年第 9 期，第 47~58 页。

权衡、虞坷：《金砖国家经济增长模式转型与全球经济治理新角色》，《国际展望》2013 年第 5 期，第 22~38 页。

萨旺：《全球治理的新动态：国际生产体系扩张对全球微观治理框架的影响》，《国际经济评论》2018 年第 1 期，第 39~60 页。

盛垒、权衡：《"三大变革"引领世界经济新周期之变》，《国际经济评论》2018 年第 4 期，第 86~101 页。

石斌：《"人的安全"与国家安全——国际政治视角的伦理论辩与政策选择》，《世界经济与政治》2014 年第 2 期，第 85~110 页。

时殷弘：《国际安全的基本哲理范式》，《中国社会科学》2000 年第 5 期，第 177~187 页。

斯特利：《有原则的战略：公平准则在中国气候变化外交中的作用》，《国外理论动态》2013 年第 10 期，第 32~35 页。

宋锦：《世界银行在全球发展进程中的角色、优势和主要挑战》，《国际经济评论》2017 年第 6 期，第 23~33 页。

苏长和：《共生型国际体系的可能——在一个多极世界中如何构建新型大国

关系》，《世界经济与政治》2013 年第 9 期，第 4～22 页。

汤伟：《气候机制的复杂化和中国的应对》，《国际展望》2018 年第 6 期，第 139～156 页。

王帆：《责任转移视域下的全球化转型与中国战略选择》，《中国社会科学》2018 年第 8 期，第 58～67 页。

王风云、苏烨琴：《京津冀能源消费结构变化及其影响因素》，《城市问题》2018 年第 8 期，第 59～67 页。

王金波：《亚投行与全球经济治理体系的完善》，《国外理论动态》2015 年第 12 期，第 22～32 页。

王隽毅：《逆全球化？特朗普的政策议程与全球治理的竞争性》，《外交评论》2018 年第 3 期，第 102～128 页。

王克、邹骥、崔学勤、刘俊伶：《国际气候谈判技术转让议题进展评述》，《国际展望》2013 年第 4 期，第 12～26 页。

王明国：《全球治理转型与中国的制度性话语权提升》，《当代世界》2017 年第 2 期，第 60～63 页。

王涛、赵跃晨：《非洲太阳能开发利用与中非合作》，《国际展望》2016 年第 6 期，第 110～131 页。

王湘穗：《币缘政治的历史与未来》，《太平洋学报》2017 年第 1 期，第 1～14 页。

王毅：《试论新型全球治理体系的构建及制度建设》，《国外理论动态》2013 年第 8 期，第 5～11 页。

王玉明、王沛雯：《跨国城市气候网络参与全球气候治理的路径》，《哈尔滨工业大学学报》（社会科学版）2016 年第 3 期，第 114～120 页。

吴静、朱潜挺、王诗琪、王铮：《巴黎协定背景下全球减排博弈模拟研究》，《气候变化研究进展》2018 年第 2 期，第 182～189 页。

吴志成：《全球治理对国家治理的影响》，《中国社会科学》2016 年第 6 期，第 22～28 页。

吴志成、李冰：《全球治理话语权提升的中国视角》，《世界经济与政治》2018 年第 9 期，第 4～21 页。

吴志成、吴宇：《人类命运共同体思想论析》，《世界经济与政治》2018 年第

3 期，第 4～33 页。

谢来辉：《从"扭曲的全球治理"到"真正的全球治理"——全球发展治理的转变》，《国外理论动态》2015 年第 12 期，第 2～13 页。

谢世清、王赟：《国际货币基金组织（IMF）对欧债危机的援助》，《国际贸易》2016 年第 5 期，第 37～42 页。

徐佳君：《世界银行援助与中国减贫制度的变迁》，《经济社会体制比较》2016 年第 1 期，第 184～192 页。

徐坚：《逆全球化风潮与全球化的转型发展》，《国际问题研究》2017 年第 3 期，第 1～15 页。

徐进：《新时代中国特色大国外交理念与原则问题初探》，《现代国家关系》2018 年第 3 期，第 1～7，48 页。

徐秀军：《新兴经济体与全球经济治理结构转型》，《世界经济与政治》2012 年第 10 期，第 49～79 页。

薛澜、俞盼之：《迈向公共管理范式的全球治理基于"问题—主体—机制"框架的分析》，《中国社会科学》2015 年第 11 期，第 76～91 页。

薛晓芃：《全球治理转型与中国的责任定位：基于全球问题属性的研究》，《东北亚论坛》2018 年第 6 期，第 49～60 页。

杨雷：《俄罗斯的全球治理战略》，《南开学报》（哲学社会科学版）2012 年第 6 期，第 38～46 页。

于宏源：《气候变化与北极地区地缘政治经济变迁》，《国际政治研究》2015 年第 4 期，第 73～87 页。

于宏源：《浅析非洲的安全纽带威胁与中非合作》，《西亚非洲》2013 年第 6 期，第 114～128 页。

于宏源：《特朗普政府气候政策的调整及影响》，《太平洋学报》2018 年第 1 期，第 25～33 页。

余力、赵米芸、张慧芳：《能源金融与环境制约的互动效应》，《财经科学》2015 年第 2 期，第 23～31 页。

袁倩：《多层级气候治理：现状与障碍》，《经济社会体制比较》2018 年第 5 期，第 171～180 页。

张超：《"一带一路"倡议与中欧能源合作：机遇和挑战》，《国际论坛》

2018 年第 3 期，第 16～21 页。

张发林：《全球金融治理体系的演进：美国霸权与中国方案》，《国际政治研究》2018 年第 4 期，第 9～36 页。

张贵洪：《联合国、二十国集团与全球发展治理》，《当代世界与社会主义》2016 年第 4 期，第 17～24 页。

张海滨：《气候变化对中国国家安全的影响：从总体国家安全观的视角》，《国际政治研究》2015 年第 4 期，第 11～36 页。

张海滨、戴瀚程、赖华夏、王文涛：《美国退出〈巴黎协定〉的原因、影响及中国的对策》，《气候变化研究进展》2017 年第 5 期，第 439～446 页。

张剑：《绿色左翼在气候政治中的新发展及反思》，《科学社会主义》2018 年第 4 期，第 129～133 页。

张江河：《亚洲开发银行的地缘政治动机与运作溯析——亚洲开发银行成立50 周年地缘政治纪事》，《吉林大学社会科学学报》2016 年第 6 期，第 5～34 页。

张丽君：《非政府组织在中国气候外交中的价值分析》，《社会科学》2013 年第 3 期，第 15～23 页。

赵斌：《霸权之后：全球气候治理"3.0 时代"的兴起——以美国退出〈巴黎协定〉为例》，《教学与研究》2018 年第 6 期，第 66～76 页。

赵斌：《全球气候治理困境及其化解之道——新时代中国外交理念视角》，《北京理工大学学报》（社会科学版）2018 年第 4 期，第 1～8 页。

赵斌：《新兴大国气候政治群体化的形成机制——集体身份理论视角》，《当代亚太》2013 年第 5 期，第 111～138 页。

赵可金、陈维：《城市外交：探寻全球都市的外交角色》，《外交评论》2013 年第 6 期，第 61～77 页。

赵行姝：《美国对全球气候资金的贡献及其影响因素——基于对外气候援助的案例研究》，《美国研究》2018 年第 2 期，第 68～87 页。

钟晓华：《全球化语境下城市治理的复合层次与实践创新——以大都市城市更新为例》，《国外社会科学》2018 年第 2 期，第 12～19 页。

周宏达：《亚投行从理念到现实——金立群阐述亚投行蓝图》，《中国金融家》2015 年 5 月，第 19～25 页。

周强武：《金砖国家开发银行是对布雷顿森林体系重要补充》，《IMI 研究动态》2014 年第 34 期, 第 1~7 页。

周宇:《探寻通往人类命运共同体的全球化之路——全球治理的政治经济学思考》,《国际经济评论》2018 年第 6 期, 第 117~128 页。

朱杰进:《金砖银行的战略定位与机制设计》,《社会科学》2015 年第 6 期, 第 24~34 页。

朱松丽:《从巴黎到卡托维兹: 全球气候治理中的统一和分裂》,《气候变化研究进展》2019 年第 1 期, 第 1~7 页。

朱晓中:《世界银行与波黑重建》,《俄罗斯东欧中亚研究》2015 年第 6 期, 第 27~34 页。

朱艳圣:《人类命运共同体理念与构建国际政治经济新秩序》,《国外理论动态》2018 年第 11 期, 第 107~112 页。

庄贵阳、薄凡、张靖:《中国在全球气候治理中的角色定位与战略选择》,《世界经济与政治》2018 年第 4 期, 第 4~27 页。

庄贵阳、周伟铎:《非国家行为体参与和全球气候治理体系转型——城市与城市网络的角色》,《外交评论》2016 年第 3 期, 第 133~156 页。

庄贵阳、周伟铎:《全球气候治理模式转变及中国的贡献》,《当代世界》2016 年第 1 期, 第 44~47 页。

宗刚、牛钦玺、迟远:《京津冀地区能源消费碳排放因素分解分析》,《生态科学》2016 年第 2 期, 第 111~117 页。

邹骥:《气候变化领域技术开发与转让国际机制创新》,《环境保护》2008 年第 5 期, 第 16~17 页。

英文文献

Adshead, Samuel and Adrian M. (2000), *China in World History*, London: Palgrave Macmillan.

Aklin, M. and Patrick Bayer (2018), S. P. Harish and Johannes Urpelainen, *Escaping the Energy Poverty Trap When and How Governments Power the Lives of the Poor*, Cambridge: MIT Press.

Alger, Chadwick (2002), "The Emerging Roles of NGOs in the UN System: From Article 71 to a People's Millennium Assembly", *Global Governance*, Vol. 8, No.

1, pp. 93 – 117.

Alvarez, José E. (2002), The WTO as Linkage Machine, *The American Journal of International Law*, Vol. 96, No. 1, pp. 146 – 158.

Antholis, William and Strobe Talbott (2010), *Fast Forward: Ethics and Politics in the Age of Global Warming*, Brookings Institution Press.

Axelrod, Robert (1984), *The Evolution of Cooperation*, New York: Basic Books.

Barbier, Edward B. (2016), "Building the Green Economy", *Canadian Public Policy*, Vol. 42, November, pp. S1 – S9.

Barnett, M. and R. Duvall (eds.) (2005), *Power and Global Governance*, Cambridge: Cambridge University Press.

Beeson, Mark and Stephen Bell (2009), "The G – 20 and International Economic Governance: Hegemony, Collectivism, or Both?", *Global Governance*, Vol. 15, No. 1, pp. 67 – 86.

Besada, Hany Gamil and Michael Olender (2015), "Fossil Fuel Subsidies and Sustainable Energy for All: The Governance Reform Debate", *Global Governance*, Vol. 21, No. 1, pp. 79 – 98.

Best, Jacqeline and Alexandra Gheciu (eds.) (2014), *The Return of the Public in Global Governance*, Cambridge: Cambridge University Press.

Betsill, Michele M. and Harriet Bulkeley (2004), "Transnational Networks and Global Environmental Governance: The Cities for Climate", *International Studies Quarterly*, Vol. 48, No. 2, pp. 471 – 493.

Betsill, Michele M. and Harriet Bulkeley (2006), "Cities and the Multilevel Governance of Global Climate Change", *Global Governance*, Vol. 12, No. 2, pp. 141 – 159.

Bexell, Magdalena, Jonas Tallberg and Anders Uhlin (2010), "Democracy in Global Governance: The Promises and Pitfalls of Transnational Actors", *Global Governance*, Vol. 16, No. 1, pp. 81 – 101.

Bodansky, D. (2016), "The Legal Character of the Paris Agreeement", *Review of European, Comparative & International Environmental Law*, Vol. 25, No. 2, pp. 142 – 150.

Braaten, Daniel B. (2014), "Determinants of US Foreign Policy in Multilateral Development Banks: The Place of Human Rights", *Journal of Peace Research*, Vol. 51, No. 4, pp. 515 – 527.

Brandt, Loren and Thomas G. Rawsik, (eds.) (2008), *China's Great Economic Transformation*, Cambridge: Cambridge University Press.

Buchanan, James M. (1965), "An Economic Theory of Clubs", *Economica*, Vol. 32, No. 125, pp. 1 – 14.

Bulkeley, Harriet, etc. (2014), *Transnational Climate Change Governance*, Cambridge: Cambridge University Press.

Buzar, Stefan (2008), "Energy, Environment and International Financial Institutions: The EBRD's Activities in theWestern Balkans", *Geografiska Annaler Series B, Human Geography*, Vol. 90, No. 4, pp. 409 – 431.

Carin, Barry and Alan Mehlenbache (2010), "Constituting Global Leadership: Which Countries Need to Be around the Summit Table for Climate Change and Energy Security?", *Global Governance*, Vol. 16, No. 1, pp. 21 – 37.

Cha, Taesuh (2017), "The Return of Jacksonianism: The International Implications of the Trump Phenomenon", *The Washington Quarterly*, Vol. 39, No. 4, pp. 83 – 97.

Chen, Wei-Yin Toshio Suzuki and Maximilian Lackner (2017), *Handbook of Climate Change Mitigation and Adaptation*, Springer.

Chisari, Omar, Sebastian Galiani and Sebastian Miller (2016), "Optimal Climate Change Adaptation and Mitigation Expenditures in Environmentally Small Economies", *Economía*, Vol. 17, No. 1, pp. 65 – 94.

Ciplet, David J., Timmons Roberts and Mizan R. Khan (2015), *Power in a Warming World: The New Global Politics of Climate Change and the Remaking of Environment Inequality*, Massachusetts: MIT Press.

Clarke, Michael and Anthony Ricketts (2017), "Understanding the Return of the Jacksonian Tradition", *Orbis Journal of World Affairs*, No. 1, Vol. 61, pp. 13 – 26.

Coate, Roger A. (2009), "The John W. Holmes Lecture: Growing the 'Third UN' for People-centered Development—The United Nations, Civil Society, and Beyond", *Global Governance*, Vol. 15, No. 2, pp. 153 – 168.

Collingwood, Vivien (2006), "Non-Governmental Organisations, Power and Legitimacy in International Society", *Review of International Studies*, Vol. 32, No. 3, pp. 439 – 454.

Condon, Bradly J. and Tapen Sinha (2013), *The Role of Climate Change in Global Economic Governance*, Oxford: Oxford University Press.

Connell, John (2015), "Vulnerable Islands: Climate Change, Tectonic Change, and Changing Livelihoods in the Western Pacific", *The Contemporary Pacific*, Vol. 27, No. 1, pp. 1 – 36.

Cox, R. W. (1992), "Multilateralism and World Order", *Review of International Studies*, Vol. 18, No. 2, pp. 161 – 180.

Davies, Thomas Richard (2017), "Understanding Non-Governmental Organizations in World Politics: The Promise and Pitfalls of the Early 'Science of Internationalism'", *European Journal of International Relations*, Vol. 23, No. 4, pp. 884 – 905.

Dodman, David (2009), "Blaming Cities for Climate Change? An Analysis of Urban Greenhouse Gas Emissions Inventories," *Environment and Urbanization*, Vol. 21, No. 1, pp. 185 – 201.

Downie, Christian (2015), "Global Energy Governance: Do the Brics Have the Energy to Drive Reform?", *International Relations*, Vol. 91, No. 4, pp. 799 – 812.

Dreher, Axel (2008), Silvia Marchesi and James Raymond Vreeland, "The Political, Economy of IMF Forecasts", *Public Choice*, Vol. 137, No. 1/2, pp. 145 – 171.

Drezner, D. W. (2007), *All Politics Is Global: Explaining International Regulatory Regimes*, Princeton: N. J. : Princeton University Press.

Duncombe, Constance and Tim Dunne (2018), "After Liberal World Order", *International Affairs*, Vol. 94, No. 1, pp. 25 – 42.

Evans, Peter B. , Rueschemeye Dietrich, and Skocpol Theda (eds.) (1985), *Bringing the State Back In*, Cambridge: Cambridge University Press.

Farrell, Henry and Abraham Newman (2017), "BREXIT, Voice and Loyalty:

Rethinking Electoral Politics in An Age of Interdependence", *Review of International Political Economy*, Vol. 24, No. 2, pp. 232 – 247

Fawcett, Louise (2004), "Exploring Regional Domains: A Comparative History of Regionalism", *International Affairs*, Vol. 80, No. 3, pp. 426 – 446.

Fawn, Rick (ed.) (2009), *Globalizing the Regional Regionalizing the Global*, Cambridge: Cambridge University Press.

Ferretti, Marco and Adele Parmentola (2015), *The Creation of Local Innovation Systems in Emerging Countries: The Role of Governments, Firms and Universities*, Springe.

Florini, Ann (2011), "Rising Asian Powers and Changing Global Governance", *International Studies Review*, Vol. 13, No. 1, pp. 24 – 33.

Friedman, Thomas (2005), *The World Is Flat: A Brief History of the Twenty-first Century*, New York: Farrar, Straus and Giroux.

Gallagher, Kevin P. (2013), "The IMF, Capital Controls and Developing Countries", *Economic and Political Weekly*, Vol. 46, No. 19, pp. 12 – 16.

Gaskarth, Jamie (ed.) (2015), *Rising Powers, Global Governance and Global Ethics*, New York: Routledge.

Giddens, Anthony (2009), *The Politics of Climate Change*, Cambridge: Polity Press.

Gordenker, Leon and Thomas G. Weiss (1995), "Pluralising Global Governance: Analytical Approaches and Dimensions", *Third World Quarterly*, Vol. 16, No. 3, pp. 357 – 387.

Grieco, Joseph M. (1988), "Anarchy and the Limits of Cooperation: A Realist Critique of the Newest Liberal Institutionalism", *International Organization*, Vol. 42, No. 3, 1988, pp. 485 – 507.

Groen, Lisanneand and Arne Niemann (2013), "The European Union at the Copenhagen Climate Negotiations: A Case of Contested EU Actorness and Effectiveness", *International Relations*, Vol. 27, No. 3, pp. 308 – 324.

Haftel, Yoram Z. and Alexander Thompson (2006), "The Independence of International Organizations: Concept and Applications", *The Journal of Conflict Resolution*, Vol. 50, No. 2, pp. 273 – 275.

Hall, Nina and Asa Persson (2018), "Global Climate Adaptation Governance: Why Is It Not Leglly Binding?", *European Journal of International Relations*, Vol. 24, No. 3, pp. 540 – 566.

Hansen, James, etc. (2016), "Ice Melt, Sea Level Rise and Superstorms: Evidence from Paleoclimate Data, Climate Modeling, and Modern Observations That 2 ℃ Global Warming Could Be Dangerous", *Atmospheric Chemistry and Physics*, Vol. 16, Issue 6, pp. 3761 – 3812.

Harmer, Andrew and Robert Frith (2009), " ' Walking Together ' toward Independence? A Civil Society Perspective on the United Nations Administration in East Timor, 1999 – 2002", *Global Governance*, Vol. 15, No. 2, pp. 239 – 258.

Hayes, Jarrod and Janelle Knox-Hayes (2014), "Security in Climate Change Discourse: Analyzing the Divergence between US and EU Approaches to Policy", *Global Environmental Politics*, Vol. 14, No. 2, pp. 82 – 101.

Heclo, Hugh (1974), *Modern Social Politics in Britain and Sweden*, New Haven, conn: Yale University Press.

Helsley, Robert W. and William C. Strange (1991), "Exclusion and the Theory of Clubs", *The Canadian Journal of Economics*, Vol. 24, No. 4, pp. 888 – 899.

Hettne, Bjorn (2005), "Beyond the ' New ' Regionalism", *New Political Economy*, Vol. 10, No. 4, 2005, pp. 543 – 571.

Hobson, John M. (2004), *The Eastern Origins of Western Civilisation*, Cambridge: Cambridge University Press.

Hocking, Brian (1993), *Localizing Foreign Policy: Non-central Governments and Multilayered Diplomacy*, London: The MacMillan Press Limited.

Hooghe, Liesbet (ed.) (1996), *Cohesion Policy and European Integration: Building Multi-level Governance*, Oxford: Clarendon Press.

Hooghe, Liesbet (ed.) (1995), "Sub-national Mobilization in the European Union", *West European Politics*, Vol. 18, No. 3, pp. 175 – 198.

Hooghe, Liesbetand and Gary Marks (2016), *Community, Scale, and Regional Governance*, Oxford: Oxford University Press

Hooghe, Liesbetand and Gary Marks (2001). *Multi-level governance and European*

Integration, Lanham, MD: Rowman & Littlefield.

Hopewell, Kristen (2017), "The Brics-Merely a Fable? Emerging Power Alliances in Global Trade Governance", *International Affairs*, Vol. 93, No. 6, pp. 1377 – 1396.

Hovi, Jon, Detlef F. Sprinz, Håkon Sælen and Arild Underdal (2014), "The Club Approach: A Gateway to Effective Climate Cooperation?", https://www.diw. dedocumentsdokumentenarchiv17diw _ 01. c. 502663. depaper _ sprinz _ theclubapproach. pdf, pp. 1 – 44.

Hurrell, Andrew and Sandeep Sengupta (2012), "Emerging Powers, North—South Relations and Global Climate Politics", *International Affairs*, Vol. 88, No. 3, pp. 463 – 484.

Ikenberry, G. John (2018), "The End of Liberal International Order?", *International Affairs*, Vol. 94, No. 1, pp. 7 – 23.

Ikenberry, G. John (2015), "The Future of Liberal World Order", *Japanese Journal of Political Science*, Vol. 6, No. 3, pp. 450 – 455.

Ikenberry, G. John, InderjeetParmar and Doug Stokes (2018), "Introduction: Ordering the World? Liberal Internationalism in Theory and Practice", *International Affairs*, Vol. 94, No. 1, pp. 1 – 5.

Ito, Takatoshi (2012), "Can Asia Overcome the IMF Stigma?", *The American Economic Review*, Vol. 102, No. 3, pp. 198 – 202.

Jacob, SurajJohn, A. Scherpereel and Melinda Adams (2017), "Will Rising Powers Undermine Global Norms? The Case of Gender-Balanced Decision-Making", *European Journal of International Relations*, Vol. 23, No. 4, pp. 780 – 808.

Jahn, Beate (2018), "Liberal Internationalism: Historical Trajectory and Current Prospects", *International Affairs*, Vol. 94, No. 1, pp. 43 – 61.

Jensen, Nathan M. and Edmund J. Malesky (2018), "Nonstate Actors and Compliance with International Agreements: An Empirical Analysis of the OECD Anti-Bribery Convention", *International Organization*, Vol. 72, Winter, pp. 33 – 69.

Johns, Fleur (2011), "Financing as Governance", *Oxford Journal of Legal Studies*, Vol. 31, No. 2, pp. 391 – 415.

Jonge, Alice De (2017), "Perspectives on the Emerging Role of the Asian Infrastructure Investment Bank", *International Affairs*, Vol. 93, No. 5, pp. 1061 – 1084.

Kaczmarski, Narcin (2017), "Non-Western Visions of Regionalism: China's New Silk Road and Russia's Eurasian Economic Union", *International Affairs*, Vol. 93, No. 6, pp. 1357 – 1376.

Kaja, Ashwin and Eric Werker (2010), "Corporate Governance at the World Bank and the Dilemma of Global Governance", *The World Bank Economic Review*, Vol. 24, No. 2, pp. 171 – 198.

Karapin, Roger (2016), *Political Opportunities for Climate Policy: California, New York, and the Federal Government*, New York: Cambridge University Press.

Kathryn Hochstetler and Manjana Milkoreit (2015), "Responsibilities in Transition: Emerging Powers in the Climate Change Negotiations", *Global Governance*, Vol. 21, No. 2, pp. 205 – 226.

Kathryn Hochstetler and Manjana Milkoreit (2014), "Emerging Powers in the Climate Negotiations: Shifting Identity Conceptions", *Political Research Quarterly*, Vol. 67, No. 1, pp. 224 – 235.

Katzenstein, Peter (ed.) (1978), *Between Power and Plenty: Foreign Economic Policies of Advanced Industrial States*, Madison: University of Wisconsin Press.

Kelemen, R. Daniel and David Vogel (2010), "Trading Places: The Role of the United States and the European Union in International Environmental Politics", *Comparative Political Studies*, Vol. 43, No. 4, pp. 427 – 456.

Kelly, Robert E. (2011), "Assessing the Impact of NGOs on Intergovernmental Organizations: The Case of the Bretton Woods Institutions", *International Political Science Review*, Vol. 32, No. 3, pp. 323 – 344.

Keohan, Robert and David G. Victor (2011), "The Regime Complex for Climate Change", *Perspective on Politics*, Vol. 9, No. 1, pp. 7 – 23.

Keohane, Robert (1989), *International Institutions and State Power*, Boulder: Westview Press.

Keohane, Robert (2015), "The Global Politics of Climate Change: Challenge for Political Science", *The 2014 James Madison Lecture*, American Political Science Association 2015, pp. 19 – 26.

Keohane, Robert O. and Joseph S. Nye (1974), "Transgovernmental Relations and International Organizations", *World Politics*, Vol. 27, No. 1, pp. 39 – 62.

Kiely, Ray (2015), *The BRICs, US "Decline" and Global Transformations*, London: Palgrave Macmillan.

Kirton, John J. (2013), *G20 Governance for a Globalized World*, Burlington: Ashgate Publishing Company.

Koivurova, Timo (2013), "Multipolar and Multilevel Governance in the Arctic and the Antarctic", *Proceedings of the Annual Meeting* (American Society of International Law), Vol. 107, International Law in a Multipolar World, pp. 443 – 446.

Kondratieff, Nikolai (1984), *The Long Wave Cycle*, Trans, by Guy Dniels, New York: Richardson and Snyder.

Krasner, Stephen D. (ed.) (2005), *International Regimes*, Beijing: Peking University Press.

Krasner, Stephen D. (ed.) (1985), *Structure Conflict: The Third World against Global Liberalism*, Berkeley: University of California Press.

Krasner, Stephen D. (ed.) (1978), *Defending the National Interest: Raw Materials Investment and U. S. Foreign Policy*, Princeton, N. J.: Princeton University Press.

Lach, Donald F. E. J. V. Kley and Edwin J. Van Levy (1993), *Asia in the Making of Europe*, Chicago: University of Chicago Press.

Laforgia, Rebecca (2017), "Listening to China's Multilateral Voice for the First Time: Analysing the Asian Infrastructure Investment Bank for Soft Power Opportunities and Risks in the Narrative of 'Lean, Clean and Green'", *Journal of Contemporary China*, Vol. 26, No. 107, pp. 633 – 649.

Lecours, Andre (2002), "Paradiplomacy: Reflections on the Foreign Policy and International Relations of Regions", *International Negotiation*, Vol. 7, pp. 91 – 114.

Lee, Taedong and Susan van de Meene (2012), "Who Teaches and Who Learns? Policy Learning through the C40 Cities Climate Network", *Policy Sciences*, Vol. 45, No. 3, pp. 199 – 220.

Leonard, Whitney Angell (2014), "Clean Is the New Green: Clean Energy Finance and Deployment through Green Banks", *Yale Law & Policy Review*, Vol. 33, No. 1, pp. 197 – 229.

Levi – Faur, David L (ed.) (2012), *Oxford Handbook of Governance*, New York: Oxford University Press.

Lohmann, Susanne (1997), "Linkage Politics", *The Journal of Conflict Resolution*, Vol. 41, No. 1, pp. 38 – 67.

Marcondes, Danilo and Emma Mawdsley (2017), "South-South in Retreat? The Transitions from Lula to Rousseff to Temer and Brazilian Development Cooperation", *International Affairs*, Vol. 93, No. 3, pp. 681 – 699.

Marks, G., and L. Hooghe (2003), "Unravelling the Central State, But How? Types of Multi-level Governance", *American Political Science Review*, Vol. 97, No. 2, pp. 233 – 243.

Marks, Gary, Liesbet Hooghe and Kermit Blank (1996), "European Integration from the 1980s: State-Centric v. Multi-level Governance", *Journal of Common Market Studies*, Vol. 34, No. 3, pp. 343 – 346.

Mattli, Walter and Ngaire Woods (eds.) (2009), *The Politics of Global Regulation*, Princeton: Princeton University Press.

McGee, Rosemary (2010), "An International NGO Representative in Colombia: Reflections from Practice", *Development in Practice*, Vol. 20, No. 6, pp. 636 – 648.

McGinnis, Michael D. (1986), "Issue Linkage and the Evolution of International Cooperation", *The Journal of Conflict Resolution*, Vol. 30, No. 1, pp. 141 – 170.

Michelmann, Hans J. and Panayotis Soldatos (eds.) (1990), *Federalism and International Relations: The Role of Subnational Units*, Oxford: Clarendon Press.

Milner, Helen V. and Andrew Moravcsik (eds.) (2009), *Power, Interdependence, and NonstateActors in World Politics*, Princeton: Princeton University Press.

Modelski, George (1974), *Long Cycles in World Politics*, Seattle: University of Washington Press.

Morgenthau, Han J. (2005), Revised by Kenneth W. Thompson, *Politics among Nations: The Struggle for Power and Peace*, Peking University Press.

Naím, Moisés (2009), "Minilateralism", *Foreign Policy*, No. 173, 2009, pp. 135 – 136.

Narlikar, Amrita (2017), "India's Role in Global Governance: A Modification?", *International Affairs*, Vol. 93, No. 1, 2017, pp. 93 – 111.

Nayar, Deepak (2016), "BRICS, Developing Countries and Global Governance", Vol. 37, No. 4, *Third World Quarterly*, pp. 575 – 591.

Nelson, Paul J. (1997), "Deliberation, Leverage or Coercion? The World Bank, NGOs, and Global Environmental Politics", *Journal of Peace Research*, Vol. 34, No. 4, pp. 467 – 470.

Ng, Yew-Kwang (1978), "Optimal Club Size: A Reply", *Economica*, Vol. 45, No. 180, pp. 407 – 410.

Nordhaus, William (2015), "Climate Clubs: Overcoming Free-riding in International Climate Policy", *The American Economic Review*, Vol. 105, No. 4, pp. 1339 – 1370.

Ocampo, José Antonio (ed.) (2016), *Global Governance and Development*, Oxford: Oxford University Press.

Owen, Erica and Stefanie Walter (2017), "Open Economy Politics and Brexit: Insights, Puzzles, and Ways Forward", *Review of International Political Economy*, Vol. 24, No. 2, pp. 179 – 202.

Oye, Kenneth A. (ed.) (1985), *Cooperation under Anarchy*, New Jersey: Princeton University Press.

Paddock, John V. (2002), "IMF Policy and the Argentine Crisis", *The University of Miami Inter-American Law Review*, Vol. 34, No. 1, pp. 155 – 187.

Park, Susan (2017), "Accountability as Justice for the Multilateral Development Banks? Borrower Opposition and Bank Avoidance to US Power and Influence", *Review of International Political Economy*, Vol. 24, No. 5, pp. 776 – 801.

Parker, Charles F., Christer Karlsson and Mattias Hjerpe (2015), "Climate Change Leaders and Followers: Leadership Recognition and Selection in the UNFCCC

Negotiations", *International Relations*, Vol. 29, No. 4, pp. 434 – 454.

Parmar, Inderjeet (2018), "The US-Led Liberal Order: Imperialism by Another Name?", *International Affairs*, Vol. 94, No. 1, pp. 151 – 172.

Pattberg, Philipp and Oscar Widerberg (2015), "Theorising Global Environmental Governance: Key Findings and Future Questions", *Journal of International Studies*, Vol. 43, No. 3, pp. 684 – 705.

Pegram, Tom and Michele Acuto (2015), "Introduction: Global Governance in the Interregnum", *Journal of International Studies*, Vol. 43, No. 3, pp. 584 – 597.

Poast Paul (2012), "Does Issue Linkage Work? Evidence from European Alliance Negotiations, 1860 to 1945", *International Organization*, Vol. 66, No. 2, pp. 277 – 310.

Pollin, Robert (2015), *Greening the Global Economy*, Massachusetts: MIT Press.

Powell, Robert (1991), "The Problem of Absolute and Relative Gains in International Relations Theory", *American Political Science Review*, Vol. 85, No. 4, pp. 127 – 150.

Puplampu, Korbla P. and Wisdom J. Tettey (2000), "State-NGO Relations in an Era of Globalization: The Implications for Agricultural Development in Africa", *Review of African Political Economy*, Vol. 27, No. 84, pp. 251 – 272.

Putra, Nur Azha and Eulalia Han (2015), *Governments' Responses to Climate Change: Selected Examples From Asia Pacific*, Springer.

Rabe, Barry (2011), "Contested Federalism and American Climate Policy", Vol. 41, No. 3, *The State of American Federalism*, 2010 – 2011, pp. 494 – 521.

Rajagopal, Balakrishnan (2013), "Right to Development and Global Governance: Old and New Challenges Twenty-Five Years On", *Human Rights Quarterly*, Vol. 35, No. 4, pp. 893 – 909.

Rojecki, Andrew (2017), "Trumpism and the American Politics of Insecurity", *The Washington Quarterly*, Vol. 39, No. 4, pp. 65 – 81.

Rolland, Nadège (2017), "China's 'Belt and Road Initiative': Underwhelming or Game-Changer?", *The Washington Quarterly*, Vol. 40, No. 1, pp. 127 –142.

Rosenau, James N. and Ernst-Otto Czempiel, (eds.) (1992), *Governance without Government: Order and Change in World Politics*, Cambridge: Cambridge University Press.

Rosenzweig, Cynthia, William Solecki, Patricia Romero-Lankao, Shagun Mehrotra, Shobhakar Dhakal and Somayya Ali Lbrahim (eds.) (2018), *Climate Change and Cities, Second Assessment Report of the Urban Climate Change Research Network*, Cambridge: Cambridge University Press.

Sadat, Anwar (2011), " Green Climate Fund: Unanswered Questions ", *Economic and Political Weekly*, Vol. 46, No. 15, pp. 22 –25.

Sandler, Todd and John T. Tschirhart (1980), "The Economic Theory of Clubs: An Evaluative Survey", *Journal of Economic Literature*, Vol. 18, No. 4, pp. 1481 –1521.

Sandler, Todd and John T. Tschirhart (1997), "Club Theory: Thirty Years Later", *Public Choice*, Vol. 93, No. 3/4, pp. 335 –355.

Santos, Theotônio dos and Mariana Ortega Breña (2011), " Globalization, Emerging Powers, and the Future of Capitalism", *Latin American Perspectives*, Vol. 38, No. 2, pp. 45 –57.

Sanwal, Mukul (2015), *The World's Search for Sustainable Development: A Perspective from the Global South*, Delhi: Cambridge University Press.

Sarfaty, Galit A. (2005), " The World Bank and the Internalization of Indigenous Rights Norms", *The Yale Law Journal*, Vol. 114, No. 7, pp. 1791 –1818.

Sarfaty, Galit A. (2005) "The World Bank and the Internalization of Indigenous Rights Norms", *The Yale Law Journal*, Vol. 114, No. 7, pp. 1791 –1818.

Schiele, Simone (2014), *Evolution of International Environmental Regimes: The Case of Climate Change*, Cambridge, Cambridge University Press.

Schlesinger, M. Jr (1973), *The Imperial Presidency*, Boston: Houghton Mifflin.

Scholte, Jan Aart (2002), " Civil Society and Democracy in Global Governance", *Global Governance*, Vol. 8, No. 3, pp. 281 –304.

Schweller, Randall (2011), "Emerging Powers in an Age of Disorder", *Global Governance*, Vol. 17, No. 3, pp. 285 – 297.

Seabrooke, Leonard and Duncan Wigan (2017), "The Governance of Global Wealth Chains", *Review of International Political Economy*, Vol. 24, No. 1, pp. 1 – 29.

Selin, Henrik and Stacy D. Van Deveer (2015), *European Union and Environmental Governance*, New York: Routledge.

Sen, Amartya (1999), *Development as Freedom*, New York: Oxford University Press.

Sharman, J. C. (2017), "Illicit Global Wealth Chains after the Financial Crisis: Micro-States and Unusual Suspect", *Review of International Political Economy*, Vol. 24, No. 1, pp. 30 – 35.

Skjærseth, Jon Birger Guri Bang, and Miranda A. Schreurs (2013), "Explaining Growing Climate Policy Differences Between the European Union and the United States", *Global Environmental Politics*, Vol. 13, No. 4, pp. 61 – 80.

Skocpol, Theda (1979), *States and Social Revolutions: A Comparative Analysis of France, Russia, and China*, England: Cambridge University Press.

Snidal, Duncan (1991), "Relative Gains and the Pattern of International Cooperation", *American Political Science Review*, Vol. 85, No. 3, pp. 701 – 726.

Solingen, Etel and Joshua Malnight, "Globalization, Domestic Politics, and Regionalism", in Tanja a. Börzel and Thomas Risse (eds.) (2016), *The Oxford Handbook of Comparative Regionalism*, Oxford University Press, pp. 64 – 86.

Solway, Jacqueline (2009), "Human Rights and NGO 'Wrongs': Conflict Diamonds, Culture Wars and the 'Bushman Question'", *Journal of the International African Institute*, Vol. 79, No. 3, pp. 321 – 346.

Stavrianos, L. S. (2004), *A Global History: From Prehistory to the 21th Century*, Peking: Peking University Press.

Stein, Arthur A. (1980), "The Politics of Linkage", *World Politics*, Vol. 33, No. 1, pp. 62 – 81.

Stepan, Alfred (1978), *The State and Society: Peru in Comparative Perspective*, Princeton, N. J.: Princeton University Press.

Stevenson, Hayley (2011), "India and International Norms of Climate Governance: A Constructivist Analysis of Normative Congruence Building", *Review of International Studies*, Vol. 37, No. 3, pp. 997 – 1019.

Stevenson, Hayley and John S. Dryzek (2014), *Democratizing Global Climate Governance*, Cambridge: Cambridge University Press.

Sutter, Robert (2014), "China and America: The Great Divergence?", *Orbis*, Vol. 58, No. 3, 2014, pp. 358 – 377.

Tallberg, Jonas, Karin Bäckstrand and Jan Aart Scholte (ed.) (2018), *Legitimacy in Global Governance: Sources, Processes, and Consequences*, Oxford: Oxford University Press.

Teegen, Hildy, Jonathan P. Doh and Sushil Vachani (2004), "The Importance of Nongovernmental Organizations (NGOs) in Global Governance and Value Creation: An International Business Research Agenda", *Journal of International Business Studies*, Vol. 35, No. 6, pp. 463 – 483.

Teichman, Judith (2004), "The World Bank and Policy Reform in Mexico and Argentina", *Latin American Politics and Society*, Vol. 46, No. 1, pp. 39 – 74.

Toynbee, Arnold J. (1954), *A Study of History*, London: Oxford University Press.

Triandafyllidou, Anna (ed.) (2017), *Global Governance from Regional Perspectives: A Critical View*, Oxford: Oxford University Press.

Trimberger, Ellen Kay (1978), *Revolution from Above: Military Bureaucrats and Development in Japan, Turkey, Egypt and Peru*, New Brunswick, N. J.: Transaction Books.

Trump, Donald (2017), "Remarks to the 72nd Session of the United Nations General Assembly", White House, 19th September, 2017, https://www.whitehouse.gov/briefings – statements/remarks – president – trump – 72nd – session – united – nations – general – assembly/.

Unterhalter, Elaine and Andrew Dorward (2013), "New MDGs, Development Concepts, Principles and Challenges in a Post – 2015 World", *Social Indicators Research*, Vol. 113, No. 2, pp. 609 – 625.

Victor, David (2009), "Plan B for Copenhagen", *Nature*, September, pp. 342 – 344.

Vivien A. Schmidt (2017), "Britain-out and Trump-in: A Discursive Institutionalist Analysis of the British Referendum on the EU and the US Presidential Election", *Review of International Political Economy*, Vol. 24, No. 2, pp. 248 – 269.

Wade, Robert Hunter (2002), "US Hegemony and the World Bank: The Fight over People and Ideas", *Review of International Political Economy*, Vol. 9, No. 2, pp. 201 – 229.

Waters, Timothy William (2009), "'The Momentous Gravity of the State of Things Now Obtaining': Annoying Westphalian, Objections to the Idea of Global Governance", *Indiana Journal of Global Legal Studies*, Vol. 16, No. 1, pp. 25 – 58.

Winchester, N. Brian (2009), "Emerging Global Environmental Governance", *Indiana Journal of Global Legal Studies*, Vol. 16, No. 1, pp. 7 – 23.

Woods, Ngaire (2006), "Understanding Pathways through Financial Crises and the Impact of the IMF: An Introduction", *Global Governance*, Vol. 12, No. 4, pp. 373 – 393.

Yanosek, Kassia (2012), "Policies for Financing the Energy Transition Daedalus", *The Alternative Energy Future*, Vol. 141, No. 2, pp. 94 – 104.

Young, Oran R. (1994), *International Governance*, Ithaca: Cornell University Press.

Yu, Hong (2017), "Motivation behind China's 'One Belt, One Road' Initiatives and Establishment of the Asian Infrastructure Investment Bank", *Journal of Contemporary China*, Vol. 26, No. 105, pp. 353 – 368.

Zhang Xiaotong and James Keith (2107), "From Wealth to Power: China's New Economic Statecraft", *The Washington Quarterly*, Vol. 40, No. 1, pp. 185 – 203.

Zhang Zhanhai and CherdsakVirapat (eds.) (2013), *Oceans, Climate Change & Sustainable Development: Challenges to Ocean & Coastal Cities*, Beijing: China Ocean Press.

Zürn, Michael (2018), *A Theory of Global Governance: Authority, Legitimacy, and Contestation*, Oxford: Oxford University Press.

国际组织、企业中文报告

《2016 年 G20 绿色金融报告》，G20 绿色金融研究小组，2016 年 9 月。

《2017 年 G20 绿色金融报告》，G20 绿色金融研究小组，2017 年 7 月。

《2017 清洁能源行业报告》，德勤。

《巴厘岛行动计划》，《联合国气候变化框架公约》第十三次缔约方大会，2007 年 12 月。

《巴黎协定》，《联合国气候变化框架公约》第二十一次缔约方大会，2015 年 12 月。

《博鳌亚洲论坛新兴经济体发展 2018 年度报告》，北京：对外经贸大学出版社，2018。

《促进撒哈拉以南非洲电力发展——中国的参与》，国际能源署，2016 年 7 月。

《二十国集团领导人杭州峰会公报》，2016 年 9 月 5 日，《人民日报》2016 年 9 月 6 日，第 6 版。

《哥本哈根协定》，《联合国气候变化框架公约》第十五次次缔约方大会，2009 年 12 月。

《城市与气候变化：政策方向全球人类住区报告 2011》，联合国人居署，2011 年。

《气候变化 2014 综合报告》，联合国气候变化政府间专门委员会，2014 年。

《全球能源互联网促进全球环境治理行动计划》，全球能源互联网，2019 年 3 月。

《中国绿色债券市场现状报告 2016》，气候债券倡议组织、中央国债登记结算有限责任公司，2017 年 1 月。

中国领导人讲话及政策文件

《北京市"十三五"时期节能降耗及应对气候变化规划》，北京市发展与改革委员会，2016 年 8 月。

《关于推进绿色"一带一路"建设的指导意见》，中国国家环境保护部、外交部、发展和改革委员会、商务部，2017 年 5 月。

《国家应对气候变化规划（2014~2020）》，中国国家发改委，2014 年 9 月。

《河北省"十三五"能源发展规划》，河北省人民政府，2017 年 9 月。

《河北雄安新区规划纲要》，河北省人民政府，2018 年 4 月。

《京津冀协同发展规划纲要》，中国国家发展和改革委员会，2015 年 4 月。

《可再生能源中长期发展规划》，中国国家发改委，2007 年 8 月。

《强化应对气候变化行动——中国国家自主贡献》，中国国家发改委，2015 年 6 月。

《全国海洋经济发展"十三五"规划》，中国国家发改委、中国国家海洋局，2017 年 5 月。

《碳排放权交易管理暂行办法》，中国国家发改委，2014 年 12 月。

《天津市可再生能源发展"十三五"规划》，天津市发展和改革委员会，2016 年 12 月。

《推动共建丝绸之路经济带和 21 世纪海上丝绸之路的愿景与行动》，中国国家发改委，2015 年 3 月。

《西部大开发"十二五"规划》，中国国家发展和改革委员会网站，2012 年 2 月 29 日。

习近平：《共担时代责任共促全球发展——在世界经济论坛 2017 年年会开幕式上的主旨演讲》，《人民日报》2017 年 1 月 18 日，第 3 版。

习近平：《弘扬和平共处五项原则建设合作共赢美好世界——在和平共处五项原则发表 60 周年纪念大会上的讲话》，《人民日报》2014 年 6 月 29 日，第 2 版。

习近平：《坚持以新时代中国特色社会主义外交思想为指导努力开创中国特色大国外交新局面》，《人民日报》2018 年 6 月 24 日，第 1 版。

习近平：《坚持总体国家安全观走中国特色国家安全道路》，《人民日报》2014 年 4 月 16 日，第 1 版。

习近平：《全面建成小康社会夺取新时代中国特色社会主义伟大胜利——在中国共产党第十九次全国代表大会上的报告（2017 年 10 月 18 日）》，《人民日报》2017 年 10 月 28 日，第 1 版。

习近平：《为建设更加美好的地球家园贡献智慧和力量——在中法全球治理论坛闭幕式上的讲话》，《人民日报》2019 年 3 月 27 日，第 3 版。

习近平：《习近平在中共中央政治局第二十七次集体学习时强调推动全球治

理体制更加公正更加合理 为我国发展和世界和平创造有利条件》，《人民日报》2015 年 10 月 14 日，第 1 版。

习近平：《携手共命运同心促发展——在二〇一八年中非合作论坛北京峰会开幕式上的主旨讲话》，《人民日报》2018 年 9 月 4 日，第 2 版。

习近平：《携手构建合作共赢、公平合理的气候变化治理机制》，《人民日报》2015 年 12 月 1 日，第 2 版。

习近平：《携手合作共同发展——在金砖国家领导人第五次会晤时的主旨讲话》，《人民日报》2013 年 3 月 28 日，第 2 版。

习近平：《携手建设更加美好的世界——在中国共产党与世界政党高层对话会上的讲话》，《人民日报》2017 年 12 月 2 日，第 2 版。

习近平：《携手推进"一带一路"建设——在"一带一路"国际合作高峰论坛开幕式上的演讲》，《人民日报》2017 年 5 月 15 日，第 3 版。

《"一带一路"生态环境保护合作规划》，中国国家环境保护部，2017 年 5 月。

《中共中央国务院关于全面加强生态环境保护坚决打好污染防治攻坚战的意见》，《人民日报》2018 年 6 月 25 日，第 6 版。

《中共中央国务院关于全面振兴东北地区等老工业基地的若干意见》，《人民日报》2016 年 4 月 27 日，第 1 版。

《中国的北极政策》，中国国务院新闻办公室，2018 年 1 月。

《中国应对气候变化的政策与行动年度报告》，中国国家发改委、中国国家生态环境部，2011～2018 年。

《中华人民共和国 2018 年国民经济和社会发展统计公报》，中国国家统计局，2019 年 2 月 28 日。

《中华人民共和国和阿拉伯埃及共和国关于建立全面战略伙伴关系的联合声明》，《人民日报》2014 年 12 月 24 日，第 3 版。

《中华人民共和国和哈萨克斯坦共和国联合声明》，《人民日报》2017 年 6 月 9 日，第 2 版。

《中华人民共和国和摩洛哥王国关于建立两国战略伙伴关系的联合声明》，《人民日报》2016 年 5 月 12 日，第 3 版。

《中华人民共和国和塔吉克斯坦共和国关于建立全面战略伙伴关系的联合声

明》,《人民日报》2017 年 9 月 1 日,第 3 版。

《中华人民共和国和土库曼斯坦关于发展和深化战略伙伴关系的联合宣言》,《人民日报》2014 年 5 月 13 日,第 3 版。

《中美气候变化工作组提交第六轮中美战略与经济对话的报告》,中国国家发改委,2014 年 7 月。

《中美气候变化联合声明》,《人民日报》2014 年 11 月 13 日,第 2 版。

《中美元首气候变化联合声明》,《人民日报》2015 年 9 月 26 日,第 3 版。

《中美元首气候变化联合声明》,《人民日报》2016 年 4 月 2 日,第 2 版。

《中欧领导人气候变化和清洁能源联合声明》,2018 年 7 月 16 日,《人民日报》2018 年 7 月 17 日,第 8 版。

英文政策文件和报告

AIIB, *Energy Sector Strategy*:*Sustainable Energy for Asia*, April, 2018,

AIIB, *Environmental and Social Framework*, February, 2016.

BP World Energy Statistics 2015 – 2017.

Department for Business, Energy & Industrial Strategy (2017), *The Clean Growth Strategy*:*Leading the Way to a Low Carbon Future*.

Department for Business, Energy & Industrial Strategy of UK (2017), *The UK's Industrial Strategy*.

Department of Trade and Industry of UK (2003), *Creating A Low Carbon Economy*, The Stationery Office.

EU, *2030 Climate & Energy Framework*.

EU, *2050 Low – carbon Economy*.

EU, *Energy Road Map 2050*.

EY, *Attractiveness Program Africa 2017*.

IEA, *CO2 Emissions from Fuel Combustion Highlights 2015*.

IEA, *Energy Access Outlook 2017*.

IEA, *Key World Statistics 2015*.

IEA, *Renewables 2018 Market Analysis and Forecast from 2018 to 2023*.

IEA, *World Energy Outlook 2015*, *2017*.

IRENA, *Renewable Energy Outlook*: *Egypt*, October, 2018.

NDB General Strategy: 2017 – 2021.

REN21, *Renewables 2018 Global Status Report*.

White House, *National Security Strategy 2010*, *2015*, *2017.*

White House, *The President's Climate Action Plan*, June 2013.

图书在版编目（CIP）数据

逆全球化下的全球治理：中国与全球气候治理转型／
康晓著 . -- 北京：社会科学文献出版社，2020.9
ISBN 978 - 7 - 5201 - 7132 - 8

Ⅰ.①逆… Ⅱ.①康… Ⅲ.①气候变化 - 治理 - 国际
合作 - 研究 - 中国 Ⅳ.①P467

中国版本图书馆 CIP 数据核字（2020）第 152677 号

逆全球化下的全球治理
—— 中国与全球气候治理转型

著　　者／康　晓

出 版 人／谢寿光
责任编辑／宋浩敏

出　　版／社会科学文献出版社·国别区域分社（010）59367078
　　　　　地址：北京市北三环中路甲29号院华龙大厦　邮编：100029
　　　　　网址：www.ssap.com.cn
发　　行／市场营销中心（010）59367081　59367083
印　　装／三河市龙林印务有限公司

规　　格／开　本：787mm × 1092mm　1/16
　　　　　印　张：21.75　字　数：375千字
版　　次／2020年9月第1版　2020年9月第1次印刷
书　　号／ISBN 978 - 7 - 5201 - 7132 - 8
定　　价／98.00元

本书如有印装质量问题，请与读者服务中心（010 - 59367028）联系